# LabVIEW

LabVIEW로 배우는

# 유전 알고리즘

# LabVIEW

## LabVIEW로 배우는 유전 알고리즘

| 김효일 · 진강규 · 전승환 공저 |

INFINITY BOOKS
인피니티북스

# 머리말

본 저자가 'LabVIEW로 배우는 유전 알고리즘'을 집필할 수 있었던 결정적 계기는 학부 2학년 때인 2006년 저자가 속해 있던 연구실(전승환 교수)에 National Instruments사의 PXI 장비가 도입되면서부터이다. 텍스트 기반의 프로그래밍 언어밖에 몰랐던 당시에 그래픽 기반의 프로그래밍 언어인 LabVIEW 8.2는 매우 획기적으로 느껴졌다.

모든 것에는 장단점이 있겠지만 당시 느꼈던 LabVIEW의 매력은 그래픽 표현이 쉽다는 것과 아이콘을 이용하므로 각종 함수, 명령어, 문법 등을 외울 필요 없이 팔레트에서 잘 찾아 쓰면 된다는 것이었다. 또한 컴파일 과정이 필요 없고 디버깅이 쉽기 때문에 프로그램 개발 시간을 크게 단축시킬 수 있다는 점도 빼놓을 수 없다. 그러나 무엇보다 가장 큰 매력은 알고리즘을 구현할 때 블록다이어그램을 보면서 직관적으로 구현할 수 있다는 점이었다.

이러한 LabVIEW의 장점을 활용하기로 마음먹은 첫 시도가 대학원 시절 진강규 교수님으로부터 배운 유전 알고리즘이다. 당시엔 수업을 따라가는 것만으로도 벅찼기 때문에 엄두를 내지 못했지만 2011년 2월 석사 졸업논문 완성 후 마음속에 품고 있었던 계획을 실천에 옮길 수 있었고, 1년여의 긴 시간을 거쳐 그 결과물이 세상의 빛을 보게 되었다.

유전 알고리즘(Genetic Algorithm)은 자연의 유전 현상을 모사한 것으로, 일련의 재생산(Reproduction), 교배(Crossover), 돌연변이(Mutation) 연산이 반복되며 최적 개체(최적 해)를 찾아간다. 이러한 유전 알고리즘은 최근 여러 분야에서 활용되고 있으며, 그로 인해 많은 공학도들에게 있어 관심의 대상이 되고 있는 학문 분야이기도 하다. 앞서 얘기했지만 필자가 대학원 수업 중 유전 알고리즘을 공부할 때는 Matlab과 C 언어를 이용하여 배웠다. 하지만 유전 알고리즘에 대한 전체적인 개념이 머릿속에 잘 그려지지 않았기 때문에 만약 LabVIEW를 이용하여 유전 알고리즘을 구현한다면 학생들이 좀 더 쉽게 이해할 수 있지 않을까 생각했었다.

이 책은 공학도들의 이러한 유전 알고리즘 이해에 대한 갈증을 해결해줄 목적으로 집필하였다. 특히 책에 나온 예제를 차근차근 따라 하면 최종적으로 유전 알고리즘이 구현될 수 있도록 집필하였으며, LabVIEW를 전혀 모르는 사람을 위해서 LabVIEW로 유전 알고리즘을 구현할 때 반드시 알아야 하는 함수와 LabVIEW 관련 기본 지식을 1부에 기술하였다.

이 책은 LabVIEW를 전혀 모르는 사람도 쉽게 따라할 수 있도록 하기 위해서 LabVIEW 초급자들이 어려워 할 수 있는 내용은 가급적 사용하지 않았다. 1차적인 목적은 유전 알고리즘을 쉽게 이해시키는 것임을 명심해주길 바라며, LabVIEW 숙련자들의 너그러운 이해를 구한다.

마지막으로, 바쁜 가운데 LabVIEW와 관련한 내용을 검토해주시고 응원을 아끼지 않으신 ㈜에스엠인스트루먼트의 김영기 사장님과 김영민 책임연구원님께도 감사의 말씀을 남깁니다. 아울러 많은 교정과 저자의 깐깐한 요구사항에도 항상 성심성의껏 출판을 위해 고생하신 인피니티북스 관계자분들께도 감사의 말씀을 전합니다.

2012년 5월

저자 김 효 일

# 차례

# Part 02 유전 알고리즘

# PART 01 LabVIEW 기초



본서는 크게 **제1부 LabVIEW 기초**와 **제2부 LabVIEW로 구현한 유전 알고리즘**으로 나눠진다. 1부에서는 LabVIEW의 기본적인 사용 방법을 설명할 것이며, 2부에서는 1부에서 배운 LabVIEW 기본 지식을 토대로 LabVIEW로 유전 알고리즘을 구현하는 방법을 설명할 것이다. 따라서 어느 정도 LabVIEW에 대한 지식을 갖고 있는 독자라면, 1부를 건너뛰고 곧바로 2부부터 시작해도 무방하다.

왜냐하면 [그림 Part 1-1]에서 사각형으로 표시한 것과 같이 2부에서 중요한 핵심 내용들은 1부의 해당 Chapter를 표기하고 있으므로, 2부를 공부하다 잘 모르는 부분이 있다면 표기된 부분을 찾아가서 해당 내용을 참고하면 된다.

**5단계 : 4단계**를 통해서 [그림 11-3]의 원형 차트와 같은 룰렛휠이 만들어졌다. 다음 절차는 화살을 룰렛휠에 쏘아서 선택 확률에 따라 개체를 재생산하는 것이다. 그러나 컴퓨터상에서 룰렛휠을 돌리고 화살을 쏠 수는 없으므로, 이와 동일한 효과를 얻기 위한 전략이 필요하다. 이를 위해서 [그림 11-8]과 같이 매번 난수를 발생시키고 이를 누적 확률값과 차례로 비교한다. **While 루프**의 조건이 참일 때까지 비교는 계속되고 거짓이면 중지되는데, 이때 선택될 개체의 **인덱스** 번호가 구해진다.

※ **배열 크기** 함수는 1부의 4.2.1절 참고

※ **배열 인덱스** 함수는 1부의 4.2.2절 참고

※ **난수(0~1)** 함수는 1부의 3.1.6절 참고

[그림 Part 1-1]

**1부**는 총 7개의 Chapter로 구성되어 있는데, **Chapter 1**에서는 LabVIEW 프로그램을 컴퓨터에 설치하는 방법을 설명한다. LabVIEW를 처음 접하는 독자들을 위해 인스톨 프로그램을 다운받고 설치하는 과정을 자세히 설명하였다.

**Chapter 2**에서는 LabVIEW의 가장 기초적인 환경에 대해서 설명한다. 특히, LabVIEW는 기존 텍스트 기반의 프로그래밍 언어와는 전혀 생소하게 아이콘과 와이어의 연결을 통해서 프로그램을 구현한다. 이러한 특징 및 화면 구성 등에 관하여 설명할 것이다.

**Chapter 3**에서는 LabVIEW에서 제공되는 각종 함수와 내장 VI에 대해서 설명한다. 특히, 각종 연산을 수행하기 위해서 수많은 함수와 내장 VI들이 제공되는데 그 중에서 2부에서 다루게 되는 것들을 위주로 설명한다. 따라서 1부에서 설명한 함수와 VI만 잘 이해하여도 2부에서 유전알고리즘을 LabVIEW로 구현하는데 큰 어려움이 없도록 하였다.

**Chapter 4**에서는 배열에 대해서 다룬다. 거의 모든 프로그램이 마찬가지지만 LabVIEW 역시 배열을 많이 이용하게 될 것이다. 그리고 그러한 배열을 다루기 위한 많은 배열 함수들이 제공되고 있으나 기존에 출판된 LabVIEW 서적에서 배열 및 배열 관련 함수를 상세히 다루고 있는 것을 잘 보지 못했다. 본서를 통해서 배열관련 함수에 대해서 많은 지식을 얻을 수 있길 기대한다.

**Chapter 5**에서는 루프와 구조에 대해서 다룬다. 루프와 구조는 각각 텍스트기반 프로그래밍 언어의 반복문과 분기문에 해당하는 것으로 그 중요성은 더 설명하지 않아도 잘 알 것이다. 본서에서는 For 루프와 케이스 구조에 중점을 둘 것이다.

**Chapter 6**에서는 결과를 시각적으로 표시하기 위한 그래프와 차트에 대해서 설명한다. 기존 텍스트 기반 프로그래밍 언어로 그래프와 차트를 직접 구현하려면 무척 힘들다는 것을 잘 알것이다. 알고리즘을 구현하는 것보다 그래프를 그리는데 더 많은 시간과 노력이 필요할지도 모른다. 그러나 그래픽 기반의 프로그래밍 언어인 LabVIEW의 특성상 다양한 그래프와 차트가 있으며 그 사용법 또한 매우 간단하다. 따라서 LabVIEW는 아이디어와 알고리즘 구현에 더 집중할 수 있는 좋은 환경을 갖춘 언어이다.

1부의 마지막 장인 **Chapter 7**에서는 구조적인 프로그램을 구현할 수 있도록 해주는 SubVI에 관해서 설명한다. SubVI란 C 언어의 사용자 정의 함수나 Visual Basic의 서브루틴과 같이 특정 기능을 수행하는 VI로서 다른 VI에서 사용될 수 있도록 해준다. 따라서 특정 기능의 재사용을 손쉽게 해주며 전체 VI를 구조적이며 간결하게 하여 프로그램의 이해를 도울 뿐만 아니라 수정도 쉽게 해주는 장점이 있다.

CHAPTER 01

# LabVIEW 프로그램 설치



여기서는 LabVIEW 프로그램을 컴퓨터에 설치하기 위한 방법을 설명할 것이므로, 이미 자신의 컴퓨터에 LabVIEW 프로그램이 설치되어 있다면 이 장을 건너뛰도록 한다. 한편 2부에서 다루게 될 유전알고리즘은 LabVIEW 버전에 상관없이 구현되도록 하였으므로, 굳이 LabVIEW 최신 버전을 설치할 필요는 없다.

**[그림 1-1]** National Instruments 사의 홈페이지

# 1.1 프로그램 다운로드 하기

## 1.1.1 LabVIEW 프로그램 다운로드 하기

LabVIEW 프로그램을 설치하기 위해서는 인스톨 프로그램이 있어야 하며, [그림 1-1]과 같이 National Instruments 사의 홈페이지에서 LabVIEW 평가판을 다운로드할 수 있다. 자신이 사용하는 웹 브라우저의 주소 입력란에 http://www.ni.com /trylabview/ko/를 입력하여 접속한다.

그리고 [그림 1-1]에서 Ⓐ로 표시한 곳을 클릭하면 [그림 1-2]와 같은 팝업 창이 열린다. 여기서 **LabVIEW 평가판을 사용하고 있습니까?**를 클릭하면 [그림 1-3]과 같이 LabVIEW 평가판 다운로드를 위한 웹 페이지로 접속된다.

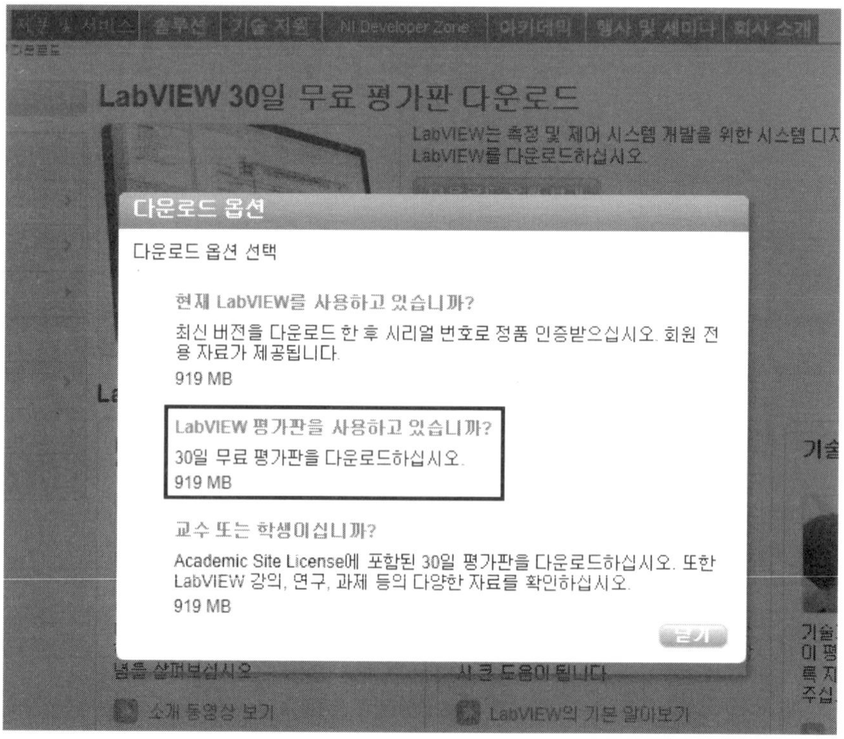


**[그림 1-2]** 다운로드 옵션 팝업창

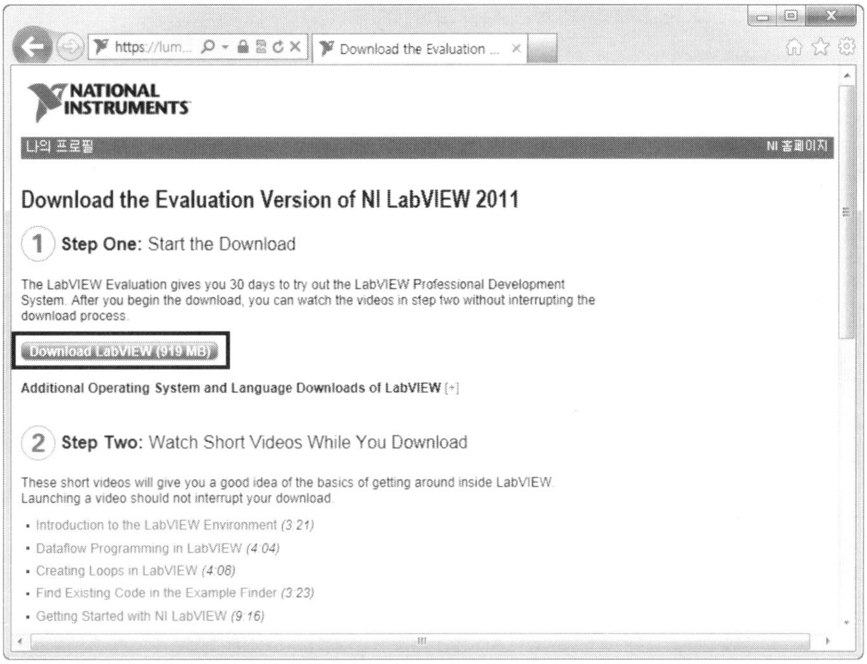


**[그림 1-3]** NI LabVIEW 평가판 다운로드 페이지

[그림 1-3]에서 사각형으로 표시한 **Download LabVIEW(919MB)** 버튼을 클릭하면, [그림 1-4]와 같이 실행파일을 다운로드할 것인지 물어보는 **보안 경고** 팝업 창이 뜬다. 여기서 **실행**을 선택한다.

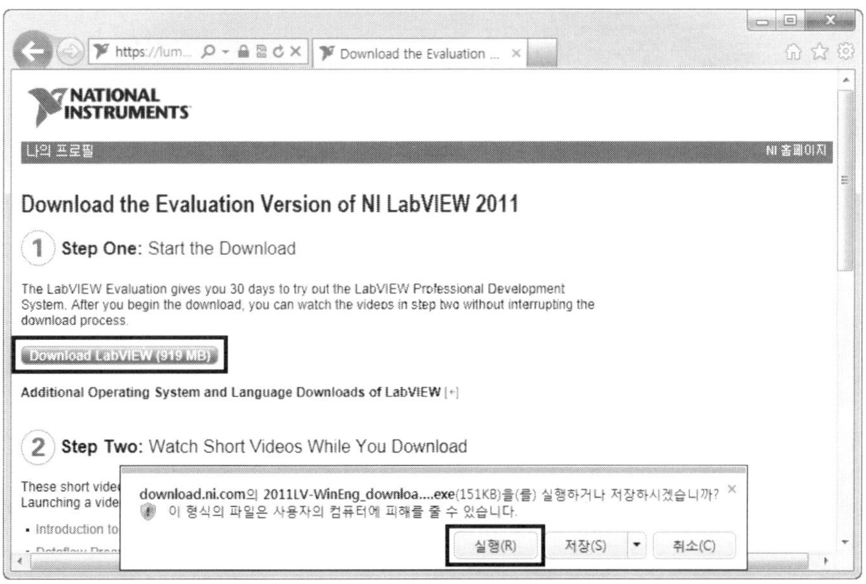


**[그림 1-4]** 보안 경고 팝업 창

[그림 1-5]와 같이 하드디스크의 적절한 위치를 설정하여 **저장**을 선택하면, [그림 1-6]과 같이 다운로드가 시작된다.

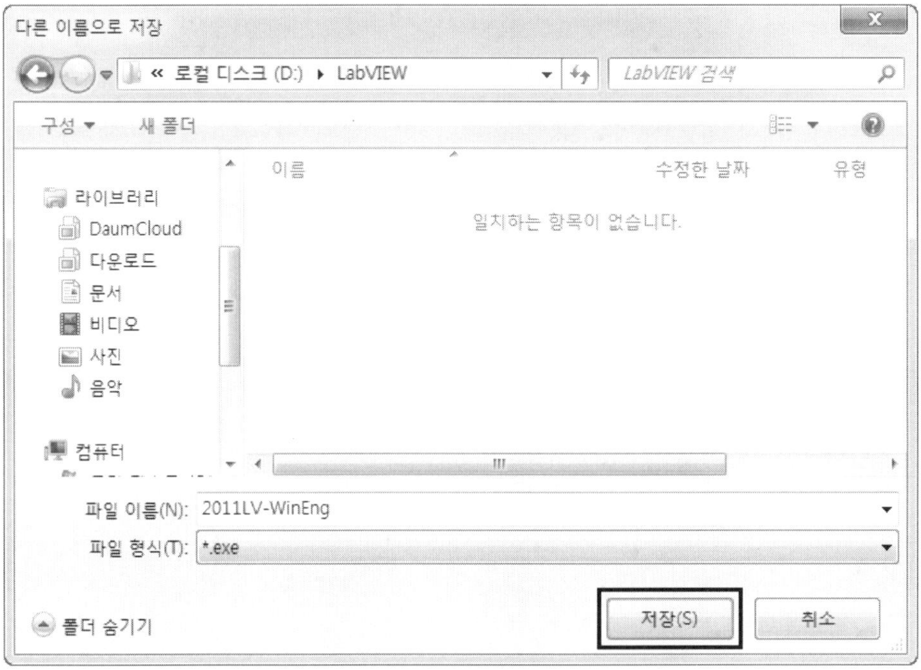


[그림 1-5] 저장 위치 설정

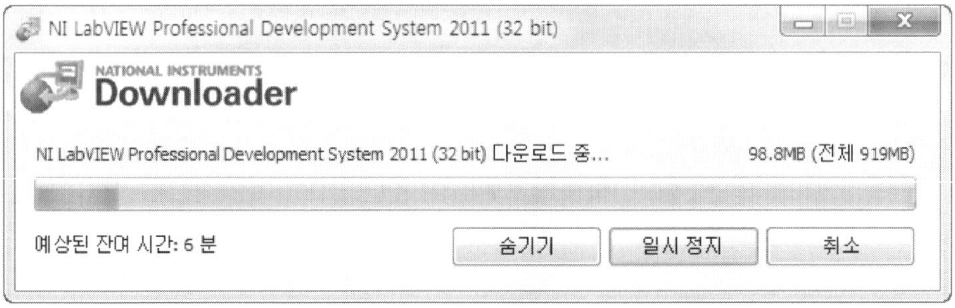


[그림 1-6] LabVIEW 평가판 다운로드

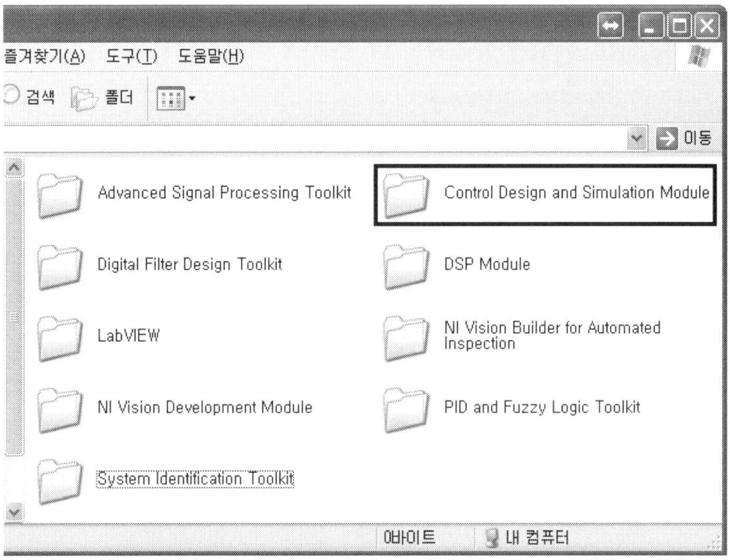


**[그림 1-7]** LabVIEW의 각종 Toolkit 및 Module

### 1.1.2 컨트롤 디자인과 시뮬레이션 모듈 다운로드 하기

NI 사에서는 기본적인 LabVIEW 프로그램 이외에 [그림 1-7]에서 볼 수 있듯이 다양한 부가기능을 수행하는 툴킷 및 모듈을 제공하고 있다. 지금 당장은 사용하지 않지만, 추후 2부에서 사용될 것이므로 **컨트롤 디자인과 시뮬레이션 모듈**을 미리 다운로드 한다. 이를 위해서 [그림 1-1]과 같이 http://www.ni.com/trylabview/ko/ 웹페이지로 다시 접속한다.

그리고 [그림 1-1]에서 Ⓑ로 표시한 **컨트롤 디자인 및 시뮬레이션**을 클릭하면 [그림 1-8]과 같은 페이지가 나타나는데, 여기서 사각형으로 표시한 **Download Module(336MB)** 버튼을 클릭한다.

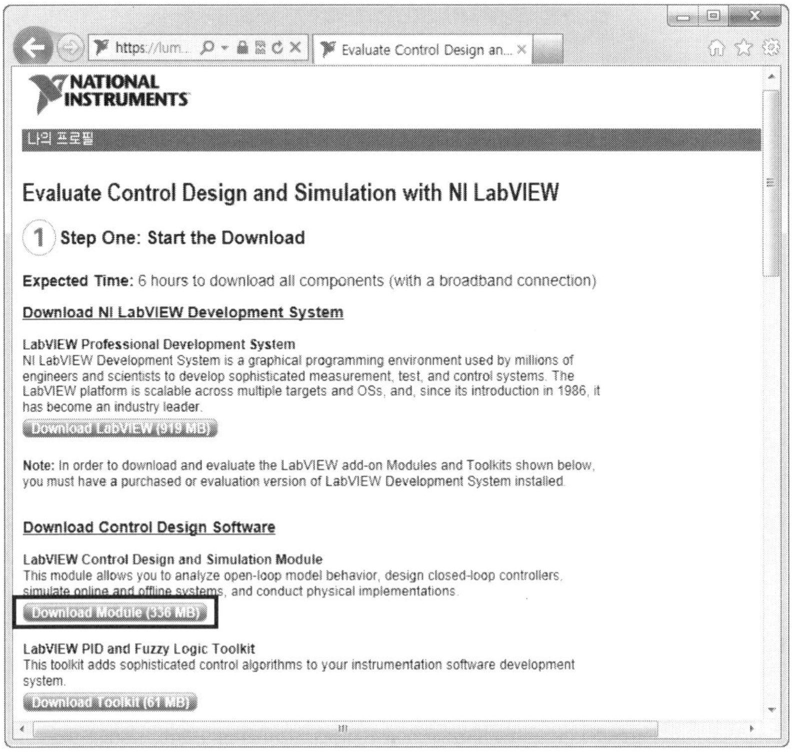

[그림 1-8] LabVIEW 모듈 및 툴킷 다운로드 페이지

그러면 [그림 1-4]와 유사하게 실행파일을 다운로드할 것인지 물어보는 **보안 경고** 창이 뜬다. 여기서 **실행**을 선택하면, [그림 1-5]와 유사하게 인스톨 파일을 어디에 다운로드할지 물어보는 창이 뜨는데, 앞서 **LabVIEW** 인스톨 프로그램을 저장했던 폴더와 같은 곳을 선택하여 **저장**을 선택한다. 그러면, 다운로드가 시작된다.

다운로드한 **컨트롤 디자인과 시뮬레이션 모듈**의 설치 방법은 추후 2부에서 설명할 것이다.

[그림 1-9] 다운로드한 LabVIEW 인스톨 프로그램

## 1.2 LabVIEW 설치하기

**1.1 프로그램 다운로드하기**를 통해서 다운로드가 완료되면 [그림 1-9]와 같이 **LabVIEW** 인스톨 파일이 해당 폴더에 생성된다. 설치를 위해서 이 파일을 더블 클릭하면 [그림 1-10]과 같이 압축을 풀겠다는 메시지가 뜨는데, 여기서 **확인**을 선택한다.

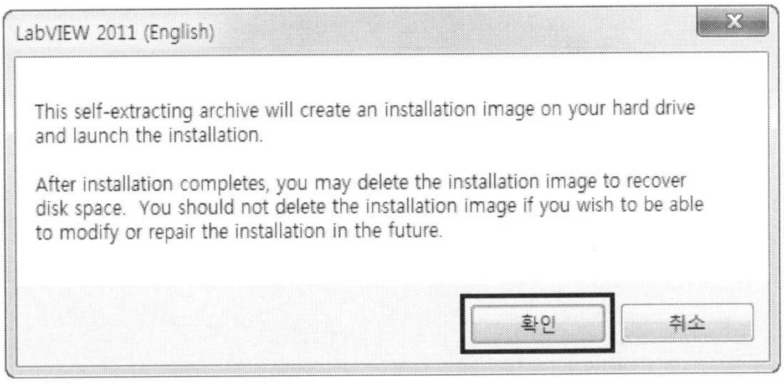


**[그림 1-10]** 압축 풀기 메시지

앞에서 **확인**을 선택하면 다시 [그림 1-11]과 같이 **WinZip Self-Extractor** 윈도우가 뜨는데, **Unzip**을 선택하여 압축을 푼다.

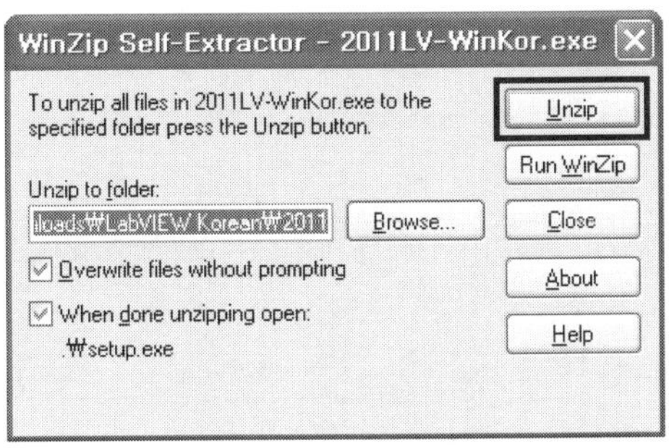


**[그림 1-11]** 압축 풀기 창

압축 풀기가 완료되면 새로운 알림 창이 뜨는데 **확인**을 선택한다. 그러면 자동으로 [그림 1-12]와 같이 본격적으로 LabVIEW 설치 과정이 시작되는데, 여기서 **다음**을 선택한다.

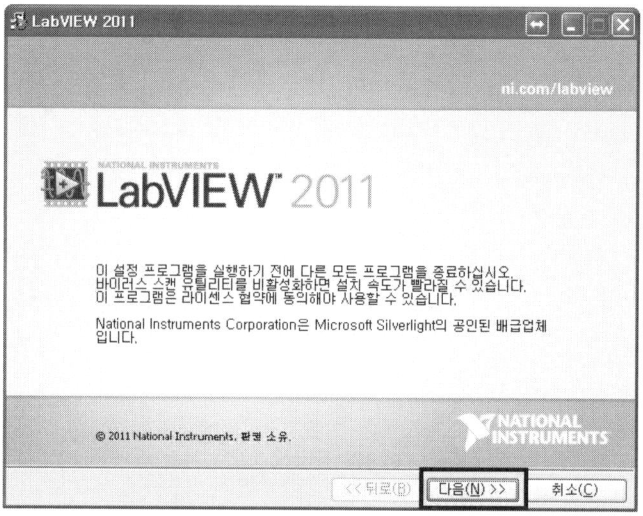


**[그림 1-12]** LabVIEW 설치 초기 화면

**다음**을 선택하면 사용자의 이름과 조직을 입력하도록 요구하는데 적절히 입력한 후 **다음**을 선택한다. 그리고 나면 LabVIEW 프로그램의 시리얼 번호 입력을 요구하는데 평가판을 사용하려면 아무것도 입력하지 않고 **다음**을 선택한다. 이럴 경우 30일 동안만 사용 가능하다.

다음 단계는 설치 파일의 저장 위치를 설정하도록 요구하는데, 기본값을 그대로 사용하기 위해서 **다음**을 선택한다. [그림 1-13]과 같은 창이 나타나면 여기서도 역시 **다음**을 선택한다.

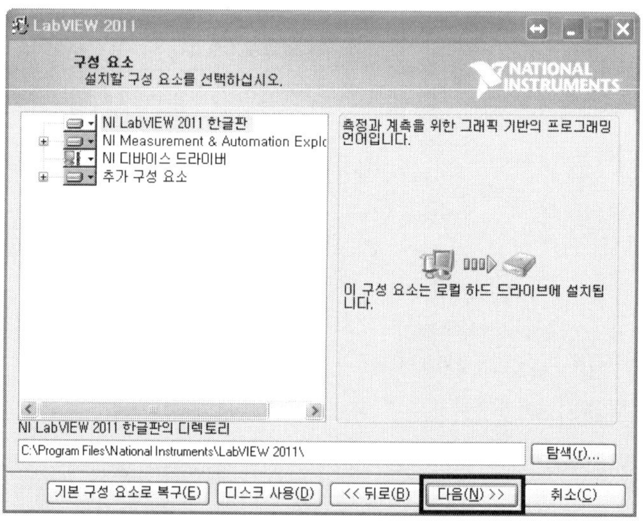


**[그림 1-13]** 설치 항목 선택 창

그리고 나면 제품 알림 창이 뜨는데, 여기서도 **다음**을 선택한다. 제품 알림 과정이 완료되면 또 **다음**을 선택한다. 그러면 [그림 1-14]와 같이 라이센스 협약과 관련한 창이 뜨는데, 여기서 **위의 2개 라이센스 협약에 동의합니다.**를 선택한 후 **다음**을 선택한다.

다음을 선택하면 **Microsoft Silver light**와 관련한 라이센스 협약 창이 뜨는데, 앞의 과정과 동일하게 **위의 2개 라이센스 협약에 동의합니다.**를 선택한 후 **다음**을 선택한다. 마지막으로 설치 시작 창이 뜨면, **다음**을 선택하여 프로그램 설치를 시작한다. 설치 완료를 알리는 창이 뜨면 **다음**을 선택한다.

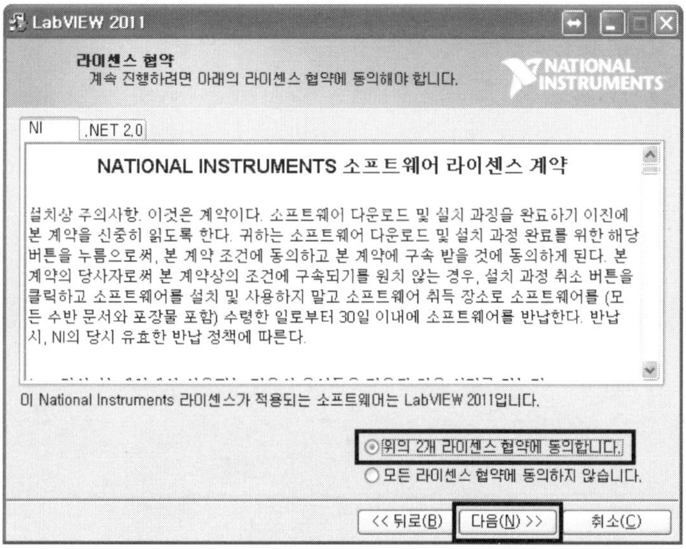


**[그림 1-14]** 라이센스 협약

그러면 [그림 1-15]와 같은 메시지 창이 뜨는데, **다시 시작**을 선택하여 컴퓨터를 재부팅한다.

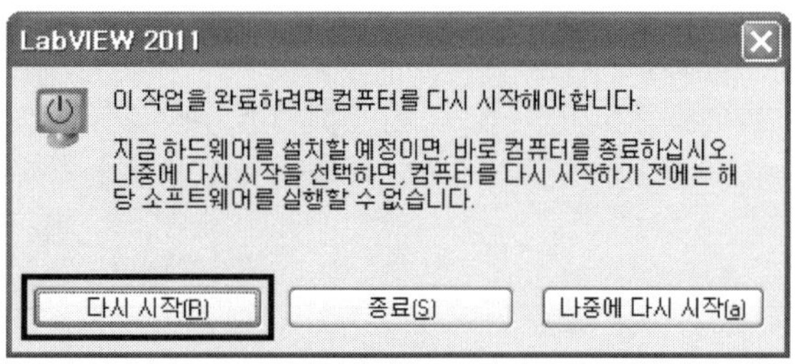


**[그림 1-15]** 윈도우 다시 시작

CHAPTER 02

# LabVIEW 소개



LabVIEW는 Laboratory Virtual Instrument Engineering Workbench의 약자로 아이콘과 와이어를 사용하는 그래픽 방식의 프로그래밍 언어이다. 따라서 명령에 의해서 프로그램 실행 순서가 결정되는 기존의 텍스트 기반 언어와 달리, LabVIEW는 **블록다이어그램의 노드(Node)**를 통과하는 데이터의 흐름이 **VI(Virtual Instrument)**와 **함수**의 실행 순서를 결정한다.

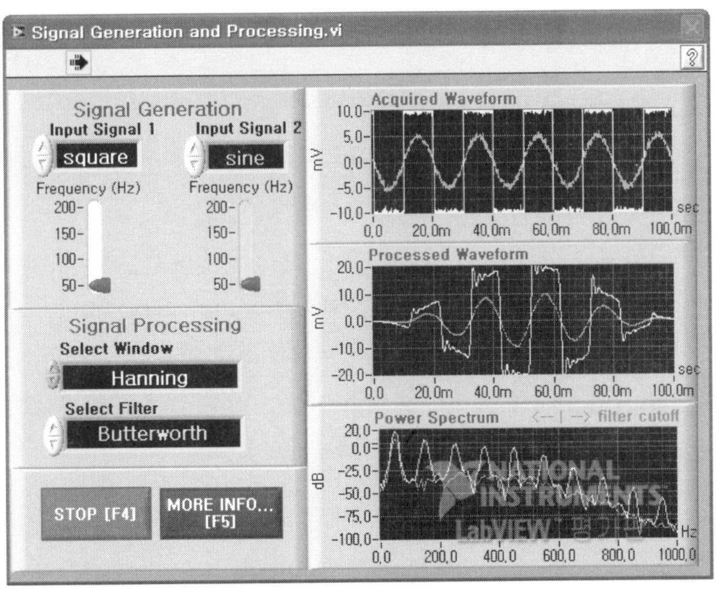


[그림 2-1] LabVIEW 예제 프로그램

## 2.1 LabVIEW 시작하기

1장에서 설치한 LabVIEW를 실행하면 [그림 2-2]와 같은 **시작하기** 윈도우가 나타난다. **시작하기** 윈도우는 LabVIEW를 처음 실행할 때 나타나는데, 이 윈도우를 통해서 새 VI를 만들 수 있다. 또한 왼쪽 아래에는 최근에 만들었거나 열어보았던 LabVIEW 파일들에 대한 정보가 나타나며, 오른쪽에는 다양한 정보와 리소스에 접근할 수 있는 메뉴들이 있다.

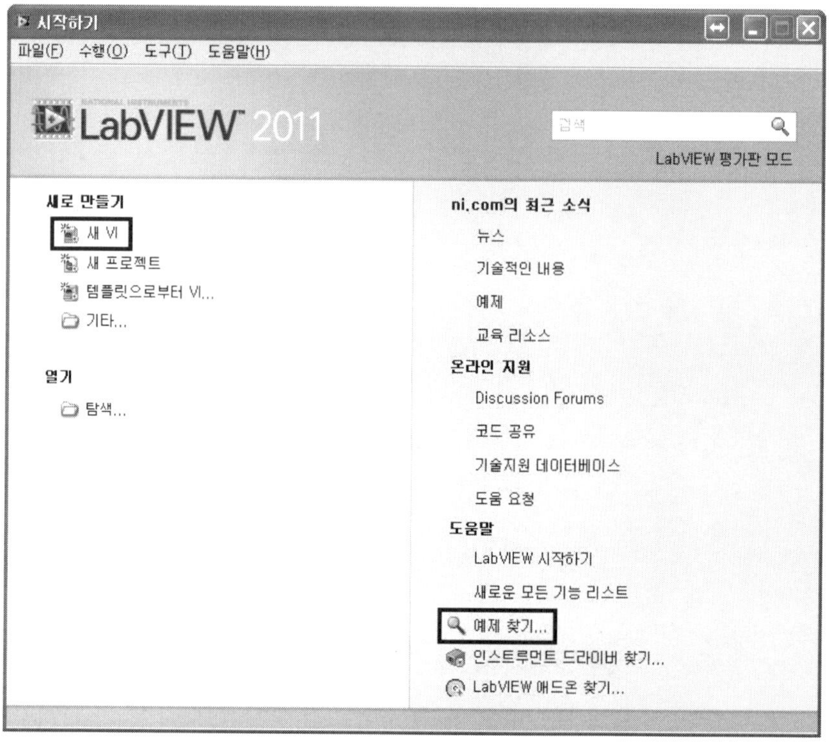


**[그림 2-2]** LabVIEW 시작하기 창

**시작하기** 윈도우에서 **예제 찾기...**를 선택하면 [그림 2-3]과 같이 **NI 예제 탐색기** 윈도우가 열린다. 그림에서 사각형으로 표시한 부분을 더블 클릭하면 [그림 2-1]의 VI가 열릴 것이다. **예제 찾기...**에는 유용하게 활용할 수 있는 다양한 예제 VI가 제공되며, 각자 환경에 맞게 수정하면 원하는 VI를 쉽게 만들 수 있다.

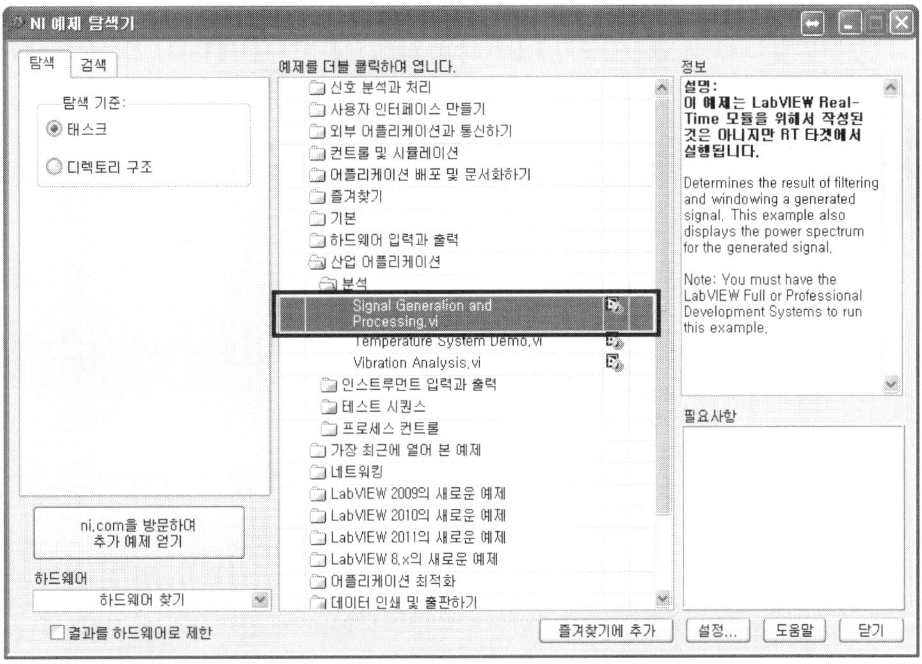


**[그림 2-3]** NI 예제 탐색기

이번에는 [그림 2-2]에서 **새 VI**를 클릭해보자. 아마도 **시작하기** 윈도우가 자동으로 사라지며, [그림 2-4]와 같은 **프런트패널**과 [그림 2-5]와 같은 **블록다이어그램**이 새롭게 나타날 것이다. 사라진 **시작하기** 윈도우는 열려 있는 모든 **프런트패널**과 **블록다이어그램**을 닫으면 자동으로 다시 나타난다. 또한 **프런트패널** 또는 **블록다이어그램**의 **보기** 메뉴에서 **시작하기 윈도우**를 선택하여도 **시작하기** 윈도우를 열 수 있다.

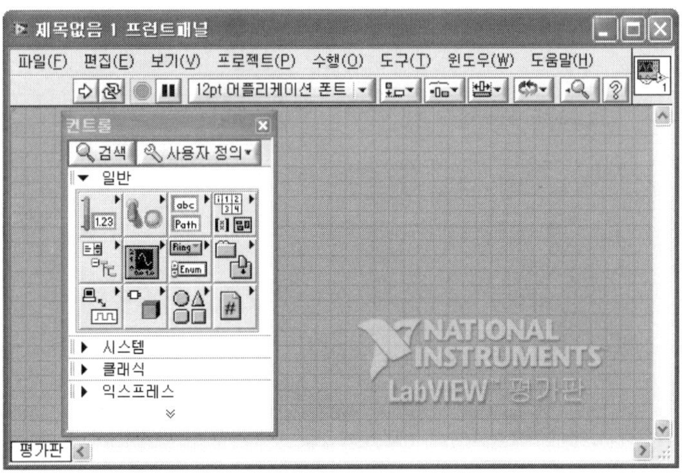


**[그림 2-4]** 프런트패널(Front Panel)

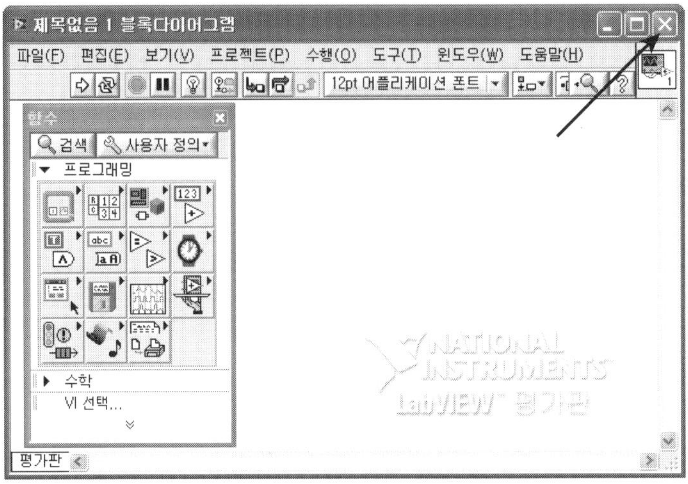


[그림 2-5] 블록다이어그램(Block Diagram)

회색 배경의 **프런트패널**은 [그림 2-1]과 같이 **컨트롤**과 **인디케이터**를 이용하여 사용자 인터페이스를 생성하는 곳이다. **컨트롤**과 **인디케이터**에 대한 설명은 추후 다시 할 것이다.

한편 흰색 바탕의 **블록다이어그램**에는 [그림 2-6]과 같이 **프런트패널**의 각종 객체(**컨트롤**, **인디케이터**)를 제어하는 **VI**와 **구조**(While 루프 등) 등이 놓이게 된다. 즉, **블록다이어그램**은 실질적으로 프로그램을 구현하는 코딩에 해당되는데, 이것을 **G 코드** 또는 **블록다이어그램 코드**라고 한다. **블록다이어그램**은 흐름도(flowchart)와 유사하다.

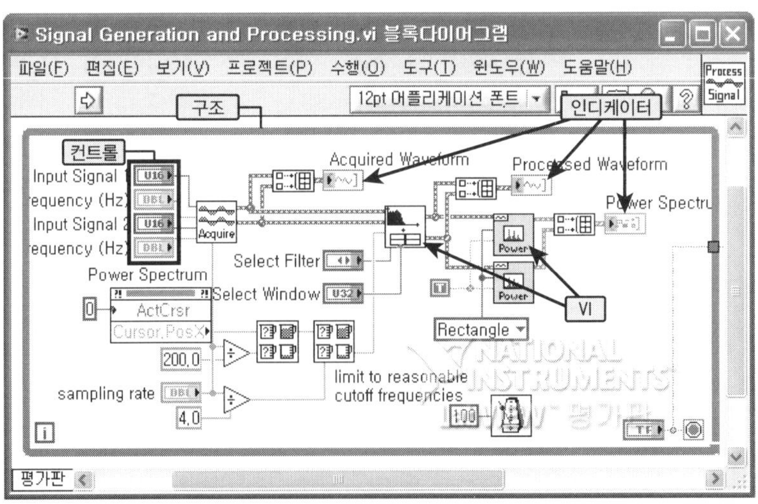


[그림 2-6] 블록다이어그램의 각종 객체

간단한 실습을 해보도록 하자. 먼저 [그림 2-5]에서 화살표가 가리키고 있는 **닫기** 버튼을 클릭하여 **블록다이어그램**을 종료하자. 그런데 VI를 수정하기 위해서 **블록다이어그램**을 다시 열려면 어떻게 해야 할지 생각해보자.

닫힌 **블록다이어그램**을 다시 열기 위해서는 [그림 2-7]과 같이 프런트패널의 **윈도우** 메뉴에서 **블록다이어그램 보이기**를 선택하면 된다.

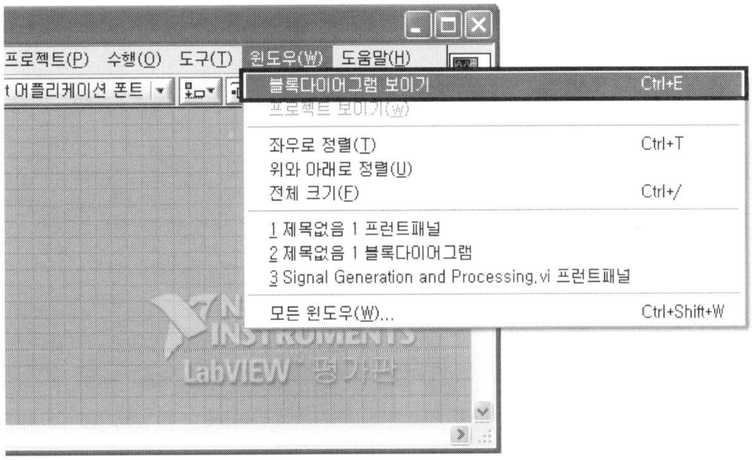


**[그림 2-7]** 블록다이어그램 보이기

## 2.2 LabVIEW 환경

하나의 VI를 만들기 위해서는 [그림 2-1]의 프런트패널과 [그림 2-6]의 블록다이어그램과 같이 **컨트롤**, **함수**, **구조**, **SubVI** 등이 사용된다. 지금부터 이러한 것들을 사용하기 위한 LabVIEW 환경에 대해서 알아보자.

### 2.2.1 컨트롤 팔레트

[그림 2-8]에서 화살표가 가리키는 것이 **컨트롤 팔레트**이다. 이것은 **프런트패널**에 **컨트롤**과 **인디케이터**를 생성하고자 할 때 이용한다. 여기서 **컨트롤**이란 데이터 값을 입력하는 것이며, **인디케이터**는 VI의 계산 결과를 출력해주는 것이다.

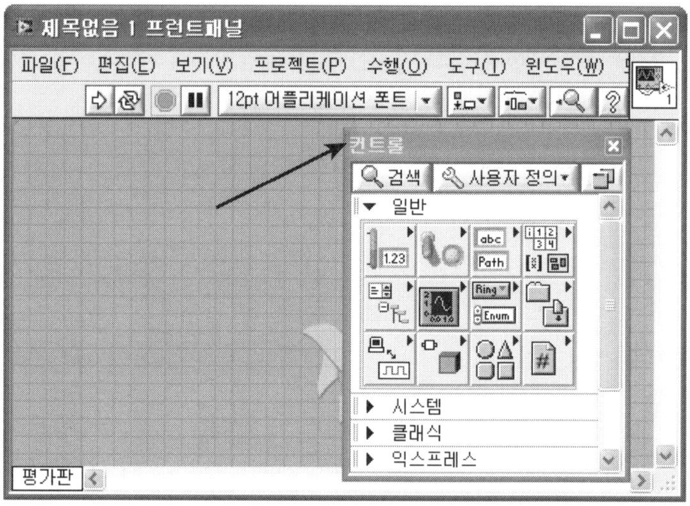

[그림 2-8] 컨트롤 팔레트

**컨트롤 팔레트**는 **프런트패널**을 선택하면 자동으로 나타나고, **블록다이어그램**을 선택하면 자동으로 사라진다. 만약 **컨트롤 팔레트**의 **닫기** 버튼을 누르면 **프런트패널**을 선택하여도 나타나지 않을 것이다. 이러한 경우에 **컨트롤 팔레트**를 다시 나타나게 하고 싶다면, [그림 2-9]와 같이 **보기** 메뉴에서 **컨트롤 팔레트**를 선택한다.

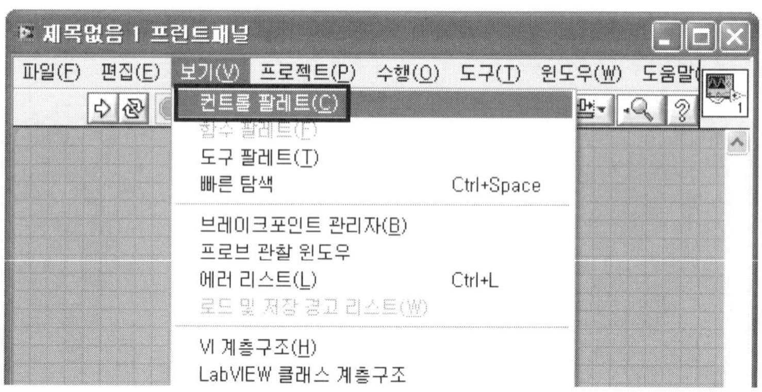

[그림 2-9] 컨트롤 팔레트 보이기

## 예제 2.1

[그림 2-10]과 같이 **컨트롤 팔레트**를 이용하여 **프런트패널**에 **숫자형 컨트롤**과 **숫자형 인디케이터**를 만들어라.

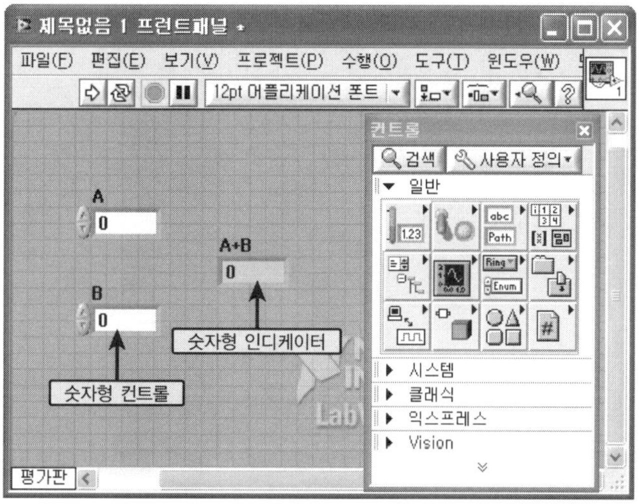


**[그림 2-10]** 예제 2.1

### 예제 풀이

**1단계 :** [그림 2-11]의 왼쪽 **컨트롤 팔레트**에서 화살표가 가리키는 곳을 클릭하면 오른쪽 그림처럼 **숫자형** 서브팔레트가 펼쳐진다. 여기서 사각형으로 표시한 **숫자형 컨트롤**을 클릭하고 **프런트패널**의 빈 곳 아무 데나 클릭하면, [그림 2-12]와 같이 그 위치에 **숫자형 컨트롤**이 생성된다.

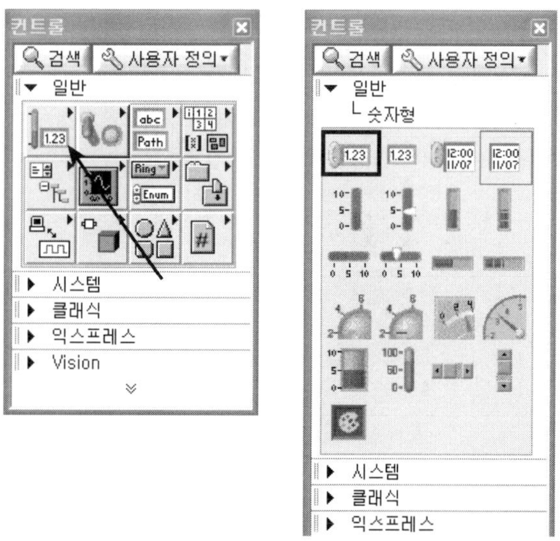


**[그림 2-11]** 숫자형 서브 팔레트

[그림 2-12]에서 '숫자형' 이란 반전된 텍스트를 **라벨**이라고 하는데, C 언어에서 변수명에 해당한다. 따라서 항상 적절한 **라벨**을 붙이는 습관을 들이도록 한다. 본 예제에서는 'A' 로 수정한다.

한편 뒤에서 다시 설명하겠지만 간략히 설명을 하면, **프런트패널**에 **숫자형 컨트롤**이 생성되는 것과 동시에 **블록다이어그램**에도 무엇인가가 생성된다. 그것을 **숫자형 컨트롤**의 **터미널**이라고 한다.

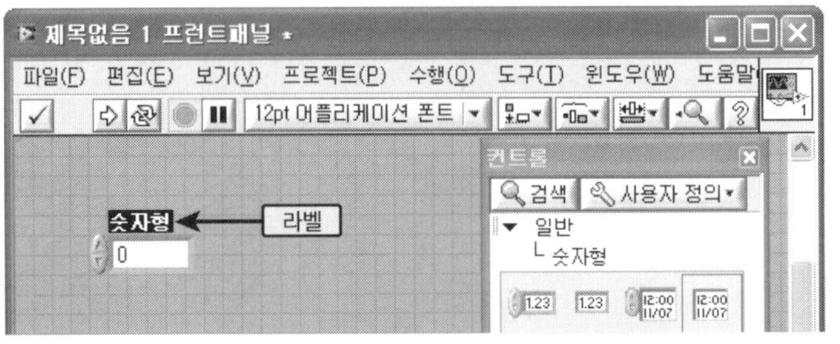


**[그림 2-12]** 라벨 변경

**2단계 :** **숫자형 컨트롤**은 두 개가 필요하므로, **1단계**를 참고하여 **숫자형 컨트롤**을 추가하고 **라벨**을 'B' 로 수정한다.

**3단계 :** 이번에는 숫자형 인디케이터를 추가하도록 하자. [그림 2-13]에서 사각형으로 표시한 **숫자형 인디케이터**를 클릭하고 **프런트패널**의 빈 곳 아무 데나 클릭하면, [그림 2-14]와 같이 **숫자형 인디케이터**가 생성된다. 이것의 **라벨**을 'A+B' 로 수정한다.

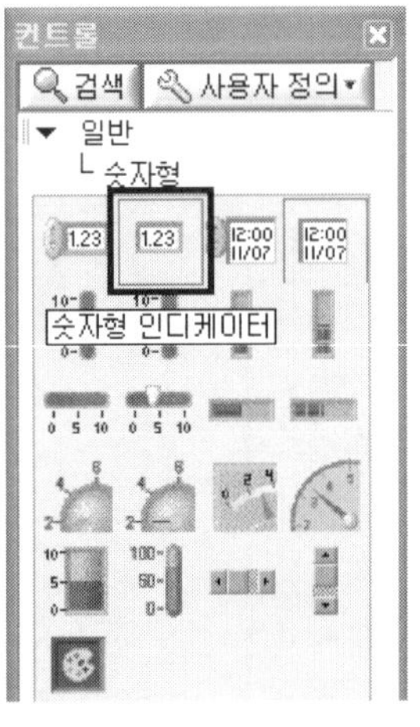


**[그림 2-13]** 숫자형 인디케이터

이제 [그림 2-14]에서 **숫자형 컨트롤 A, B**의 값을 변경하여 VI를 실행시켜 보자. VI를 실행하기 위해서는 [그림 2-14]에서 사각형으로 표시한 부분(**실행** 아이콘)을 클릭하면 된다. 그러나 **숫자형 인디케이터 A+B**에는 아무런 변화가 없을 것이다.

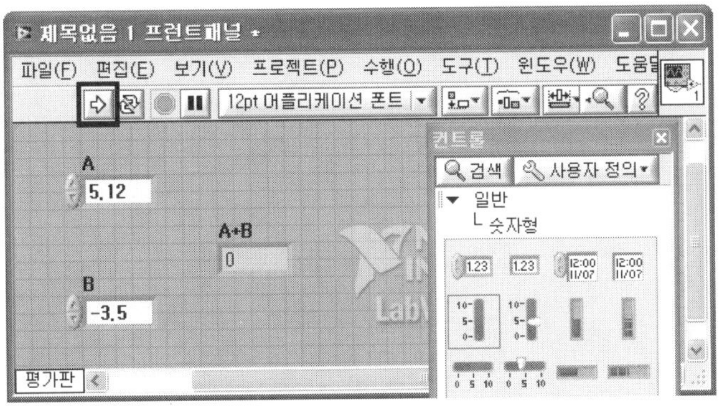

**[그림 2-14]** VI 실행하기

**4단계 :** 완성된 VI를 저장하기 위해서 [그림 2-15]와 같이 **파일** 메뉴에서 **저장**을 선택한다.

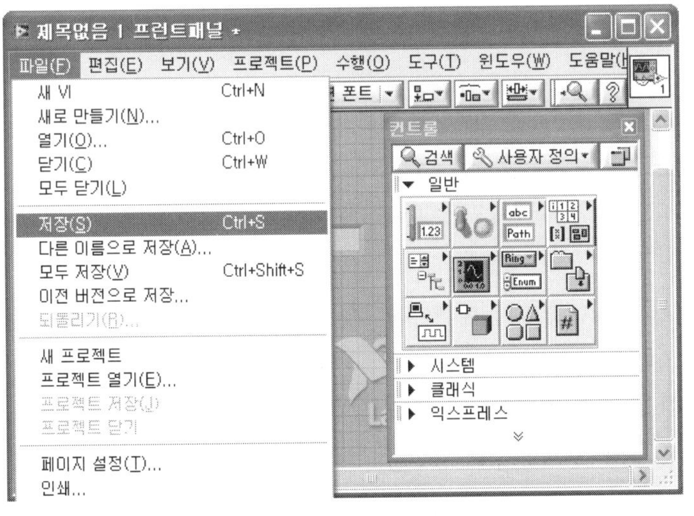

**[그림 2-15]** VI 저장하기

[그림 2-16]과 같이 저장 위치를 물어보면 각자 적절한 저장 위치를 설정한 후 파일 이름을 **예제 2.1**로 하여 VI를 저장한다. 뒤에서 이 VI를 이용하여 예제를 풀 것이므로 반드시 따라 한다.

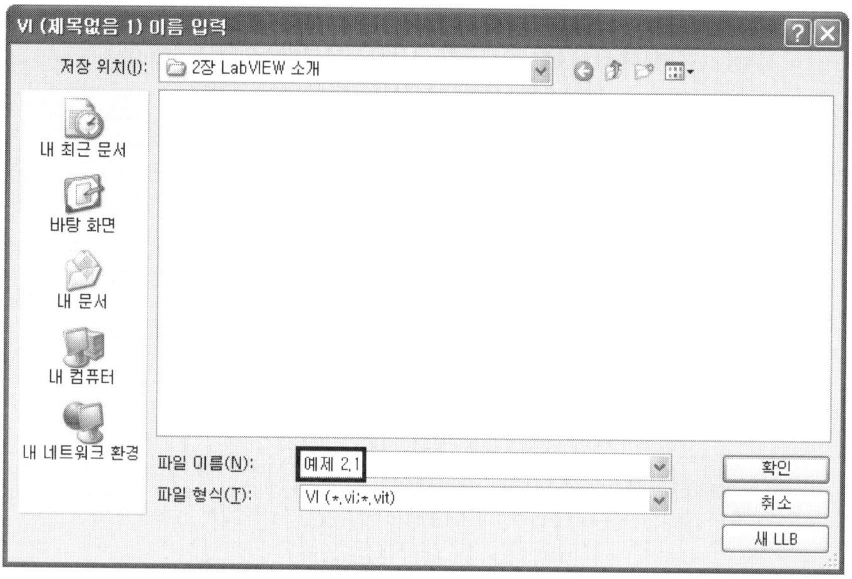


**[그림 2-16]** VI의 파일명 설정

### 2.2.2 함수 팔레트

[예제 2.1]에서 VI를 실행시켜도 **숫자형 인디케이터 A + B**에 아무런 변화가 없는 이유는 실질적으로 VI가 구현되도록 **블록다이어그램**에 코딩을 하지 않았기 때문이다. 지금부터는 **블록다이어그램**에 **G 코딩**을 하기 위해 필요한 **함수 팔레트**에 대해서 알아보도록 하자.

앞서 **컨트롤 팔레트**가 **프런트패널**을 만들기 위한 것이었다면, **함수 팔레트**는 **블록다이어그램**을 만들기 위한 것이다. [그림 2-17]에서 화살표가 가리키는 것이 **함수 팔레트**이다. 이것은 **블록다이어그램**에 **VI**와 **함수**를 생성하고자 할 때 이용한다. 여기서 말하는 **VI**란 [그림 2-17]의 **표준편차와 분산(Std Deviation and Variance.vi)** VI와 같이 LabVIEW에서 기본으로 제공하는 내장된 VI를 의미한다. 또한 **함수**는 그림에서 **더하기**, **제곱**과 같이 연한 노란색 배경에 검은색 전경으로 표시되는데 LabVIEW의 본질적인 실행 원소로서 **함수**는 사용자가 임의로 열거나 편집할 수 없다.

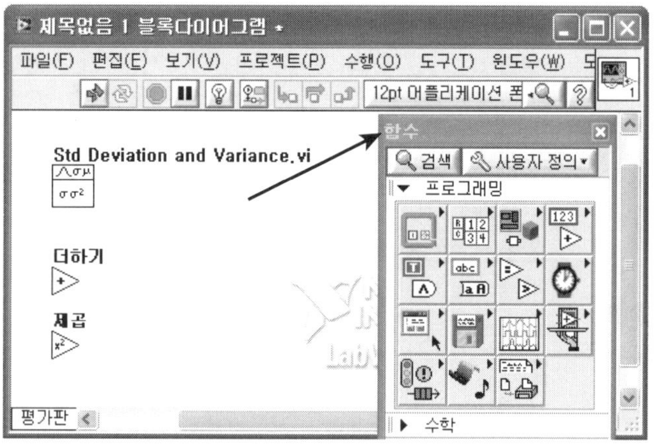

[그림 2-17] 함수 팔레트

**함수 팔레트**는 **블록다이어그램**을 선택하면 자동으로 나타나고, **프런트패널**을 선택하면 자동으로 사라진다. 만약 **함수 팔레트**의 **닫기** 버튼을 누르면 **블록다이어그램**을 선택하여도 나타나지 않을 것이다. 이런 경우에 **함수 팔레트**를 다시 나타나게 하고 싶다면, **보기** 메뉴에서 **함수 팔레트**를 선택한다.

### 예제 2.2

**함수 팔레트**에서 **곱하기**, **크거나 같음?** 함수와 **평균(Mean.vi)** VI를 찾아서 **블록다이어그램**에 포함시켜라.

**예제 풀이**

**1단계** : [그림 2-18]의 왼쪽 **함수 팔레트**에서 화살표가 가리키는 곳을 클릭하면 오른쪽 그림처럼 **숫자형** 서브팔레트가 펼쳐진다. 여기서 사각형으로 표시한 **곱하기**를 클릭하고 **블록다이어그램**의 빈 곳 아무 데나 클릭하면, [그림 2-19]와 같이 그 위치에 **곱하기** 함수가 생성된다.

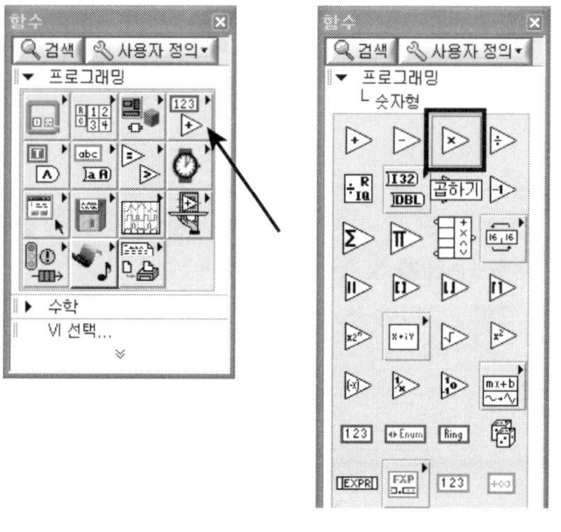

[그림 2-18] 숫자형 서브팔레트

**2단계 : 크거나 같음?** 함수는 **프로그래밍**의 **비교** 서브팔레트에 있다. 따라서 현재 펼쳐져 있는 **숫자형** 서브팔레트를 닫기 위해서 [그림 2-19]에서 사각형으로 표시한 **숫자형**을 클릭한다.

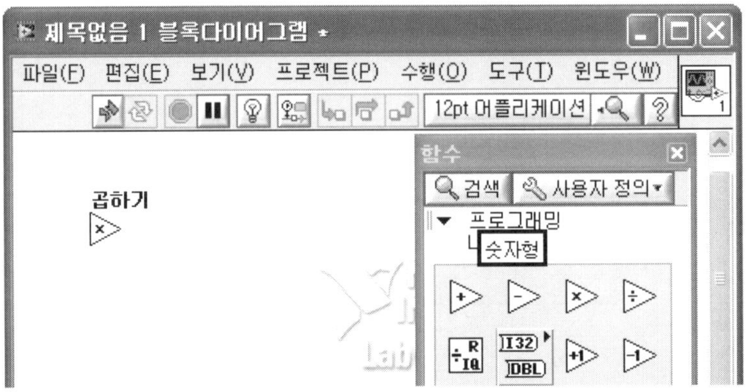


**[그림 2-19]** 숫자형 서브팔레트

그리고 난 후 [그림 2-20]의 왼쪽 **함수 팔레트**에서 화살표가 가리키는 곳을 클릭하면 오른쪽 그림처럼 **비교** 서브팔레트가 펼쳐진다. 여기서 사각형으로 표시한 **크거나 같음?**을 클릭하고 **블록다이어그램**의 빈 곳 아무 데나 클릭하면, [그림 2-21]과 같이 **크거나 같음?** 함수가 생성된다.

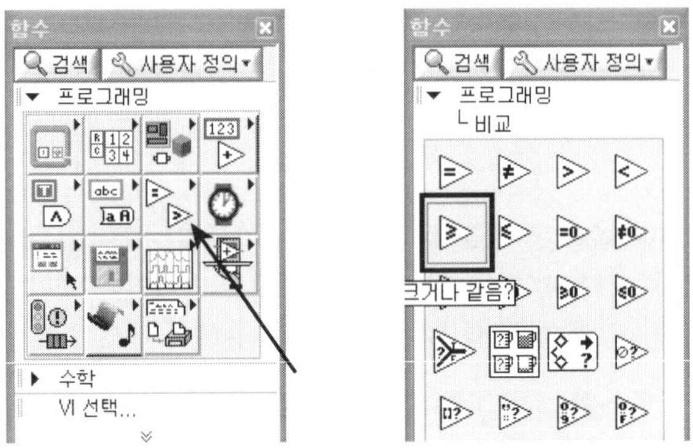


**[그림 2-20]** 비교 서브팔레트

**3단계 : 함수**의 생성은 완료되었으므로 이제는 **평균(Mean.vi)** VI를 **블록다이어그램**에 포함시켜 보자. **평균(Mean.vi)** VI는 **수학**의 **확률 & 통계** 서브팔레트에 있다. 따라서 현재 펼쳐져 있는 **비교** 서브팔레트를 닫기 위해서 [그림 2-21]에서 사각형으로 표시한 **비교**를 클릭한다.

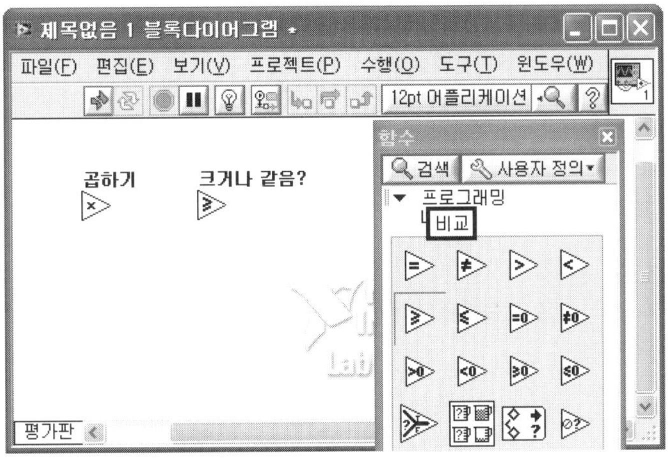


[그림 2-21] 비교 서브팔레트

그리고 [그림 2-22]에 표시한 것과 같은 순서로 선택하여 **평균** VI를 클릭하고 **블록다이어그램**의 빈 곳 아무 데나 클릭하면, [그림 2-23]과 같이 **평균** VI가 생성된다.

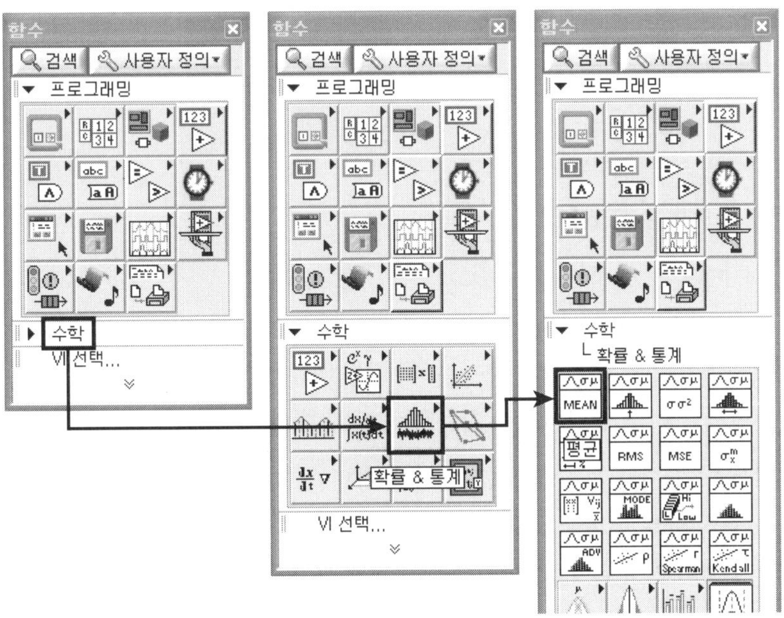


[그림 2-22] 수학의 확률 & 통계 서브팔레트

그런데 지금까지 만든 **함수**와 **VI**에는 **라벨**이 표시되어 있지 않을 것이다. 만약 **라벨**을 표시하고 싶다면, [그림 2-23]과 같이 해당 **함수**나 **VI** 위에서 마우스 오른쪽 클릭하여 **보이는 아이템→라벨**을 선택하면 된다.

[그림 2-23] 라벨 보이기

LabVIEW를 잘하기 위해서는 각종 **컨트롤**과 **함수**가 어느 **서브 팔레트**에 있는지 빨리 찾을 수 있어야 한다. 그러기 위해 많은 예제를 풀어보면서 그때마다 나오는 새로운 **컨트롤**과 **함수**의 위치를 잘 기억하도록 하자.

## 2.3 VI 실행과 디버깅

[예제 2.1]에서 만든 VI는 사용자 인터페이스만을 생성한 것일 뿐 덧셈 기능은 구현되지 않았다. 따라서 **예제 2.1.vi**에 생명을 불어넣기 위해서는 [예제 2.2]에서 다룬 각종 **함수**들을 이용해서 코딩을 해야만 한다. 지금부터는 VI에 생명을 불어넣고 정상적으로 VI가 실행되도록 하는 방법에 대해서 배워보자.

우선 미리 저장해 두었던 VI를 여는 방법은 크게 두 가지가 있다. VI가 저장된 폴더에서 VI 파일을 더블 클릭하여 여는 방법과 [그림 2-24]와 같이 **파일** 메뉴에서 **열기**를 선택하는 방법이 있다. 어느 방법이건 **예제 2.1.vi**를 찾아서 열도록 하자.

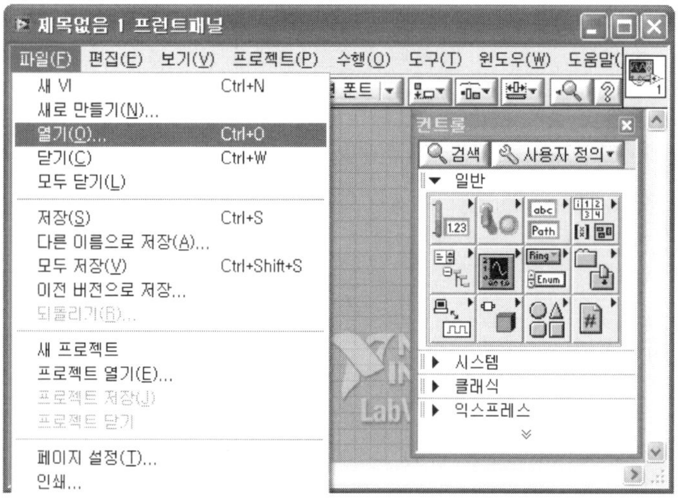


[그림 2-24] VI 열기

정상적으로 **예제 2.1.vi**를 열었다면, [그림 2-25]와 같을 것이다. 만약 **예제 2.1.vi**가 열렸음에도 불구하고 블록다이어그램이 보이지 않는다면, [그림 2-7]을 참고하기 바란다.

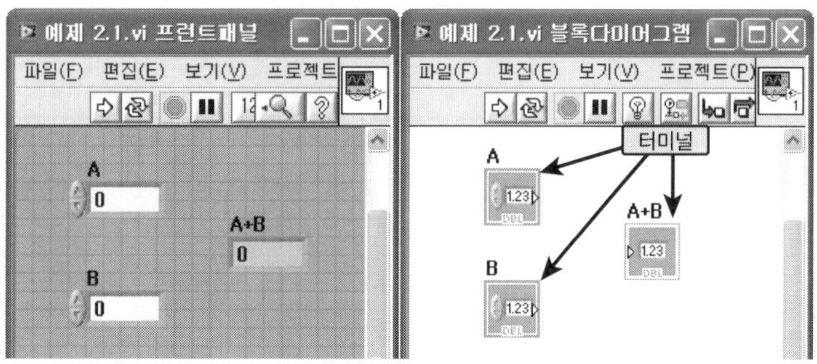


[그림 2-25] 프런트패널 객체의 터미널

여기서 중요한 것은 **프런트패널**의 객체인 **숫자형 컨트롤 A**와 **B**, **숫자형 인디케이터 A+B**는 **블록다이어그램**에서 **터미널**로 나타난다는 것이다. **터미널**은 **프런트패널**에 있는 **컨트롤**이나 **인디케이터**의 **데이터 타입**을 나타내며, 동시에 **프런트패널**과 **블록다이어그램** 사이에 정보를 교환하는 통로의 역할을 한다.

LabVIEW에서 말하는 **데이터 타입**이란 C 언어의 자료형과 같은 의미이다. 한편 LabVIEW에서는 **배정도(Double) 실수형**이 기본으로 설정되므로, VI를 만들 때는 각 개체의 **데이터 타입**을 적절하게 변경해주어야 한다.

현재 **배정도(Double) 실수형**인 **숫자형 컨트롤 B**의 **데이터 타입**을 **롱(Long) 정수형**으로 변경해보자. **프런트패널**의 **숫자형 컨트롤 B** 위에 마우스 포인터를 올려놓은 상태에서 마우스 오른쪽 클릭을 하면 [그림 2-26]의 왼쪽 그림과 같이 **바로 가기 메뉴**가 열린다. 여기서 사각형으로 표시한 **롱(Long)**형을 선택하면 **프런트패널**의 **숫자형 컨트롤 B**는 아무런 변화가 없으나, **블록다이어그램**의 **터미널 B**는 [그림 2-26]의 오른쪽 그림과 같이 변경된다.

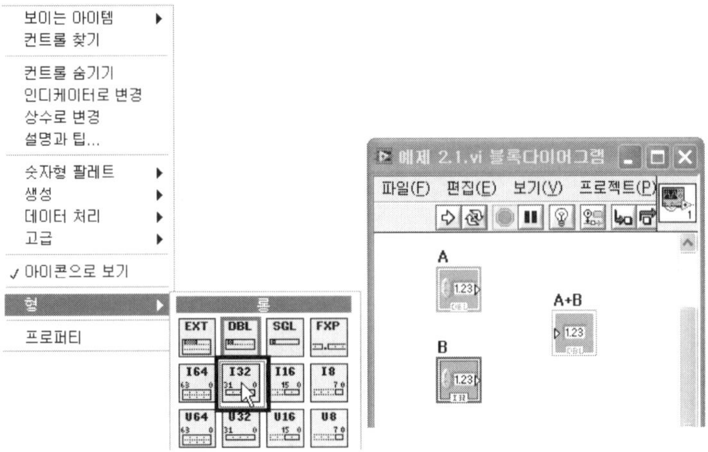


**[그림 2-26]** 데이터 타입 변경

먼저 **터미널**의 색이 **주황색**에서 **파란색**으로 변경되었다. 그리고 **터미널** 아래 가운데에 조그만 글씨로 **DBL**로 표기되어 있던 것이 **I32**로 변경되었다. 즉 그래픽 방식의 프로그래밍 언어인 LabVIEW는 **터미널**의 색으로 **데이터 타입**을 판단할 수 있다.

또한 **터미널**의 테두리 굵기도 중요한 의미를 담고 있다. 즉 **블록다이어그램**의 **컨트롤**은 **터미널**의 테두리가 굵은 실선인 반면에, **블록다이어그램**의 **인디케이터**는 **터미널**의 테두리가 얇은 실선으로 되어 있다. 한편 **데이터 타입**의 변경은 **프런트패널**의 **콘트롤** 또는 **인디케이터**에서뿐만 아니라 **블록다이어그램**의 **터미널**에서도 동일한 방법으로 변경할 수 있다.

다시 본론으로 돌아와서 **숫자형 컨트롤 A**와 **B**의 입력값을 더해서 **숫자형 컨트롤 A+B**에 결과값을 출력하기 위해 우선적으로 필요한 것은 **더하기** 함수를 **블록다이어그램**에 추가하는 것이다. [예제 2.2]에서 배웠던 내용을 참고하여 **더하기** 함수를 추가하자. 참고로 **더하기** 함수는 **함수 팔레트→프로그래밍→숫자형**에서 찾을 수 있다. 잘 하였다면 [그림 2-27]과 같이 나타날 것이다.

[그림 2-27] 더하기 함수 추가

그런데 **블록다이어그램**에 **더하기** 함수를 추가하자마자 어떤 변화가 일어난다. **더하기** 함수를 제외하고 [그림 2-26]의 오른쪽 그림과 [그림 2-27]의 다른 점을 찾아보면 [그림 2-28]과 같이 **실행** 버튼의 그림이 깨진 것을 알 수 있다. 즉 깨진 **실행** 버튼은 VI에 에러가 있고, 따라서 VI를 실행할 수 없다는 것을 의미한다.

[그림 2-28] 실행 버튼

깨진 **실행** 버튼을 클릭하여 VI를 실행시키면 [그림 2-29]와 같이 **에러 리스트** 창이 열리며, 현재 VI에 존재하는 에러와 경고에 대한 상세한 설명이 나온다. 그리고 [그림 2-29]에서 사각형으로 표시한 **에러 보이기**를 선택해보자. **블록다이어그램**의 **더하기** 함수에 포커스가 맞춰질 것이다. 현재는 VI가 매우 단순하므로 에러의 위치를 찾는 것이 어렵지 않지만, 나중에 VI가 복잡해지면 에러의 위치를 찾는 것이 쉽지 않다. 반드시 기억해두자!

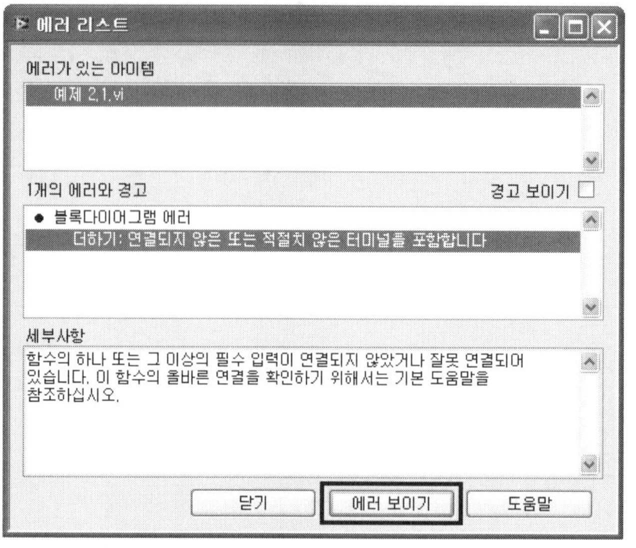


**[그림 2-29]** 에러 리스트 창

현재 어떤 에러가 있는가? "**더하기: 연결되지 않은 또는 적절치 않은 터미널을 포함합니다.**"라는 에러가 있음을 알려주고 있다. 엄밀히 얘기하면 '연결되지 않은 **터미널**'이 존재하기 때문에 에러가 발생한 것이다. 중요하므로 다시 한 번 언급하면, **터미널**은 **컨트롤**이나 **인디케이터**의 **데이터 타입**을 나타낼 뿐만 아니라 **프런트패널**과 **블록다이어그램** 사이에 정보를 교환하는 통로의 역할을 하는 것이다. [그림 2-25]를 참고한다.

## 2.4 와이어 연결하기

이제 LabVIEW에서 가장 중요한 VI에 생명을 불어넣는 작업인 **와이어** 연결에 대해서 알아보자. 우선 **터미널 A**와 **더하기** 함수를 연결하기 위해서 [그림 2-30]과 같이 마우스 포인터를 **터미널 A**의 오른쪽 가운데 있는 흰색 삼각형에 가까이 가져가 보자. 십자 모양의 마우스 포인터가 **실패** 모양으로 변하는 것을 알 수 있다.

이때 '드래그 앤 드롭'을 하듯이 마우스 왼쪽을 클릭한 상태로 계속 드래그하여 [그림 2-31]과 같이 더하기 함수의 **입력 커넥터**에 도착하면 마우스를 왼쪽 클릭을 해제한다. 그러면 [그림 2-32]와 같이 주황색 **와이어**가 연결된다.

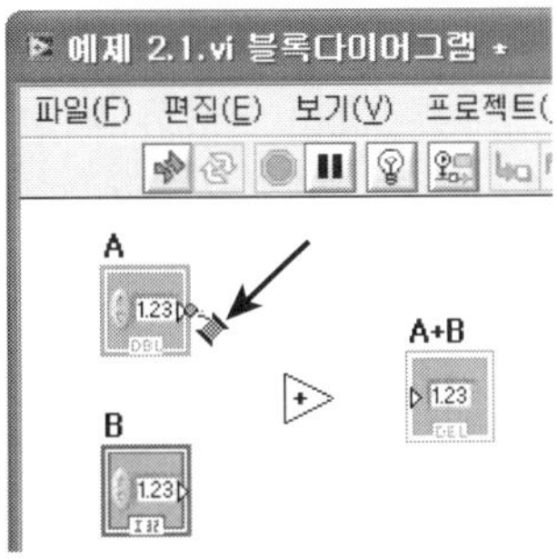


[그림 2-30] 와이어 연결 1단계

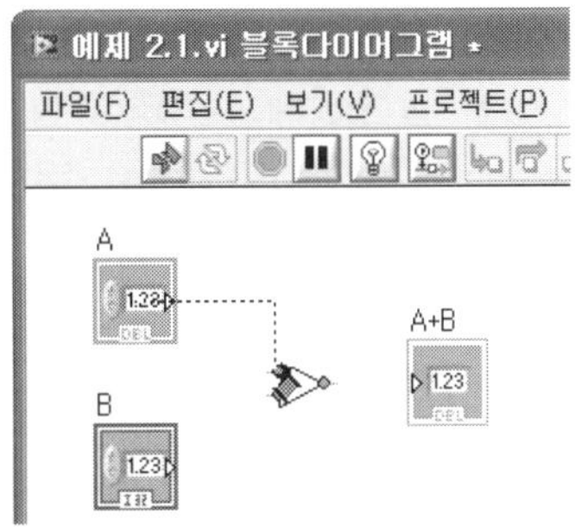


[그림 2-31] 와이어 연결 2단계

방금 한 것과 동일한 방식으로 **터미널 B**와 **터미널 A+B**를 **더하기** 함수와 연결하여 [그림 2-33]과 같이 VI를 완성하자.

[그림 2-32] 와이어 연결

**블록다이어그램** 내의 모든 **터미널**이 제대로 연결되면, 그 즉시 깨진 **실행** 버튼이 [그림 2-33]과 같이 정상적인 **실행** 버튼으로 돌아온다.

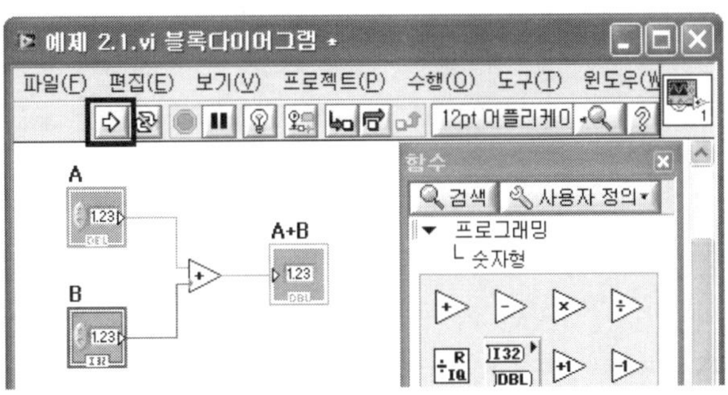


[그림 2-33] 완성된 VI

이제 덧셈 기능을 하는 VI가 완성되었으므로, 테스트를 해보자. **프런트패널**에서 **컨트롤 A**에는 5.28을 입력하고, **컨트롤 B**에는 3.4를 입력한 후 **실행** 버튼을 눌러 VI를 실행시켜보자. **인디케이터 A + B**의 출력값으로 8.68이 나오는지 확인해보자.

[그림 2-34]와 같이 **인디케이터 A + B**의 출력값은 8.28이 나올 것이다. 그 이유는 앞서 [그림 2-26]에서 **컨트롤 B**의 **데이터 타입**을 **롱(Long) 정수형**으로 변경했기 때문이다.

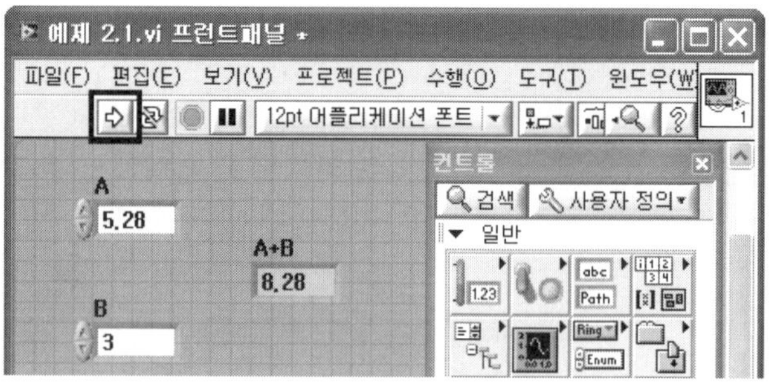

**[그림 2-34]** VI 실행

이번에는 연결된 **와이어**를 삭제해보도록 하자. **와이어**를 삭제하기 위해서는 [그림 2-35]과 같이 삭제하고자 하는 와이어를 마우스로 선택한 후 **Delete** 키를 누르면 된다. 그리고 나머지 **와이어**도 동일한 방법으로 모두 삭제한다.

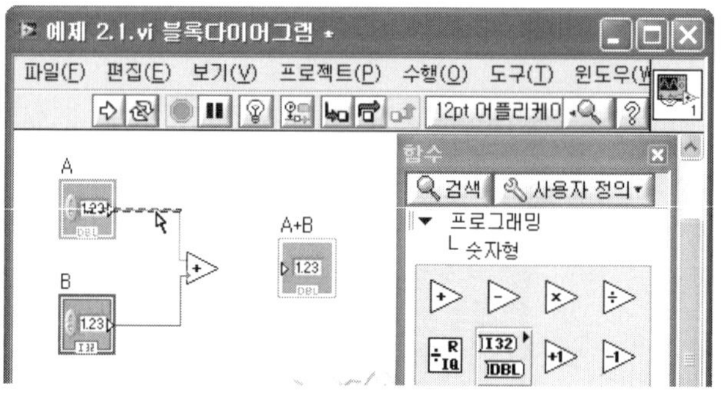

**[그림 2-35]** 와이어 삭제

상식적인 얘기지만 와이어 연결과 관련하여 가장 주의해야 할 것은 **와이어**가 **출력 커넥터**로부터 시작하여 **입력 커넥터**로 연결되어야 한다는 것이다. [그림 2-33]을 살펴보면 **터미널 A**와 **B**의 **출력 커넥터**는 **더하기** 함수의 **입력 커넥터**로 연결되며, 다시 **더하기** 함수의 **출력 커넥터**는 **터미널 A+B**의 **입력 커넥터**로 연결된다.

그렇다면 **터미널** A와 B의 **출력 커넥터**끼리 **와이어**를 연결하면 어떻게 되며, **더하기** 함수의 **입력 커넥터**와 **터미널** A+B의 **입력 커넥터**를 연결하면 어떻게 되는지 알아보자.

와이어를 잘못 연결하면 [그림 2-36]과 같이 검은색 점선 중간 지점에 X 표시가 있는 **깨진 와이어**로 연결된다. VI를 만들다 보면 **깨진 와이어**를 자주 보게 될 것이며, **깨진 와이어**를 삭제하는 방법은 정상적인 **와이어**를 삭제하는 방법과 동일하다. 그러나 **깨진 와이어**가 많을 경우에는 일일이 **와이어**를 선택하여 삭제하는 방법 대신 단축키 **Ctrl + B**를 누르면 **블록다이어그램** 내에 있는 모든 **깨진 와이어**를 한 번에 삭제할 수 있다.

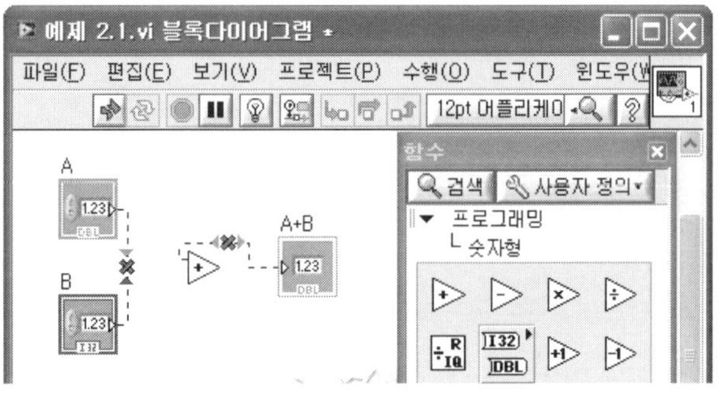


**[그림 2-36]** 잘못된 와이어 연결

마지막으로 앞서 **터미널**의 색과 테두리의 굵기가 중요한 의미를 가지고 있다고 하였듯이 **와이어**의 색, 스타일, 굵기도 LabVIEW에서 중요한 의미를 지니고 있다. 우선 **와이어**의 색은 **터미널**의 색과 마찬가지로 **와이어**를 통해 흐르는 정보(데이터)의 **데이터 타입**을 알려준다. 나머지 **와이어**의 스타일과 굵기가 의미하는 것은 추후 해당 상황이 발생할 때 설명한다.

# CHAPTER 03 함수



앞장에서 LabVIEW를 배우기 위한 가장 기본적인 사항들에 대해 알아보았다. 지금부터는 **2부 유전알고리즘**을 LabVIEW로 구현할 때 접하게 될 다양한 **함수**에 대해서 알아볼 것이다. 즉 여기서 언급하는 함수들은 2부에서 반드시 나오는 것들이므로 완벽하게 이해해야 한다.

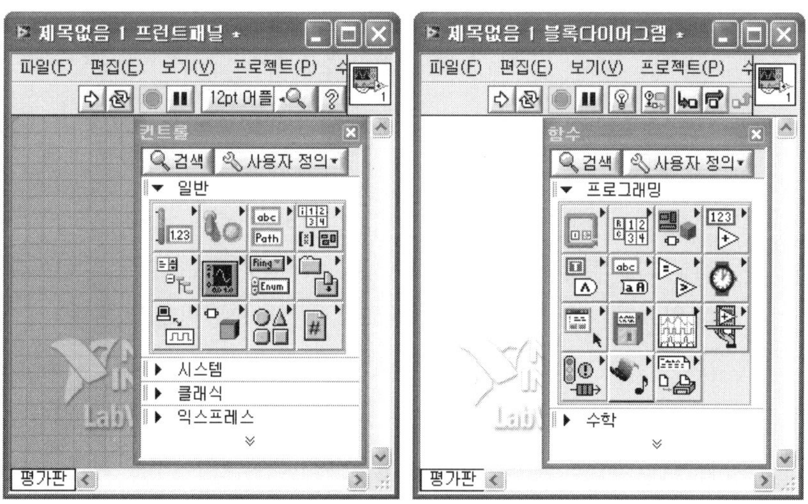


**[그림 3-1]** 프런트패널과 블록다이어그램

시작에 앞서 몇 가지 환경 설정을 해보자. 그동안 VI를 만들 때 [그림 3-1]과 같이 **컨트롤 팔레트**와 **함수 팔레트**를 항상 보이도록 하였다. 그러나 앞으로 VI가 복잡해지면 VI를 만드는 데 방해가 되므로, **컨트롤 팔레트**와 **함수 팔레트**를 모두 닫는다.

그러면 VI를 만드는 도중 **컨트롤 팔레트**와 **함수 팔레트**를 사용하려면 어떻게 해야 하는지 알아보자. **컨트롤 팔레트**를 사용하려면 [그림 3-2]의 왼쪽 그림과 같이 **프런트패널**의 여백에서 마우스 오른쪽 클릭을 하면 되고, **함수 팔레트**를 사용하려면 [그림 3-2]의 오른쪽 그림과 같이 **블록다이어그램**의 여백에서 마우스 오른쪽 클릭을 하면 된다.

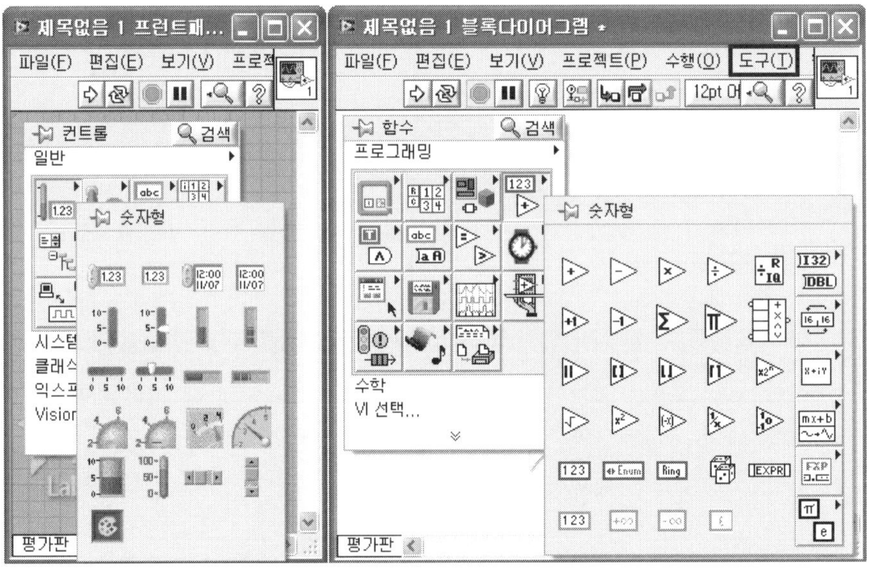

**[그림 3-2]** 컨트롤 팔레트와 함수 팔레트 열기

LabVIEW에 익숙지 않은 독자들이 [그림 3-2]의 많은 **컨트롤**과 **함수**들의 명칭을 일일이 다 기억할 수는 없다. 그러나 2장에서 이야기했듯이 LabVIEW를 잘하기 위해서는 어떤 **함수**가 어느 **서브팔레트**에 있는지 빨리 찾을 수 있어야 한다. 따라서 각각의 **컨트롤**과 **함수**에 이름이 함께 표시된다면 편리할 것이다.

[그림 3-2]의 오른쪽 그림에 사각형으로 표시한 **블록다이어그램**의 **도구** 메뉴에서 **옵션**을 선택하면, [그림 3-3]과 같이 **옵션** 창이 뜬다. 여기서 **항목**을 **컨트롤/함수 팔레트**로 선택한 후 **항목(표준)**으로 체크되어 있는 것을 **항목(아이콘과 텍스트)**로 변경한다.

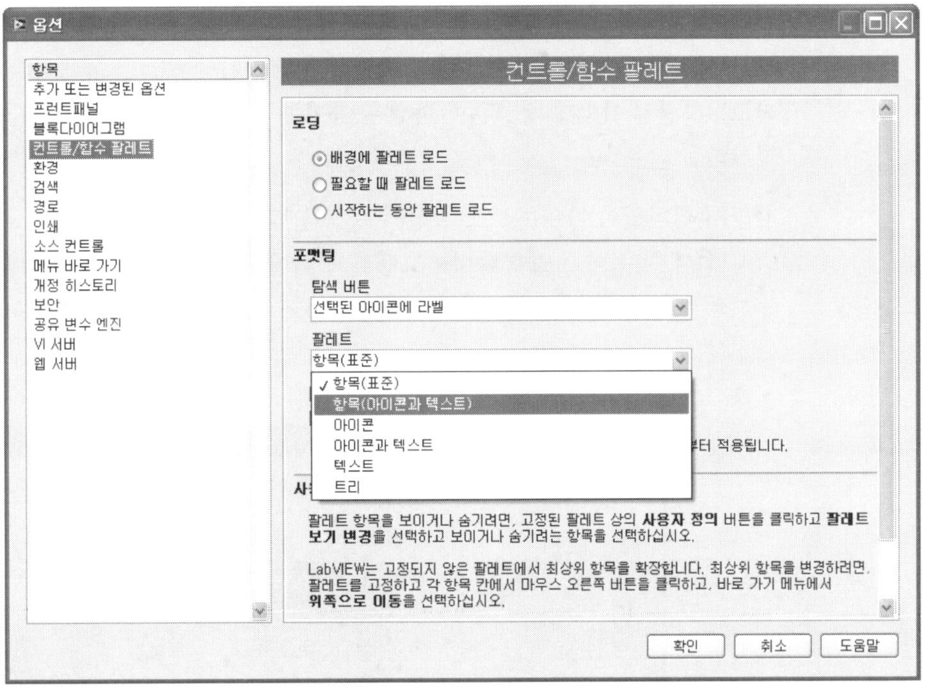

[그림 3-3] LabVIEW 옵션 창

**항목(아이콘과 텍스트)**로 변경하였으면 **확인**을 선택하여 **옵션** 창을 닫는다. **블록다이어그램**에서 마우스 오른쪽 클릭하여 **함수 팔레트**를 열면 [그림 3-4]와 같이 **함수**의 이름이 함께 표시되는 것을 볼 수 있다.

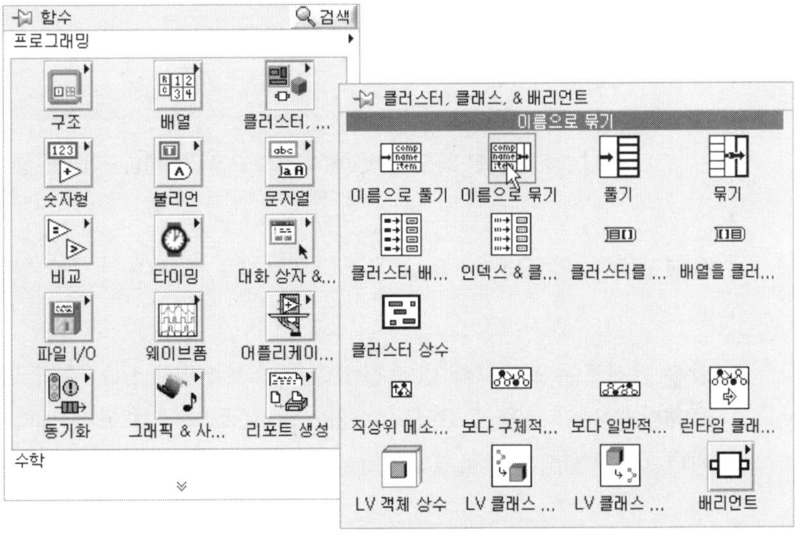

[그림 3-4] 아이콘과 텍스트로 표시된 함수 팔레트

옵션 설정을 하나만 더 하도록 하겠다. 2장에서 **프런트패널**에 **컨트롤** 또는 **인디케이터**를 생성하면, **블록다이어그램**에 **터미널**이 생성된다는 것을 배웠다(※ [그림 2-25] 참고). 그런데 이렇게 생성된 **터미널**은 **아이콘**의 형태를 하고 있어서 공간을 많이 차지한다.

따라서 **터미널**이 **아이콘**으로 생성되는 것을 막기 위해 [그림 3-5]와 같이 **옵션** 창을 다시 연다. **항목**에서 **블록다이어그램**을 선택한 후 **프런트패널 터미널을 아이콘으로 놓기**의 체크 항목(사각형으로 표시한 부분)을 해제한다. **확인**을 선택하고 **옵션** 창을 닫는다.

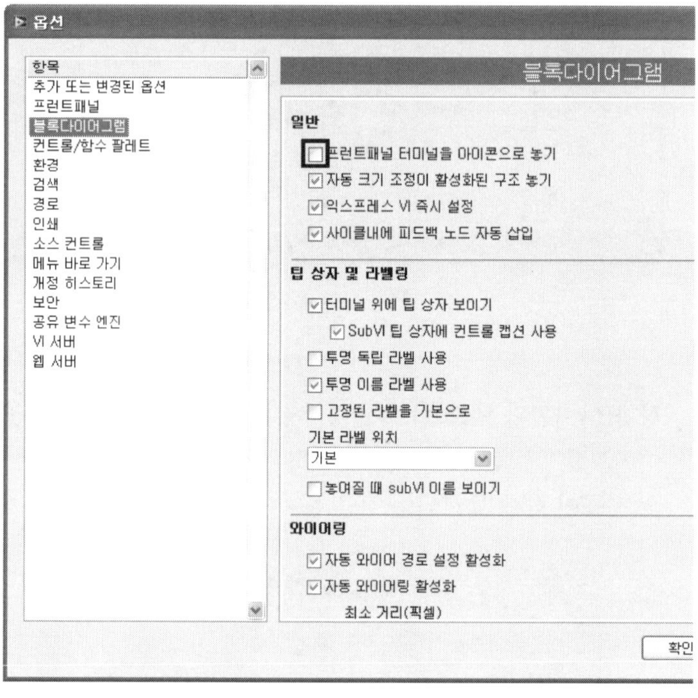


[그림 3-5] LabVIEW 옵션 창에서 블록다이어그램 설정

**옵션** 설정이 완료되었으므로, 본격적으로 앞으로 사용될 주요 **함수**들에 대해서 알아보자.

**함수 팔레트**는 **프로그래밍, 측정 I/O, 인스트루먼트 I/O, 수학, 컨트롤 디자인과 시뮬레이션** 등의 모듈로 구성되며, 각각의 모듈은 다시 여러 개의 **서브팔레트**로 구성된다. [그림 3-6]은 **프로그래밍**과 **수학** 모듈의 **서브팔레트**를 펼친 것이다.

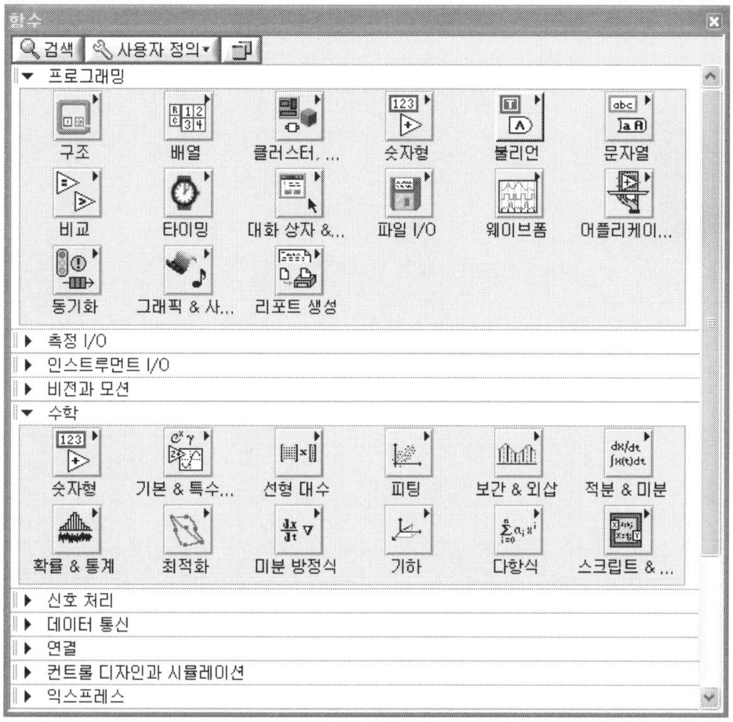


**[그림 3-6]** 프로그래밍과 수학 모듈의 서브팔레트

이번 3장에서는 **프로그래밍** 모듈의 **클러스터**, **숫자형**, **불리언**, **비교**, **타이밍** 관련 함수와 **수학** 모듈의 **기본 & 특수 함수**와 관련한 내용을 배울 것이다. 참고로 **구조**와 **배열 서브팔레트**는 중요한 내용이 많아 4장과 5장에서 별도로 다룰 것이다.

# 3.1 숫자형

LabVIEW에서 VI를 만들 때 가장 많이 이용되는 것이 바로 [그림 3-7]의 **숫자형 함수**들이다.

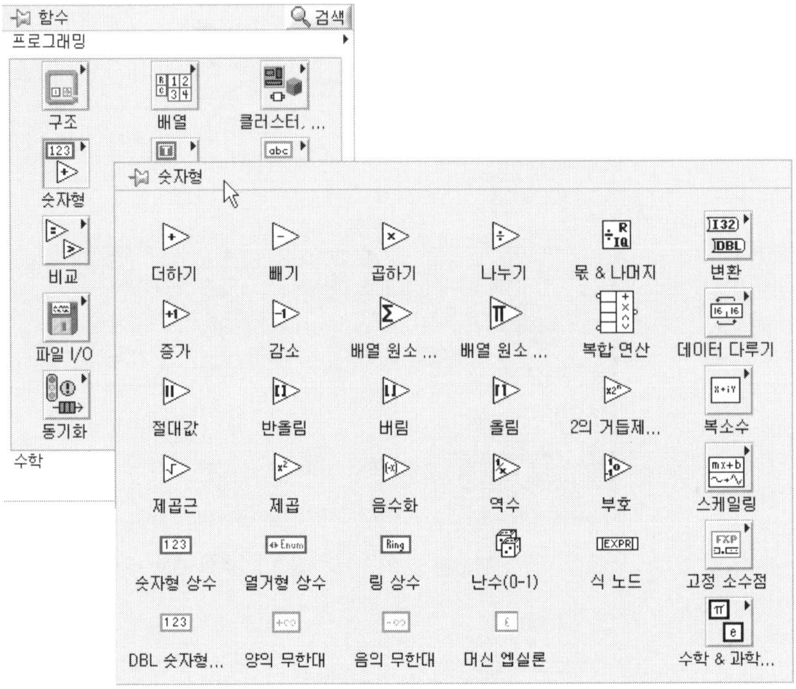


**[그림 3-7]** 숫자형 함수

## 3.1.1 더하기, 빼기, 곱하기, 나누기 함수

사칙연산에 사용되는 함수로 앞으로 가장 많이 사용하게 될 것이다. 이론적인 설명은 불필요할 것으로 생각되므로 곧바로 예제를 통해서 배워보자.

**예제 3.1**

두 개의 **숫자형 컨트롤**에 대해서 덧셈, 뺄셈, 곱셈, 나눗셈을 수행하는 계산기 VI를 만들어라.

**예제풀이**

**1단계** : VI를 만들 때는 먼저 **프런트패널**에 사용자 인터페이스를 만든 후, **블록다이어그램**에서 **함수**를 이용하여 코딩하는 것이 가장 일반적인 방법이다. 따라서 **프런트패널**에 **숫자형 컨트롤**과 **인디케이터**를 생성한 후 [그림 3-8]과 같이 **라벨**을 수정한다.

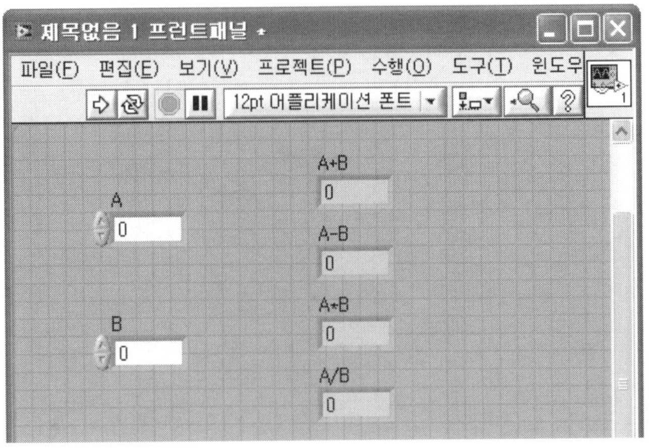


**[그림 3-8]** 사용자 인터페이스 만들기

**2단계 :** 이제 VI에 생명을 불어넣는 작업을 하자. 먼저 블록다이어그램에 **더하기, 빼기, 곱하기, 나누기 함수**를 추가한 후 [그림 3-9]와 같이 **더하기 함수**에 와이어를 연결한다. 이때 와이어를 클릭한 후 키보드의 방향키를 이용하여 와이어의 위치를 조정한다. 특히 앞으로 VI가 점점 복잡해질 것이므로 와이어를 깔끔하게 정리하는 습관을 들이도록 하자.

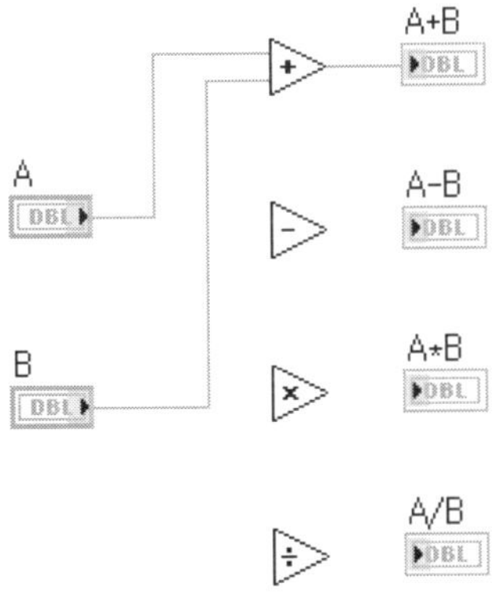


**[그림 3-9]** 더하기 함수에 와이어 연결

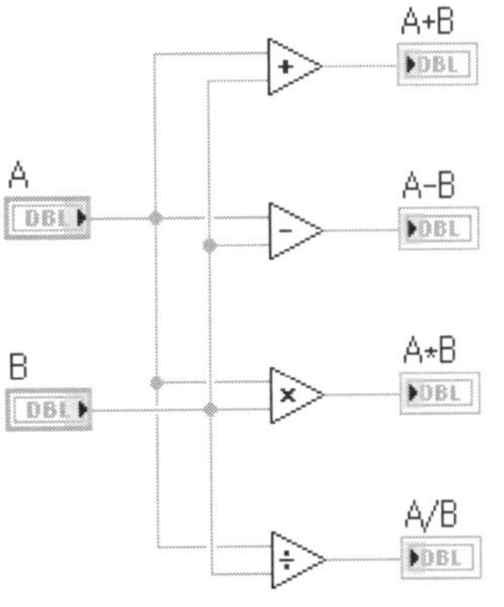


**[그림 3-10]** 완성된 VI

**3단계 : 2단계**와 똑같은 방식으로 **빼기, 곱하기, 나누기 함수**도 와이어를 연결하여, [그림 3-10]과 같이 만들면 VI가 완성된다. 완성된 VI를 **계산기.vi**로 저장하고 테스트를 위해서 [그림 3-11]과 같이 숫자형 **컨트롤 A**와 **B**에 각각 5.28과 2.4를 입력하고, VI를 실행한다. 정상적으로 계산된 것을 알 수 있다.

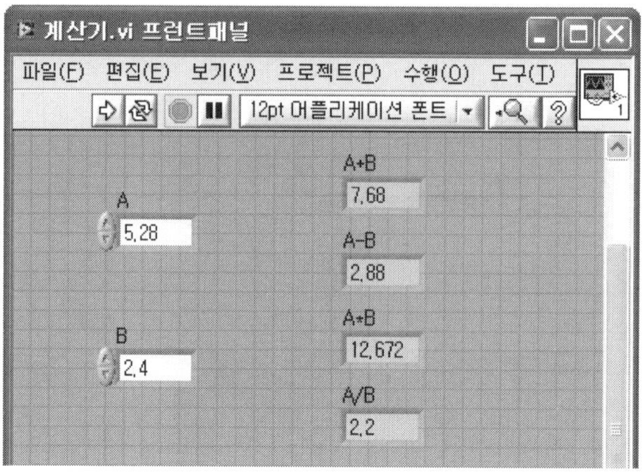


**[그림 3-11]** 계산기.vi 실행 결과

### 3.1.2 증가, 감소 함수

**증가 함수**는 [그림 3-12]의 왼쪽 그림과 같이 입력값에 1을 더하는 함수이며, **감소 함수**는 [그림 3-12]의 오른쪽 그림과 같이 입력값에서 1을 빼는 함수이다.

**[그림 3-12]** '증가' 및 '감소' 함수

**예제 3.2**

[그림 3-13]과 같이 **증가, 감소 함수**를 이용한 VI를 만들어라.

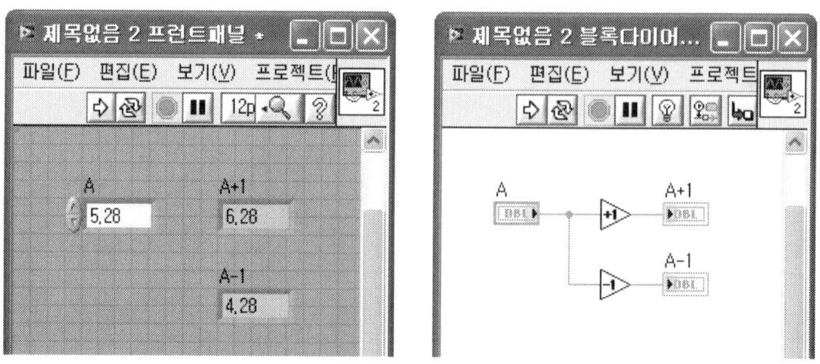


**[그림 3-13]** 증가 및 감소 함수를 이용한 예제

**증가**, **감소 함수**는 [그림 3-14]와 같이 **더하기**, **빼기 함수**를 이용하여 만든 VI와 똑같은 기능을 하지만 **블록다이어그램**을 좀 더 심플하게 하고 싶을 때 이용하면 편리하다. 풀이는 어렵지 않으므로 생략한다.

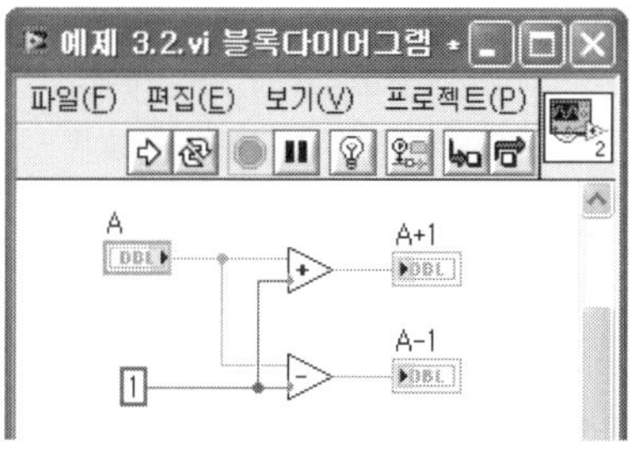


**[그림 3-14]** 더하기, 빼기 함수를 이용한 예제

### 3.1.3 복합 연산 함수

**복합 연산 함수**는 [그림 3-15]와 같이 n개의 입력에 대한 연산(더하기, 곱하기, AND, OR, XOR)을 수행한다. **복합 연산 함수**에서 마우스 오른쪽 클릭한 후 바로 가기 메뉴에서 **모드 변경**을 선택하여 연산 모드를 변경할 수 있다. 또한 그림에서 볼 수 있듯이 **복합 연산 함수**의 하단을 클릭하여 잡아당기면 원하는 개수만큼 늘릴 수 있다.

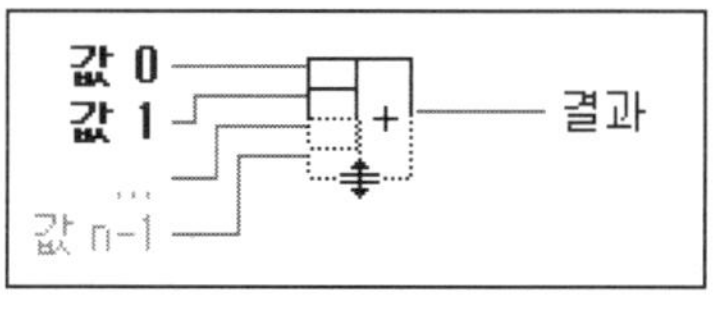


**[그림 3-15]** '복합 연산' 함수

**예제 3.3**

3개의 **숫자형 컨트롤**의 값을 모두 더하는 VI를 만들어라.

**예제 풀이**

**1단계** : [그림 3-16]과 같이 **프런트패널**에 사용자 인터페이스를 만든다.

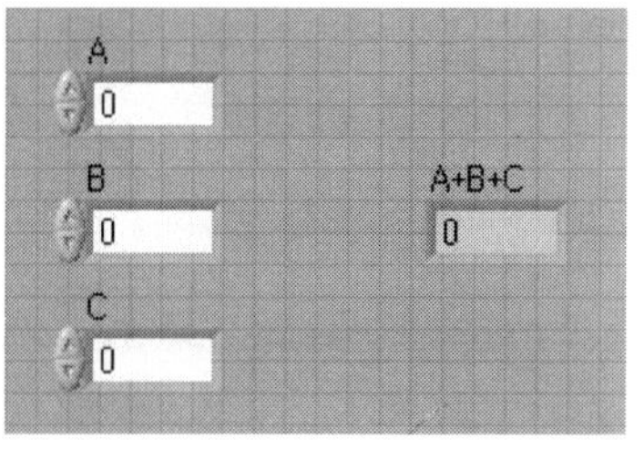


**[그림 3-16]** 사용자 인터페이스 생성

**2단계 : 블록다이어그램**에 **복합 연산 함수**를 추가한 후 [그림 3-17]과 같이 **와이어**를 연결하면 VI가 완성된다. 완성된 VI를 **예제 3.3.vi**로 저장한다. [그림 3-18]은 [예제 3.3]을 더하기 함수로 이용하여 만든 것이다. **복합 연산 함수**의 유용성을 알 수 있을 것이다.

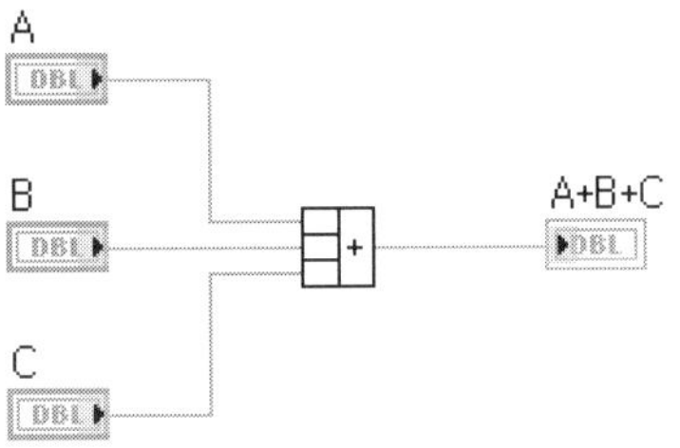


**[그림 3-17]** 완성된 VI

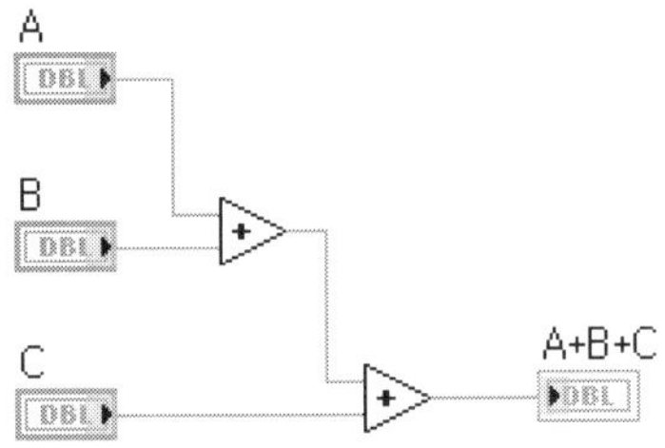


**[그림 3-18]** 더하기 함수를 이용한 예제 풀이

### 3.1.4 절대값, 반올림, 버림 함수

[그림 3-19]는 왼쪽부터 차례로 **절대값, 반올림, 버림** 함수를 나타낸다. 이론적인 설명은 불필요할 것으로 판단되므로, 곧바로 예제를 통해서 공부해보자.

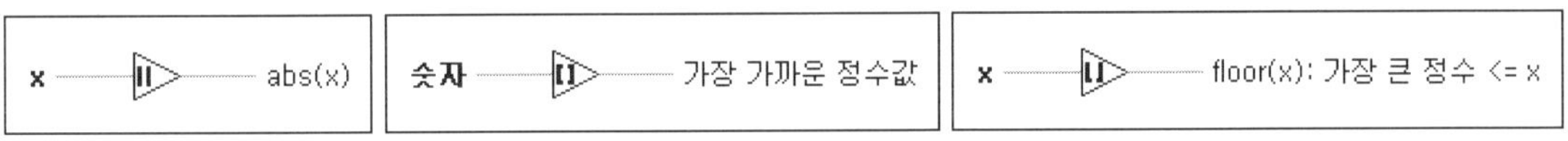


**[그림 3-19]** '절대값', '반올림', '버림' 함수

**예제 3.4**

**숫자형 컨트롤 A**의 입력값으로부터 각각 절대값, 반올림값, 버림값을 구하는 VI를 만들어라.

**예제 풀이**

**1단계 :** [그림 3-20]과 같이 **프런트패널**에 사용자 인터페이스를 만든다.

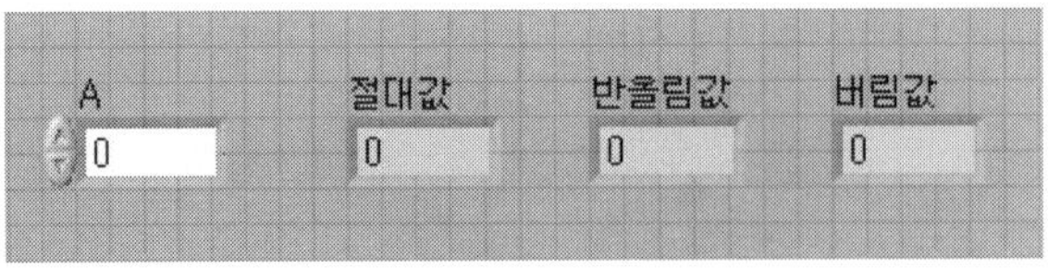


**[그림 3-20]** 사용자 인터페이스 생성

**2단계** : [그림 3-21]과 같이 **블록다이어그램**에 **절대값**, **반올림**, **버림** 함수를 추가한 후 와이어를 연결한다.

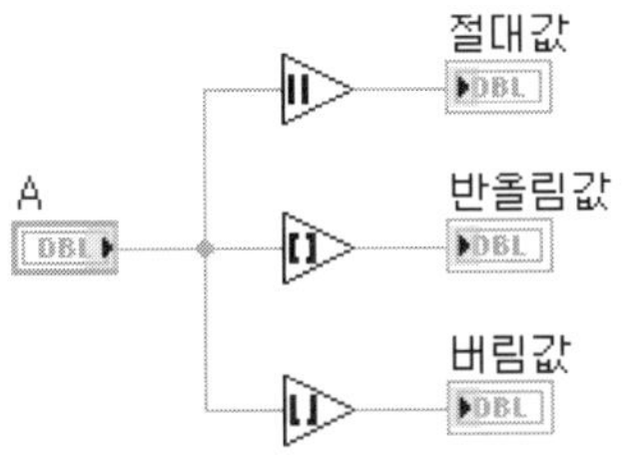


**[그림 3-21]** 완성된 VI

완성된 VI를 **예제 3.4.vi**로 저장한 후 [그림 3-22]와 같이 **숫자형 컨트롤 A**에 −4.23을 입력하여 VI를 실행시켜보자.

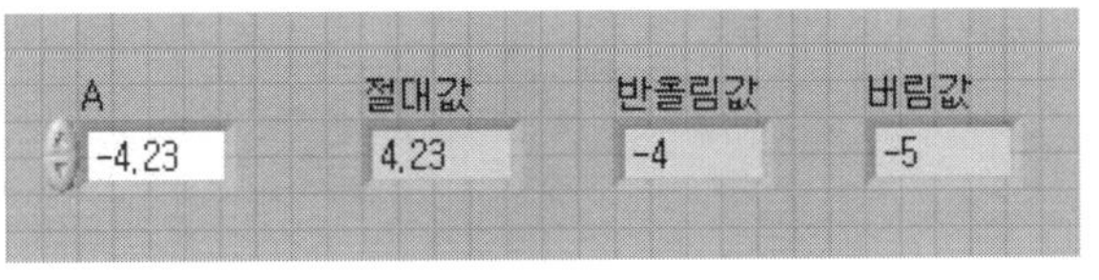


**[그림 3-22]** 예제 3.4.vi 실행 결과

### 3.1.5 제곱, 음수화, 역수 함수

[그림 3-23]은 왼쪽부터 차례로 **제곱**, **음수화**, **역수** 함수를 나타낸다. 역시 이론적인 설명은 불필요할 것으로 판단되므로, 곧바로 예제를 통해서 공부해보자.

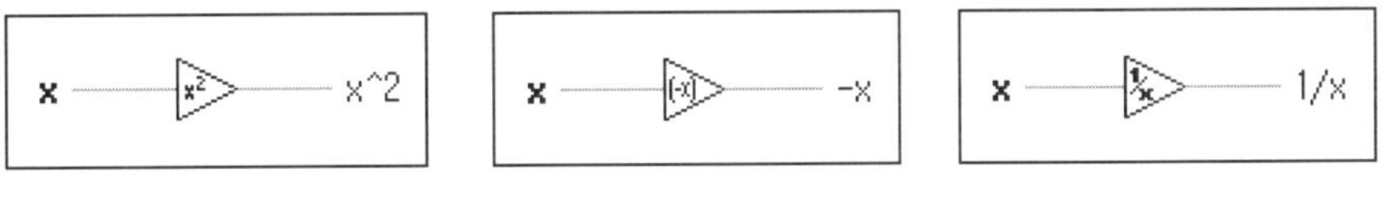


**[그림 3-23]** '제곱', '음수화', '역수' 함수

**예제 3.5**

**숫자형 컨트롤 A**의 입력값으로부터 각각 제곱값, 음수화값, 역수값을 구하는 VI를 만들어라.

**예제 풀이**

**1단계 :** [그림 3-24]와 같이 **프런트패널**에 사용자 인터페이스를 만든다.

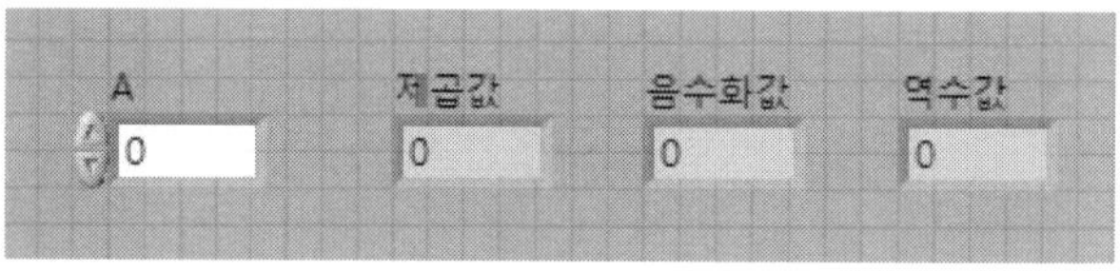


**[그림 3-24]** 사용자 인터페이스 생성

**2단계 :** [그림 3-25]와 같이 **블록다이어그램**에 **제곱**, **음수화**, **역수** 함수를 추가한 후 와이어를 연결한다.

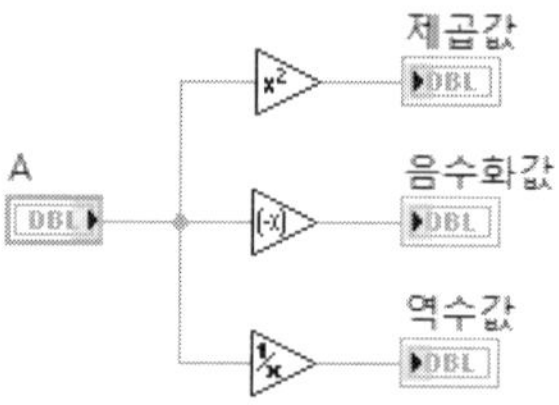


**[그림 3-25]** 완성된 VI

완성된 VI를 **예제 3.5.vi**로 저장한 후 [그림 3-26]과 같이 **숫자형 컨트롤 A**에 4를 입력하여 VI를 실행시켜보자.

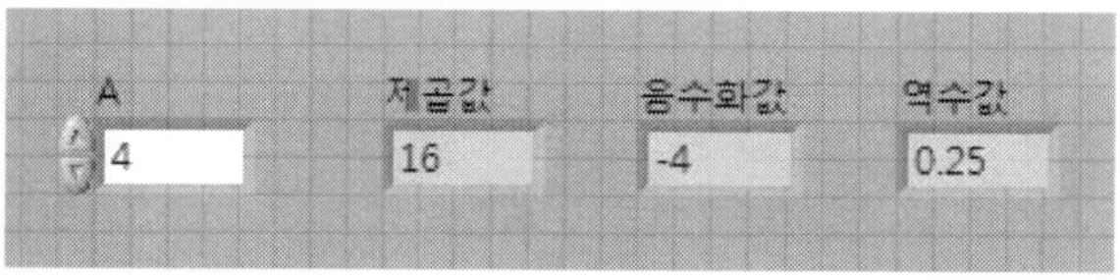


**[그림 3-26]** 예제 3.5.vi 실행 결과

### 3.1.6 난수(0~1), 롱 정수로 함수

[그림 3-27]은 왼쪽부터 차례로 **난수(0~1)**, **롱 정수로** 함수를 나타낸다. **난수(0~1)** 함수는 0 이상 1 미만의 임의의 실수값를 생성하며, **롱 정수로** 함수는 **데이터 타입**을 **롱(Long) 정수형**으로 강제 변환한다.

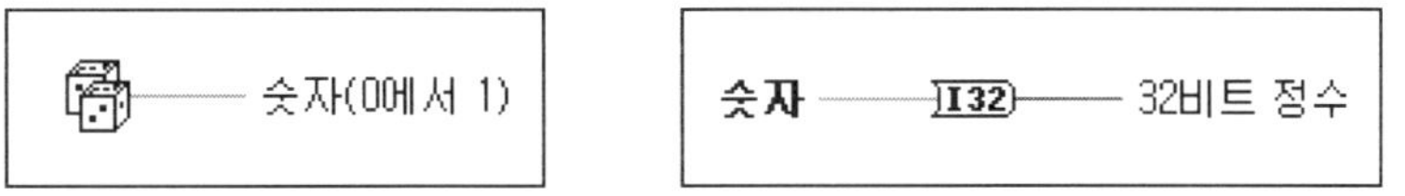


**[그림 3-27]** '난수(0~1)', '롱 정수로' 함수

**롱 정수로** 함수는 [그림 3-28]과 같이 **함수 팔레트 → 프로그래밍 → 숫자형 → 변환**에서 찾을 수 있다.

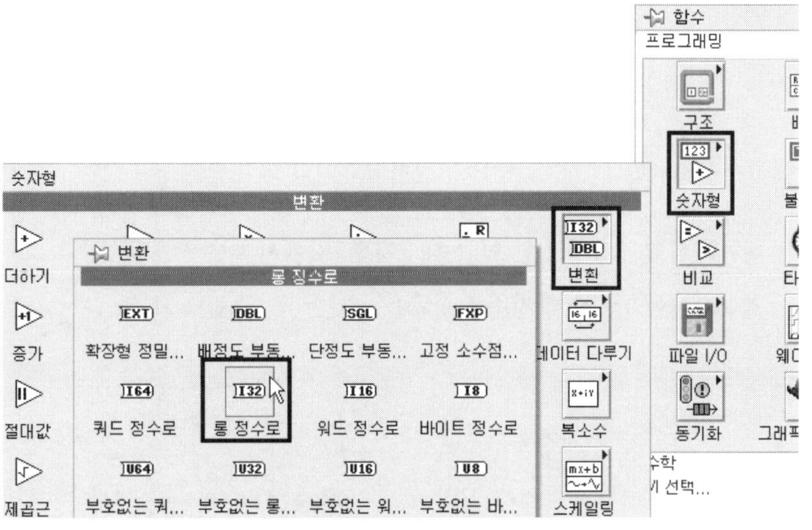


**[그림 3-28]** 롱 정수로 함수의 위치

**예제 3.6**

난수를 발생시켜 0 이상 10 미만의 임의의 정수값을 발생시키는 VI를 만들어라.

**예제 풀이**

**1단계 :** [그림 3-29]와 같이 **프런트패널**에 사용자 인터페이스를 만든다.

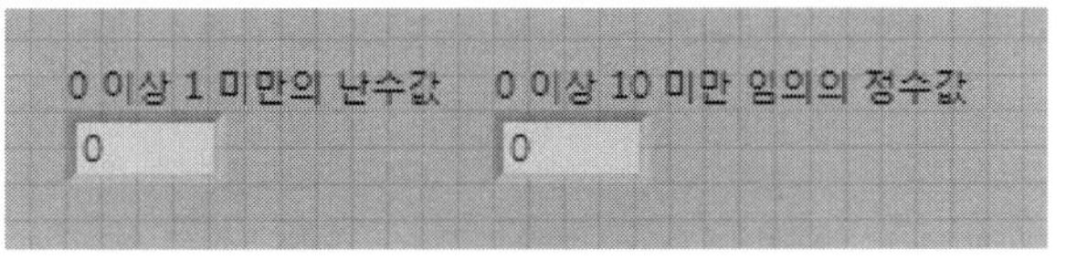


**[그림 3-29]** 사용자 인터페이스 생성

**2단계 : 블록다이어그램**에 **난수(0~1)**와 **곱하기 함수**를 추가한다. 그리고 **숫자형 상수**도 추가한 후 10을 입력한다. **숫자형 상수**도 [그림 3-7]에서 볼 수 있듯이 **함수 팔레트 → 프로그래밍 → 숫자형**에 있다.

**3단계 :** 다음으로 **와이어**를 연결하는데, 데이터의 흐름을 분기하고자 할 때는 [그림 3-30]과 같이 **실패** 모양의 마우스 포인터를 분기하고자 하는 **와이어** 가까이 가져간다. 그러면 어느 순간 **와이어**가 깜박이게 되는데, 그때 마우스 왼쪽 클릭을 해제한다. **와이어 연결**은 매우 중요하므로 많은 연습이 필요하다.

**[그림 3-30]** 와이어 연결

**4단계 :** 0 이상 1 미만의 난수값에 10을 곱하면 0 이상 10 미만의 난수값이 출력된다. 하지만 0 이상 10 미만의 임의의 정수값을 필요로 하므로, 실수를 정수로 변환해야 한다. 이때 **롱 정수로** 함수를 사용하면 **데이터 타입**이 강제로 변환되는데, [예제 3.4]에서 배운 **반올림 함수**의 효과가 나타난다.

**5단계 : 블록다이어그램**에 **롱 정수로** 함수를 추가한 후 [그림 3-31]과 같이 와이어를 연결하여 VI를 완성한다.

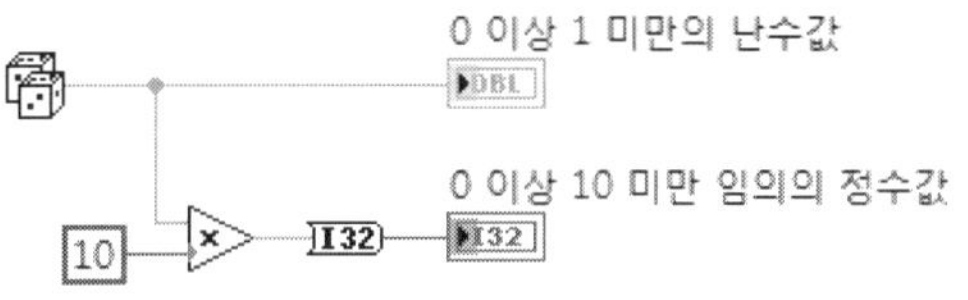


**[그림 3-31]** 완성된 VI

완성된 VI를 **예제 3.6.vi**로 저장한 후 [그림 3-32]와 같이 VI를 실행시켜보자.

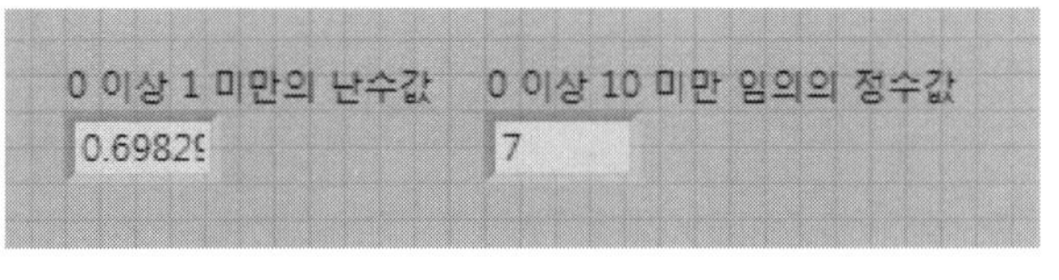


**[그림 3-32]** 예제 3.6.vi 실행 결과

지금까지 **숫자형 함수**들에 대해서 알아보았지만, **배열 원소 더하기** 함수는 설명을 생략하였다. 이것은 **4장 배열**에서 설명하기로 한다.

## 3.2 불리언(Boolean)

LabVIEW에서 불리언은 참(True) 또는 거짓(False)의 값을 갖는 **컨트롤** 또는 **인디케이터**이다. [그림 3-33]과 같이 **컨트롤 팔레트 → 일반 → 불리언**에서 찾을 수 있으며, 그림처럼 다양한 불리언들이 있지만 **라디오 버튼**을 제외한 나머지 불리언은 기능적으로 모두 똑같다.

예를 들어 **원형 LED**와 **사각 LED**는 기본 설정이 **인디케이터**로 되어 있으며, 그 외 나머지 불리언(**누름 버튼**, **스위치**, **확인 버튼** 등)은 기본 설정이 **컨트롤**로 되어 있다. 그러나 얼마든지 변경이 가능하다. 즉 **원형 LED**와 **사각 LED**도 **컨트롤**로 사용할 수 있으며, 다른 불리언도 **인디케이터**로 사용할 수 있다.

참고로 불리언의 **터미널**과 **와이어**의 색은 녹색이다.

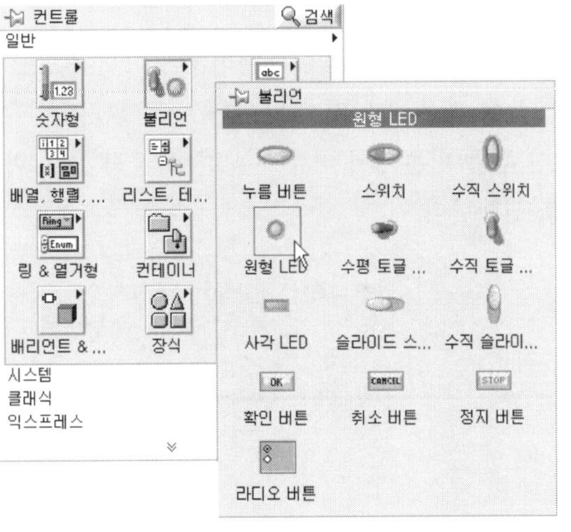


**[그림 3-33]** 불리언 컨트롤과 인디케이터

**1단계 :** 프런트패널에 차례대로 **누름 버튼**, **수평 토글 스위치**, **수직 슬라이드 스위치**, **원형 LED**, **사각 LED**, **누름 버튼**을 생성하고, [그림 3-34]와 같이 **라벨**을 변경한다. 현재 **원형 LED**와 **사각 LED**를 제외한 나머지 4개의 불리언은 **컨트롤**이다.

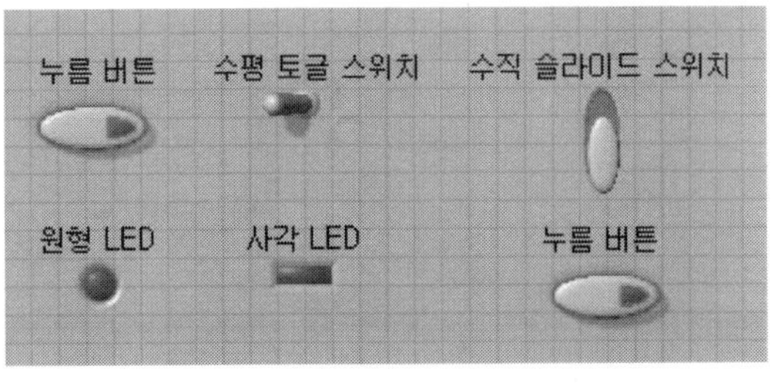


**[그림 3-34]** 사용자 인터페이스 생성

**1단계**를 잘 수행하였다면, [그림 3-35]와 같이 **블록다이어그램**에 6개의 터미널이 생성되었을 것이다.

**[그림 3-35]** 블록다이어그램에 생성된 불리언 터미널

**2단계 :** 이제 **누름 버튼**을 클릭하면 **원형 LED**가, **수평 토글 스위치**를 클릭하면 **사각 LED**가, **수직 슬라이드 스위치**를 클릭하면 그 아래에 있는 **누름 버튼**이 켜지도록 할 것이다. 이를 위해서 [그림 3-36]과 같이 **와이어**를 연결한다.

그런데 현재 **누름 버튼**은 **인디케이터**가 아닌 **컨트롤**이다. 그렇다면 **수직 슬라이드 스위치**와 **누름 버튼**은 어떻게 **와이어**로 연결하는지 알아보자. 이를 위해서 [그림 3-36]과 같이 **누름 버튼**에서 마우스 오른쪽 클릭한 후 **바로 가기 메뉴**에서 **인디케이터로 변경**을 선택한다.

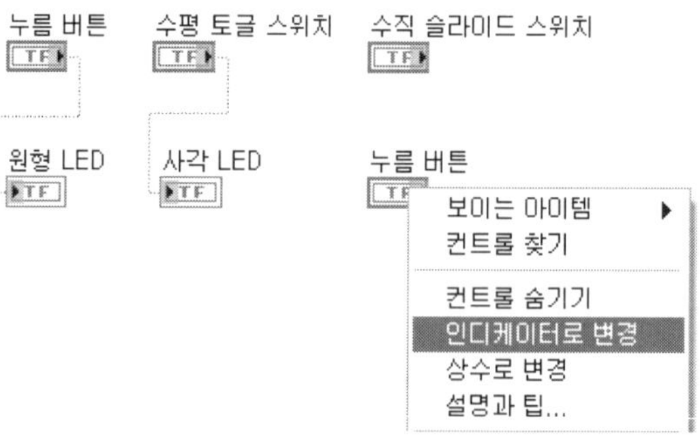


**[그림 3-36]** 컨트롤을 인디케이터로 변경

**3단계 :** 이제 **누름 버튼**이 **인디케이터**로 변경되었으므로, [그림 3-37]과 같이 **수직 슬라이드 스위치**와 **누름 버튼**을 **와이어**로 연결하면 VI가 완성된다.

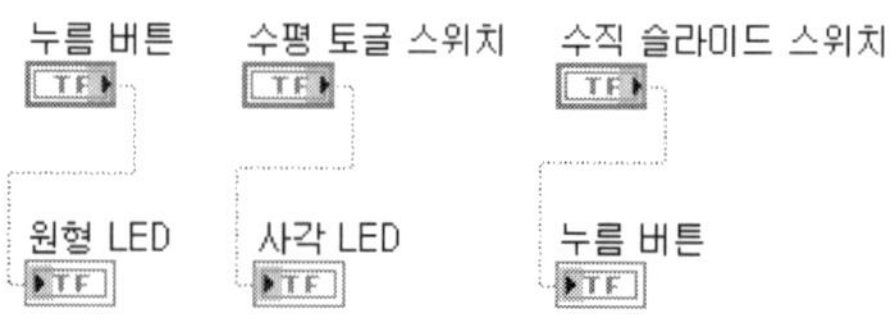


**[그림 3-37]** 완성된 VI

완성된 VI를 테스트하기 위해서 [그림 3-38]과 같이 **연속 실행** 버튼을 클릭하여 VI를 실행하고, **누름 버튼**, **수평 토글 스위치**, **수직 슬라이드 스위치**의 값을 변경해보자. VI 실행을 종료하기 위해서는 **실행 강제 종료** 버튼을 클릭한다.

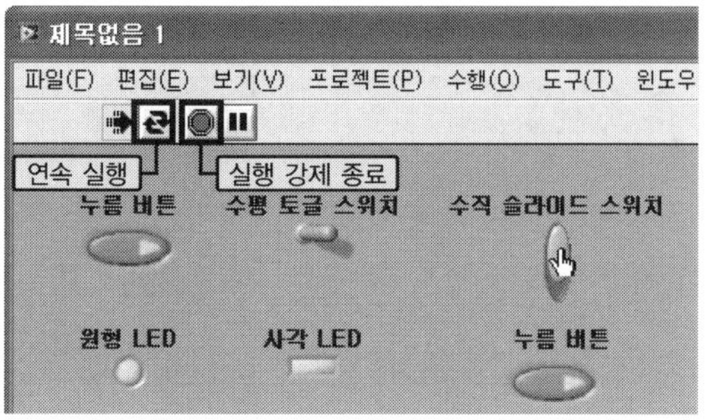


**[그림 3-38]** VI의 연속 실행 및 실행 강제 종료

**프런트패널**에 **불리언**을 이용하여 사용자 인터페이스를 생성하는 방법을 실습을 통해서 알아보았다. 이제는 다양한 **불리언 함수**들에 대해서 알아보도록 하자. **블록다이어그램**의 여백에서 마우스 오른쪽을 클릭하면, [그림 3-39]와 같이 **함수 팔레트**가 펼쳐진다. 여기서 **프로그래밍 → 불리언**을 선택하면 그림과 같이 다양한 불리언 함수들이 나타난다. 예제를 통해서 그 기능을 자세히 알아보자.

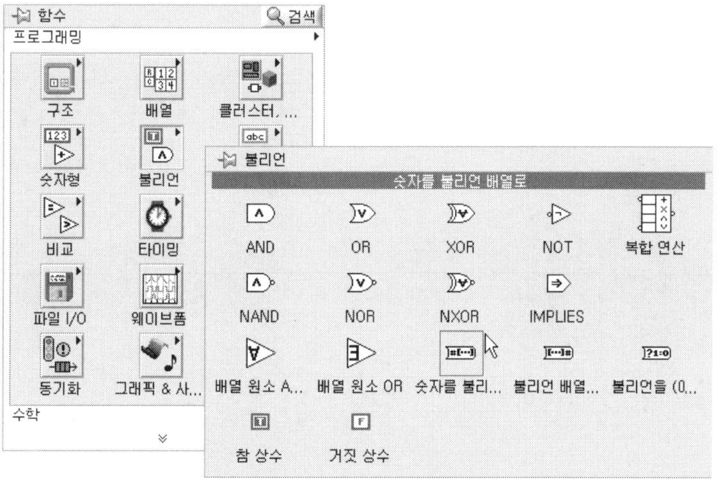


**[그림 3-39]** 불리언 함수 팔레트

### 3.2.1 AND, OR, XOR, NOT 함수

**AND, OR, XOR, NOT** 함수는 디지털 논리회로에서 사용되는 일종의 논리 게이트이다.

**[표 3-1]** 진리표

| x | y | x AND y | x OR y | x XOR y | NOT x |
|---|---|---|---|---|---|
| T | T | T | T | F | F |
| T | F | F | T | T | F |
| F | T | F | T | T | T |
| F | F | F | F | F | T |

**예제 3.7**

[표 3-1]과 같이 진리표(True table)를 계산하는 VI를 만들어라.

**예제 풀이**

**1단계 : 프런트패널**에 **누름 버튼**과 **원형 LED**를 생성한 후 [그림 3-40]과 같이 **라벨**을 수정한다.

**2단계 : 블록다이어그램**에 **AND, OR, XOR, NOT 함수**를 추가한 후 [그림 3-41]과 같이 와이어를 연결하면 VI가 완성된다. 완성된 VI를 **예제 3.7.vi**로 저장한 후 [그림 3-42]와 같이 VI를 실행하여, [표 3-1]의 진리표와 똑같은 결과가 나오는지 확인하자.

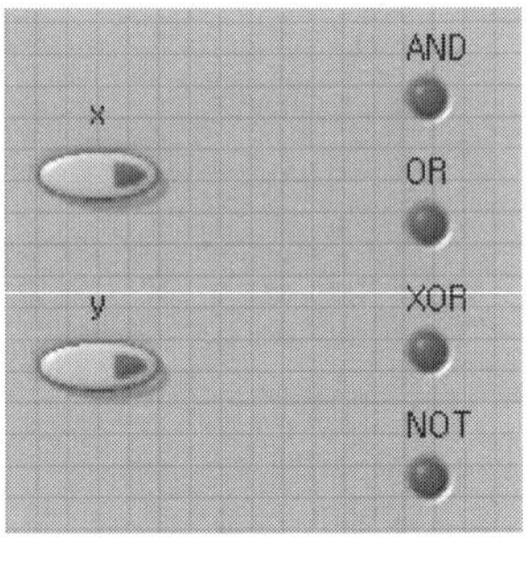


**[그림 3-40]** 사용자 인터페이스

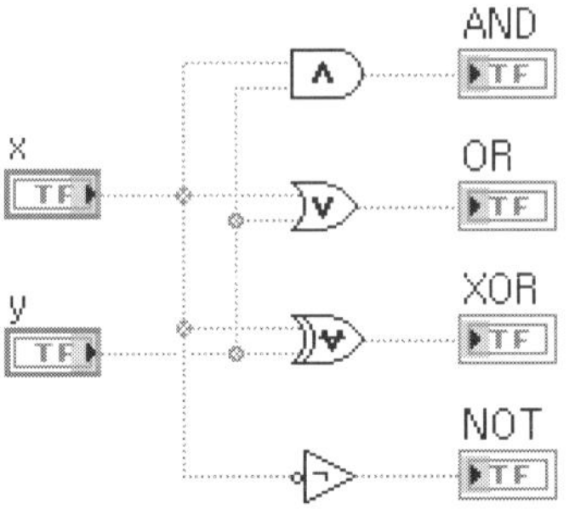


**[그림 3-41]** 완성된 VI

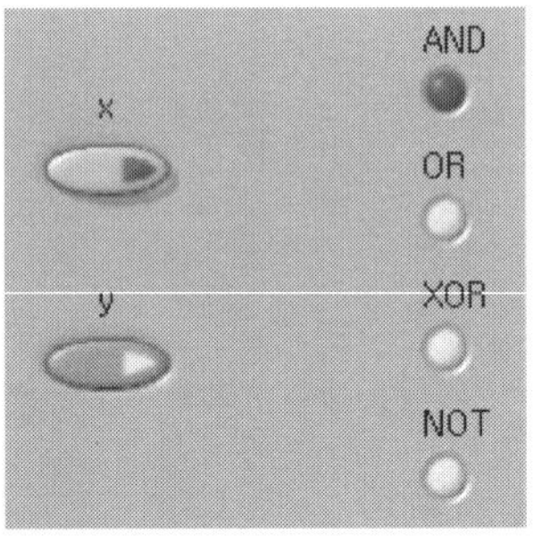


**[그림 3-42]** 예제 3.7.vi 실행 결과

### 3.2.2 숫자를 불리언 배열로, 불리언 배열을 숫자로 함수

[그림 3-43]은 왼쪽부터 차례로 **숫자를 불리언 배열로, 불리언 배열을 숫자로** 함수이다. 이 불리언 함수는 매우 유용한 기능을 가지고 있으며, 실제로 **2부 유전알고리즘**에서 중요하게 사용될 것이므로 잘 이해하도록 하자.

[그림 3-43] '숫자를 불리언 배열로', '불리언 배열을 숫자로' 함수

### 1 숫자를 불리언 배열로 함수

중학교 수학시간에 십진수를 이진수로 또는 이진수를 십진수로 진법 변환하는 문제를 풀어본 기억이 있을 것이다. 유전알고리즘을 공부하기로 마음먹은 독자들이라면 분명히 [그림 3-44]와 같은 진법 변환 방법까지도 기억하고 있을 것이다.

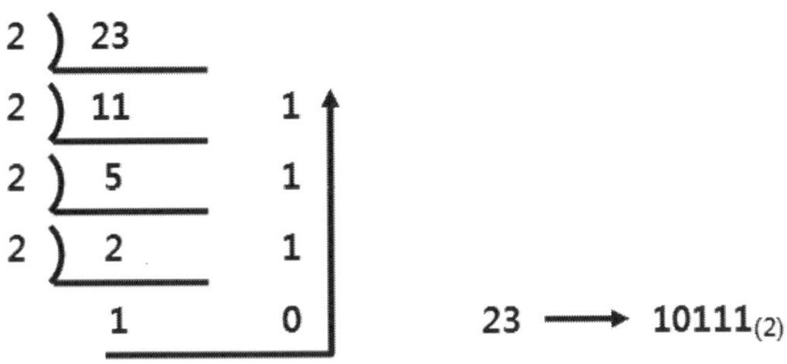


[그림 3-44] 이진법 변환 방법

**예제 3.8**

**숫자를 불리언 배열로** 함수를 이용하여 정수값을 불리언 배열로 변환하는 VI를 만들어라.

**예제 풀이**

그동안은 VI를 만들 때 **프런트패널**에 **컨트롤**과 **인디케이터**를 이용하여 사용자 인터페이스를 완벽하게 구축한 후 **블록다이어그램**에서 코딩을 하였다. 그러나 실제로 VI를 만들다 보면 **블록다이어그램**에서 코딩을 하는 중간에 필요에 의해서 **컨트롤**이나 **인디케이터**를 생성해야 되는 경우가 많이 발생한다.

**1단계** : [그림 3-45]와 같이 **프런트패널**에 **숫자형 컨트롤**만 생성한다. **숫자형 컨트롤 x**에 정수값을 입력할 것이므로 **데이터 타입**을 **롱(Long) 정수형**으로 변경한다.

[그림 3-45] 숫자형 컨트롤 생성 및 데이터 타입 변경

**2단계 : 블록다이어그램**에 **숫자를 불리언 배열로** 함수를 추가한 후 **숫자형 컨트롤 x**와 **와이어**로 연결한다. 그런데 현재로서는 이진수로 변환한 결과를 표시할 **인디케이터**가 존재하지 않는다.

**3단계 :** [그림 3-46]의 왼쪽 그림과 같이 마우스 포인터를 **숫자를 불리언 배열**로 함수의 **출력 커넥터**로 가져가면, 포인터가 실패 모양으로 바뀐다. 이때 [그림 3-46]의 가운데 그림처럼 마우스 오른쪽 클릭하여 **바로 가기 메뉴**를 열고, **생성 → 인디케이터**를 선택한다. 이렇게 하면 자동적으로 **프런트패널**과 **블록다이어그램**에 각각 **인디케이터**와 **터미널**이 생성되며, **와이어**도 연결되어 매우 편리하다.

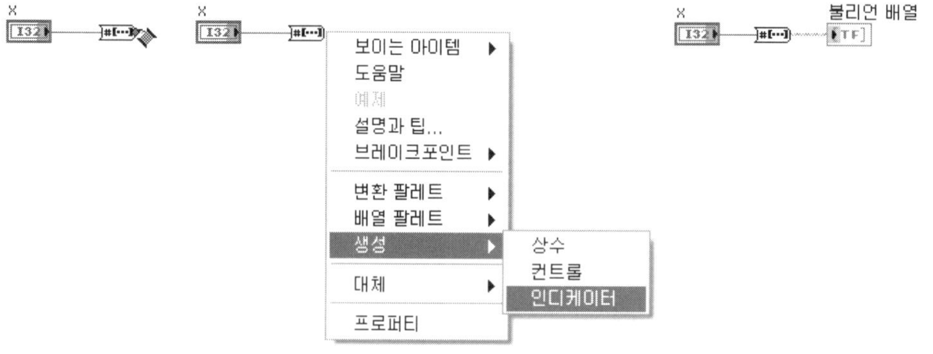


**[그림 3-46]** 블록다이어그램에서 인디케이터 생성

**4단계 :** 다시 **프런트패널**로 오면 [그림 3-47]의 왼쪽 그림과 같이 **불리언 배열**이 생성되어 있다. 여기서 마우스 포인터를 배열 가까이 가져가면 그림처럼 배열 주위에 파란색 점이 생기면서, 마우스 포인터의 모양도 양쪽 화살표로 변한다. 이때 오른쪽 가운데 점을 클릭하여 [그림 3-47]의 오른쪽 그림과 같이 적당히 배열을 늘려주면 VI가 완성된다.

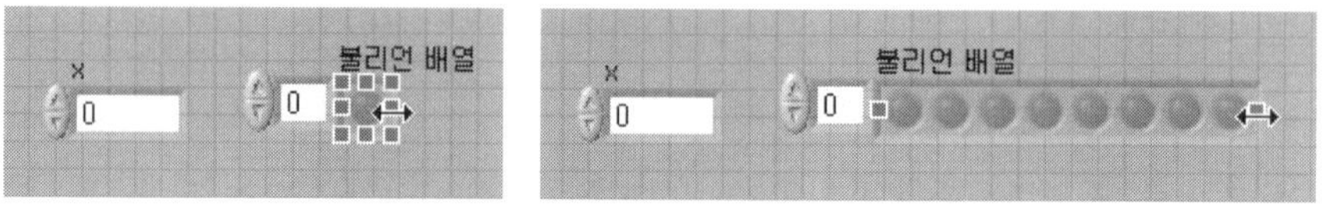


**[그림 3-47]** 완성된 VI

완성된 VI를 **예제 3.8.vi**로 저장한 후 [그림 3-48]과 같이 **숫자형 컨트롤 x**에 23을 입력하여 VI를 실행시켜보자. [그림 3-44]의 결과와 비교해보면 순서가 뒤집힌 것을 알 수 있다. 이러한 특징은 나중에 헷갈릴 수 있으므로 각별히 주의해야 한다.

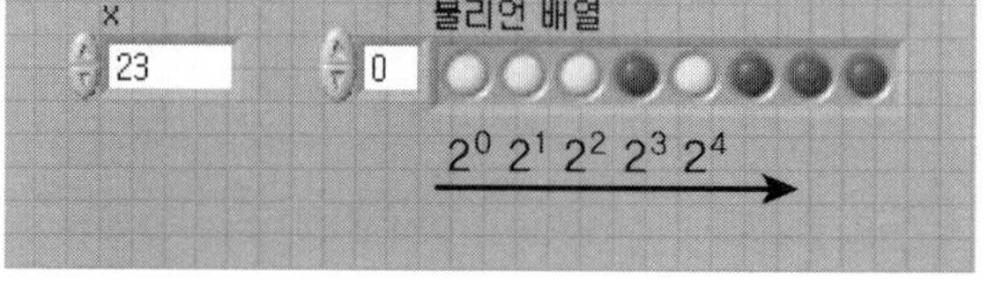


**[그림 3-48]** 예제 3.8.vi 실행 결과

만약 **숫자를 불리언 배열로** 함수가 없어서 직접 VI로 만들어야 한다면 어떻게 할지 생각해보자. [그림 3-49]는 저자가 직접 만든 숫자를 불리언 배열로 만드는 VI이다. **숫자를 불리언 배열로.vi**라는 파일로 제공하였으니, 직접 실행시켜보도록 하자.

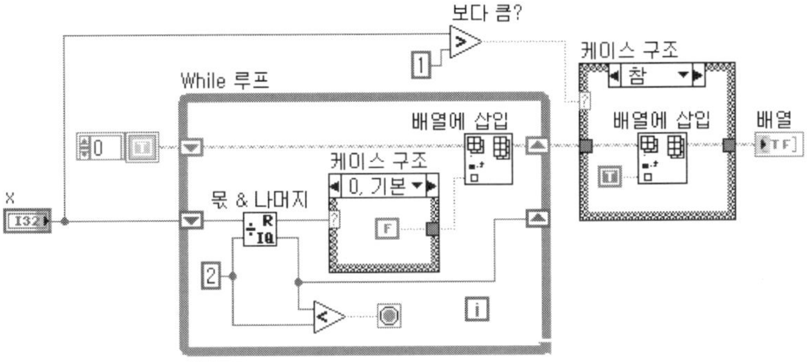


**[그림 3-49]** 숫자를 불리언 배열로.vi의 블록다이어그램

## 2 불리언 배열을 숫자로 함수

[예제 3.8]을 통해서 **숫자를 불리언 배열로** 함수에 대해서 알아보았다. 그렇다면 **불리언 배열을 숫자로** 함수는 무엇인지 유추할 수 있을 것이다.

**예제 3.9**

**불리언 배열을 숫자로** 함수를 이용하여 불리언 배열을 정수값으로 변환하는 VI를 만들어라.

**예제 풀이**

**1단계 :** [그림 3-50]과 같이 **프런트패널**에 **숫자형 인디케이터**만 생성한다. **숫자형 인디케이터** x는 정수값을 출력할 것이므로 **데이터 타입**을 **롱(Long) 정수형**으로 변경한다.

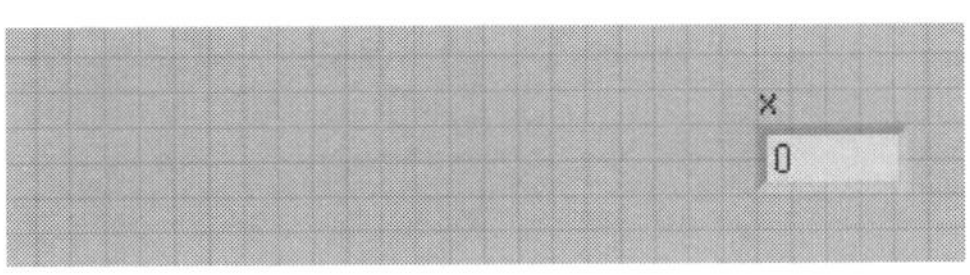


**[그림 3-50]** 숫자형 인디케이터 생성 및 데이터 타입 변경

**2단계 : 블록다이어그램**에 **불리언 배열을 숫자로** 함수를 추가한 후 **숫자형 인디케이터** x와 **와이어**로 연결한다. 그런데 이번에는 불리언 배열로 된 **컨트롤**이 존재하지 않는다.

**3단계 :** [그림 3-51]의 왼쪽 그림과 같이 마우스 포인터를 **불리언 배열을 숫자로** 함수의 **입력 커넥터**로 가져가면, 포인터가 실패 모양으로 바뀐다. 이때 [그림 3-51]의 가운데 그림처럼 마우스 오른쪽 클릭하여 **바로 가기 메뉴**를 열고, **생성→컨트롤**을 선택한다. 이렇게 하면 자동으로 **프런트패널**과 **블록다이어그램**에 각각 **컨트롤**과 **터미널**이 생성된다.

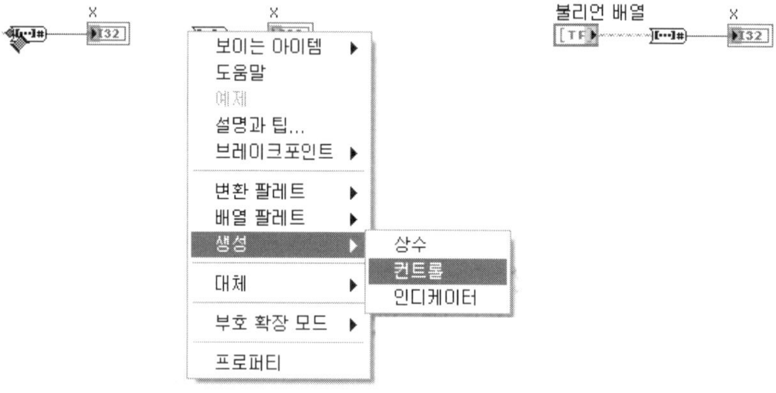


**[그림 3-51]** 블록다이어그램에서 컨트롤 생성

**4단계 :** 다시 **프런트패널**로 오면 **불리언 배열**이 생성되어 있다. 여기서 [예제 3.8]의 **4단계** [그림 3-47]을 참고하여 적당히 불리언 배열을 늘려주면 VI가 완성된다. 완성된 VI를 **예제 3.9.vi**로 저장한 후 [그림 3-52]와 같이 배열의 불리언 값을 변경하여 VI를 실행시켜보자.

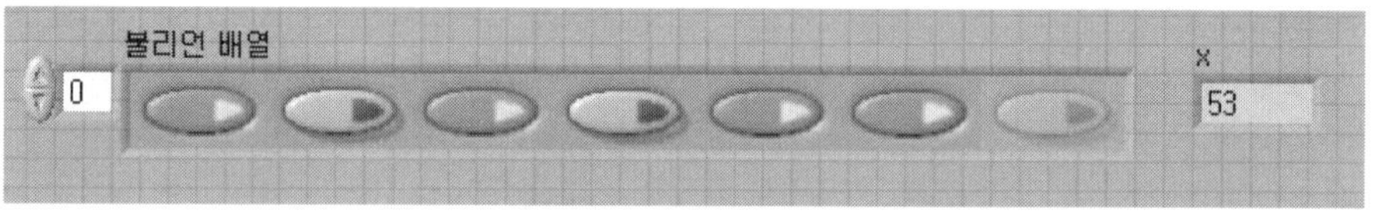


**[그림 3-52]** 완성된 VI 및 실행 결과

[그림 3-53]은 불리언 배열을 숫자로 만드는 VI이며, **불리언 배열을 숫자로.vi**라는 파일로 제공하였다.

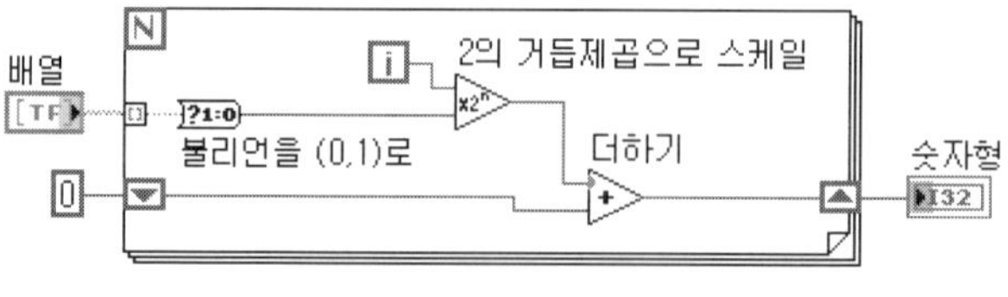


**[그림 3-53]** 불리언 배열을 숫자로.vi의 블록다이어그램

## 3.3 수학

**수학** 모듈은 [그림 3-54]와 같이 이미 3.1절에서 배운 **숫자형 함수**와 더불어 **기본 & 특수 함수**, **선형 대수**, **피팅**, **보간 & 외삽**, **적분 & 미분**, **확률 & 통계** 등 수학, 물리 분야에서 많이 사용되는 각종 함수를 제공한다. 이 중에서 **2부 유전알고리즘**에서 사용될 **기본 & 특수 함수**와 **확률 & 통계**만 다룰 것이다.

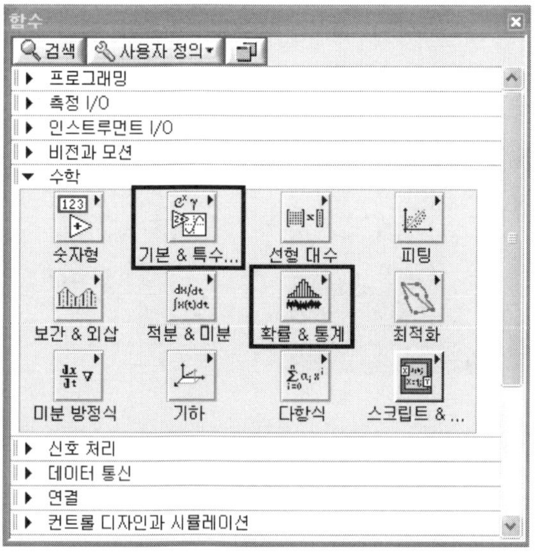


**[그림 3-54]** 수학 모듈

### 3.3.1 기본 & 특수 함수

**기본 & 특수 함수**는 [그림 3-55]에서 볼 수 있듯이 **숫자형 함수**에서 다루었던 사칙 연산을 제외한 **삼각 함수**, **지수 함수**, **쌍곡선 함수** 등을 제공한다. 여기서는 **지수 함수** 중에서 **2의 거듭제곱**, **X의 거듭제곱**, **밑이 10인 로그** 함수만을 다룰 것이다.

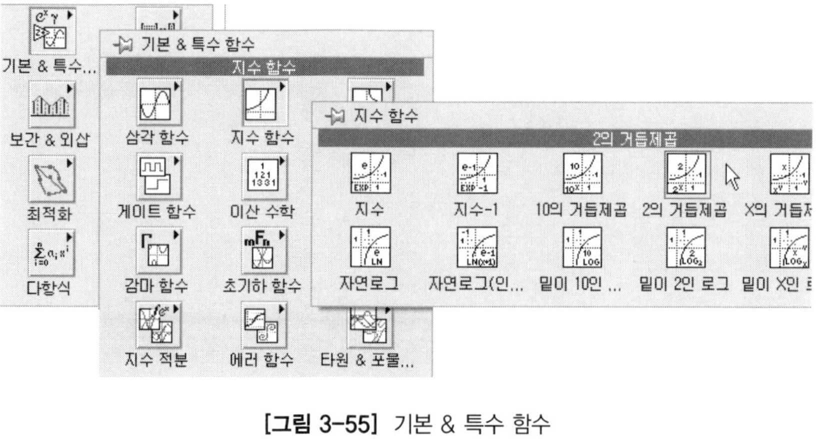


**[그림 3-55]** 기본 & 특수 함수

**예제 3.10**

**X의 거듭제곱, 2의 거듭제곱, 밑이 10인 로그** 함수를 이용하여 $A = x^y$, $B = 2^y$, $C = \log(x)$를 계산하는 VI를 만들어라.

**예제 풀이**

**1단계 :** [그림 3-56]과 같이 **프런트패널**에 사용자 인터페이스를 만든다.

**2단계 : 블록다이어그램**에 **X의 거듭제곱, 2의 거듭제곱, 밑이 10인 로그** 함수를 추가한 후 [그림 3-57]과 같이 **와이어**를 연결하면 VI가 완성된다. 완성된 VI를 **예제 3.10.vi**로 저장하고 **숫자형 컨트롤 x, y**에 값을 입력하여 테스트해보자.

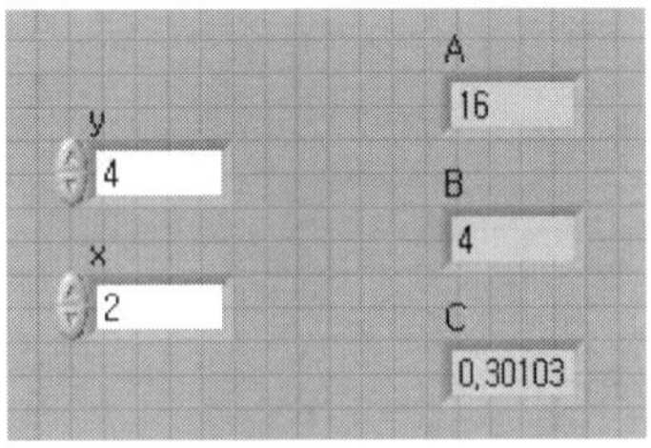


[그림 3-56] 사용자 인터페이스 및 실행 결과

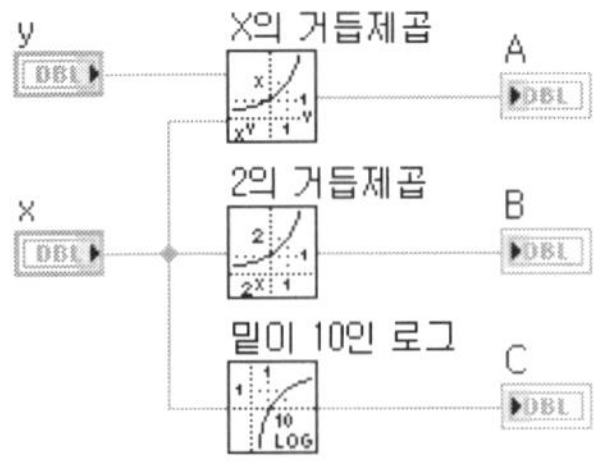


[그림 3-57] 완성된 VI

## 3.3.2 확률 & 통계

**확률 & 통계**는 [그림 3-58]에서 볼 수 있듯이 확률 및 통계 관련 계산을 수행하는 데 필요한 VI들로 구성되어 있다. 즉 **함수**가 아니라는 이야기다. 이는 VI를 만드는 데 크게 중요한 내용은 아니지만, 용어 정의를 확실히 하기 위함이다.

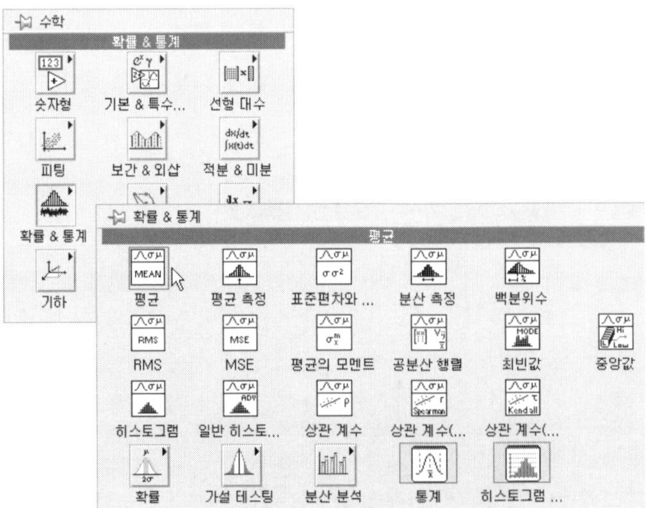


[그림 3-58] 확률 & 통계 함수

참고로 아이콘의 모양을 보면 **함수**인지 아닌지 알 수 있다. 앞서 언급하였듯이 **함수**는 노란색 바탕에 검은색 전경으로 되어 있으며, 사용자가 임의로 열거나 수정할 수 없다. 예를 들면 [그림 3-57]의 **2의 거듭제곱** 함수를 **블록다이어그램**에 추가한 후 더블 클릭하여 보자. 아무런 변화가 없을 것이다. 이번엔 **확률 & 통계**의 **평균** VI를 **블록다이어그램**에 추가한 후 더블 클릭하여 보자. [그림 3-59]와 [그림 3-60]과 같은 표준편차와 분산 VI가 열릴 것이다. 그러나 중요한 **내장된 VI**라서 수정할 수 없다.

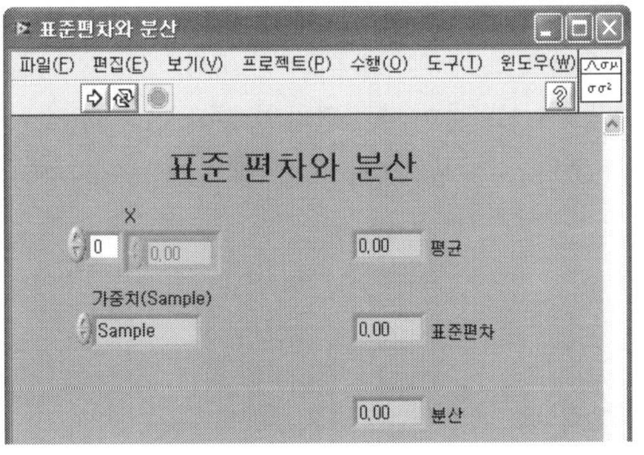


**[그림 3-59]** 표준편차와 분산 VI의 프런트패널

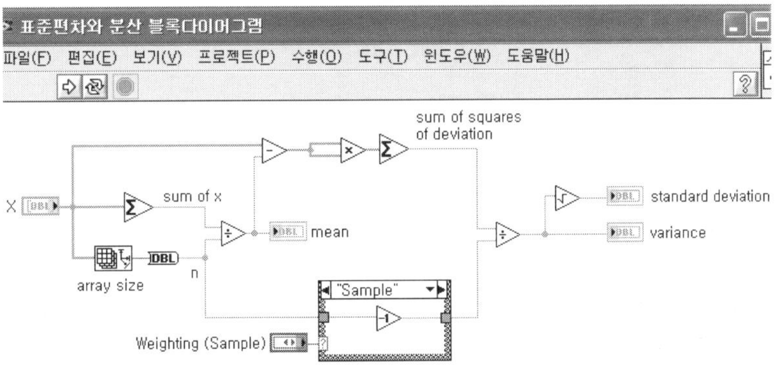


$$\sigma = \sqrt{\frac{\sum(x_i - \mu)^2}{n}}$$

Population standard deviation

$$s = \sqrt{\frac{\sum(x_i - \overline{x})^2}{n-1}}$$

Sample standard deviation

**[그림 3-60]** 표준편차와 분산 VI의 블록다이어그램

여기서는 확률, 통계의 가장 기본인 평균, 분산, 표준편차를 계산하는 **표준편차와 분산** VI를 다룰 것이다. 또한 이 VI는 **2부 유전알고리즘**에서도 다루게 될 것이다.

상식적으로 확률 및 통계는 최소한 둘 이상의 데이터가 있을 때 그 계산이 의미가 있다. 따라서 **확률 & 통계** VI에 입력되는 데이터는 배열로 이루어져 있다.

**예제 3.11**

**표준편차와 분산** VI를 이용하여 모집단의 평균, 분산, 표준편차를 계산하는 VI를 만들어라.

**예제 풀이**

**1단계 :** [예제 3.8]에서 설명하였던 **블록다이어그램**에서 **컨트롤**과 **인디케이터**를 생성하는 방법으로 **프런트패널**에 사용자 인터페이스를 만들 것이다. 따라서 **블록다이어그램**에 **표준편차와 분산** VI를 추가한 후 [그림 3-61]과 같이 **표준편차와 분산** VI의 **출력 커넥터**에서 마우스 오른쪽 클릭하여 **바로 가기 메뉴**를 연다. 그리고 **생성→인디케이터**를 선택하여 평균, 표준편차, 분산에 대한 **터미널**을 생성한다.

**[그림 3-61]** 블록다이어그램에서 인디케이터 생성

**2단계 :** 이번엔 **표준편차와 분산** VI의 **입력 커넥터**에서 마우스 오른쪽 클릭하면 열리는 **바로 가기 메뉴**에서 **생성→컨트롤**을 선택하여 [그림 3-62]와 같이 **배열 X**에 대한 **터미널**을 생성한다.

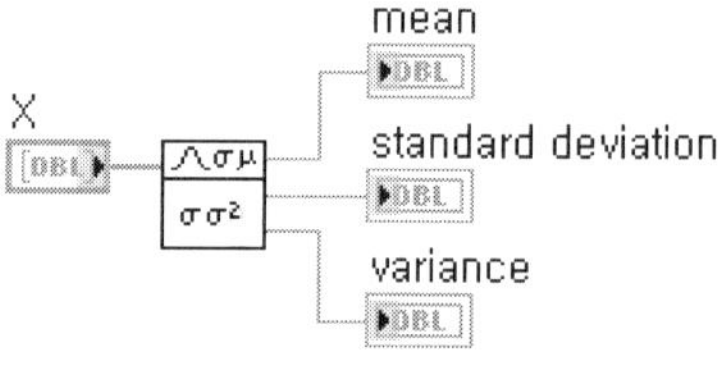


**[그림 3-62]** 블록다이어그램에서 컨트롤 생성

**3단계 :** 다시 **프런트패널**로 오면 [그림 3-63]과 같이 **배열 X**와 **평균**, **표준편차**, **분산**이 생성되어 있다.

여기서 마우스 포인터를 배열 가까이 가져가면 그림처럼 배열 주위에 파란색 점이 생기면서, 마우스 포인터의 모양도 양쪽 화살표로 변한다.

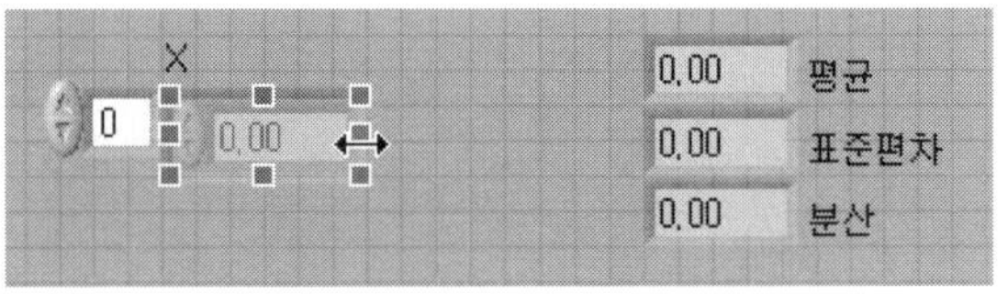


**[그림 3-63]** 배열 X 늘려주기

이때 오른쪽 가운데 점을 클릭하여 [그림 3-64]와 같이 적당히 배열을 늘려주면 VI가 완성된다.

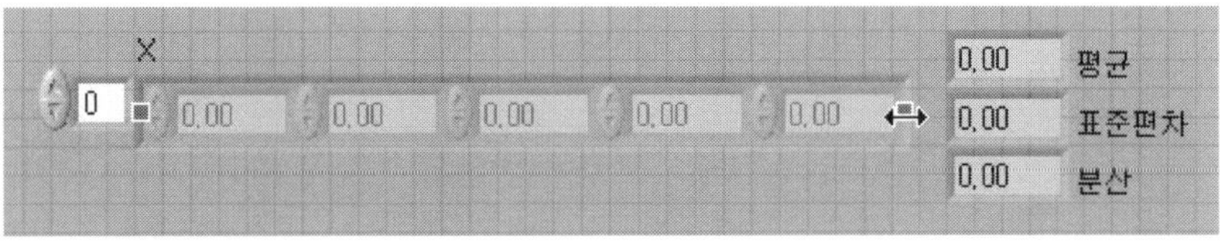


**[그림 3-64]** 완성된 VI

완성된 VI를 **예제 3.11.vi**로 저장하고, [그림 3-65]와 같이 **배열 X**에 값을 입력하여 테스트해보자.

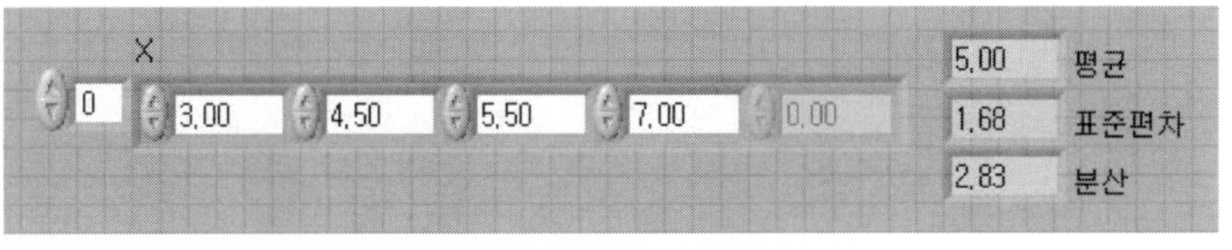


**[그림 3-65]** 예제 3.11.vi의 실행 결과

CHAPTER 04

# 배열



지금까지는 VI를 만들 때 하나의 데이터를 저장하기 위해서 하나의 **컨트롤** 또는 **인디케이터**를 생성하였다. 그런데 만약 1초에 100개의 데이터를 수집할 수 있는 계측 장비로부터 획득한 데이터를 저장하기 위해서 [그림 4-1]과 같이 100개의 컨트롤을 만든다면 너무나 비효율적일 것이다. 특히 LabVIEW는 그래픽 환경의 프로그래밍 언어이므로 이것을 와이어로 연결한다는 것은 거의 불가능하다. 이를 해결하기 위해서 같은 **데이터 타입**을 여러 개 묶은 것이 **배열**이다.

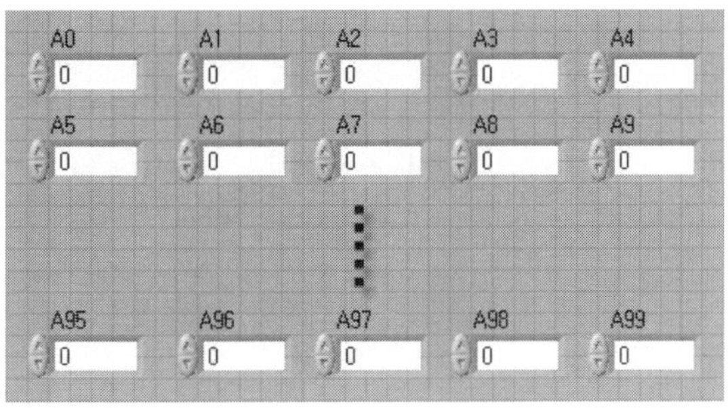


**[그림 4-1]** 100개의 숫자형 컨트롤

그리고 LabVIEW를 공부하는 독자라면 기본적으로 C 언어와 같은 프로그래밍 언어 하나쯤은 이미 공부했을 것으로 생각하기 때문에 더 이상의 자세한 설명은 하지 않는다. LabVIEW의 배열은 다른 프로그래밍 언어와 마찬가지로 매우 중요하며, 실제로 **2부 유전 알고리즘**을 배울 때 거의 모든 VI에 배열 및 배열 관련 함수가 사용되므로 확실히 이해하고 넘어가도록 하자.

다른 프로그래밍 언어와 마찬가지로 배열은 그 자체로 독립적으로 사용되기보다 반복문(특히 For 루프)과 짝을 이룰 때 강력한 기능을 한다. 따라서 본 4장에서는 **프런트패널**에 **배열**을 만드는 방법과 **2부 유전알고리즘**에서 사용될 배열 관련 함수 위주로 설명할 것이며, **For 루프**와 **배열**을 함께 사용하는 것은 **5장 구조**에서 자세히 다룬다.

## 4.1 프런트패널에서 배열 만들기

이미 **숫자를 불리언 배열로** 함수([예제 3.8]), **불리언 배열을 숫자로** 함수([예제 3.9]), **표준편차와 분산** VI([예제 3.11])에 관한 문제를 풀면서 **배열**을 접한 적이 있다. 앞에서는 **블록다이어그램**에서 **바로 가기 메뉴 → 생성 → 인디케이터**를 통해서 **프런트패널**에 배열이 자동으로 생성되도록 하였다. 이제는 **프런트패널**에서 **배열**을 직접 만드는 방법을 알아보도록 하자.

### 4.1.1 1차원 배열

[그림 4-2]와 같이 **프런트패널**의 여백에서 마우스 오른쪽 클릭하면 **컨트롤 팔레트**가 열리고, 이때 그림에 사각형으로 표시한 것과 같이 **일반 → 배열, 행렬, 클러스터** 서브팔레트에 **배열**이 있다.

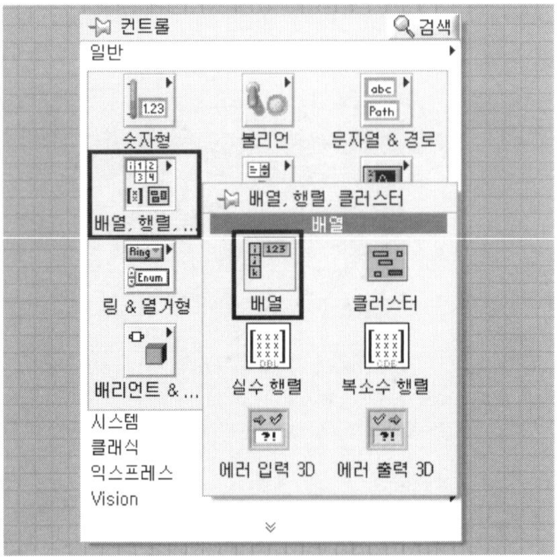


**[그림 4-2]** 컨트롤 팔레트에서 배열의 위치

이것을 선택하여 **프런트패널**에 올려놓으면, [그림 4-3]과 같이 **배열셸**이 만들어지며, **블록다이어그램**에는 **터미널**이 만들어진다. 이때 **터미널**의 색은 검정인데 이것은 **배열**의 **데이터 타입**이 아직 정해지지 않았음을 의미한다.

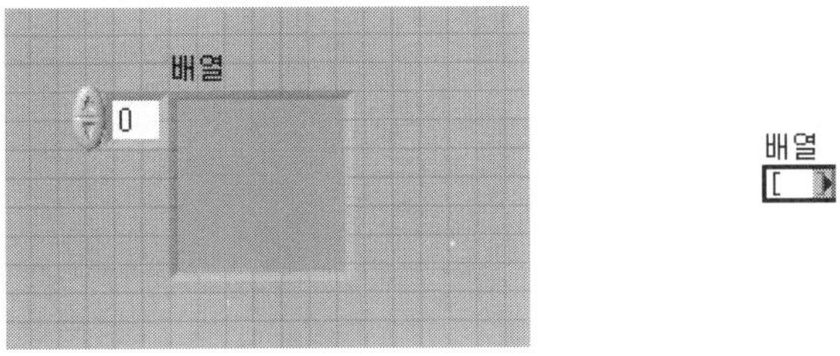


**[그림 4-3]** 배열쉘

이제 [그림 4-4]의 (**a**)와 같이 **배열쉘**에 숫자형 컨트롤을 올려놓으면, [그림 4-4]의 (**b**)와 같이 1차원 **배열**이 만들어진다. 그리고 [그림 4-4]의 (**d**)와 같이 배열에 포함된 하나하나의 **숫자형 컨트롤**을 배열의 **원소**라고 한다. 이때 각각의 **원소**들을 보고 싶다면 [그림 4-4]의 (**c**), (**d**)와 같이 **배열**을 늘려주면 된다.

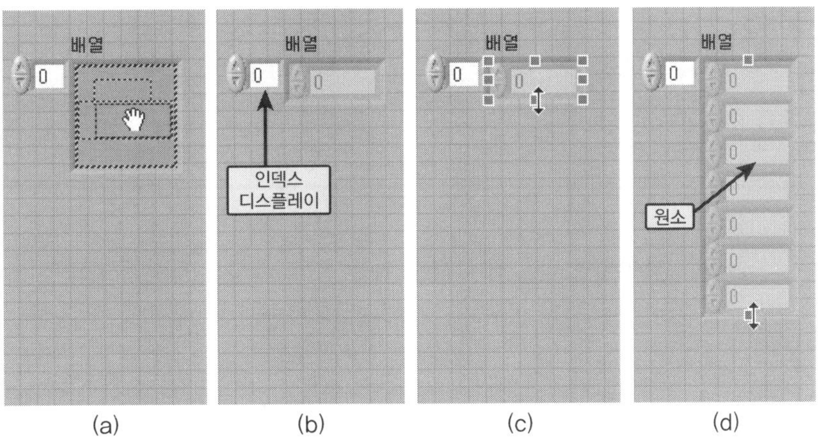


**[그림 4-4]** 1차원 배열 만들기

배열에서 반드시 유념해야 할 사항은 **배열**에 포함된 **원소** 하나하나를 구별하기 위해서 **원소**마다 고유한 번호가 매겨져 있으며, 그러한 번호를 **인덱스(Index)**라고 한다. LabVIEW에서는 **배열**의 **인덱스** 번호가 0부터 시작된다. 참고로 Matlab이란 프로그램에서는 **배열**의 인덱스가 1번부터 시작되므로, 프로그래밍 언어에 따른 특성을 잘 파악하고 있어야 오류를 막을 수 있다.

예를 들어 [그림 4-5]에서 **인덱스** 0번 **원소**에 입력된 데이터는 2이며, **인덱스** 3번 **원**

**소**에 입력된 데이터는 1.7이 된다. 그리고 그림에서 화살표로 표시한 것을 **인덱스 디스플레이**라고 하는데, 현재 **배열**에서 보여주고 있는 첫 번째 **인덱스**를 나타낸다.

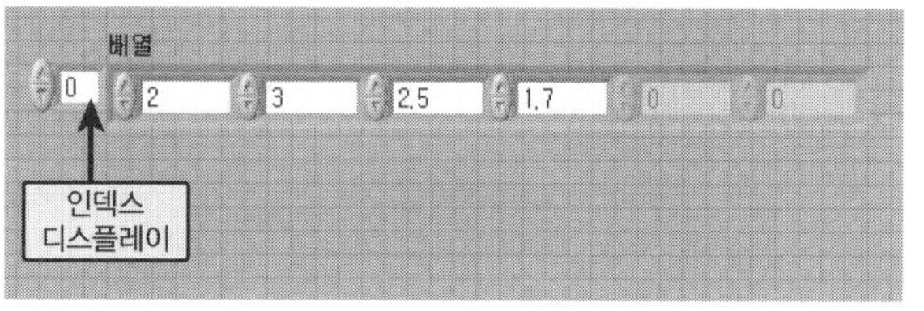


**[그림 4-5]** 배열의 인덱스

만약 3번째 원소(**인덱스** 번호 2번)부터 **원소**값을 보고 싶다면, [그림 4-6]과 같이 **인덱스 디스플레이**에 2를 입력하면 된다. 중요한 것은 **원소**를 보여주는 시작 위치만 변경한 것일 뿐 **배열** 자체가 변한 것은 아니다. **인덱스 디스플레이**의 용도는 100번째 또는 1,000번째와 같이 **인덱스**가 큰 **원소**값을 보고 싶지만 배열의 크기를 늘려서 확인하는 데 한계가 있을 때 이용하는 것이다.

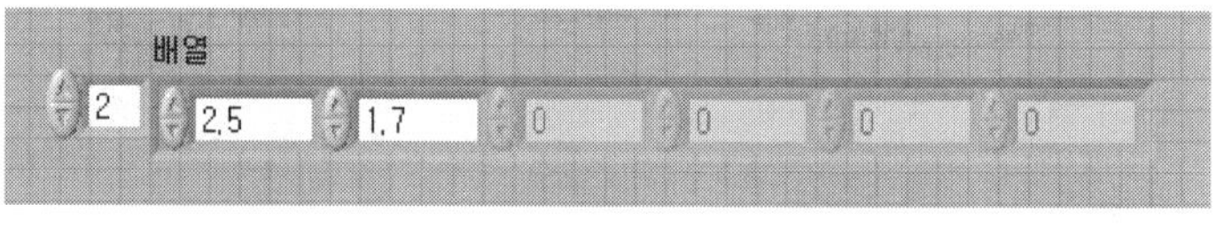


**[그림 4-6]** 인덱스 디스플레이 값 변경

앞서 **배열**이란 같은 **데이터 타입**을 여러 개 묶은 것이라고 하였다. 따라서 [그림 4-7]과 같이 **숫자형**뿐만 아니라 **불리언**, **문자열** 등도 **배열**로 만들 수 있다.

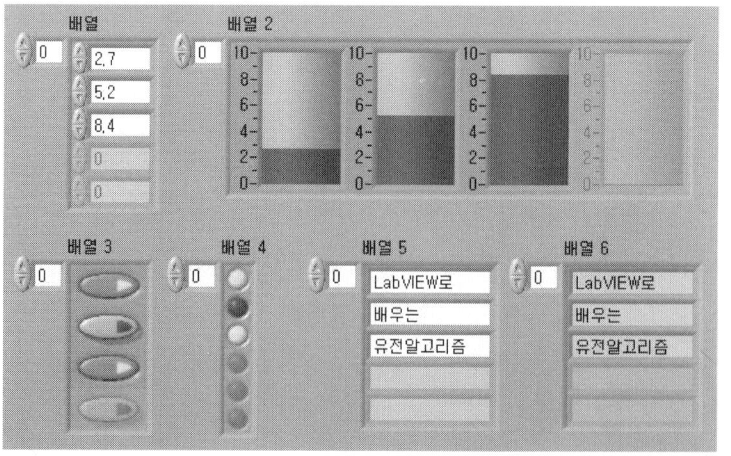


**[그림 4-7]** 다양한 종류의 배열

**예제 4.1**

[그림 4-7]과 같이 구현되도록 VI를 만들어라.

**예제 풀이**

**1단계 :** 사용자 인터페이스를 만들기 위해서 [그림 4-8]과 같이 **프런트패널**에 6개의 **배열쉘**을 생성한다.

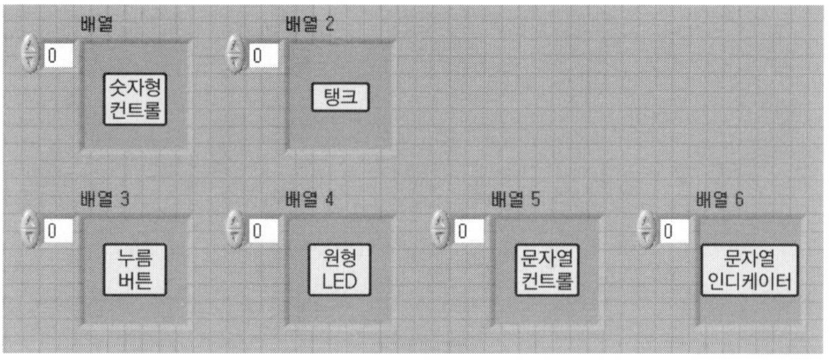


**[그림 4-8]** 배열쉘 생성

**2단계 :** [그림 4-4]의 (a)와 같이 **배열쉘**에 차례로 **숫자형 컨트롤**, **탱크**, **누름 버튼**, **원형 LED**, **문자열 컨트롤**, **문자열 인디케이터**를 넣으면, [그림 4-9]와 같이 된다. 이때 **탱크**는 **컨트롤 팔레트→ 일반→숫자형**에서 찾을 수 있으며, **문자열 컨트롤**과 **인디케이터**는 **컨트롤 팔레트→ 일반→ 문자열 & 경로**에서 찾을 수 있다.

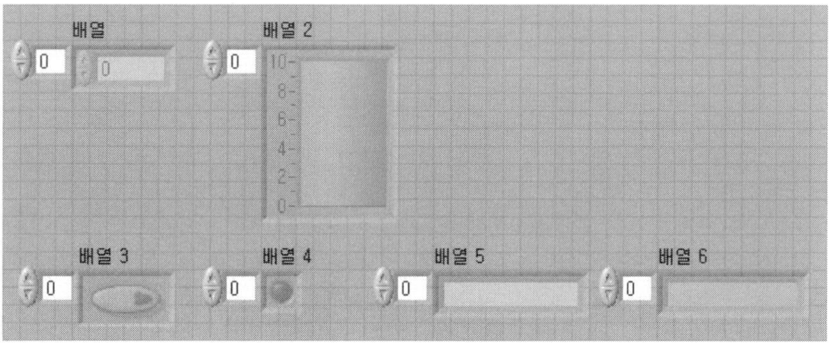


**[그림 4-9]** 1차원 배열 만들기

**3단계 : 블록다이어그램**에서 [그림 4-10]과 같이 **와이어**를 연결하고, [그림 4-4]의 (c), (d)를 참고하여 **배열**을 적절히 늘려주어 [그림 4-7]과 같이 되도록 만든다. 완성된 VI를 **예제 4.1.vi**로 저장하고, **배열**, **배열 3**, **배열 5**에 적절한 값을 입력하여 VI를 실행시켜보자.

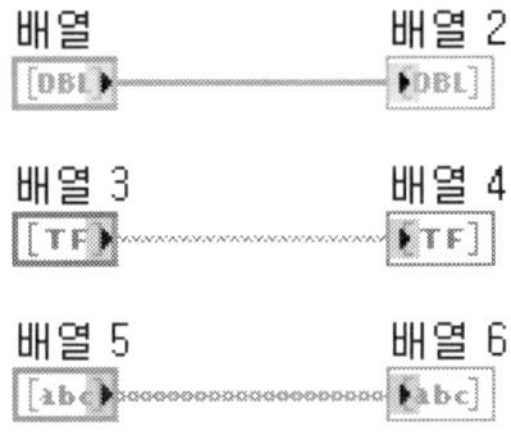


**[그림 4-10]** 와이어 연결

### 4.1.2 다차원 배열

다차원 배열이란 [그림 4-11]과 같이 2차원 이상의 배열을 통틀어 얘기하는 것이지만 3차원 배열 이상은 **프런트패널**에서 눈으로 확인도 불가능하며, 2부 유전 알고리즘에서 사용되지 않으므로 여기서는 2차원 배열만 다룰 것이다. 그리고 다차원 배열은 단독으로 사용되기 보다는 다중 For 루프와 함께 사용되는데, 2차원이나 3차원이나 그 사용 방법은 거의 유사하다.

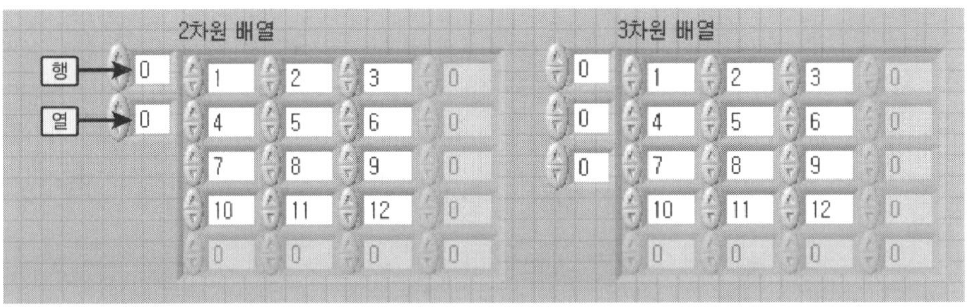


**[그림 4-11]** 다차원 배열

앞서 얘기하였듯이 3차원 배열 이상은 **프런트패널**에 모든 **원소**를 시각적으로 표시할 수 없다. 그렇다면 다차원 배열의 구별은 어떻게 할 수 있을까? [그림 4-11]에서 볼 수 있듯이 **인덱스 디스플레이**의 개수를 통해서 배열의 차원을 확인할 수 있다. 그리고 중요한 사실은 2차원 배열의 첫 번째 **인덱스 디스플레이**는 **행**을 나타내며, 그 다음 **인덱스 디스플레이**는 **열**을 나타낸다.

그렇다면 값이 8인 원소의 행과 열 인덱스는 어떻게 표시될지 생각해보자. 3행 2열에 있으므로 3과 2일까? 3과 2를 입력해보면 12가 2차원 배열의 맨 왼쪽 위부터 나타날 것이다. 즉 값이 8인 원소의 행과 열 인덱스는 각각 2와 1이다. LabVIEW에서는 **배열**의 **인덱스**가 **0**부터 시작된다는 것을 다시 한 번 명심하기 바란다.

그렇다면 다차원 배열을 어떻게 만드는지 알아보자. 크게 두 가지 방법이 있는데 어떤 경우이건 먼저 1차원 배열을 만들어 놓아야 한다.

첫 번째 방법은 [그림 4-12]의 **(a)**와 같이 마우스 포인터를 **배열** 가까이 가져가면 파란 점이 생기는데, 이때 [그림 4-12]의 **(b)**와 같이 마우스 오른쪽을 클릭하여 **바로 가기 메뉴**를 열고 **차원 추가**를 선택하면 **인덱스 디스플레이**가 추가되면서 배열의 차원이 증가되었음을 알려준다. 만약 차원을 줄이고 싶으면 **바로 가기 메뉴**에서 **차원 제거**를 선택하면 된다.

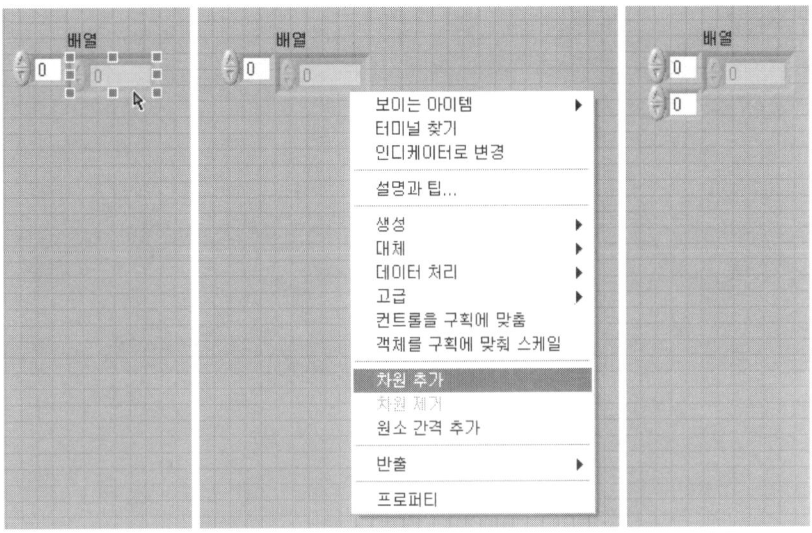


(a) (b) (c)

**[그림 4-12]** 차원 추가를 통해서 다차원 배열 만들기

두 번째 방법은 [그림 4-13]과 같이 **인덱스 디스플레이** 자체를 늘리고 줄이는 방법이다. 첫 번째 방법보다 편리할 것이다.

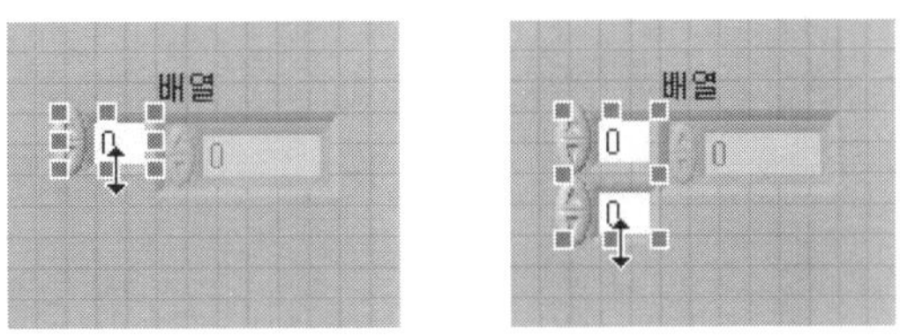


**[그림 4-13]** 인덱스 디스플레이를 이용하여 다차원 배열 만들기

앞서 **3.1절 숫자형 함수**에서 다루지 않고, **4장 배열**에서 다루기로 했던 함수가 있었다. 그것은 [그림 4-14]의 **배열 원소 더하기** 함수이다. 이 함수는 [그림 4-5] 또는 [그

림 4-11]과 같은 **숫자형 배열**의 모든 **원소**의 합을 구해주는 매우 편리한 함수이며, 실제로 **2부 유전알고리즘**에서도 사용될 것이다. 예제를 통해서 알아보도록 하자.

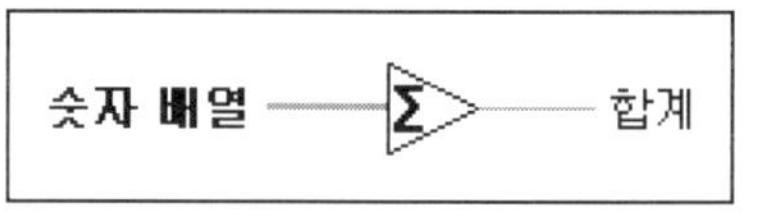


**[그림 4-14]** '배열 원소 더하기' 함수

**예제 4.2**

**배열 원소 더하기** 함수를 이용하여 [그림 4-5]와 [그림 4-11]과 같은 배열을 만들고, 각 배열의 모든 원소의 합을 구하는 VI를 만들어라.

**예제 풀이**

**1단계 :** 앞서 배운 내용을 토대로 [그림 4-15]와 같이 **프런트패널**에 사용자 인터페이스를 만들고 **원소**에 값을 입력한다.

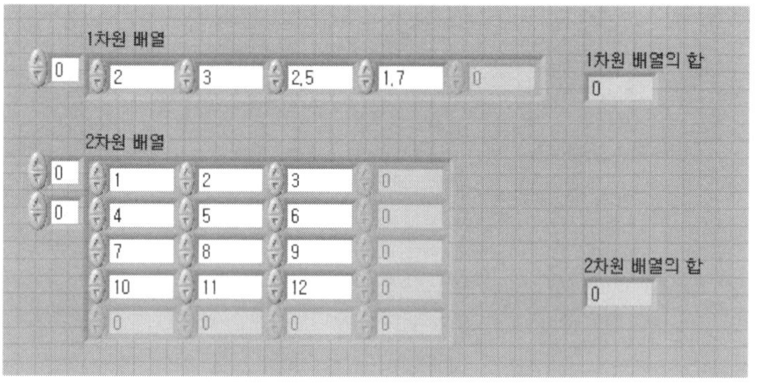


**[그림 4-15]** 사용자 인터페이스 생성

**2단계 :** [그림 4-16]과 같이 **블록다이어그램**에 **배열 원소 더하기** 함수를 추가한 후 **와이어**로 연결하면 VI가 완성된다. 완성된 VI의 이름을 **예제 4.2.vi**로 저장한 후 VI를 실행시켜 테스트해보자. 정상적으로 VI를 만들었다면 1차원 배열의 합은 9.2, 2차원 배열의 합은 78이 나올 것이다.

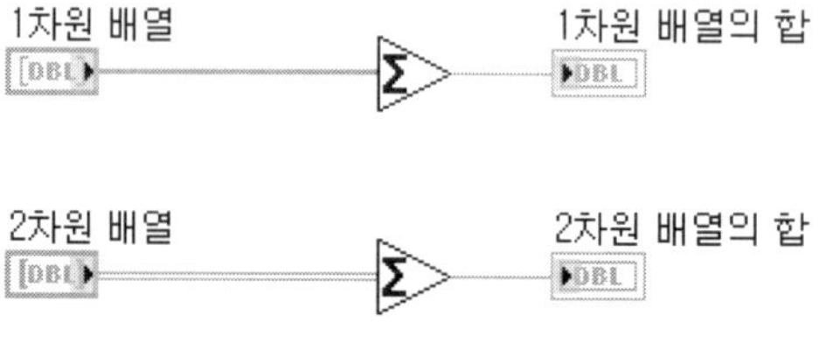


**[그림 4-16]** 완성된 VI

> 참고로 [그림 4-16]에서 눈여겨볼 사항은 단변수(1차원 배열의 합, 2차원 배열의 합 인디케이터), 1차원 배열, 2차원 배열 컨트롤의 **와이어** 스타일이 다른 점이다. 즉 와이어의 스타일만 봐도 해당 컨트롤과 인디케이터가 단변수인지 배열인지 알 수 있으며, 배열의 경우에도 1차원 배열인지 다차원 배열인지 알 수 있다.

## 4.2 배열 함수

[그림 4-17]은 **함수 팔레트**에서 **프로그래밍 → 배열**을 선택하면 나타나는 각종 **배열** 함수를 보여주고 있다.

**2부 유전 알고리즘**에서 다루게 될 8개의 함수만 이곳에서 다룰 것이지만 [그림 4-17]에 있는 **배열** 함수는 중요하지 않은 것이 없다.

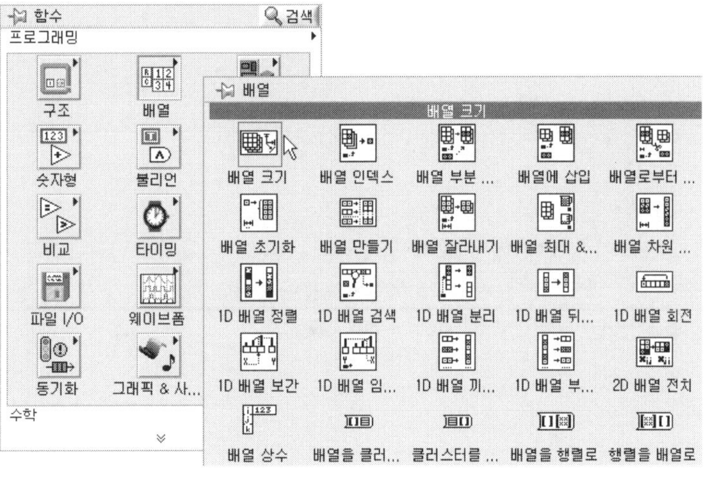


**[그림 4-17]** 배열 함수 팔레트

### 4.2.1 배열 크기 함수

[그림 4-18]의 **배열 크기 함수**는 해당 배열의 각 차원의 **원소**의 개수를 알려주는 함수이다. 예를 들어 [그림 4-15]의 1차원 배열은 4개의 원소가 입력되어 있으므로, 배열의 크기는 4이다. 그리고 [그림 4-15]의 2차원 배열은 행과 열에 대한 정보를 동시에 알려주어야 하므로 배열의 크기를 1차원 배열의 형태로 알려준다.

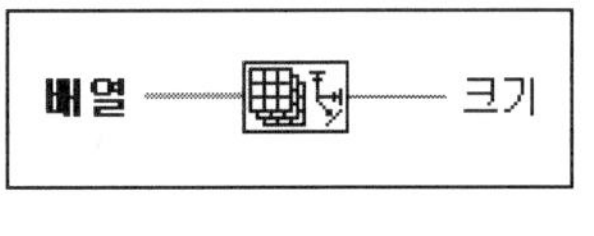


**[그림 4-18]** '배열 크기' 함수

## 예제 4.3

[그림 4-15]의 1차원 배열과 2차원 배열의 크기를 구하는 VI를 만들어라.

**예제 풀이**

**1단계 :** [그림 4-19]와 같이 **프런트패널**에 사용자 인터페이스를 만든다. 이때 **1차원 배열**의 **인덱스 3**인 **원소**(4번째 열의 **원소**)의 값으로 0을 입력하였다. 그런데 바로 옆의 원소는 비활성화되어 있는 상태에서 0이 입력되어 있다. 이것이 어떠한 의미를 갖는지 유추하면서 예제를 풀어보도록 하자. **2차원 배열**도 마찬가지이다.

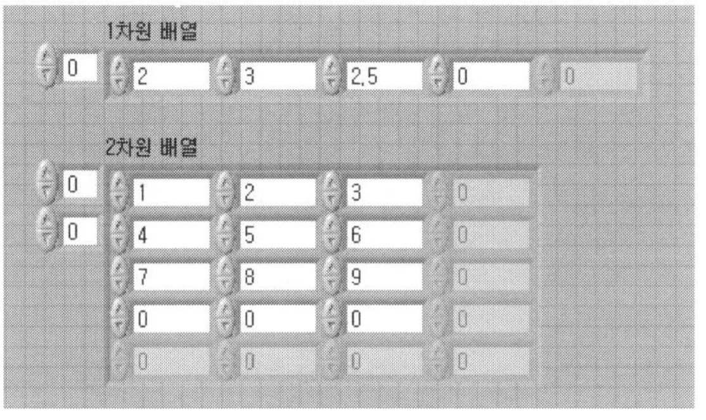


**[그림 4-19]** 사용자 인터페이스

**2단계 :** 블록다이어그램에 **배열 크기 함수**를 2개 추가한 후 [그림 4-20]과 같이 **배열 크기 함수**의 **출력 커넥터**에서 **바로 가기 메뉴→생성→인디케이터**를 선택하면 VI가 완성된다. 완성된 VI의 이름을 **예제 4.3.vi**로 저장한 후 VI를 실행시켜보자.

**[그림 4-20]** 인디케이터 생성

[그림 4-21]에서 **1차원 배열**의 크기는 4이며, **2차원 배열**의 크기는 4행 3열이란 결과를 보여주고

있다. 여기서 비활성화된 영역은 **배열**의 **원소**로 포함되지 않음을 알 수 있다. 그렇다면 이미 활성화된 영역을 다시 비활성화시키려면 어떻게 해야 되는지 알아보자.

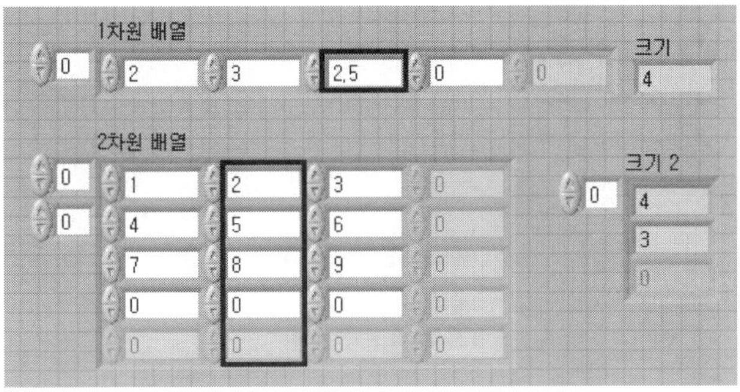


**[그림 4-21]** 예제 4.3.vi의 실행 결과

만약 [그림 4-21]에서 **1차원 배열**의 3번째 원소를 삭제하고 싶다면, [그림 4-22]와 같이 3번째 원소 위에 마우스 포인터를 가져간 후 마우스 오른쪽을 클릭하여 **데이터 처리→ 원소 삭제**를 선택한다.

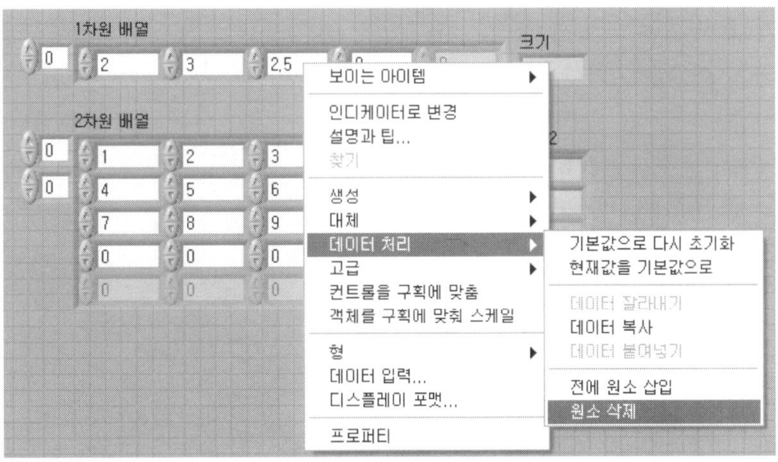


**[그림 4-22]** 1차원 배열의 원소 삭제

마찬가지 원리로 [그림 4-21]에서 **2차원 배열**의 2번째 열의 모든 원소를 삭제하고 싶다면, [그림 4-23]과 같이 2번째 열의 아무 원소 위에 마우스 포인터를 가져간 후 마우스 오른쪽을 클릭하여 **데이터 처리→ 열 삭제**를 선택한다.

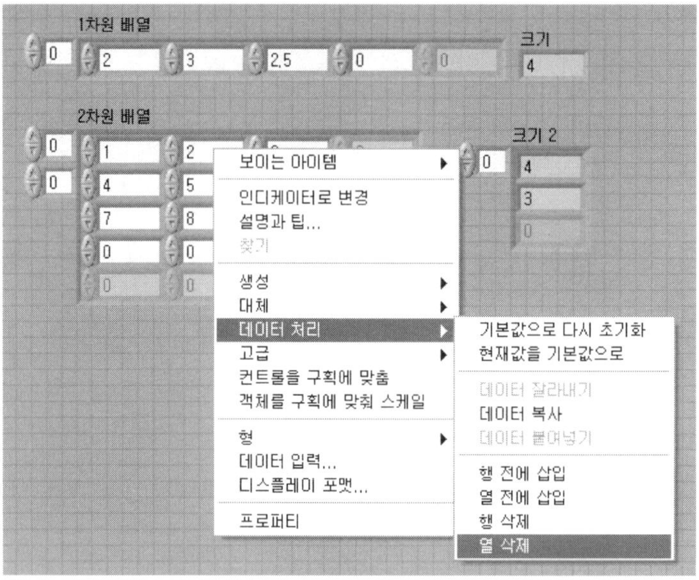


**[그림 4-23]** 2차원 배열의 열 삭제

VI를 다시 실행시켜 보면, [그림 4-24]와 같이 **1차원 배열**의 크기는 3, **2차원 배열**의 크기는 4행 2열로 줄어든 것을 확인할 수 있다.

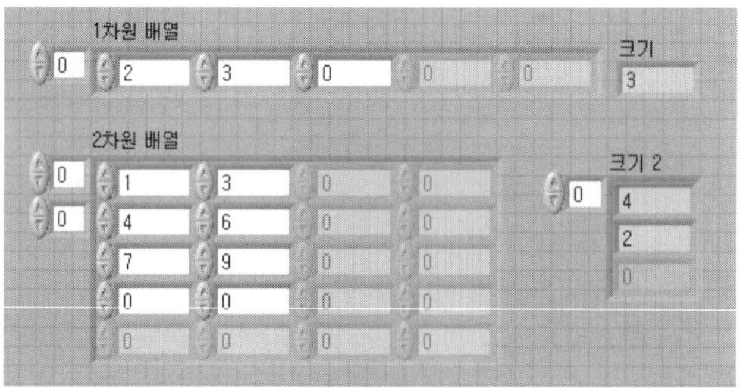


**[그림 4-24]** 예제 4.3.vi의 실행 결과

그렇다면 **배열 크기** 함수는 언제 사용될지 생각해보자. 앞서 언급하였듯이 **배열**은 반복문(특히 **For 루프**)과 함께 자주 사용된다. 이때 일반적으로 **For 루프**의 반복횟수는 **배열**의 크기만큼 이루어져야 할 것이다. **5장 구조**에서 다시 한 번 예제를 통해서 알아볼 것이다.

### 4.2.2 배열 인덱스 함수

[그림 4-25]와 같이 **배열 인덱스** 함수는 어떤 **인덱스**에서 **n 차원 배열**의 **원소** 또는 **부분배열**을 반환한다. 예를 들어 [그림 4-24]의 **1차원 배열**에서 2번 **인덱스**의 원소 값(**0**) 또는 [그림 4-24]의 **2차원 배열**에서 **행 인덱스**가 2이고, **열 인덱스**가 1인 원소의 값(**9**)이 얼마인지 알고자 할 때 사용한다. 그리고 **원소**뿐만 아니라 2차원 배열에서 행 전체 또는 열 전체를 **부분배열**로 추출할 수도 있다.

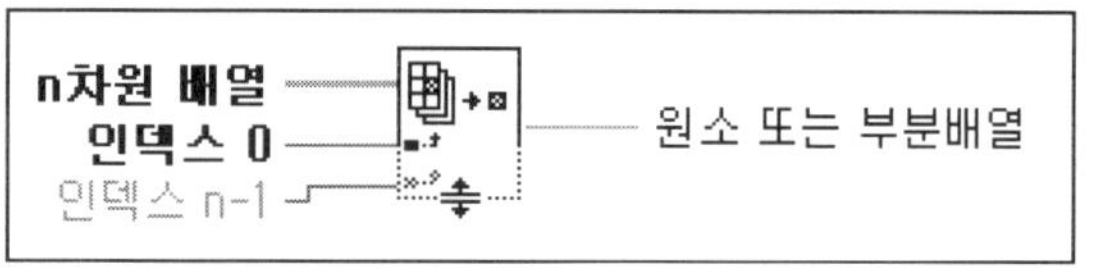


**[그림 4-25]** '배열 인덱스' 함수

**예제 4.4**

[그림 4-19]의 **1차원 배열**에서 **인덱스** 2번의 **원소**를 추출하고, **2차원 배열**에서는 3행 1열의 **원소**를 추출하여라. 또한 **2차원 배열**의 4행 전체와 2열 전체를 추출하는 VI를 만들어라.

**예제 풀이**

**1단계 :** [그림 4-19]와 같이 **프런트패널**에 사용자 인터페이스를 만든다.

**2단계 :** [그림 4-26]과 같이 **블록다이어그램**에 **배열 인덱스** 함수 두 개를 추가한 후 **와이어**를 연결한다. 그리고 **숫자형 상수**에 2를 입력한 후 **배열 인덱스** 함수와 **와이어**를 연결한다. 인덱스 값으로 2를 입력한 것은 3번째 원소의 값을 추출하기 위한 것이다.

여기서 또 하나 눈여겨봐야 할 것은 **배열 인덱스** 함수에 1차원 배열을 연결하였을 때와 다차원 배열을 연결하였을 때 **배열 인덱스** 함수의 모양이 다르다는 점이다. 당연한 얘기지만 1차원 배열과 연결되면 **인덱스** 값을 하나만 입력하기 위해서 **커넥터**가 하나만 생성되며, 2차원 배열과 연결되면 **행**과 **열**의 **인덱스** 값을 입력하기 위해서 **커넥터**가 두 개 생성된다.

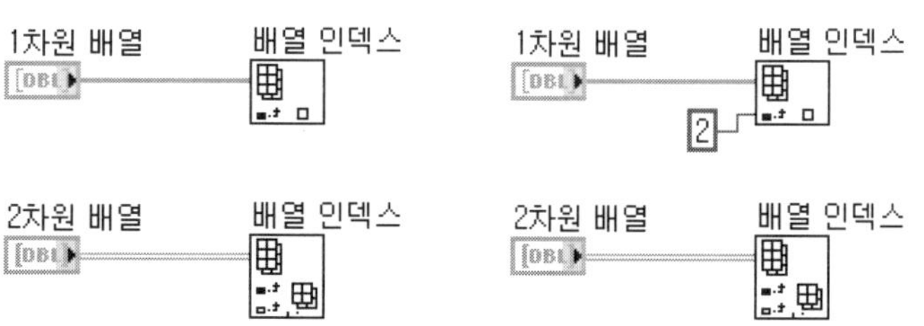


**[그림 4-26]** 블록다이어그램에 배열 인덱스 함수 추가

**3단계 :** [그림 4-27]과 같이 **숫자형 상수**를 추가한 후 **인덱스(행) 커넥터**에는 2를 연결하고, **인덱스(열) 커넥터**에는 0을 연결한다. 이것은 3행 1열의 **원소**값을 추출하기 위함이다.

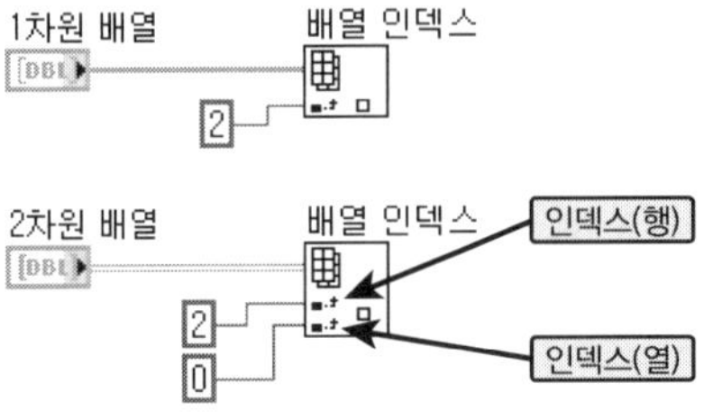


**[그림 4-27]** 인덱스 커넥터에 숫자형 상수 연결

**4단계 :** 다음은 2차원 배열의 **원소**가 아닌 **부분배열**을 추출해야 한다. 이를 위해서 [그림 4-28]과 같이 **배열 인덱스** 함수의 아래 부분에 마우스 포인터를 가져가면 파란색 점이 생기며, 마우스 포인터의 모양도 양쪽 화살표 모양으로 변한다. 이때 마우스 왼쪽 클릭하여 [그림 4-28]의 오른쪽 그림과 같이 **배열 인덱스** 함수를 늘려준다.

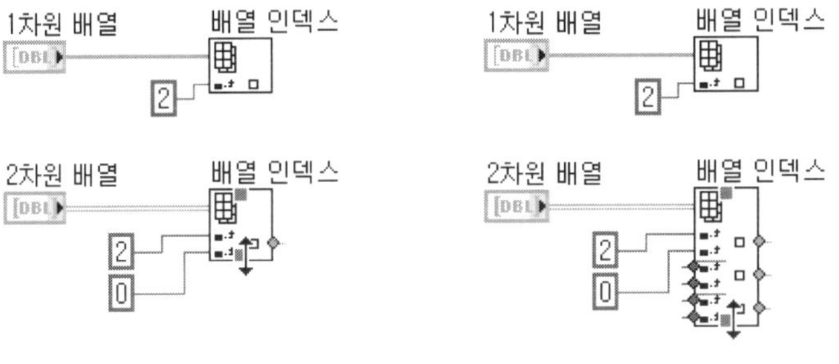


**[그림 4-28]** 배열 인덱스 함수 늘리기

**5단계 :** [그림 4-29]와 같이 **숫자형 상수**를 추가한 후 **인덱스(행) 커넥터**에는 3를 연결한다. 이것은 4행 전체를 **부분배열**로 추출하기 위함이다. 그리고 **인덱스(열) 커넥터**에는 1을 연결한다. 이것은 2열 전체를 **부분배열**로 추출하기 위함이다.

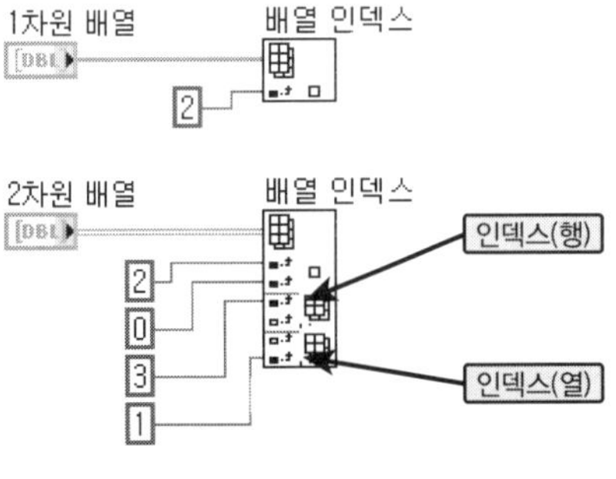


**[그림 4-29]** 숫자형 상수 추가 및 인덱스 커넥터와 연결

**6단계 :** [그림 4-30]과 같이 **배열 인덱스** 함수의 **출력 커넥터**에서 **바로 가기 메뉴→생성→인디케이터**를 선택하면 **원소**와 **부분배열**에 대한 **인디케이터**가 생성된다.

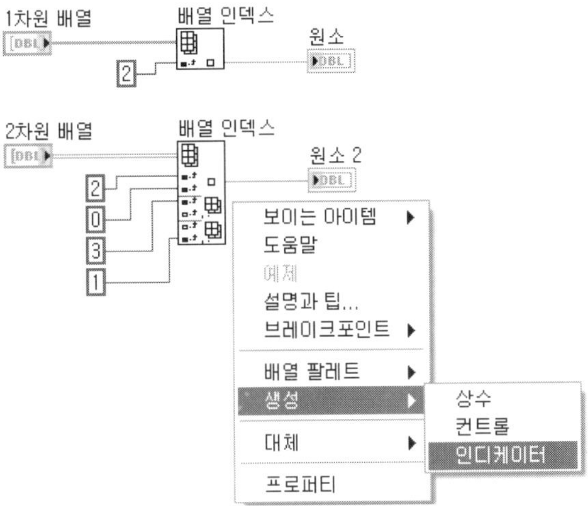


**[그림 4-30]** 인디케이터 생성

그리고 **프런트패널**에 생성된 **인디케이터**를 [그림 4-31]과 같이 정리하면 VI가 완성된다. 완성된 VI의 이름을 **예제 4.4.vi**로 저장한 후 VI를 실행시켜보자.

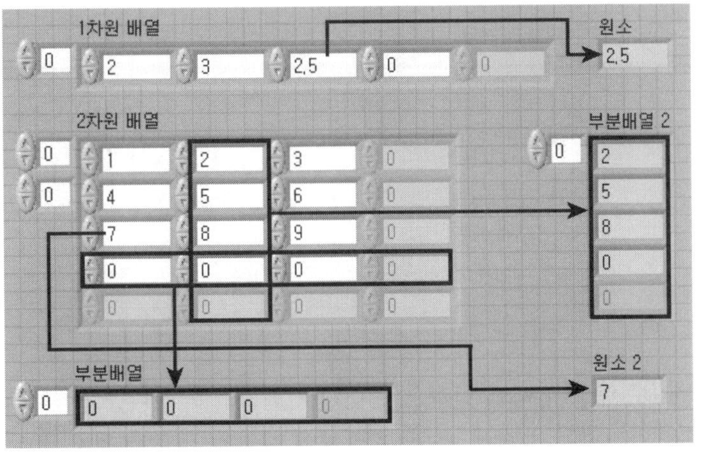


**[그림 4-31]** 완성된 VI 및 실행 결과

### 4.2.3 배열 부분 대체 함수

[그림 4-32]와 같이 **배열 부분 대체** 함수는 **인덱스**에서 지정하는 포인트에서 **원소** 또는 **부분배열**을 대체한다.

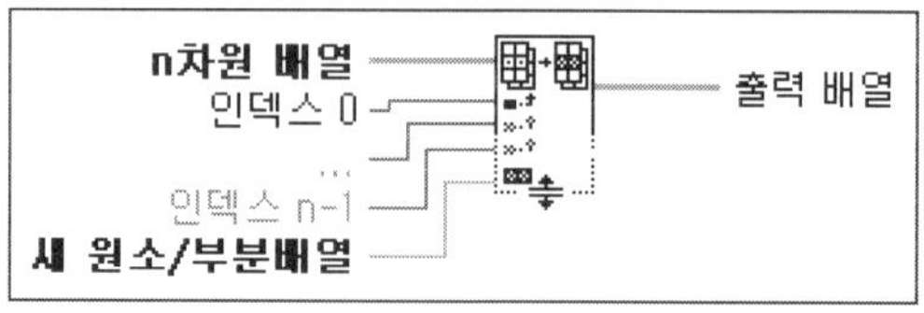


**[그림 4-32]** '배열 부분 대체' 함수

예를 들면 [그림 4-33]에서 **1차원 배열**의 2번째 원소의 값을 0에서 2로 대체한다던가, 또는 **2차원 배열**의 3열 전체를 왼쪽의 부분배열로 대체하고자 할 때 **배열 부분 대체** 함수를 사용한다.

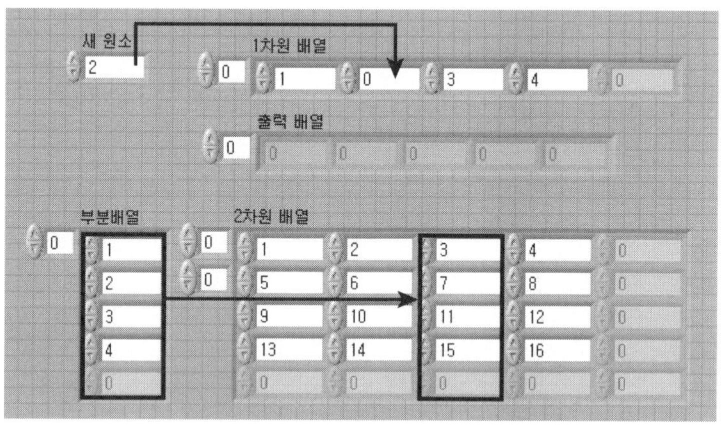


**[그림 4-33]** 배열 부분 대체의 개념

앞서 배운 **배열 인덱스** 함수가 단순히 **인덱스**가 지정하는 포인트의 **원소** 또는 **부분배열**을 반환하는 반면에, **배열 부분 대체** 함수는 새로운 **원소** 또는 **부분배열**로 수정할 수 있다. 이것은 유전자 조작과 비슷한 원리이다. 그렇기 때문에 자연의 유전현상을 모방한 유전알고리즘에서 이 함수는 매우 중요하게 사용될 것이다.

## 예제 4.5

**배열 부분 대체** 함수를 이용하여 [그림 4-34]와 같이 구현되도록 VI를 만들어라.

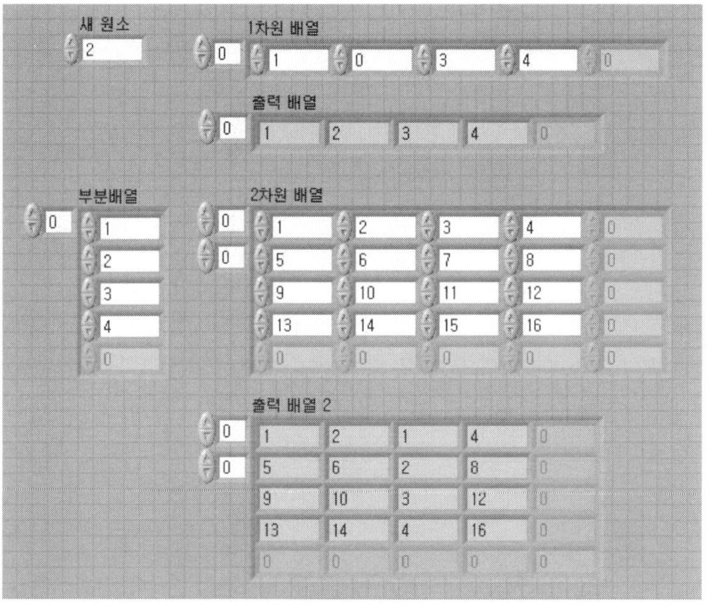


**[그림 4-34]** 사용자 인터페이스 및 실행 결과

**예제 풀이**

**1단계 :** [그림 4-33]([그림 4-34] 아님)과 같이 **프런트패널**에 사용자 인터페이스를 만든다.

**2단계 : 배열 부분 대체** 함수는 **배열 인덱스** 함수와 그 사용법이 거의 흡사하므로 [예제 4.4]를 참고하여 [그림 4-35]와 같이 **블록다이어그램**을 만든다.

**[그림 4-35]** 완성된 VI

**3단계 :** 그리고 **프런트패널**에 생성된 **인디케이터(출력 배열, 출력 배열 2)**를 [그림 4-34]와 같이 정리하면 VI가 완성된다. 완성된 VI의 이름을 **예제 4.5.vi**로 저장한 후 VI를 실행시켜보자.

### 4.2.4 배열에 삽입 함수

[그림 4-36]은 **배열에 삽입** 함수로서 **인덱스**에서 지정하는 포인트에 **원소** 또는 **부분배열**을 삽입한다.

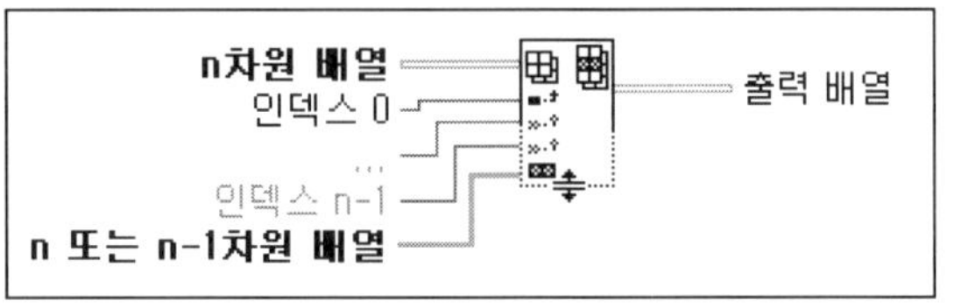


[그림 4-36] '배열에 삽입' 함수

예를 들면 [그림 4-37]에서 **배열**의 3행과 4행 사이에 **부분배열**을 삽입하고자 할 때, **배열 2**의 1열과 2열 사이에 **부분배열 2**를 삽입하고자 할 때 **배열에 삽입** 함수를 사용한다.

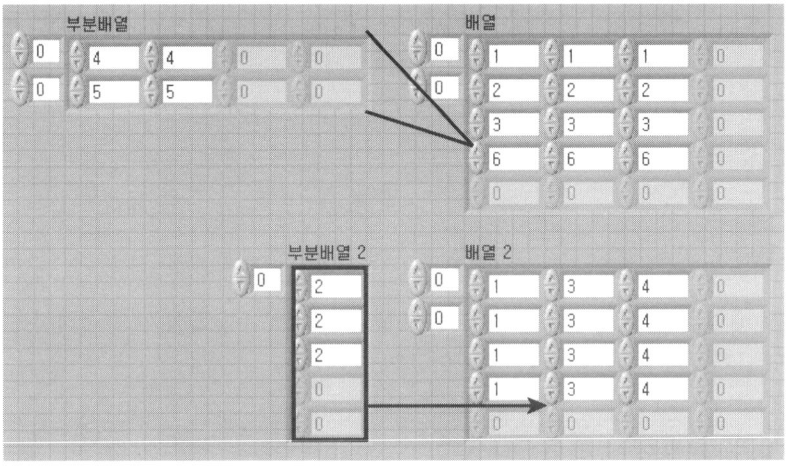


[그림 4-37] 배열 삽입의 개념

**예제 4.6**

**배열에 삽입** 함수를 이용하여 [그림 4-37]에 표시한 것과 같이 부분배열이 삽입되도록 VI를 만들어라.

**예제 풀이**

**1단계** : [그림 4-37]과 같이 **프런트패널**에 사용자 인터페이스를 만든다.

**2단계** : [그림 4-38]과 같이 **블록다이어그램**을 완성한다. 완성된 VI를 **예제 4.6.vi**로 저장한 후 VI를 실행시켜보자.

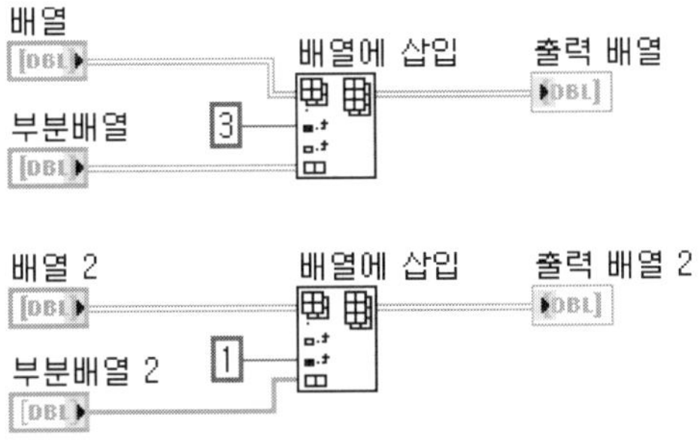


**[그림 4-38]** 완성된 VI

[그림 4-39]에서 눈여겨봐야 할 것은 그림에 표시한 것처럼 **행** 또는 **열**의 크기가 더 작은 부분배열을 삽입할 경우 빈자리는 '**0**'으로 채워진다는 것이다.

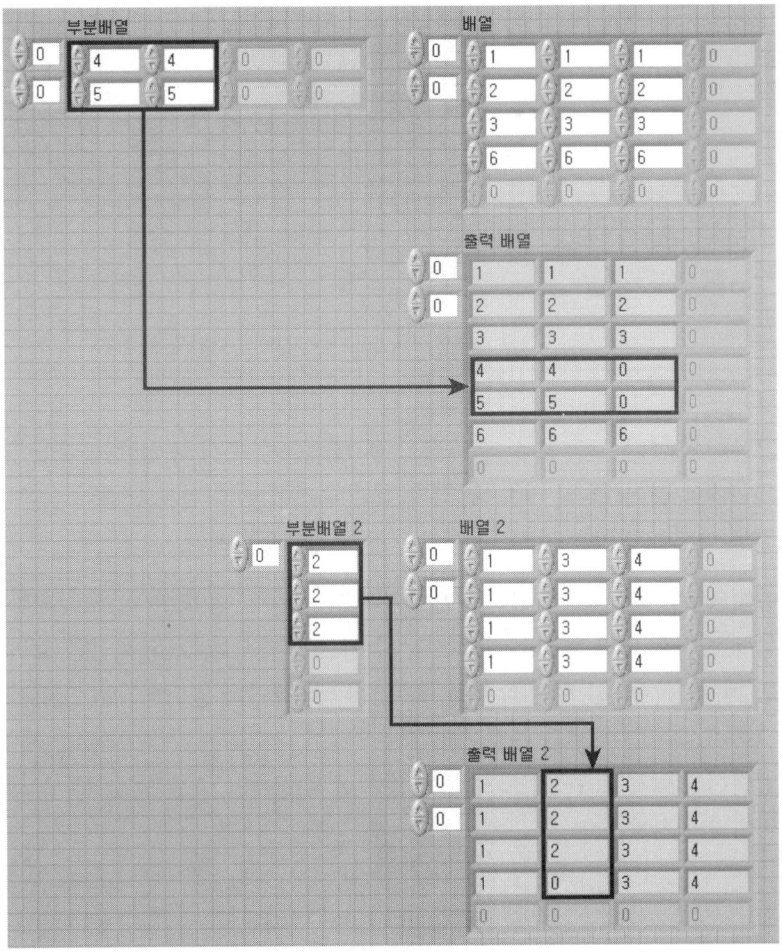


**[그림 4-39]** 예제 4.6.vi의 실행 결과

### 4.2.5 배열로부터 삭제 함수

[그림 4-40]은 **배열로부터 삭제** 함수로서 **n차원 배열**로부터 **원소** 또는 **부분배열**을 삭제하여 **부분이 삭제된 배열**과 **삭제된 부분**을 반환한다.

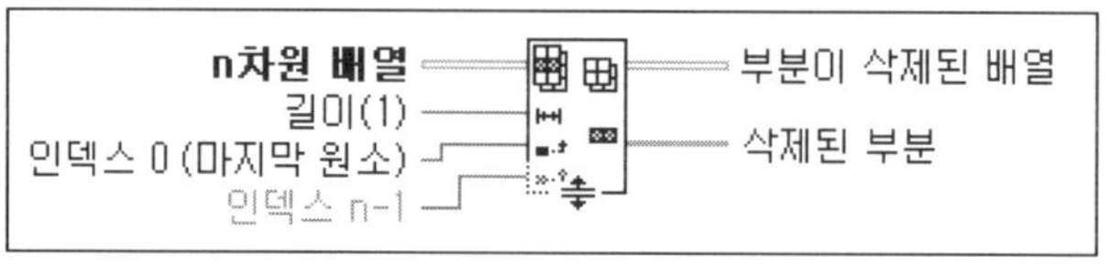


**[그림 4-40]** '배열로부터 삭제' 함수

기능적으로는 [그림 4-41]과 같이 **배열에 삽입** 함수와 반대 역할을 한다.

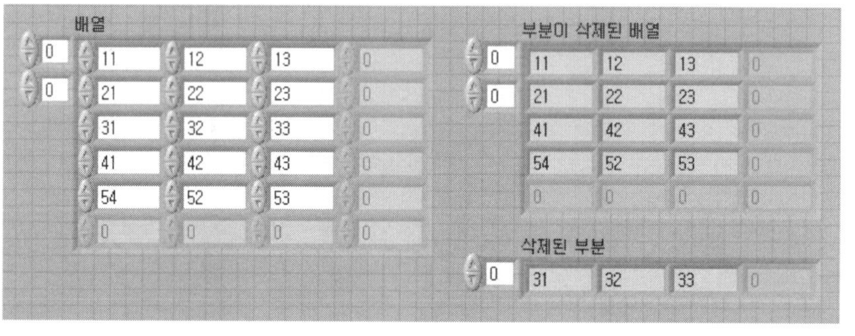

**[그림 4-41]** '배열로부터 삭제' 함수의 실행 원리

그동안의 다른 배열 함수와 비교할 때 **배열로부터 삭제** 함수의 독특한 특징은 **입력 커넥터**에 **길이**(1)라는 매개변수가 있다는 것이다. 이것은 얼마나 많은 **원소**, **행** 또는 **열**을 삭제할 것인지 지정하는 것이다.

**길이**(1)에 아무것도 연결하지 않으면 1개의 원소, 행 또는 열을 삭제한다. 그렇기 때문에 **숫자형 상수**에 1을 입력하여 **길이**(1)에 연결한 것과 동일한 효과(**부분이 삭제된 배열**)를 나타내지만 **삭제된 부분**은 다소 차이가 있다. 즉, **길이**(1)에 아무것도 연결하지 않으면 **삭제된 부분**은 1차원 배열로 출력되지만, **길이**(1)에 숫자형 상수 1을 입력하면 **삭제된 부분**은 2차원 배열로 출력된다.이 부분은 난이도가 높기 때문에 이러한 차이가 있다는 것만 기억해둔다.

## 예제 4.7

[그림 4-41]의 왼쪽에 있는 2차원 **배열**에서 2행부터 4행까지 삭제한 배열과 2열 전체를 삭제한 배열을 만들어라.

### 예제 풀이

**1단계 :** [그림 4-42]와 같이 **프런트패널**에 사용자 인터페이스를 만들고, **블록다이어그램**에 **배열로부터 삭제** 함수를 추가하여 **와이어**를 연결한다. 여기서 첫 번째 **배열로부터 삭제** 함수에서 **숫자형 상수 3**은 2행부터 4행까지 3행을 삭제하기 위한 것이며, **숫자형 상수 1**은 삭제하고자 하는 시작 행(2행)을 의미한다. 두 번째 **배열로부터 삭제** 함수에서 **숫자형 상수 2**는 삭제하고자 하는 시작 열(3열)을 의미한다.

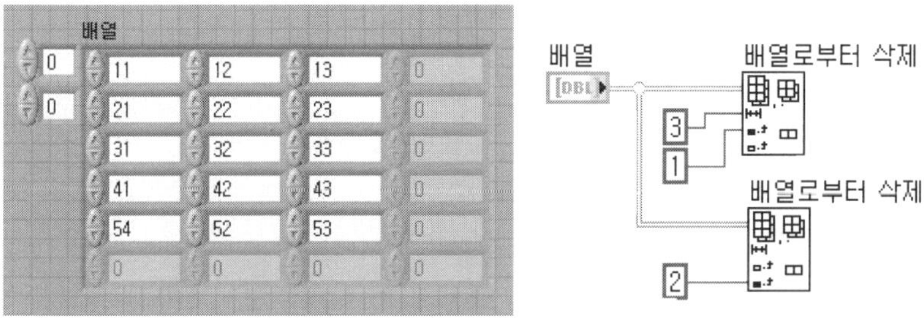


**[그림 4-42]** 사용자 인터페이스 생성 및 배열로부터 삭제 함수 추가

**2단계 :** **배열로부터 삭제** 함수에서 **바로 가기 메뉴 → 생성 → 인디케이터**를 선택하여 [그림 4-43]과 같이 **블록다이어그램**을 만든다.

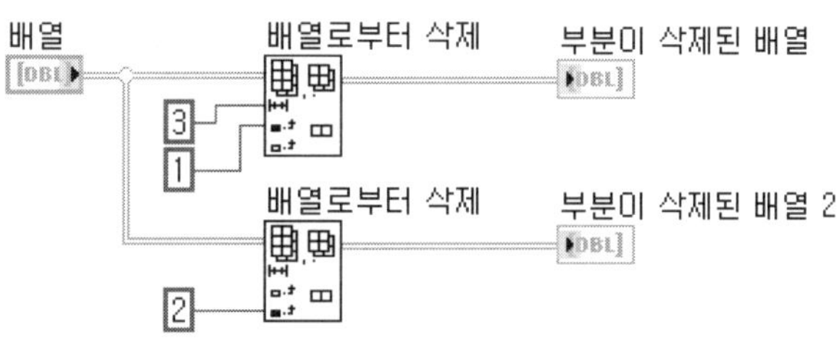


**[그림 4-43]** 완성된 VI

**3단계 :** **프런트패널**에 생성된 **인디케이터**를 [그림 4-44]와 같이 정리하고, **예제 4.7.vi**로 저장한다.

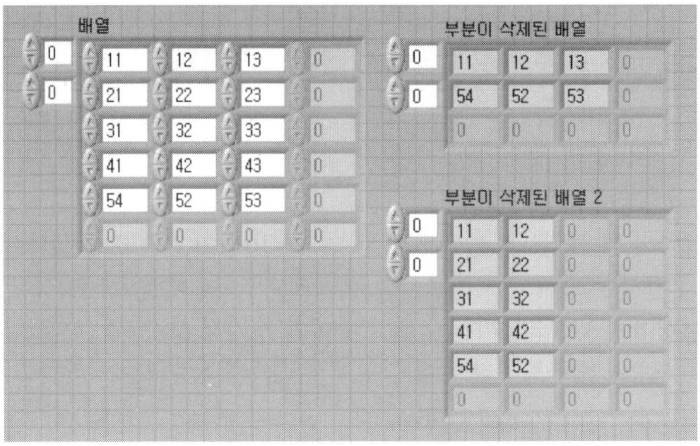


[그림 4-44] 예제 4.7.vi의 실행 결과

### 4.2.6 배열 만들기 함수

[그림 4-45]는 **배열 만들기** 함수로서 **원소**를 연결하여 1차원 **배열**을 만들거나 복수의 **배열**을 연결할 때 사용한다. 원소 또는 배열을 행으로 쌓을 때는 **배열에 삽입** 함수와 기능적으로 유사하지만 다량의 **원소** 또는 **배열**을 한 번에 연결할 수 있다는 특징이 있다.

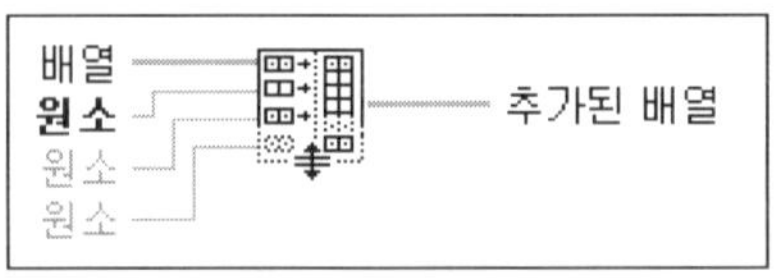


[그림 4-45] '배열 만들기' 함수

**예제 4.8**

[그림 4-46]과 같이 1차원 배열인 **배열 1**과 2차원 배열인 **배열 2**, **배열 3**을 차례로 연결하는 VI를 만들어라.

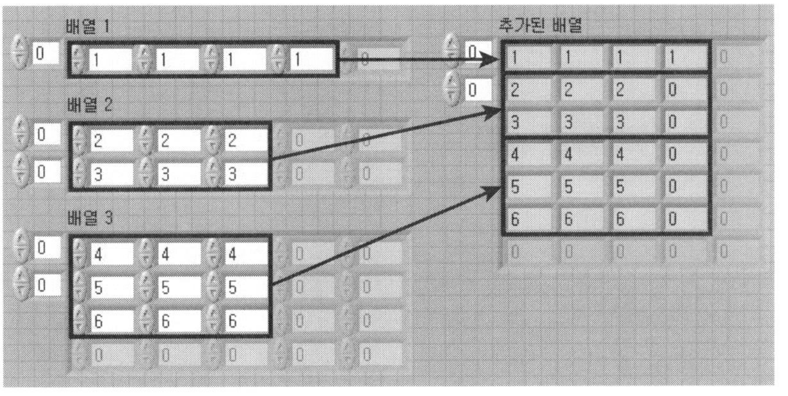

[그림 4-46] 사용자 인터페이스 및 예제 4.8.vi의 실행 결과

**예제 풀이**

**1단계 :** [그림 4-46]의 왼쪽 부분과 같이 **프런트패널**에 **배열 1**, **배열 2**, **배열 3**을 생성하여 사용자 인터페이스를 만든다.

**2단계 :** [그림 4-47]의 순서에 따라 **배열 만들기** 함수를 추가하고 **배열**과 **와이어**로 연결한다.

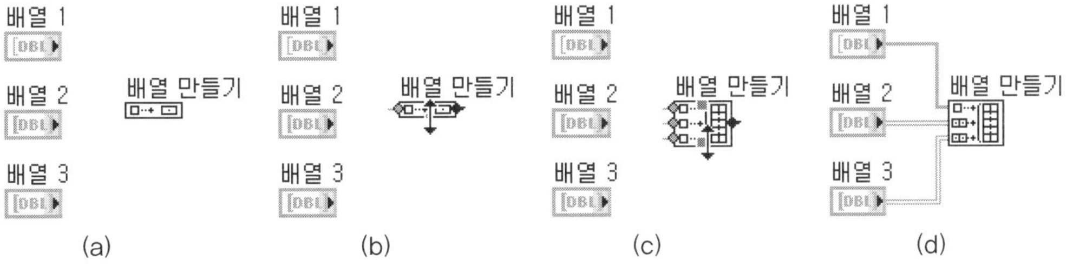

[그림 4-47] 배열 만들기 함수 추가 및 와이어 연결

**3단계 :** [그림 4-48]과 같이 **바로 가기 메뉴**에서 **생성 → 인디케이터**를 선택하여 VI를 완성한다. 완성된 VI의 이름을 **예제 4.8.vi**로 저장한 후 VI를 실행시켜보자.

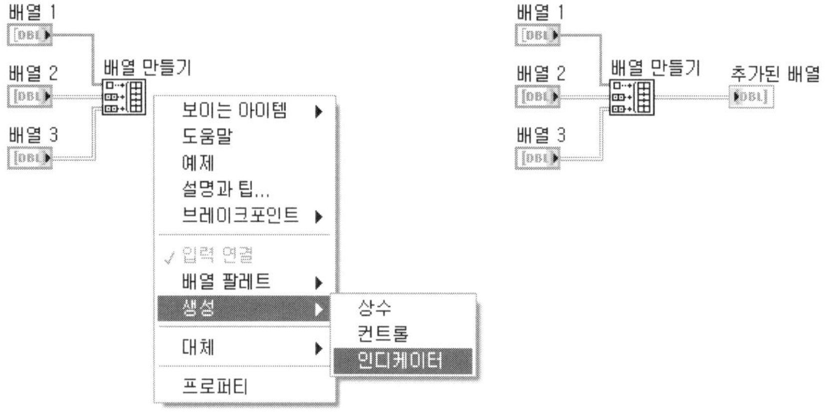


**[그림 4-48]** 인디케이터 생성

## 4.2.7 1D 배열 분리 함수

[그림 4-49]는 **1D 배열 분리** 함수로서, 말 그대로 1차원 **배열**을 **인덱스**에서 둘로 나누어준다. **2부 유전알고리즘**의 **교배(Crossover)**에서 사용될 함수이다. 즉 두 염색체(1차원 배열로 표현됨)를 **인덱스**에서 둘로 나눈 후 서로 교환하여 새로운 자식 세대의 염색체를 만들 때 사용될 것이다.

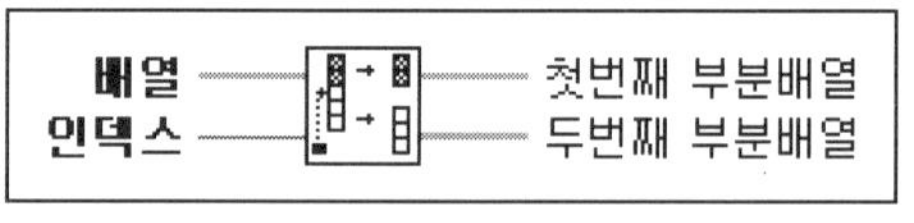


**[그림 4-49]** '1D 배열 분리' 함수

[그림 4-50]과 [그림 4-51]은 각각 **예제 4.9.vi**의 **프런트패널**과 **블록다이어그램**을 나타낸 것이다. 간단한 예제이므로 제작 과정은 설명하지 않는다.

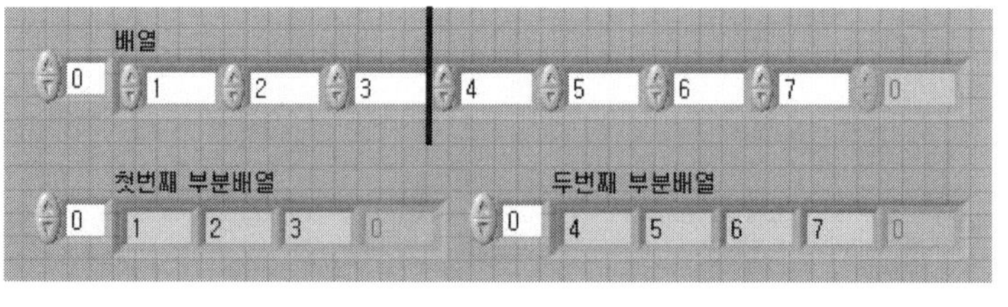


**[그림 4-50]** 예제 4.9.vi의 프런트패널

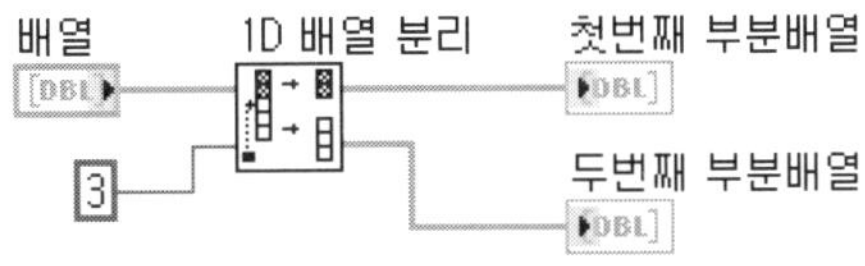


**[그림 4-51]** 예제 4.9.vi의 블록다이어그램

### 4.2.8 배열 최대 & 최소 함수

[그림 4-52]는 **배열 최대 & 최소** 함수로서 해당 **배열**의 **최대값**과 최대값의 **인덱스**, **최소값**과 최소값의 **인덱스**를 반환한다. 이것은 자주 사용되는 중요한 함수이다.

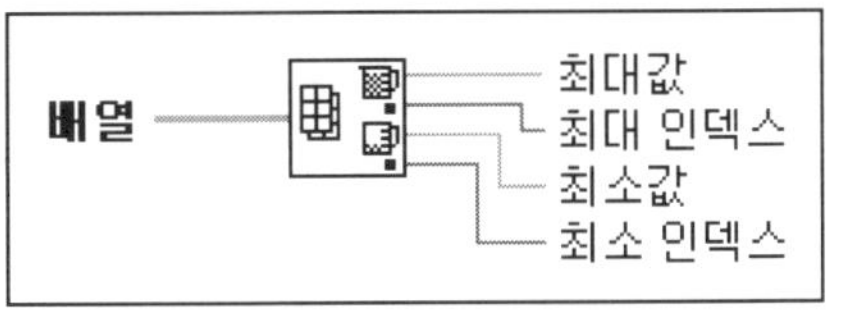


**[그림 4-52]** '배열 최대 & 최소' 함수

[그림 4-53]과 [그림 4-54]는 각각 **예제 4.10.vi**의 **프런트패널**과 **블록다이어그램**을 나타낸 것이다. 간단한 예제이므로 제작 과정은 설명하지 않는다. [그림 4-53]에서 2차원 **배열**의 최대값은 4행 3열의 11이며, 최소값은 1행 1열의 0이다. 이미 알고 있는 사실이지만 **인덱스**는 0부터 시작하기 때문에 **최대 인덱스**는 (3, 2)를 나타내고 있는 것이다.

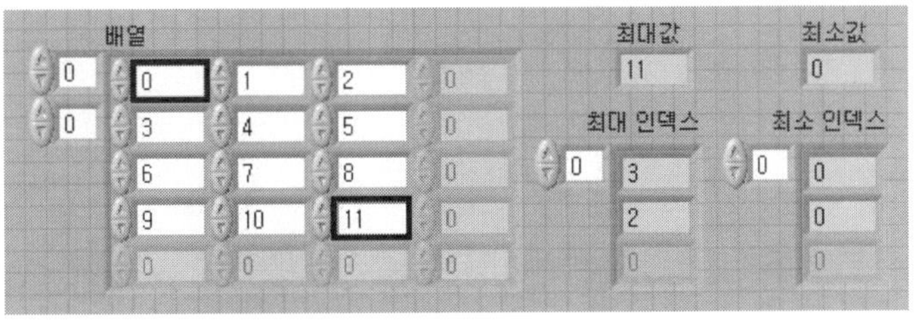


**[그림 4-53]** 예제 4.10.vi의 프런트패널

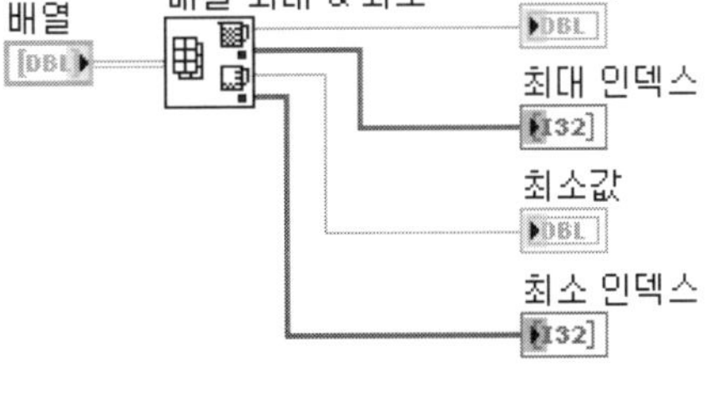


**[그림 4-54]** 예제 4.10.vi의 블록다이어그램

### 4.2.9 배열의 연산

어떤 배열의 모든 원소를 2씩 증가시키던가 또는 제곱을 하고 싶다면 어떻게 해야 할지 생각해보자. [그림 4-55]는 **예제 4.11.vi**의 **프런트패널**로써 **배열 C**는 **배열 B**의 모든 원소에 2를 더한 결과이며, **배열 D**는 **배열의 B**의 모든 원소를 제곱한 결과이다. 마지막으로 **배열 E**는 **배열 C**와 **배열 D**를 더한 결과이다.

이러한 예를 든 이유는 단변수(**숫자형 컨트롤 A**)와 **배열**을 **숫자형 함수**를 이용하여 연산할 수 있는지 보여주기 위한 것이다. 그리고 **배열**과 **배열**끼리 **숫자형 함수**를 이용하여 연산을 하면 어떻게 연산이 이루어지는지 보여주기 위함이다.

즉 **숫자형 함수**를 이용하여 단변수와 **배열**을 연산하면, 배열의 각 원소에 단변수가 연산(더하기, 빼기, 곱하기, 제곱 등)된다. 그리고 **숫자형 함수**를 이용하여 **배열**과 **배열**끼리 연산을 하면 같은 **인덱스**를 갖는 **원소**끼리 연산이 이루어진다.

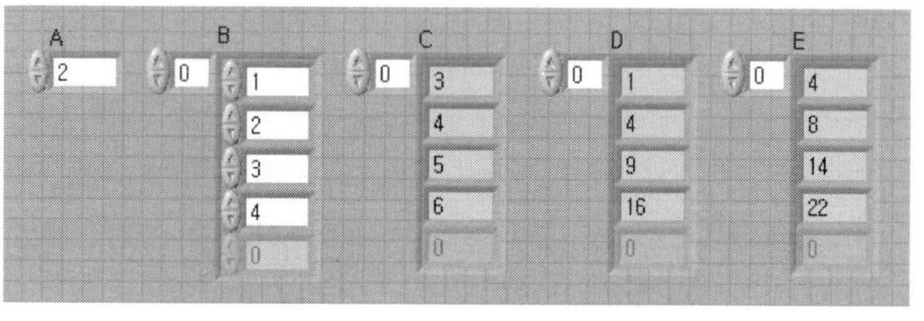


**[그림 4-55]** 예제 4.11.vi의 프런트패널

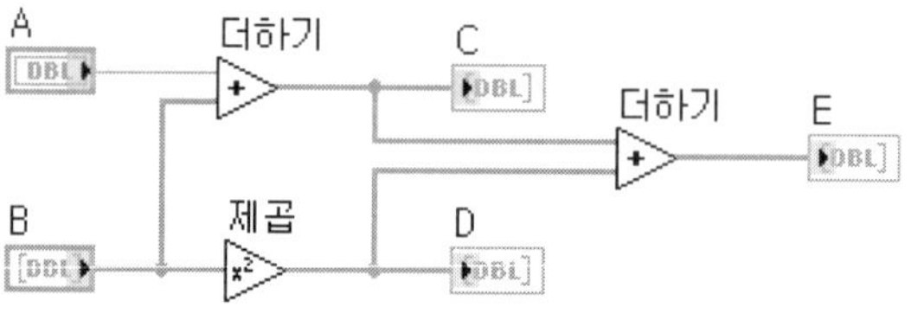


**[그림 4-56]** 예제 4.11.vi의 블록다이어그램

CHAPTER 05

# 루프와 구조



지금까지 만든 VI는 단 한 번만 실행되고 종료되었다. 하지만 LabVIEW를 비롯한 모든 프로그래밍 언어는 동일한 코드를 반복적으로 실행한다. 또한 모든 프로그래밍 언어에는 조건문이 있어서 해당 조건에 따라 특정 코드만 실행되도록 하는데, LabVIEW에서 그러한 기능을 수행하는 것이 **루프**와 **구조**이다.

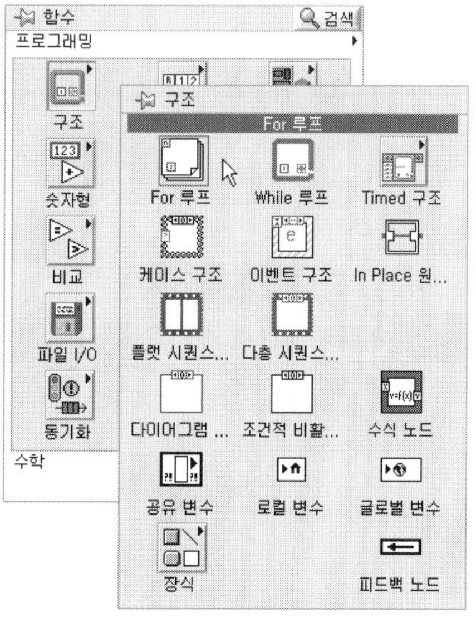


**[그림 5-1]** 구조

이번 5장에서 배울 **구조**는 [그림 5-1]에서 볼 수 있듯이 **함수 팔레트**의 **프로그래밍** 모듈에 있다. **구조**에서 주로 이용되는 것은 **For 루프**, **While 루프**, **케이스 구조**, **이벤트 구조** 등이며, 여기서는 **For 루프**와 **케이스 구조**에 대해서만 알아볼 것이다.

## 5.1 For 루프

[그림 5-2]는 **For 루프** 구조로서 **루프 카운트(N)** 터미널에 지정한 값(n)만큼 서브다이어그램을 n번 반복한다. 그리고 **루프 반복횟수(i)** 터미널은 0부터 n-1 범위의 값을 가지며 현재 루프의 반복횟수를 나타낸다. **For 루프**를 이용할 때 주의해야 할 점은 **루프 카운트(N)**에 100을 입력하였을 경우 **루프 반복횟수(i)**의 값은 0부터 99 범위의 값을 갖는다는 것이다. 그리고 이것은 앞서 4장에서 배운 **배열**의 **인덱스**가 0부터 시작한다는 것과 함께 중요한 의미를 갖는다.

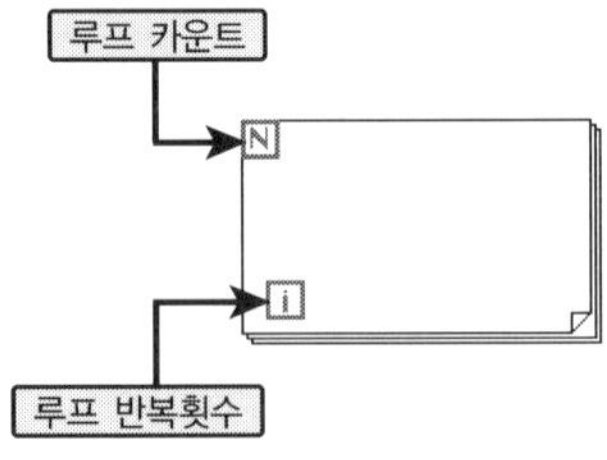


**[그림 5-2]** 'For 루프' 구조

참고로 **While 루프**는 **For 루프**와 달리 **루프 카운트**가 없으며, 따라서 어떠한 조건을 만족할 때까지 서브다이어그램을 반복한다. 이제 간단한 예제를 통해서 **For 루프**의 사용법을 알아보자.

**예제 5.1**

**숫자형 인디케이터**에 1부터 10까지의 정수를 차례로 표시하는 VI를 만들어라.

**예제 풀이**

**1단계 : 프런트패널**에 **숫자형 인디케이터**를 생성한다.

**2단계 : 블록다이어그램**의 **함수 팔레트**에서 **프로그래밍→구조→For 루프**를 선택한 후 [그림 5-3]과 같이 드래그 앤 드롭으로 **For 루프**를 생성한다.

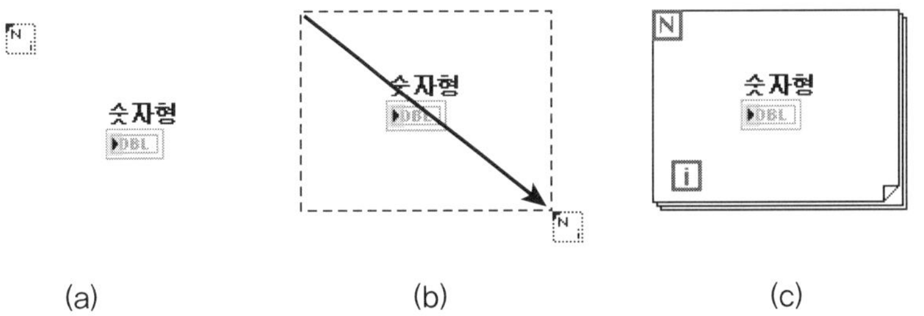


**[그림 5-3]** For 루프 생성 방법

**3단계 :** 1부터 10까지의 정수를 표시해야 하므로, 필요한 **For 루프**의 반복횟수는 10회이다. 따라서 [그림 5-4]의 (**a**)와 같이 **숫자형 상수**를 만들어 10을 입력한 후 **루프 카운트(N)** 터미널과 와이어로 연결한다.

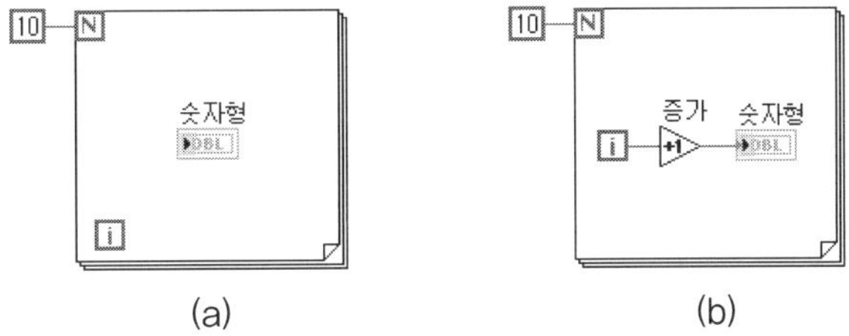


**[그림 5-4]** 완성된 VI

**4단계 :** [그림 5-4]의 (**b**)와 같이 **증가** 함수를 추가한 후 **루프 반복횟수(i)**와 **숫자형 인디케이터**를 와이어로 연결하면 VI가 완성된다. 완성된 VI를 **예제 5.1.vi**로 저장하고 VI를 실행시켜보자.

프런트패널의 **숫자형 인디케이터**에 '10' 만 표시되어 있을 것이다. 이것은 현재 사용하고 있는 컴퓨터의 성능이 너무 뛰어나서 1부터 10까지 눈 깜짝할 사이에 표시된 것이다. 만약 VI가 실행되는 과정을 천천히 보고 싶다면 두 가지 방법이 있다.

첫 번째 방법은 [그림 5-5]와 같이 **블록다이어그램**에서 **실행 하이라이트**를 선택한 후 VI를 실행시키는 것이다. 이 방법의 장점은 [그림 5-5]의 (**c**)와 같이 VI가 실행되는 동안 각 터미널의 동작 순서와 데이터 값의 변화를 확인할 수 있다는 것이다. 하지만 VI에 터미널의 개수가 늘어나 복잡해지면 그 만큼 VI의 실행시간도 길어지는 단점이 있다.

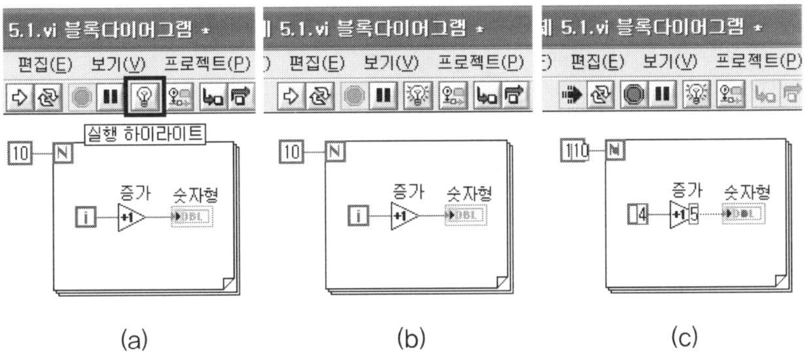


**[그림 5-5]** 실행 하이라이트

두 번째 방법은 **For 루프** 또는 **While 루프**의 반복 시간을 **타이밍 함수**를 이용하여 사용자가 임의로 설정하는 것이다. **타이밍 함수**에 대해서 간략히 살펴보도록 하자.

### 5.1.1 타이밍 함수

[그림 5-6]은 **함수 팔레트**의 **프로그래밍 → 타이밍**에서 볼 수 있는 여러 **타이밍 함수**를 나타낸 것이다. 중요한 함수들이 많이 있지만 본서의 범위를 벗어나므로 여기서는 **기다림(ms)** 함수와 **다음 ms 배수까지 기다림** 함수에 대해서만 알아볼 것이다.

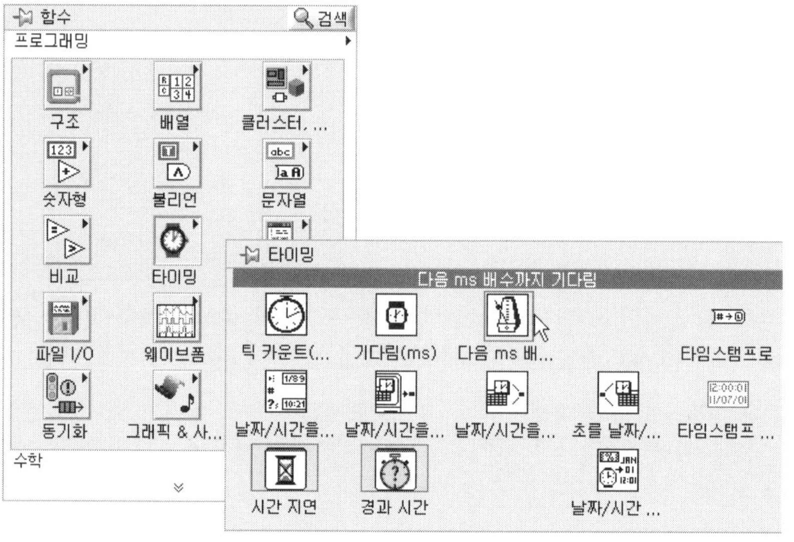


**[그림 5-6]** 타이밍 함수

일반적인 VI의 경우 **기다림(ms)** 함수와 **다음 ms 배수까지 기다림** 함수의 차이를 체감하기는 어렵다. 그러나 정밀한 동작을 원할 경우에는 두 기다림 함수의 차이를 정확히 알고 있어야 한다.

[그림 5-7]은 두 기다림 함수의 차이를 알기 쉽게 표현한 것이다. 두 함수에 똑같이 100을 입력하여도 반복횟수에는 다소 차이가 있음을 알 수 있다. 즉 **기다림(ms)** 함수는 **For 루프** 내부의 동작이 완료되고 100ms만큼 기다리지만, **다음 ms 배수까지 기다림** 함수는 동작 시간에 상관없이 100ms만큼 기다린 후 다시 반복된다.

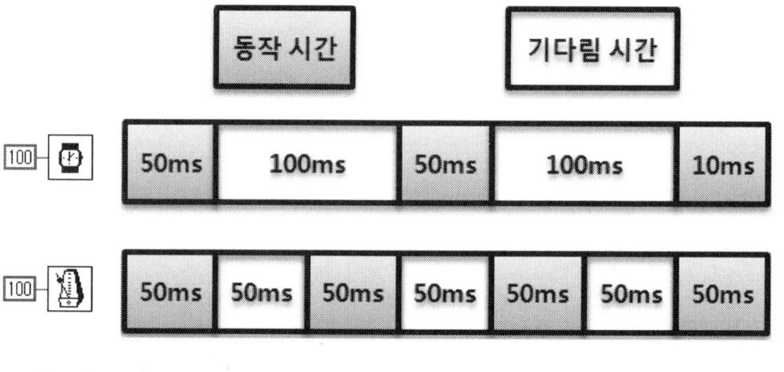


**[그림 5-7]** 기다림(ms) 함수와 다음 ms 배수까지 기다림 함수의 차이

그러나 일반적인 VI의 경우에는 동작 시간이 극히 짧기 때문에 **기다림(ms)** 함수와 **다음 ms 배수까지 기다림** 함수의 차이를 느끼기는 어렵다.

앞서 [예제 5.1]에서 만든 VI에 기다림 함수를 추가해보자. 이를 위해서 [그림 5-8]과 같이 **다음 ms 배수까지 기다림** 함수와 **숫자형 상수**를 **For 루프** 내부에 위치시키고 와이어로 연결한다. **숫자형 상수**값을 **1000**으로 한 이유는 1초 간격으로 결과를 보기 위해서이다.

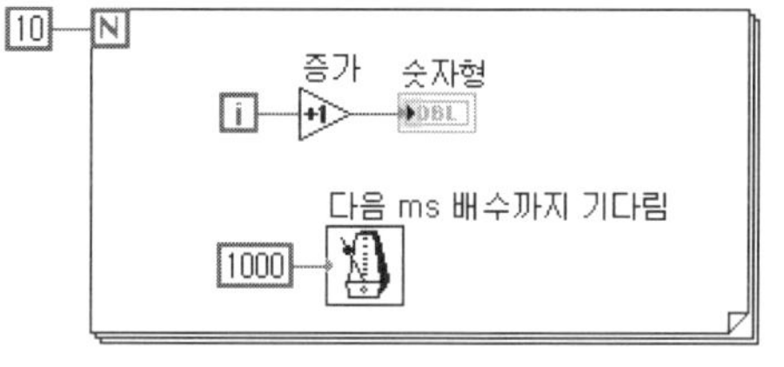


**[그림 5-8]** 타이밍 함수 추가

## 5.1.2 For 루프로 배열 만들기

[예제 5.1]에서 **숫자형 인디케이터**는 처음엔 1을 표시하고, 그 다음엔 2를 표시하며, 맨 마지막엔 10을 표시한다. 즉 루프가 반복되면 그 이전의 값은 사라지게 된다. 그러나 간혹 이전 값들을 지우지 않고 계속 보존해야 할 경우도 있다. 이럴 때 **For 루프**가 반복되는 동안의 모든 결과를 **배열**로 만들어 저장하면 문제가 해결될 것이다. 예제를 통해서 **For 루프**를 이용하여 **배열**을 만드는 방법을 알아보자.

**예제 5.2**

**예제 5.1.vi**를 활용하여 1부터 10까지의 모든 정수를 **배열**로 만들어 표시하는 VI를 만들어라.

**예제 풀이**

**1단계 : 예제 5.1.vi**를 열어 [그림 5-9]와 같이 프런트패널의 **파일** 메뉴에서 **다른 이름으로 저장**을 선택하면, [그림 5-10]과 같이 **다른 이름으로 "예제 5.1.vi" 저장** 창이 열린다. 여기서 사각형으로 표시한 **계속...**을 선택한 후 **예제 5.2.vi**로 저장한다.

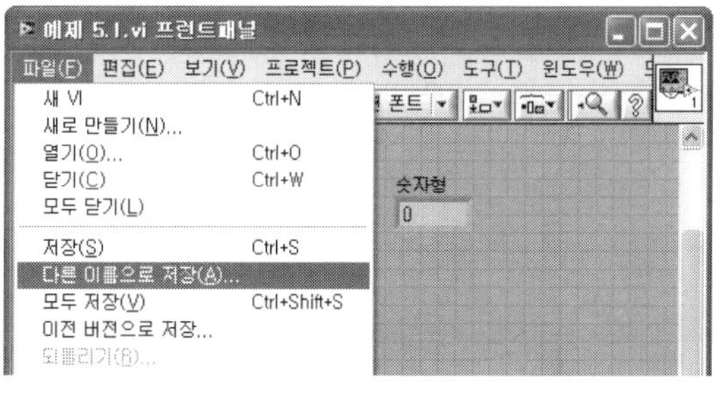


**[그림 5-9]** 다른 이름으로 저장

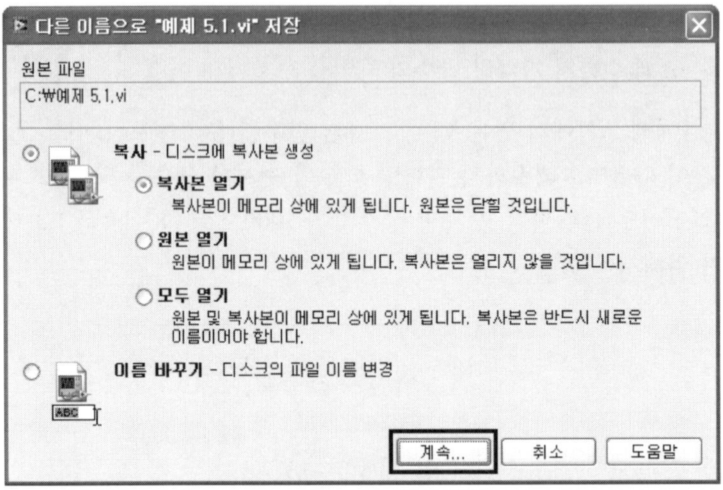


**[그림 5-10]** 다른 이름으로 저장 창

**2단계 : 블록다이어그램**에서 **숫자형 터미널**과 **다음 ms 배수까지 기다림** 함수를 모두 삭제하고 [그림 5-11]의 (**a**)와 같이 와이어를 **For 루프**의 오른쪽 경계에 연결한다. 그러면 화살표로 표시한 것과 같이 **오토인덱스 터널**이 생성된다. **오토인덱스 터널**이란 말 그대로 출력되는 값에 자동으로 **인덱스**를 부여한다는 뜻으로, 그 결과 **배열**을 만들 수 있게 된다.

**3단계 :** [그림 5-11]의 (**b**)와 같이 **오토인덱스 터널**에서 마우스 오른쪽 클릭하여 **생성→ 인디케이터**를 선택하면 **For 루프**에 의한 **배열**이 만들어진다.

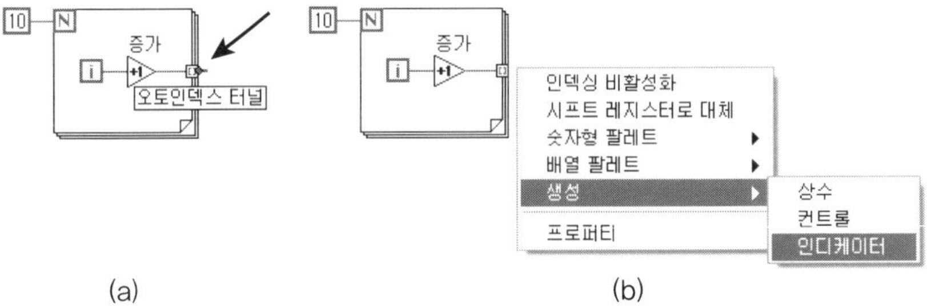


**[그림 5-11]** 오토인덱스 터널에서 배열 생성

**4단계 : 프런트패널**에 생성된 **배열**을 [그림 5-12]와 같이 정리하고 VI를 실행시켜보자. 1부터 10까지 정수가 **배열**로 만들어진 것을 확인할 수 있다.

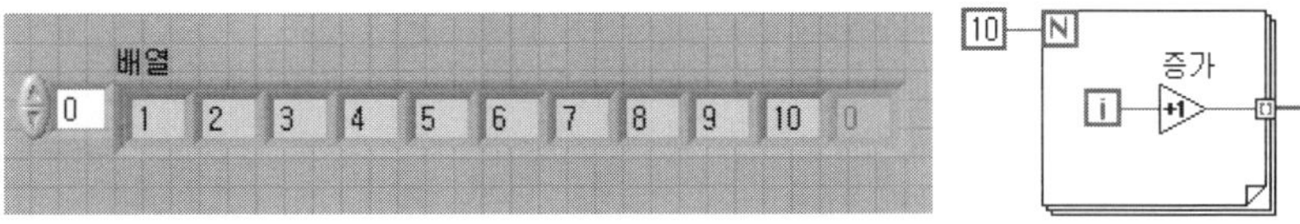


**[그림 5-12]** 완성된 VI

이제 **For 루프**에 의한 최종 결과값만을 알고 싶을 때는 어떻게 해야 하는지 알아보자.

**5단계 :** [그림 5-13]의 **(a)**와 같이 **증가** 함수에서 나오는 와이어를 분기하여 **For 루프**의 오른쪽 경계와 연결한다. 그러면 기본적으로 **오토인덱스 터널**이 생성된다. 여기서 [그림 5-13]의 **(b)**와 같이 마우스 오른쪽 클릭하여 **인덱싱 비활성화**를 선택하면 **오토인덱스 터널**이 **루프 터널**로 변경된다.

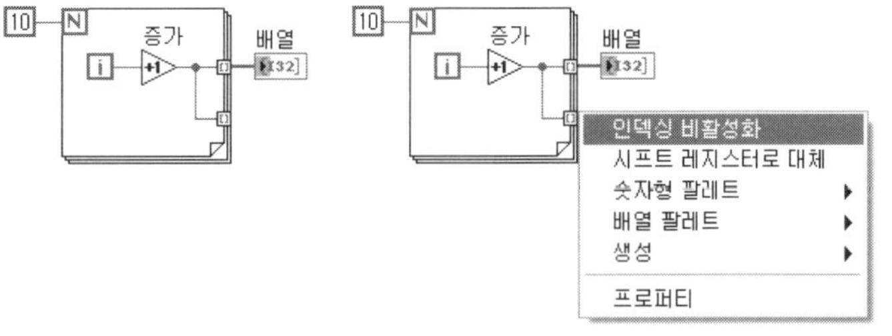


(a) (b)

**[그림 5-13]** 오토인덱스 터널을 루프 터널로 변경

**6단계 :** [그림 5-14]의 **(b)**와 같이 **루프 터널**에서 마우스 오른쪽 클릭하여 **생성→ 인디케이터**를 선택하면 **숫자형 인디케이터**가 만들어지며 VI가 완성된다.

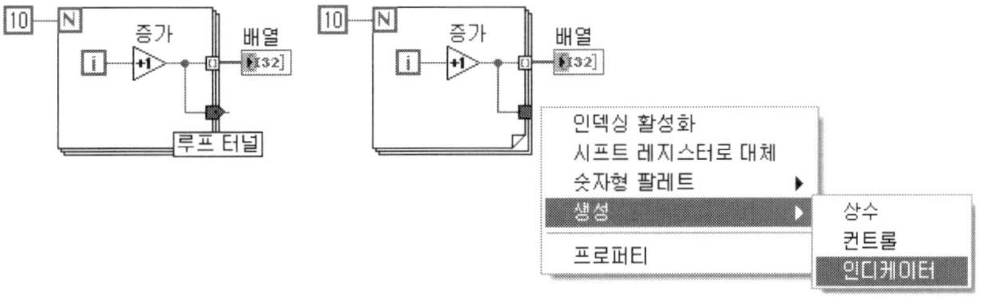


(a) (b)

**[그림 5-14]** 루프 터널에서 인디케이터 생성

완성된 VI를 실행시키면 [그림 5-15]와 같은 결과를 얻을 수 있다. **배열**의 맨 마지막 값인 10이 **숫자형 인디케이터**에 표시된다.

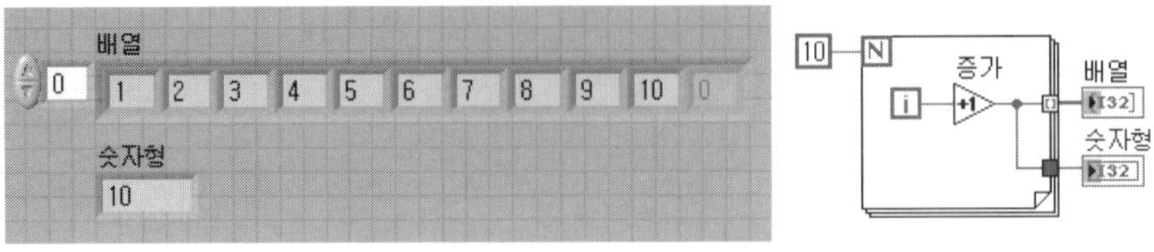


[그림 5-15] 예제 5.2.vi의 실행 결과

참고로 **While 루프**에서도 **For 루프**에서 했던 것과 똑같은 방식으로 **인덱싱 활성화**를 통해 **배열**을 만들 수 있다.

### 5.1.3 시프트 레지스터 활용하기

**시프트 레지스터**는 **For 루프** 또는 **While 루프**에서 이전 반복의 결과값을 레지스터에 기억시켜 두었다가 다음 반복에서 사용하고자 할 때 사용한다. 예를 들면 1부터 100까지 모든 정수의 합을 구하는 VI를 만든다고 가정해보자. [그림 5-16]은 1부터 100까지 모든 정수의 합을 구하기 위한 알고리즘이다. 그림에서 sum은 이전 반복에서 저장하고 있던 값에 현재 **루프 반복횟수(i)**를 더하여 다음 반복에 사용할 수 있도록 기억하는 레지스터의 역할을 한다. LabVIEW에서 이와 같은 역할을 수행하는 것이 바로 **시프트 레지스터**이다.

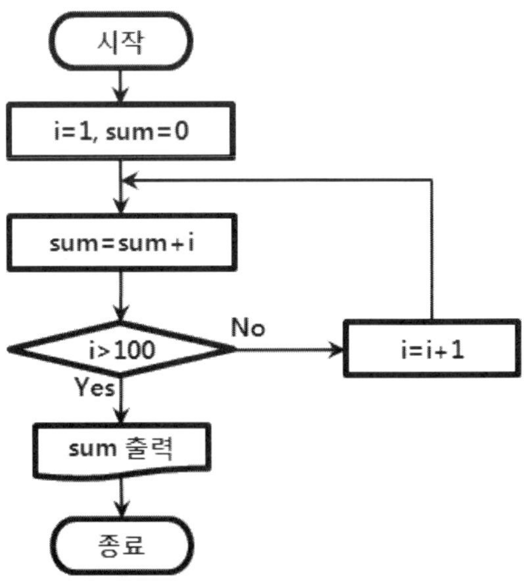


[그림 5-16] 1부터 100까지 모든 정수의 합 알고리즘

**For 루프** 또는 **While 루프**에 **시프트 레지스터**를 추가하는 방법을 알아보자. 우선 [그림 5-17]의 **(a)**와 같이 루프 경계에 마우스 포인터를 올려놓고 마우스 오른쪽을 클릭하면, [그림 5-17]의 **(b)**와 같이 **바로 가기 메뉴**가 열린다. 여기서 **시프트 레지스터 추가**를 선택하면 [그림 5-17]의 **(c)**와 같이 루프 경계의 양 옆에 서로 반대 방향의 터미널 쌍이 생성된다.

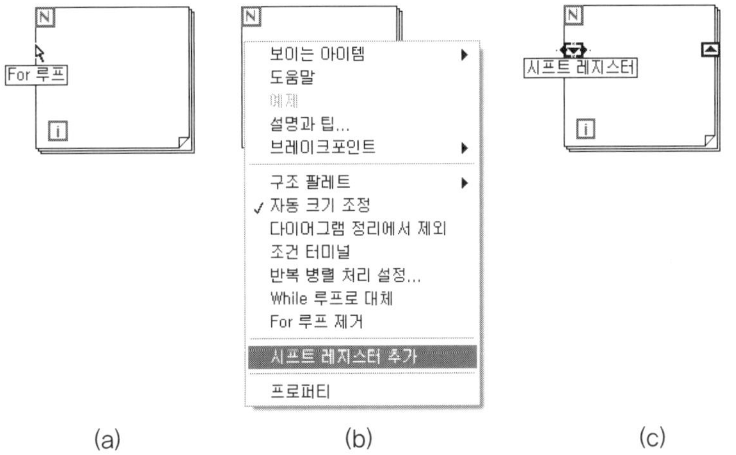


**[그림 5-17]** 시프트 레지스터 추가

## 예제 5.3

**For 루프**와 **시프트 레지스터**를 이용하여 1부터 100까지 모든 정수의 합을 구하는 VI를 만들어라.

**예제 풀이**

[그림 5-18]과 같이 **For 루프**를 구성한 후 **숫자형 인디케이터**를 생성하기 위해서 **For 루프**의 오른쪽에 위치한 **시프트 레지스터**의 **터미널**에서 마우스 오른쪽을 클릭한다. 그리고 **바로 가기 메뉴**에서 **생성 → 인디케이터**를 선택하면 VI가 완성된다. 완성된 VI를 **예제 5.3.vi**로 저장하고 VI를 실행한다.

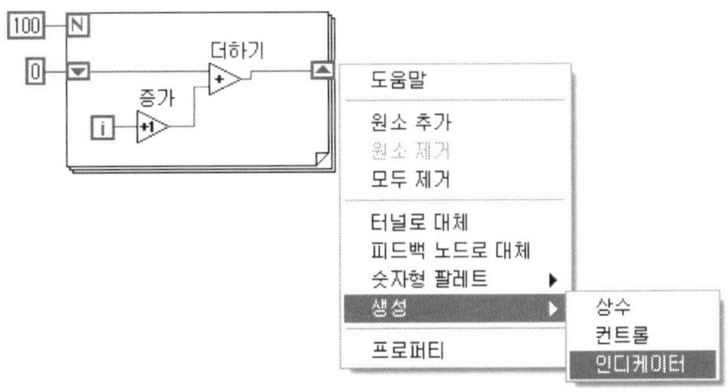


**[그림 5-18]** 시프트 레지스터에서 인디케이터 생성

[그림 5-19]는 **실행 하이라이트**를 켜고 VI를 실행시킨 것이다. 1부터 10까지 모든 정수의 합인 55가 **시프트 레지스터**에 저장되어 있다가 현재 **루프 반복횟수** 11번째에서 55와 11을 더하여 66이 계산되고 있는 장면이다. 계산된 결과는 다시 **시프트 레지스터**로 이동하여 기존에 저장되어 있던 55를 지우고 66을 저장한다. 시프트 레지스터를 완벽히 이해하기 위해서 실행 하이라이트를 켜서 VI의 동작 과정을 꼭 살펴보도록 하자.

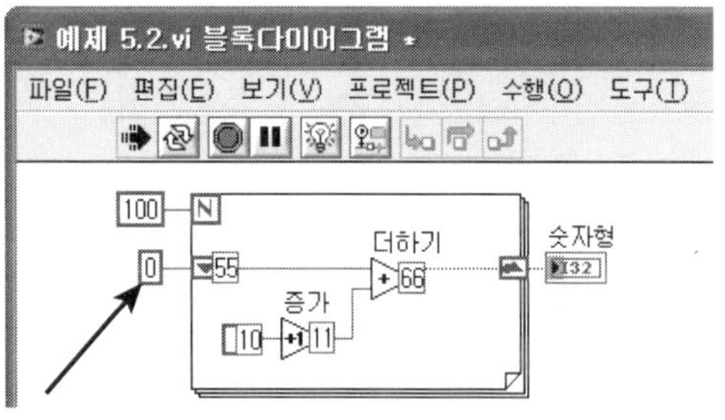


**[그림 5-19]** 실행 하이라이트를 켜고 VI 실행

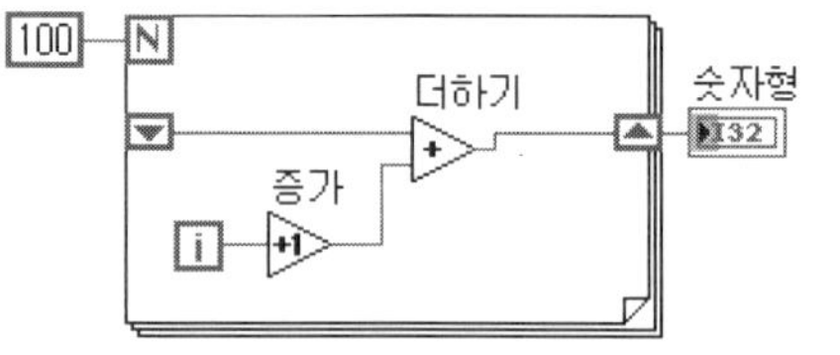


**[그림 5-20]** 시프트 레지스터를 초기화하지 않음

[그림 5-19]에서 화살표로 표시한 **숫자형 상수**는 **시프트 레지스터**를 초기화하기 위한 것이다. [그림 5-16]의 알고리즘에서 sum=0으로 선언한 것과 동일한 원리이다. 그렇다면 [그림 5-20]과 같이 **숫자형 상수**를 제거하고 VI를 실행시키면 어떻게 될지 생각해보자.

처음 VI를 실행하면 5050이 정상적으로 계산될 것이다. 이 상태에서 VI를 다시 실행하면, 그 때마다 값이 5050만큼 증가하는 것을 볼 수 있을 것이다. 이것은 VI가 종료된 이후에도 **시프트 레지스터**에 저장된 값은 지워지지 않는다는 것을 의미한다. 엄밀히 얘기하면 LabVIEW를 종료할 때까지 저장된다. 따라서 일부러 그러한 결과를 의도한 것이 아니라면 **시프트 레지스터**를 사용할 때는 반드시 초기화시키는 것을 잊지 않도록 한다.

**For 루프** 또는 **While 루프**를 사용하여 VI를 만들 때 **시프트 레지스터**를 자주 사용하게 될 것이다. 이번에는 좀 더 수준 높은 예제를 통해서 **시프트 레지스터**의 또 다른 활용 방법을 알아보자. 아마도 고등학교 수학 시간에 피보나치수열에 대해서 배웠을 것이다. 예를 들면 다음과 같은 수열을 말한다.

$$a_n = 0, 1, 1, 2, 3, 5, 8, 13, 21, \cdots\cdots \quad (5.1)$$

피보나치수열은 이전의 두 항을 더한 값으로 만들어지는 수열인데 이를 일반식으로 표현하면 다음과 같다.

$$a_n = a_{n-1} + a_{n-2} \qquad (\text{단 } a_0 = 0,\ a_1 = 1) \quad (5.2)$$

[예제 5.3]에서 **시프트 레지스터**는 바로 이전의 값만을 기억하고 있었다. 그러나 피보나치수열 문제를 풀기 위해서는 $a_{n-1}$은 물론이고 $a_{n-2}$값도 알아야만 한다. 따라서 기억 장소인 **시프트 레지스터**를 두 개 만드는 것이 핵심이다. 예제를 통해서 **시프트 레지스터**의 **원소**(기억 장소)를 추가하는 방법을 알아보자.

**예제 5.4**

[예제 5.2]에서 배운 **For 루프로 배열 만들기**를 이용하여 피보나치수열을 10항까지 표시하는 VI를 만들어라.

**예제 풀이**

**1단계 :** [그림 5-17]을 참고하여 [그림 5-21]의 **(a)**와 같이 블록다이어그램에 **For 루프**를 생성한 후 **시프트 레지스터**를 추가한다.

**2단계 : 시프트 레지스터**의 기억 장소를 추가하기 위해서 [그림 5-21]의 **(b)**와 같이 **시프트 레지스터**에서 마우스 오른쪽을 클릭하여 **원소 추가**를 선택하면, [그림 5-21]의 **(c)**와 같이 **시프트 레지스터**의 원소(기억 장소)가 추가된다. 만약 원소를 다시 삭제하고 싶다면 [그림 5-21]의 **(b)**에서 **원소 제거**를 선택하면 된다. 이러한 방식으로 얼마든지 **시프트 레지스터**의 원소를 추가하거나 삭제할 수 있다.

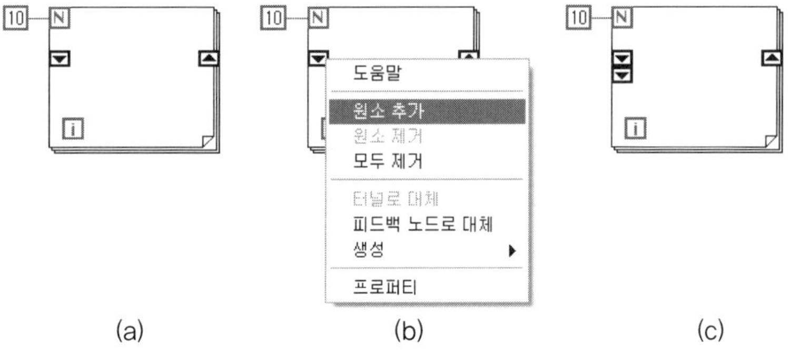


**[그림 5-21]** 시프트 레지스터의 원소 추가

**3단계 :** 피보나치수열의 일반식인 **식 (5.2)**를 블록다이어그램에 구현하기 위해서 [그림 5-22]의 **(a)**와 같이 **시프트 레지스터**를 초기화한다. 그리고 [그림 5-22]의 **(b)**와 같이 **더하기** 함수를 추가하여 와이어를 연결하면, **식 (5.2)**의 구현이 끝난다.

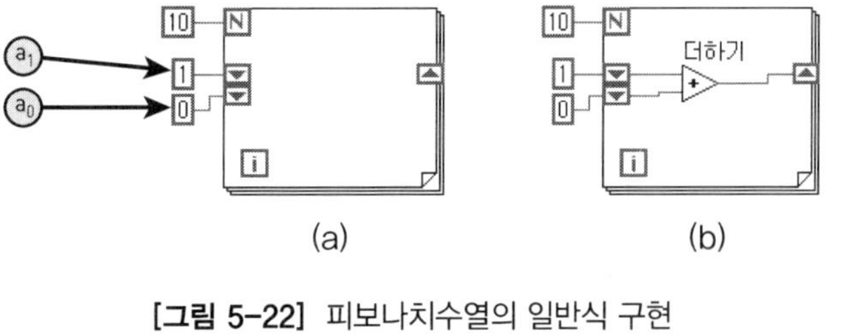


**[그림 5-22]** 피보나치수열의 일반식 구현

**4단계 :** 이제 피보나치수열을 배열로 표시하는 일만 남았다. 이를 위해서 [그림 5-23]의 **(a)**와 같이 와이어를 분기하여 **For 루프**의 경계에 연결하면 **오토인덱스 터널**이 생성된다. **오토인덱스 터널**에서 마우스 오른쪽 클릭하여 **생성→인디케이터**를 선택하면 [그림 5-23]의 **(b)**와 같이 **배열**이 생성된다.

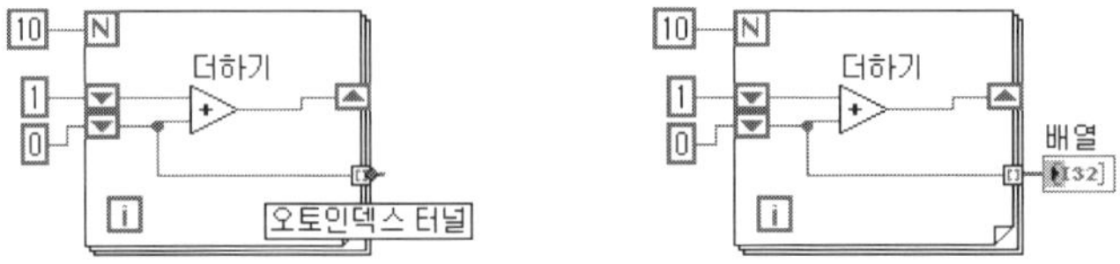


(a) (b)

**[그림 5-23]** 오토인덱스 터널에서 인디케이터 생성

**5단계 : 프런트패널**에 생성된 **배열**을 [그림 5-24]와 같이 수정하면 VI가 완성된다. 완성된 VI를 **예제 5.4.vi**로 저장하고 실행시켜보자. [그림 5-24]의 블록다이어그램은 **실행 하이라이트**를 켜고 VI를 실행한 것이다. **시프트 레지스터**의 동작 원리를 이해할 수 있을 것이다.

**[그림 5-24]** 예제 5.4.vi의 실행 결과

## 5.1.4 오토인덱스 터널 활용하기

**5.1.2 For 루프로 배열 만들기**에서 **오토인덱스 터널**에 대해서 약간 언급하였다. 여기서는 **오토인덱스 터널**을 활용하여 **배열**과 **For 루프**를 함께 사용하는 방법에 대해서 알아볼 것이다.

앞서 **4장**에서 **배열**은 **배열**에 포함된 **원소** 하나하나를 구별하기 위해서 **원소**마다 고유한 번호가 매겨져 있는데, 그러한 번호를 **인덱스(Index)**라고 설명하였다. 그리고 **배열**의 **인덱스**는 0부터 시작하는데, 이것은 **For 루프**의 **루프 반복횟수(i)**가 0부터 시작하는 것과 일맥상통하다. 따라서 LabVIEW에서는 **배열**을 **For 루프**에 와이어로 연결하면 **오토인덱스 터널**이 생성되며, **배열**의 **원소**는 **For 루프**가 한 번 반복될 때마다 **인덱스** 0번 **원소**부터 하나씩 차례로 추출된다.

앞서 **3장 함수**에서 **불리언 배열을 숫자로** 함수에 대해서 알아보았다. 잘 기억이 나지 않는다면 [예제 3.9]를 다시 살펴보기 바란다. [예제 3.9]의 풀이 맨 마지막에 **불리언 배열을 숫자로** 함수와 동일한 기능을 하는 **불리언 배열을 숫자로.vi**의 블록다이어그램을 [그림 3-53]에 나타냈다. 이것은 **오토인덱스 터널**을 활용하여 **배열**과 **For 루프**를 함께 사용하는 좋은 예이므로 예제를 통해서 직접 만들어보자.

### 예제 5.5

[그림 5-25]와 같이 **불리언 배열**을 숫자로 변환하는 VI를 만들어라.

**예제 풀이**

**1단계 :** [그림 5-25]와 같이 프런트패널에 **불리언 배열**과 **숫자형 인디케이터 x**를 생성하고 **숫자형 인디케이터**의 **데이터 타입**을 **롱(Long) 정수형**으로 변경한다. 혹시 **배열**을 만드는 방법이 잘 생각나지 않는다면 [예제 4.1]을 참고한다.

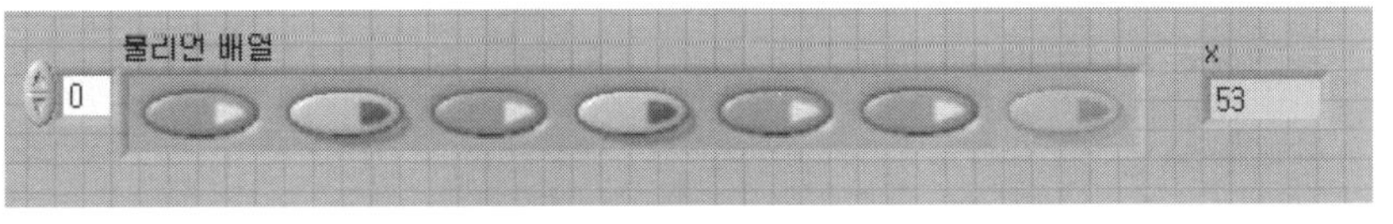


**[그림 5-25]** 사용자 인터페이스 생성

**2단계 :** [그림 5-26]과 같이 블록다이어그램에 **For 루프**를 추가한 후 **불리언 배열**을 **For 루프**의 경계에 와이어로 연결한다. 그러면 **오토인덱스 터널**이 생성되며, **For 루프**가 반복될 때마다 **불리언 배열**의 인덱스 0번 원소부터 하나씩 추출된다.

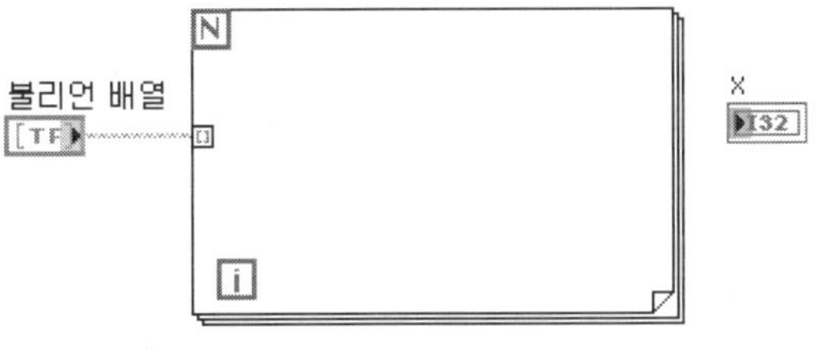


**[그림 5-26]** 배열을 For 루프에 와이어로 연결

**3단계 : 불리언**은 참(True) 또는 거짓(False)의 값을 갖는 변수이므로 참(True)은 1로, 거짓(False)은 0으로 변환해주어야 한다. 이를 위해서 다음 절에서 배우게 될 **케이스 구조**를 이용하면 가능하지만, 다행히 LabVIEW에는 [그림 5-27]과 같이 이러한 기능을 수행하는 **불리언을 (0, 1)로**라는 함수가 있다. **불리언을 (0, 1)로** 함수에 의해서 [그림 5-25]의 **불리언 배열**은 **110101**이라는 이진수의 형태로 변환된다.

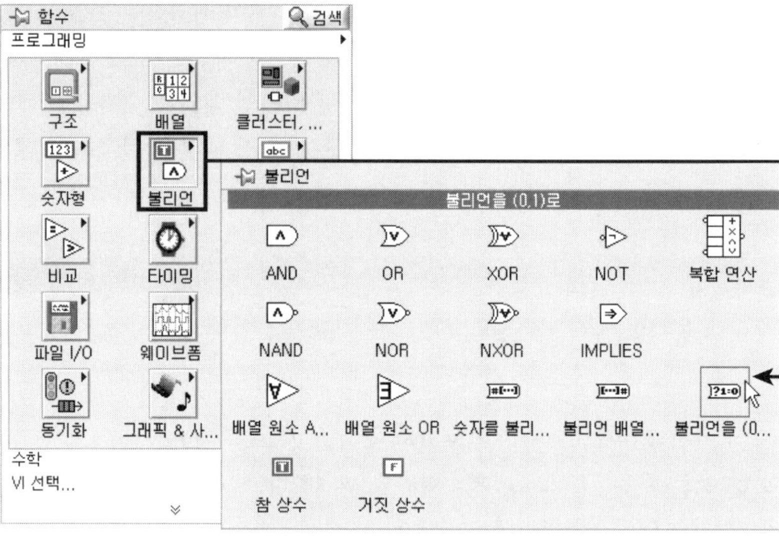


**[그림 5-27]** 불리언을 (0, 1)로 함수의 위치

**4단계 :** 이제 **불리언 배열**이 2진수로 변환되었으므로, **식 (5.3)**을 이용해 이진수를 십진수로 변환해야 한다.

$$d = \sum_{i=0}^{n} b \times 2^n, (\text{단}, b = 0 \text{ or } 1) \tag{5.3}$$

[그림 5-25]의 **불리언 배열**은 이진수 110101이므로, 십진수로 변환하면 다음과 같다.

$$d = 1 \times 2^5 + 1 \times 2^4 + 0 \times 2^3 + 1 \times 2^2 + 0 \times 2^1 + 1 \times 2^0 = 53$$

이제 **식 (5.3)**을 구현하기 위해서 **For 루프** 내부에 **불리언을 (0, 1)로**, **2의 거듭제곱**, **곱하기** 함수를 추가한 후 [그림 5-28]과 같이 와이어로 연결한다(※ **2의 거듭제곱** 함수는 [예제 3.10]에서 이미 설명하였다). 여기까지는 **불리언 배열**의 각각의 원소에 대해 십진수 값을 구한 것이다.

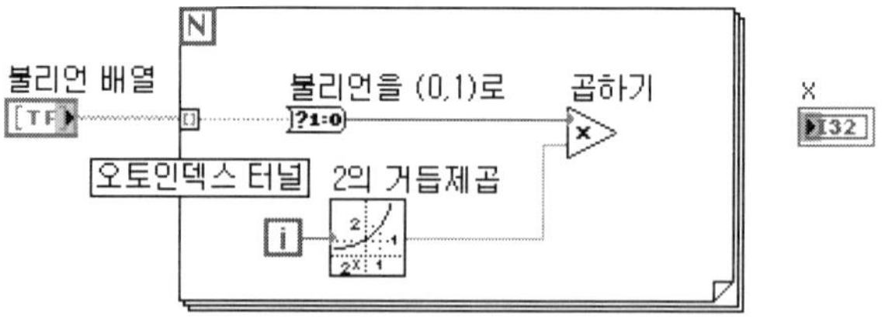


**[그림 5-28]** 이진수의 각 원소를 십진수로 변환

**5단계 :** 다음은 **For 루프**가 반복될 때마다 십진수로 변환된 값을 **시프트 레지스터**에 저장된 이전까지의 누적합계와 더하는 연산이 필요하다. 즉 [예제 5.3]에서 배운 **시프트 레지스터**를 활용할 때이다.

따라서 **For 루프**에 **시프트 레지스터**와 **더하기 함수**를 추가하고 [그림 5-29]와 같이 와이어로 연결하면 VI가 완성된다. 완성된 VI를 **예제 5.5.vi**로 저장하고, 프런트패널의 **불리언 배열**을 [그림 5-25]와 같이 하여 VI를 실행시켜보자. 53이 나오는지 확인해보자.

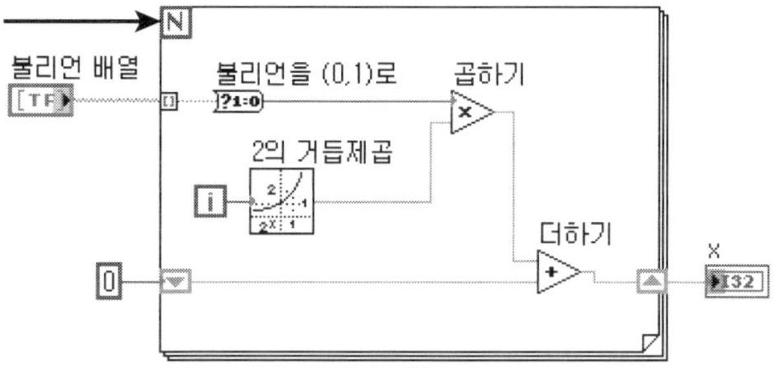


**[그림 5-29]** 완성된 VI

[그림 5-29]와 [그림 3-53]의 블록다이어그램의 차이점을 알아보자. [그림 3-53]에서는 **2의 거듭제곱으로 스케일** 함수를 사용하였다. 이것은 **2의 거듭제곱**과 **곱하기** 함수를 동시에 수행하는 함수이다.

그러나 정말 중요한 내용은 [그림 5-29]에서 화살표로 표시한 **루프 카운트(N)**이다. **For 루프**를 사용할 때 **루프 카운트**를 연결하지 않으면 에러가 발생한다. 그러나 본 예제와 같이 **배열**을 **For 루프**에 연결하여 **오토인덱스 터널**을 생성시키면 LabVIEW가 자동으로 **배열**의 크기를 계산하여 그 크기만큼만 **For 루프**를 반복한다. 따라서 **루프 카운트**를 연결하지 않아도 에러가 발생하지 않는다.

한편 상황에 따라서는 **오토인덱스 터널**을 이용하여 자동으로 **배열**의 **원소**를 하나씩 추출하지 않고, **배열** 전체를 **For 루프** 내부로 가져와 연산을 수행해야 하는 경우도 있다. 이러한 예는 **2부 유전 알고리즘**에서 **교배(Crossover)**를 배울 때 다루게 될 것이다. **배열** 전체를 **For 루프** 내부로 가져와 연산하고자 할 때는 [그림 5-30]의 **(a)**와 같이 **오토인덱스 터널**에서 마우스 오른쪽 클릭하여 **인덱싱 비활성화**를 선택하면 [그림 5-30]의 **(b)**와 같이 **루프 터널**로 변경된다.

그런데 이렇게 하면 [그림 5-30]의 **(b)**에서 사각형으로 표시한 것과 같이 **실행** 아이콘이 깨지게 된다. 이것은 앞서 설명하였듯이 **루프 카운트**가 연결되지 않아 에러가 발생했기 때문이다. 다음 예제를 통해서 이 문제를 해결해보자.

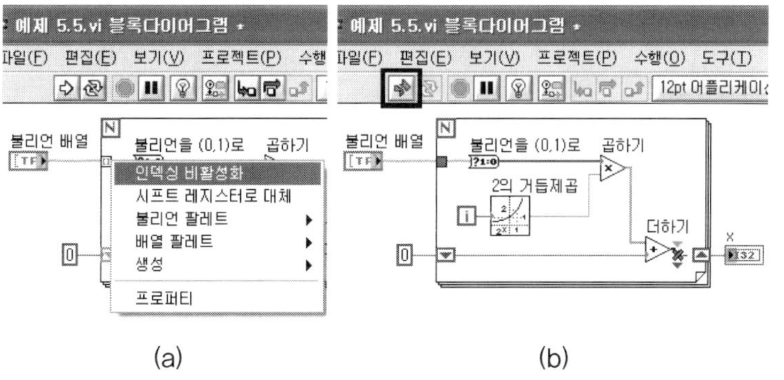


**[그림 5-30]** 오토인덱스 터널과 루프 카운트

## 예제 5. 6

[그림 5-30]의 **(b)**는 **오토인덱스 터널**을 사용하지 않아 에러가 발생하였다. 그러므로 **배열의 크기**, **배열 인덱스** 함수를 이용하여 에러를 해결하여라.

**예제 풀이**

**1단계 :** [그림 5-31]과 같이 **예제 5.5.vi**를 열어 프런트패널의 **파일** 메뉴에서 **다른 이름으로 저장**을 선택한 후 **예제 5.6.vi**로 저장한다. 그리고 블록다이어그램에서 [그림 5-30]의 **(a)**와 같이 아직 **오토인덱스 터널**로 되어 있으면, [그림 5-30]의 **(b)**와 같이 **인덱싱 비활성화**를 선택하여 **루프 터널**로 변경한다.

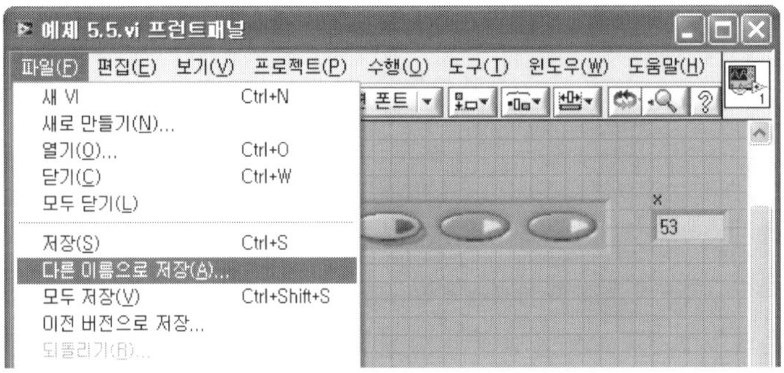


[그림 5-31] 다른 이름으로 저장

**2단계 :** **For 루프**를 사용할 때 가장 주의해야 할 점은 **For 루프**를 몇 회 반복할 것이냐를 결정하는 것이다. **배열**과 **For 루프**를 함께 사용할 때는 배열의 원소 개수만큼 반복되어야 하므로, [예제 4.3]에서 배운 **배열 크기** 함수를 이용한다. 따라서 [그림 5-32]와 같이 블록다이어그램에 **배열 크기** 함수를 추가하고 **루프 카운터(N)**와 와이어로 연결한다.

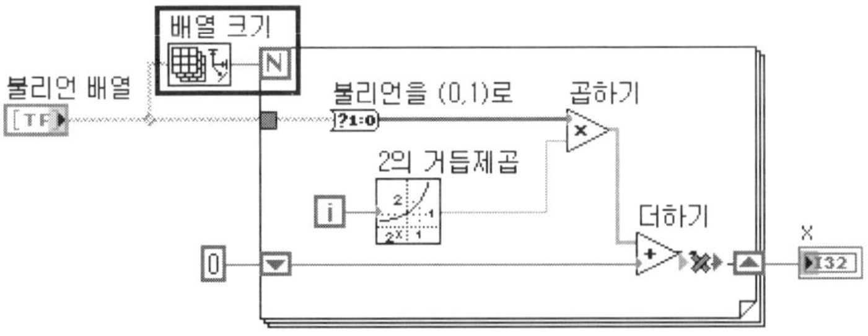


[그림 5-32] 배열 크기 함수 추가

**3단계 :** 다음은 **오토인덱스 터널**이 수행하였던 배열의 원소를 하나씩 추출하는 작업이 필요한데, 이를 위해서 [예제 4.4]에서 배운 **배열 인덱스** 함수를 사용한다. 따라서 [그림 5-33]과 같이 **루프**

**터널**과 **불리언을 (0, 1)로** 함수 사이에 **배열 인덱스** 함수를 추가하고 와이어로 연결하면 모든 에러가 사라지며 VI가 완성된다.

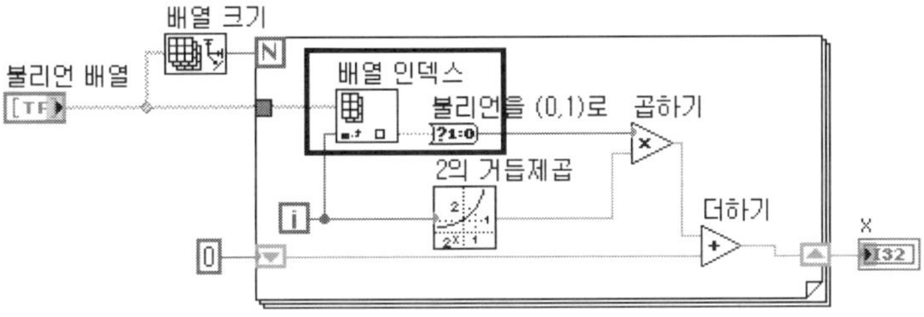


**[그림 5-33]** 완성된 VI

**배열**과 **For 루프**를 함께 사용함에 있어 **오토인덱스 터널**을 이용할 것인지 **루프 터널**을 이용할 것인지는 매우 중요한 의미를 갖는다. 따라서 [예제 5.5]와 [예제 5.6]을 통해서 그 차이를 확실히 이해하도록 한다.

**오토인덱스 터널**과 관련한 또 다른 예를 살펴보도록 하자. 지금까지는 **1차원 배열**과 **For 루프**의 관계에 대한 것만 다루었다. 그렇다면 **2차원 배열**과 **For 루프**를 함께 사용하면 **오토인덱스 터널**은 어떤 역할을 할지 생각해보자.

**1차원 배열**이 **오토인덱스 터널**을 통과하면 **배열**의 **원소**가 추출된다는 것을 앞서 두 번의 예를 통해서 알 수 있었다. **2차원 배열**이 **오토인덱스 터널**을 통과하면 행을 기준으로 **1차원 배열**이 추출된다. 예를 들어 [그림 5-34]와 같은 **2차원 배열**이 있고, 이때 각 행의 합계를 구하고자 한다. 그렇다면 **2차원 배열**을 한 행씩 추출해야 하는데, **오토인덱스 터널**이 그러한 역할을 수행한다.

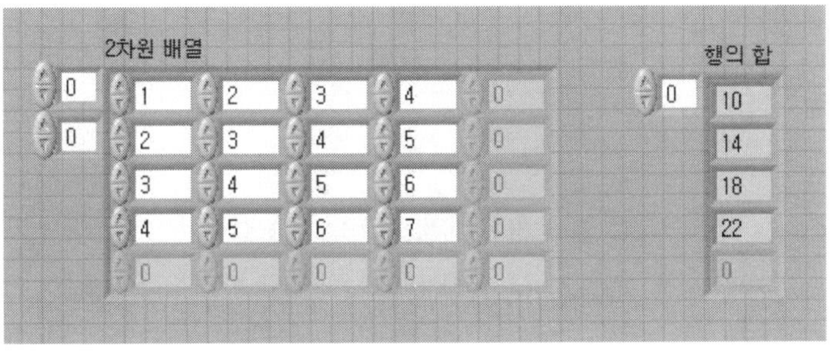


**[그림 5-34]** 2차원 배열의 각 행의 합

**예제 5.7**

[그림 5-34]와 같이 **2차원 배열**의 각 행의 합을 구하는 VI를 만들어라.

**예제 풀이**

**1단계 :** 프런트패널에 [그림 5-34]의 왼쪽에 있는 **2차원 배열**을 만든다.

**2단계 :** 블록다이어그램에 [그림 5-35]의 **(a)**와 같이 **For 루프**를 추가하고 **2차원 배열**과 와이어로 연결한다. 다시 [그림 5-35]의 **(b)**와 같이 **배열 원소 더하기** 함수를 추가하고 와이어로 연결한다. 참고로 **배열 원소 더하기** 함수는 **함수 팔레트**의 **프로그래밍 → 숫자형**에서 찾을 수 있다.

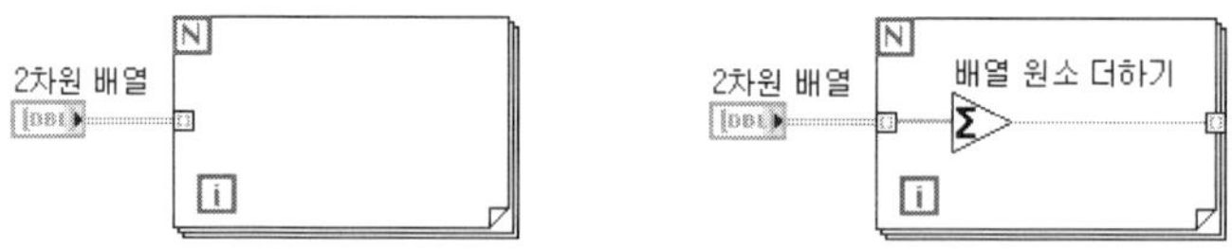


(a) (b)

**[그림 5-35]** 2차원 배열의 오토인덱스 터널

**3단계 :** [그림 5-35]의 **(b)**에서 **For 루프**의 오른쪽 경계에 있는 **오토인덱스 터널**에서 마우스 오른쪽 클릭하여 **생성 → 인디케이터**를 선택하면 VI가 완성된다. 완성된 VI를 **예제 5.7.vi**로 저장하고 [그림 5-36]과 같이 VI를 실행시켜보자.

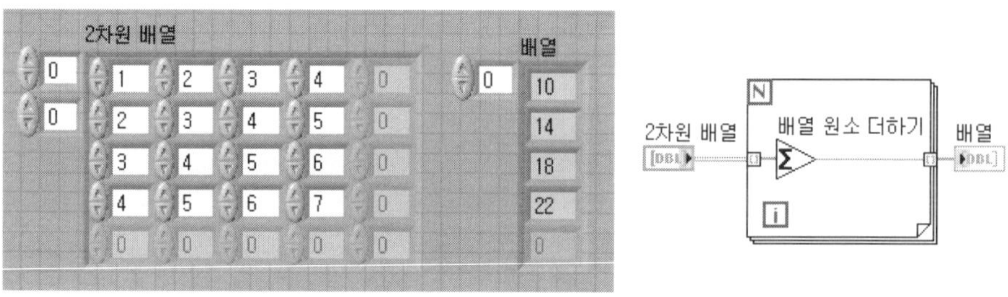


**[그림 5-36]** 예제 5.7.vi의 실행 결과

### 5.1.5 다중 For 루프

앞서 [예제 5.7]에서 **2차원 배열**에 한 개의 **For 루프**를 사용하면 **2차원 배열**의 각 행이 **1차원 배열**로 추출되었다. 그렇다면 **2차원 배열**의 각각의 **원소**를 추출하기 위해서는 어떻게 할지 생각해보자.

추출된 **1차원 배열**을 다시 한 번 **For 루프**와 연결하면 된다. 이와 같이 n차원 **배열**의

**원소**를 추출하기 위해서는 n개의 **For 루프**를 다중으로 사용하면 된다. 그러나 2부 유전 알고리즘에서 3차원 이상은 사용되지 않을 뿐만 아니라 2차원 이상은 그 사용법이 동일하므로, 여기서는 **2차원 배열**과 이중 **For 루프**를 함께 사용하는 방법에 대해서만 알아보자.

**예제 5.8**

[그림 5-37]과 같이 2차원 **배열**의 각 **원소**를 반전시키는 VI를 만들어라.

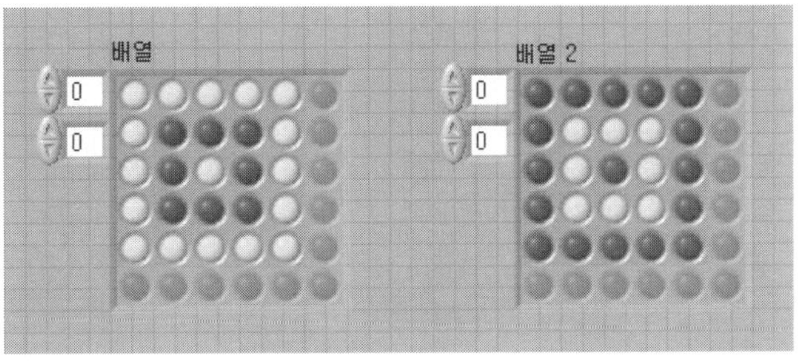


**[그림 5-37]** 2차원 불리언 배열의 반전

**예제 풀이**

**1단계 :** [그림 5-38]의 **(a)**와 같이 프런트패널에 **배열셸**을 생성하고 **(b)**와 같이 **배열셸**에 **원형 LED**를 넣으면 1차원의 **불리언 배열**이 만들어진다. 다시 **(c)**와 같이 **인덱스 디스플레이**를 추가하면 2차원의 **불리언 배열**이 만들어진다. 마지막으로 **(d)**와 같이 **배열**을 적당히 늘려준다(※ 다차원 배열을 만드는 자세한 방법은 **4.1.2 다차원 배열**을 참고한다).

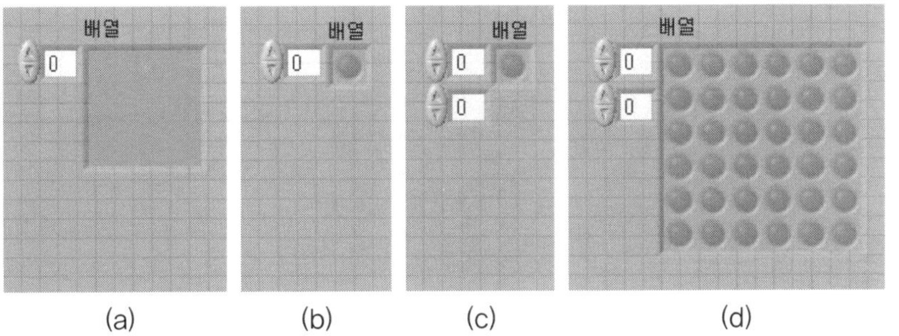


(a) (b) (c) (d)

**[그림 5-38]** 2차원 불리언 배열 생성 과정

**2단계 :** 그런데 이렇게 만들어진 2차원 **불리언 배열**은 컨트롤이 아닌 **인디케이터**이다. 그것은 **배열셸**에 넣어준 **원형 LED**의 기본 설정이 **인디케이터**이기 때문이다. 따라서 이것을 [그림 5-39]와 같이 **컨트롤**로 변경한다.

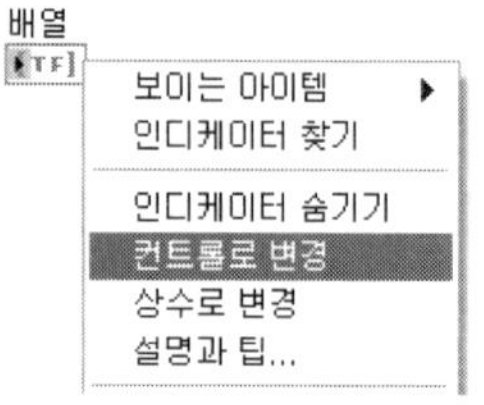


**[그림 5-39]** 인디케이터를 컨트롤로 변경

**3단계 :** 2차원 **불리언 배열**의 각 **원소**를 반전시키기 위해서 [그림 5-40]의 **(a)**와 같이 이중 **For 루프**를 만들고, **(b)**와 같이 **NOT** 함수를 넣어준다. 마지막으로 **(c)**와 같이 와이어를 연결한다.

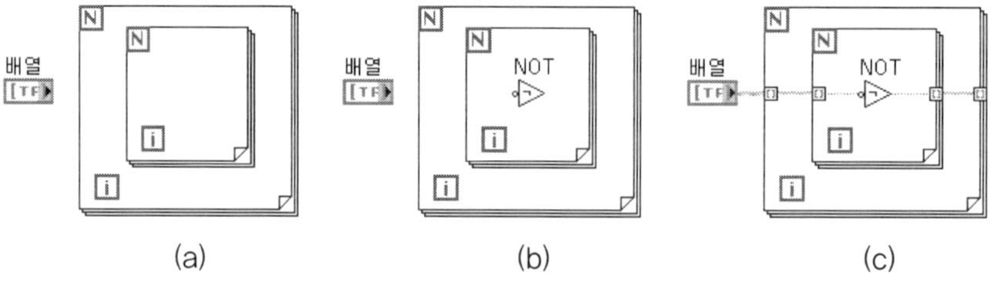


**[그림 5-40]** 2차원 불리언 배열 원소의 반전

**4단계 :** [그림 5-41]의 블록다이어그램처럼 **오토인덱스 터널**에서 마우스 오른쪽 클릭하여 **생성→인디케이터**를 선택하면 프런트패널에 2차원 **불리언 배열 인디케이터**가 생성된다. 이것을 [그림 5-41]의 **배열2**와 같이 적당히 늘려주면 VI가 완성된다. 완성된 VI를 **예제 5.8.vi**로 저장하고 VI를 실행시켜보자.

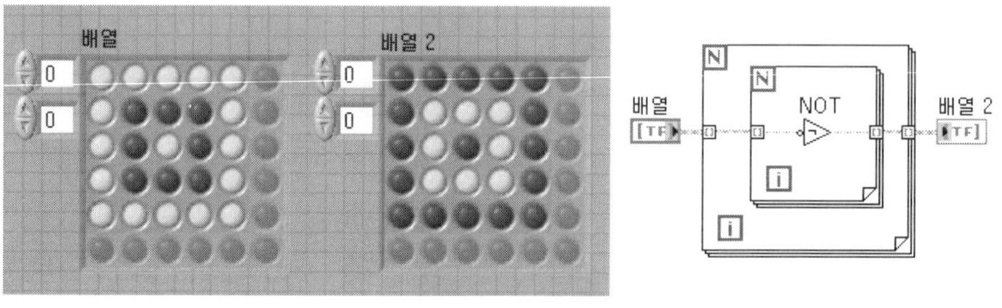


**[그림 5-41]** 예제 5.8.vi의 실행 결과

이 예제는 **2부 유전알고리즘**에서 **돌연변이(Mutation)** 연산의 근간이 된다. 여기서는 각 **원소**를 무조건 반전시켰지만, **돌연변이** 연산에서는 돌연변이 발생 확률에 따

라 **원소**를 반전시킬지 말지를 결정한다.

즉 2차원 **불리언 배열**의 각 **원소**가 **유전자(Gene)**에 해당하며, 각 행은 **염색체(Chromosome)** 또는 **개체(Population)**에 해당한다. 자세한 내용은 2부를 참고하기 바란다.

이것으로 **구조**의 **For 루프**에 대한 설명을 끝마친다. 다소 내용이 많았지만 그만큼 중요하다는 것을 의미한다.

## 5.2 케이스 구조

[그림 5-42]는 **케이스 구조**로서 **케이스 선택자**에 연결된 **데이터 타입**이 **불리언**, **문자열**, **정수**, **열거형**인지에 따라 하나 또는 그 이상의 케이스를 갖는다.

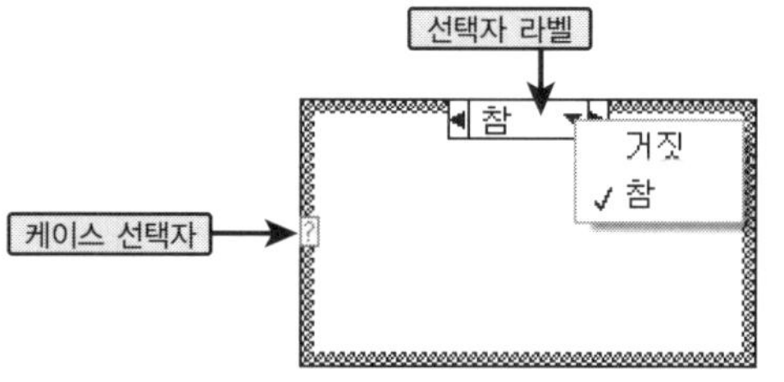


**[그림 5-42]** 케이스 구조

예를 들어 참과 거짓의 두 가지 형태만 갖는 **불리언**이 **케이스 선택자**에 연결되면, **케이스 구조**는 [그림 5-43]과 같이 참 또는 거짓 두 가지의 케이스를 갖는다. 반면에 **문자열**, **정수**, **열거형**은 하나 또는 2개 이상의 케이스를 가질 수 있다.

다시 말해 **불리언**이 **케이스 선택자**에 연결되면 **케이스 구조**는 C 언어의 if 문과 동일한 기능을 하며, **문자열**, **정수**, **열거형**이 **케이스 선택자**에 연결되면 **케이스 구조**는 C 언어의 switch 문과 동일한 기능을 한다.

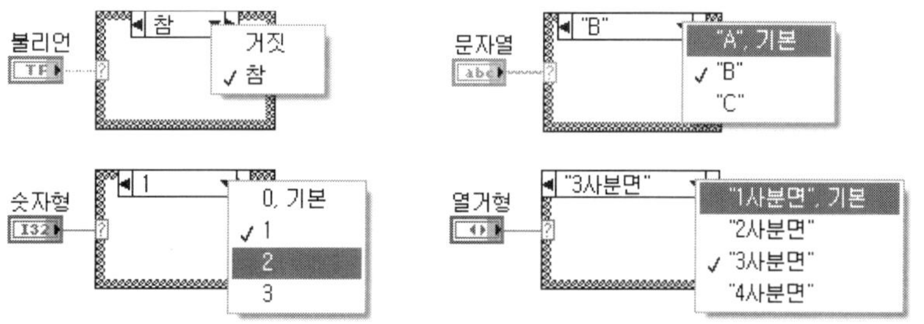


**[그림 5-43]** 다양한 케이스 구조의 예

가장 많이 사용되는 것은 **불리언**이 **케이스 선택자**에 연결될 때인데, 특히 **불리언** 값을 출력하는 **비교** 함수와 **케이스 구조**를 병행하여 주로 사용한다. 따라서 **3장 함수**에서 생략하였던 **비교** 함수를 이곳에서 설명하도록 할 것이다.

참고로 **비교** 함수는 **함수 팔레트**의 **프로그래밍** 모듈에 있으며, [그림 5-44]에서 볼 수 있듯이 LabVIEW에는 다양한 비교 함수들이 존재한다. 이 중에서 자주 사용되는 것은 1, 2행에 있는 **비교** 함수이며, 사용 빈도는 낮지만 3행에 있는 **선택** 함수와 **범위 내 확인과 강제변환** 함수도 매우 중요하다.

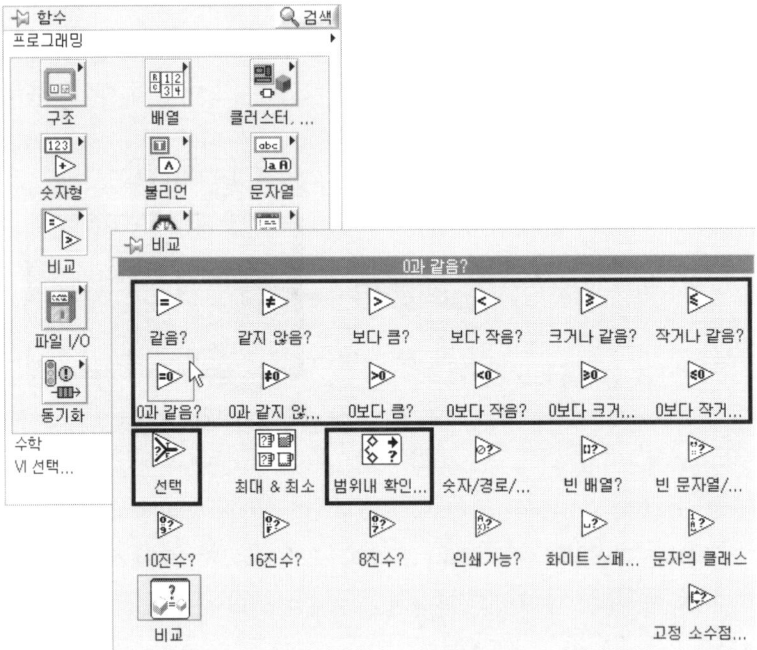

**[그림 5-44]** 비교 함수

### 5.2.1 불리언과 케이스 구조

**불리언**은 참 또는 거짓의 값을 가지므로 경우의 수가 두 개인 상황에 이용된다. 그리고 [그림 5-43]과 같이 **불리언 컨트롤**을 이용해서 사용자가 직접 **케이스 구조**의 참 또는 거짓을 선택할 수도 있지만, 많은 경우에 있어서 VI가 실행되는 도중 **비교** 함수를 통해서 **케이스 구조**의 참 또는 거짓이 선택된다. 몇 가지 예를 통해서 **비교** 함수와 **케이스 구조**에 대해서 알아보도록 하자.

**예제 5.9**

제곱근을 구하는 VI를 만드는데, 만약 음수가 입력될 경우 '0보다 작은 값을 입력하였습니다.' 라는 오류 메시지를 디스플레이 하여라.

**예제 풀이**

**1단계 :** 프런트패널에 **숫자형 컨트롤**과 **숫자형 인디케이터**를 생성하고, **컨트롤**의 **라벨**은 **x**, **인디케이터**의 **라벨**은 **root x**로 수정하여 사용자 인터페이스를 만든다.

**2단계 : 컨트롤 x**에 입력값이 음수인지 판별하기 위해서 블록다이어그램에 **크거나 같음?** 함수와 **케이스 구조**를 추가하고, [그림 5-45]와 같이 와이어로 연결한다.

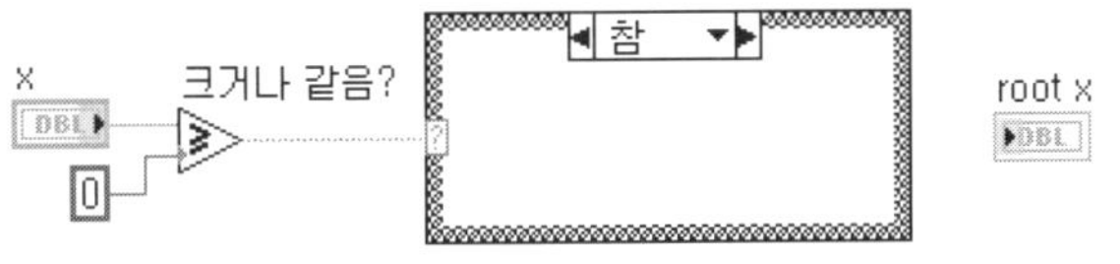


**[그림 5-45]** 크거나 같음? 함수와 케이스 구조 추가

**3단계 :** 0보다 크거나 같은 경우(참)에는 제곱근 계산을 수행하고, 0보다 작은 경우(거짓)에는 입력 오류 메시지를 띄운다. 따라서 [그림 5-46]의 **(a)**와 같이 **참 케이스**에 **제곱근** 함수를 추가하고 와이어로 연결한다. **케이스 구조**를 사용할 때는 그림에서 화살표로 표시한 **터널**에 유의해야 한다.

[그림 5-46]의 **(a)**와 같이 속이 빈 **터널**의 의미는 모든 **케이스**에 대해 와이어가 연결되지 않았음을 의미한다. 따라서 [그림 5-46]의 **(b)**와 같이 **거짓 케이스**에 **숫자형 상수**를 추가하여 **터널**과 와이어로 연결한다. 그러면 **터널**의 모양이 완전히 채워진 사각형으로 바뀌는 것을 알 수 있다. 이것은 또한 에러 발생의 원인이 되므로 **케이스 구조**를 사용할 때 반드시 유의해야 한다.

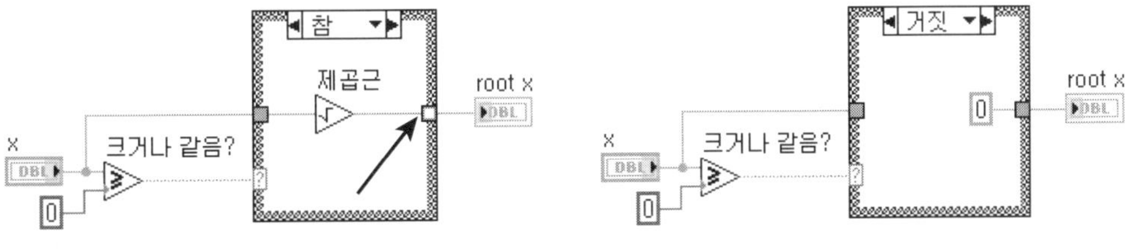


(a) (b)

**[그림 5-46]** 참 케이스와 거짓 케이스

**4단계 :** 0보다 작은 값이 입력되면 입력 오류 메시지를 띄워야 하므로, **사용자에게 메시지 디스플레이**를 선택하여 [그림 5-47]과 같이 **거짓 케이스** 안에 놓는다.

**[그림 5-47]** 거짓 케이스에 '사용자에게 메시지 디스플레이' 추가

참고로 **사용자에게 메시지 디스플레이**는 [그림 5-48]과 같이 **함수 팔레트**에서 **프로그래밍 → 대화 상자 & 사용자 인터페이스**에 있다.

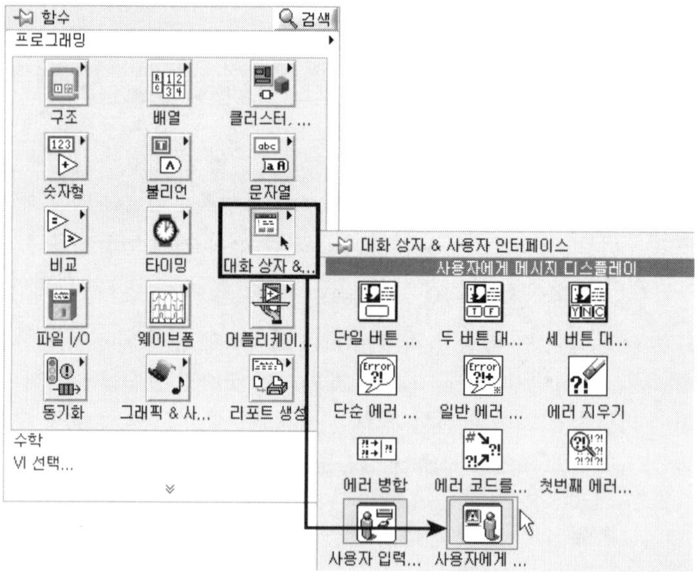


**[그림 5-48]** 사용자에게 메시지 디스플레이의 위치

**5단계 :** [그림 5-49]와 같이 **사용자에게 메시지 디스플레이 설정** 창이 뜨면 **디스플레이할 메시지**에 '0보다 작은 값을 입력하였습니다.' 를 입력하고 **확인** 단추를 선택한다. 완성된 VI를 **예제 5.9.vi**로 저장하고, **숫자형 컨트롤 x**에 양수 또는 음수 값을 입력하여 VI를 실행시켜보자.

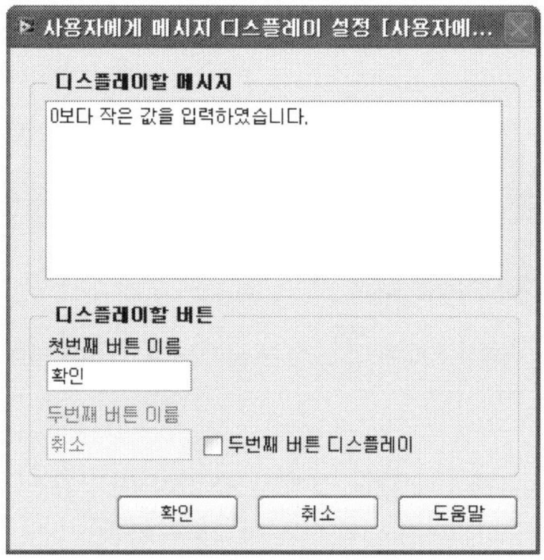


**[그림 5-49]** 사용자에게 메시지 디스플레이 설정 창

양수를 입력하면 정상적으로 제곱근이 계산되고, 음수를 입력하면 [그림 5-50]과 같은 메시지 창이 뜰 것이다.

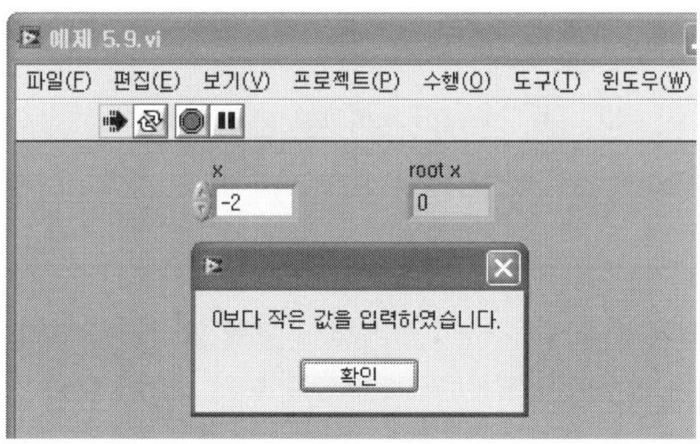


**[그림 5-50]** 예제 5.9.vi의 실행 결과

**예제 5.10**

**케이스 구조**를 이용하여 **예제 3.4.vi**에서 배웠던 **절대값** 함수와 동일한 기능을 하는 VI를 만들어라.

**예제 풀이**

**1단계 :** 프런트패널에 **숫자형 컨트롤**과 **숫자형 인디케이터**를 생성하고, **컨트롤**의 **라벨**은 **x**, **인디케이터**의 **라벨**은 **abs(x)**로 수정하여 사용자 인터페이스를 만든다.

**2단계 :** [예제 5.9]에서는 **크거나 같음?** 함수와 **숫자형 상수 0**을 비교하여 입력되는 값이 음수인지 판별하였지만, 여기서는 좀 더 간결하게 하기 위해서 [그림 5-51]과 같이 **0보다 크거나 같음?** 함수를 사용한다.

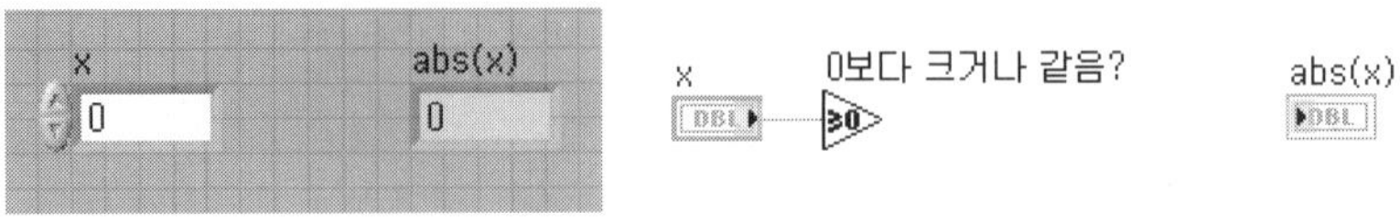


**[그림 5-51]** 사용자 인터페이스 생성 및 0보다 크거나 같음? 함수 추가

**3단계 :** 입력값이 0 이상인 경우에는 그 값을 그대로 출력하고, 음수인 경우에는 −1을 곱하여 출력하면 다시 양수가 된다. 따라서 [그림 5-52]의 **(a)**와 같이 **참 케이스**에서는 아무런 조치를 취하지 않고 와이어를 연결한다. 그리고 **(b)**와 같이 **거짓 케이스**에 **음수화** 함수를 추가하고 와이어로 연결하면 절대값을 구하는 VI가 완성된다. 완성된 VI를 **예제 5.10.vi**로 저장하고 VI를 실행시켜보자.

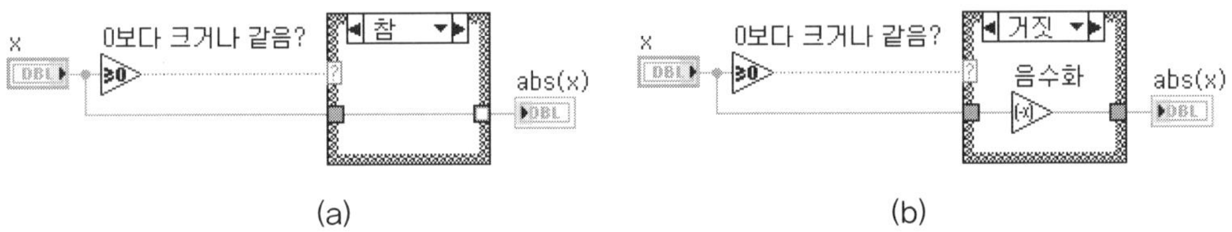


**[그림 5-52]** 완성된 VI

[그림 5-44]의 **비교**에서 3행 1열에 있는 **선택** 함수는 C 언어의 삼항연산자와 동일한 기능을 하는 함수이다. 즉 [그림 5-53]과 같이 조건 s가 참이면 t의 값을, 거짓이면 f의 값을 출력한다. 만약 선택 함수가 없다면 **케이스 구조**를 이용하여 똑같은 기능을 수행하는 VI를 만들 수 있지만 그만큼 VI가 복잡해지는 단점이 있다.

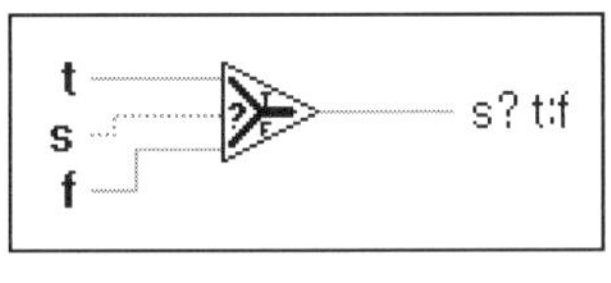


**[그림 5-53]** '선택' 함수

**예제 5.11**

**예제 5.10.vi**에서 **케이스 구조** 대신 **선택** 함수를 이용하여 **절대값** 함수와 동일한 기능을 하는 VI를 만들어라.

**예제 풀이**

**1단계 : 예제 5.10.vi**를 열어 프런트패널의 **파일** 메뉴에서 **다른 이름으로 저장**을 선택하여 **예제 5.11.vi**로 저장한다.

**2단계 : 블록다이어그램**에서 **케이스 구조**를 삭제하고, **선택** 함수, **음수화** 함수를 추가하여 [그림 5-54]와 같이 와이어로 연결하면 VI가 완성된다. 완성된 VI를 **예제 5.11.vi**로 저장한다.

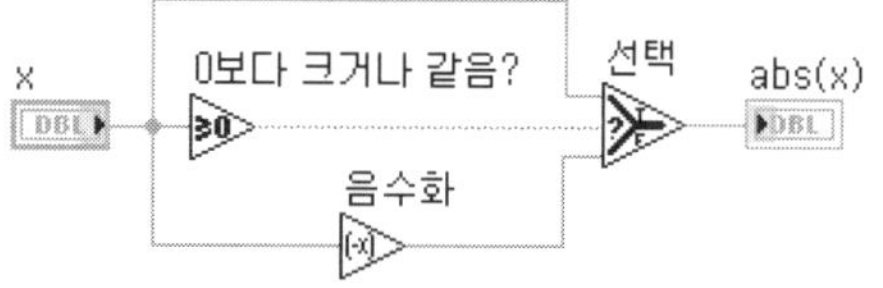


**[그림 5-54]** 완성된 VI

이렇듯이 **선택** 함수를 적절히 활용하면 **케이스 구조**를 사용하지 않고도 VI를 좀 더 간결하게 만들 수 있는 장점이 있다.

다음으로 [그림 5-55]는 **범위내 확인과 강제변환** 함수로서, **선택** 함수와 마찬가지로 **함수 팔레트**의 **프로그래밍 → 비교**에 있다. 이 함수는 **x**의 값이 **상위 리미트**와 **하위 리미트** 사이에 있는지 판단하여, 범위 내에 있지 않으면 상위 또는 하위 리미트 값으로 강제 변환한다.

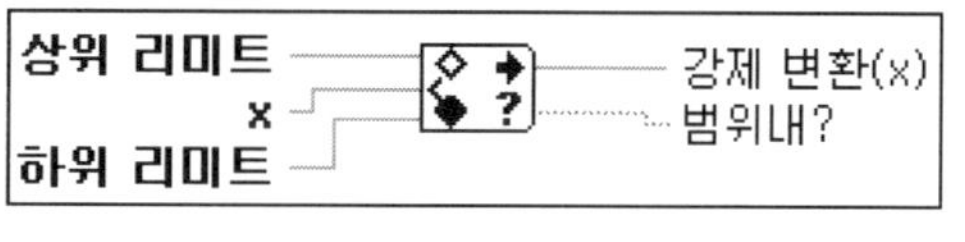


**[그림 5-55]** '범위내 확인과 강제변환' 함수

[그림 5-56]은 **범위내 확인과 강제변환** 함수를 이용하여 만든 VI로써 x의 값이 **하위 리미트**를 벗어난 2가 입력되었기 때문에 **강제 변환(x)**의 값이 3으로 출력된 것을 볼 수 있다.

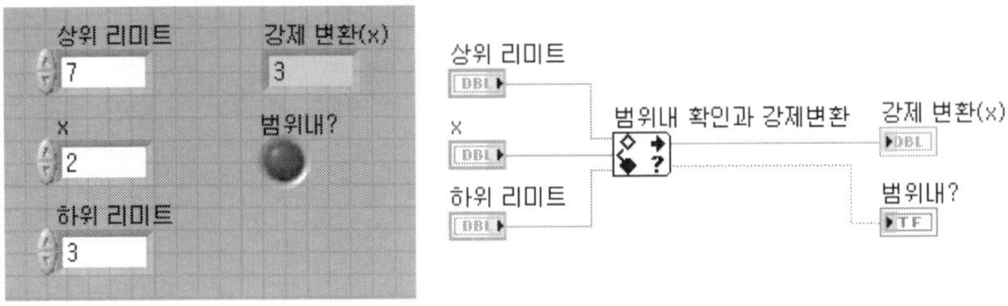


[그림 5-56] '범위내 확인과 강제변환' 함수의 실행 예

## 예제 5.12

**케이스 구조**를 이용하여 **범위내 확인과 강제변환** 함수와 동일한 기능을 하는 VI를 만들어라.

**예제 풀이**

본 예제를 풀기 위해서는 [그림 5-57]과 같이 **범위내 확인과 강제변환** 함수의 알고리즘을 알아야 한다. 여기서 **b**와 **a**는 각각 **상위 리미트**와 **하위 리미트**를 의미한다.

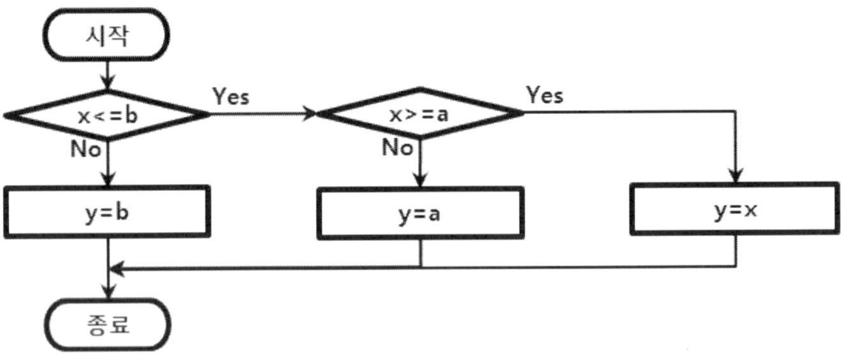


[그림 5-57] 범위내 확인과 강제변환의 알고리즘

**1단계 :** [그림 5-56]의 왼쪽 그림과 같이 프런트패널에 **숫자형 컨트롤**, **숫자형 인디케이터**, **원형 LED**를 생성하여 사용자 인터페이스를 만든다.

**2단계 :** [그림 5-57]의 알고리즘에서 첫 번째 조건인 x<=b를 구현하기 위해서 [그림 5-58]의 **(a)**와 같이 **작거나 같음?** 함수를 추가하여 와이어로 연결한다. 그리고 **(b)**와 같이 각 경우에 대한 실행을 위해서 **케이스 구조**를 추가하고 와이어로 연결한다.

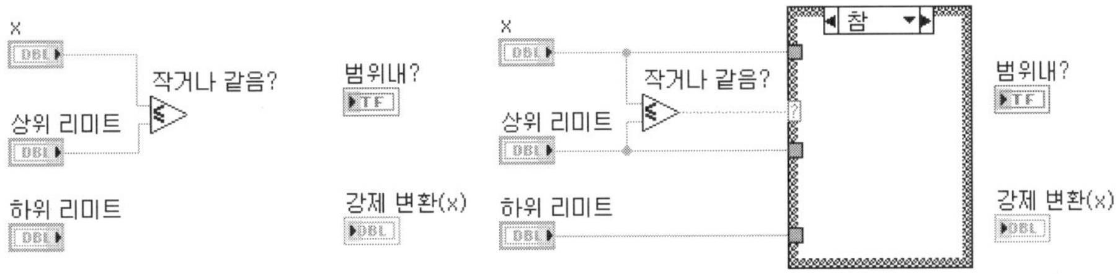


(a) (b)

**[그림 5-58]** 상위 리미트 판별

**3단계 :** 만약 첫 번째 조건(x<=b)이 거짓이라면, 즉 **x**가 **상위 리미트**를 벗어난 값이라면 **강제 변환(x)**는 **상위 리미트** 값을 출력해야 하므로 [그림 5-59]와 같이 **거짓 케이스**에서 **상위 리미트**와 **강제 변환(x)**를 와이어로 연결한다.

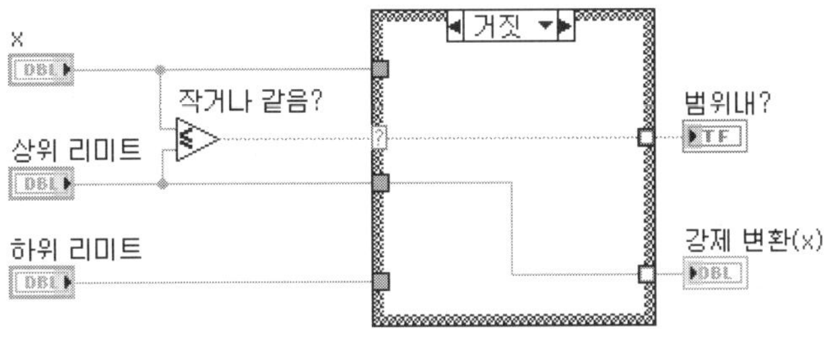


**[그림 5-59]** 상위 리미트로 강제 변환

**4단계 :** 첫 번째 조건이 참이라면 두 번째 조건(x>=a)을 만나므로, [그림 5-60]과 같이 **참 케이스**에 **크거나 같음?** 함수와 **케이스 구조**를 추가하여 와이어로 연결한다.

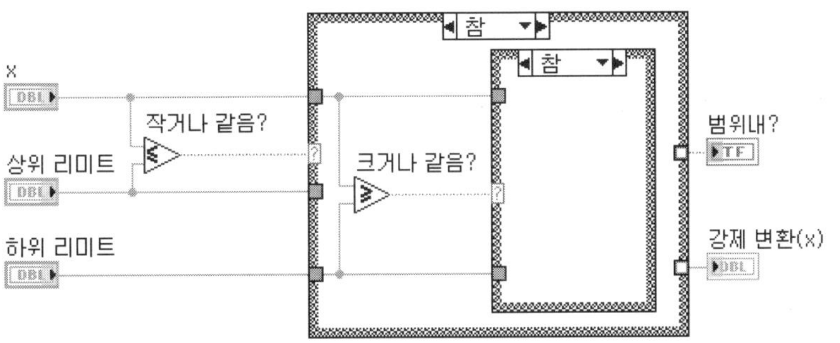


**[그림 5-60]** 하위 리미트 판별

**5단계 :** 두 번째 조건이 참이라면 **x**는 **상위 리미트**와 **하위 리미트**의 범위 내에 있는 것이므로 **강제 변환(x)**는 **x**를 그대로 출력하면 된다. 따라서 [그림 5-61]과 같이 **참 케이스**에서 **x**와 **강제 변환(x)**를 와이어로 연결한다.

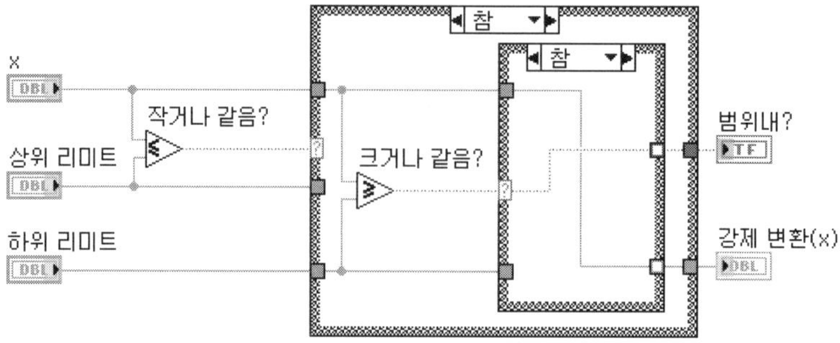


**[그림 5-61]** x가 상위 리미트와 하위 리미트 범위 내

**6단계 :** 두 번째 조건이 거짓이라면 **x**는 **하위 리미트**를 벗어난 것이므로 **강제 변환(x)**는 **하위 리미트** 값을 출력해야 한다. 따라서 [그림 5-62]와 같이 **거짓 케이스**에서 **하위 리미트**와 **강제 변환(x)**을 와이어로 연결한다. 완성된 VI를 **예제 5.12.vi**로 저장하고, [그림 5-56]과 동일한 결과가 나오는지 VI를 실행시켜보자.

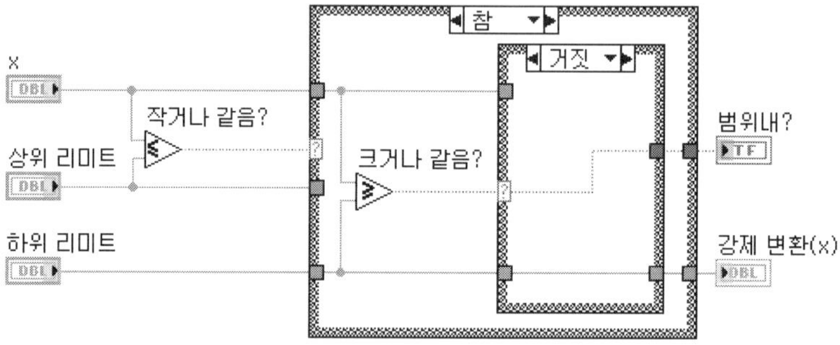


**[그림 5-62]** 완성된 VI

다시 한 번 얘기하지만 LabVIEW에는 **선택** 함수, **범위내 확인과 강제변환** 함수와 같이 사용자의 수고를 덜어주고 VI를 간결하게 만들어주는 유용한 함수와 내장 VI가 많이 있다.

### 5.2.2 정수와 케이스 구조

지금까지는 **케이스 선택자**에 **불리언**을 연결하여 **케이스 구조**를 이용하는 방법에 대해서 알아보았다. 이제부터는 **정수**를 **케이스 선택자**에 연결하여 **케이스 구조**를 이용하는 방법에 대해서 알아보자.

**불리언**은 참 또는 거짓의 두 가지 경우밖에 존재하지 않는다. 그러나 정수는 무한히 많은 값을 가질 수 있다. 따라서 **정수**를 **케이스 선택자**에 연결하여 **케이스 구조**를 이용하는 것은 경우의 수가 많을 때이다. 예를 들면 주사위 놀이에서 주사위 각 눈에 따라 배당률이 다른 경우를 생각하면 된다.

### 예제 5.13

배팅금액을 입력하고 주사위를 굴려 주사위의 눈이 1이 나오면 -50%, 2가 나오면 -20%, 3이 나오면 -10%, 4가 나오면 0%, 5가 나오면 20%, 6이 나오면 50%의 배당금을 받는다고 할 때 배팅금액을 입력하여 실행하면 환급금액을 계산해 출력하는 VI를 만들어라.

**예제 풀이**

**1단계 :** [그림 5-63]과 같이 **숫자형 컨트롤**과 **숫자형 인디케이터**를 생성하여 사용자 인터페이스를 만든다. 이때 주사위는 정수값만을 가지므로 **숫자형 인디케이터 주사위**의 **데이터 타입**을 **롱(Long) 정수형**으로 변경한다.

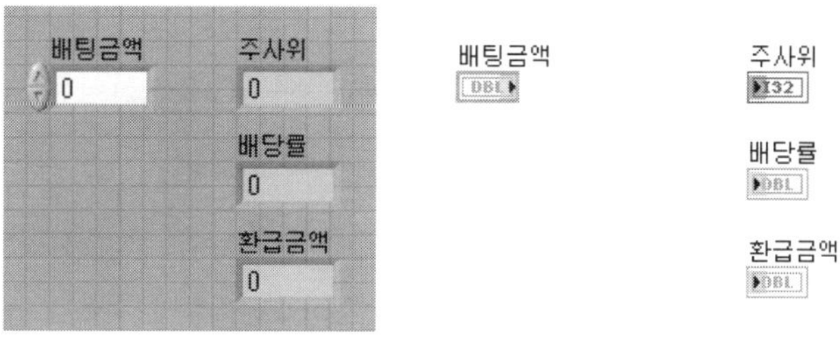


**[그림 5-63]** 사용자 인터페이스 생성

**2단계 :** [예제 3.6]에서 0 이상 10 미만의 임의의 정수값을 발생시키는 VI를 만들어봤다. 그런데 주사위는 1부터 6까지의 정수값만을 가지므로, [그림 5-64]와 같이 **난수(0~1)**, **곱하기**, **증가**, **버림**, **롱 정수로** 함수를 추가하여 와이어로 연결한다.

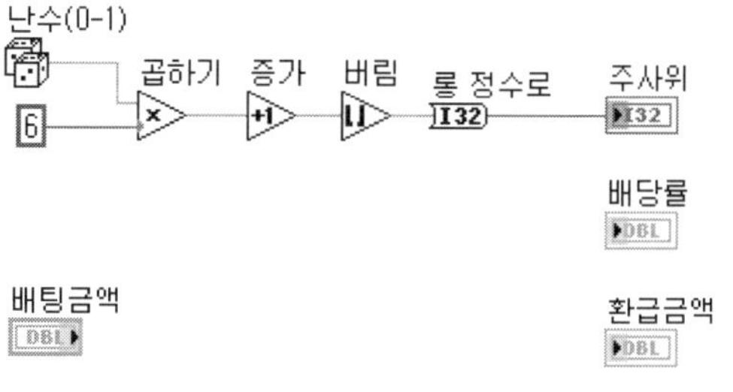


**[그림 5-64]** 1부터 6까지 정수 발생

**3단계 :** [그림 5-65]와 같이 **케이스 구조**를 추가하고 **롱 정수로** 함수의 출력에서 와이어를 분기하여 **케이스 선택자**에 연결하면 참, 거짓의 불리언 **케이스 구조**가 0, 1의 정수형 **케이스 구조**로 변경된다.

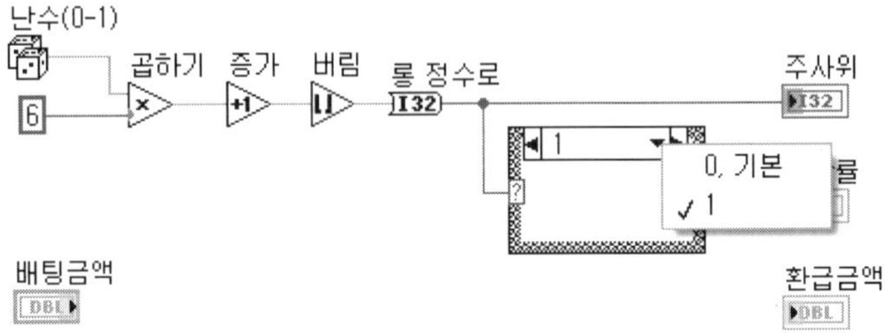


[그림 5-65] 케이스 구조 추가

**4단계 :** 주사위는 0값을 갖지 않으므로 [그림 5-66]과 같이 **선택자 라벨**에서 0은 1로, 1은 2로 수정한다. 수정은 **선택자 라벨**을 더블 클릭하여 직접 값을 입력하면 된다.

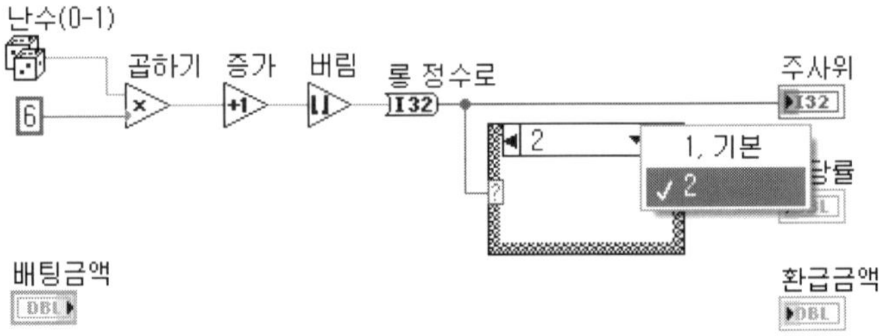


[그림 5-66] 선택자 라벨 수정

**5단계 :** 3부터 6까지 정수에 대한 케이스를 추가해야 하므로, [그림 5-67]과 같이 **케이스 구조**의 경계에서 마우스 오른쪽 클릭하여 **다음 케이스 추가**를 선택한다. 이와 같은 작업을 3번 더 수행하여 1부터 6까지의 케이스가 생성되도록 한다.

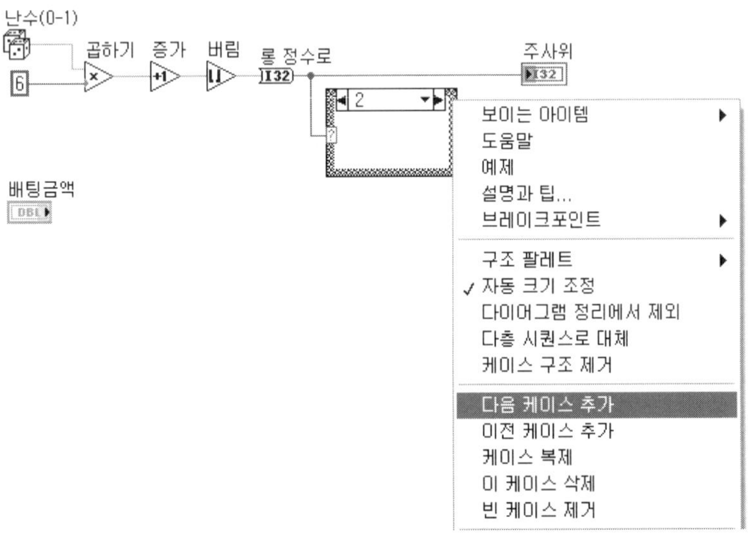


[그림 5-67] 1부터 6까지의 케이스 추가

**6단계** : 각 케이스에 배당률을 입력해야 하므로, [그림 5-68]과 같이 1번 **케이스**에 **숫자형 상수**를 추가하여 **−0.5**를 입력하고 **숫자형 인디케이터 배당률**과 와이어로 연결한다. 똑같은 방식으로 2번 **케이스**부터 6번 **케이스**까지 **숫자형 상수**를 추가하고, 각각 −0.2, −0.1, 0, 0.2, 0.5를 입력하여 **숫자형 인디케이터 배당률**과 와이어로 연결한다.

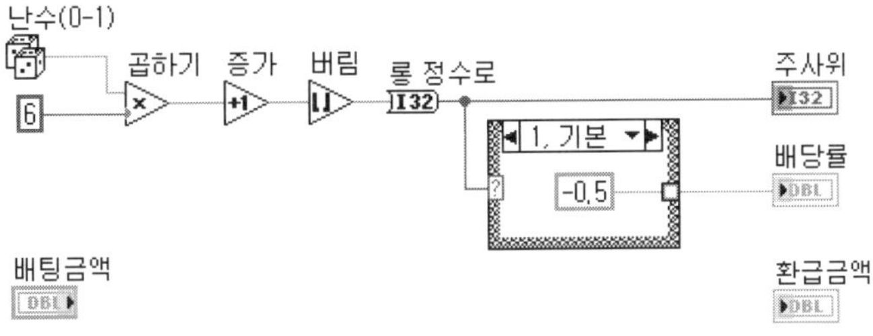


**[그림 5-68]** 배열표 표시

**7단계** : 환급금액을 계산하기 위해서 **곱하기**와 **더하기** 함수를 추가하고 [그림 5-69]와 같이 와이어로 연결하면 VI가 완성된다. 완성된 VI를 **예제 5.13.vi**로 저장한 후 VI를 실행시켜보자.

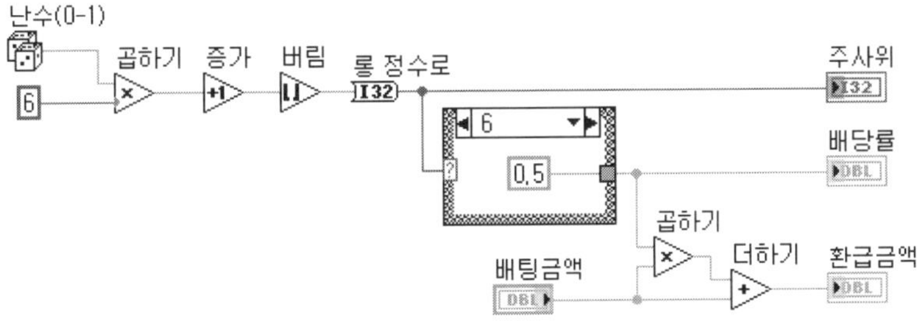


**[그림 5-69]** 완성된 VI

### 5.2.3 열거형과 케이스 구조

**열거형**과 **케이스 구조**의 활용 예를 배우기 위해서는 그 전에 **열거형 컨트롤**이 무엇인지 알아야 한다. **열거형 컨트롤**은 [그림 5-70]에서 볼 수 있듯이 **컨트롤 팔레트**의 **일반→링 & 열거형**에 있는데, 단어 그 자체의 의미에서 알 수 있듯이 여러 아이템으로 구성되며, 사용자는 아이템 리스트에서 하나를 선택할 수 있다.

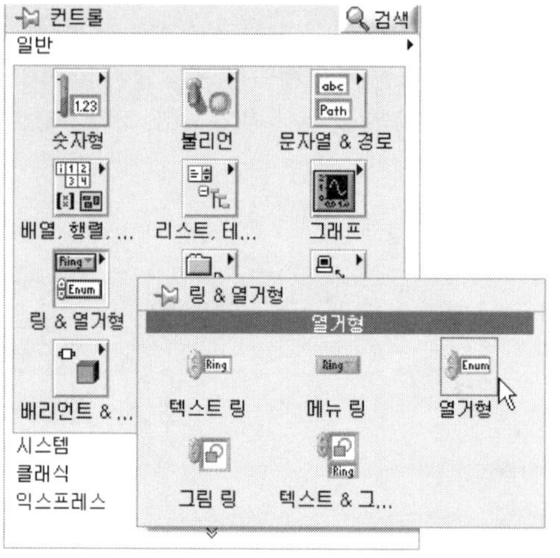


**[그림 5-70]** 열거형 컨트롤

예를 들면 [그림 5-71]과 같이 **색**이란 **열거형 컨트롤**은 **Red, Green, Blue**라는 아이템으로 구성되어 있으며, 그 중에서 한 아이템을 선택할 수 있다.

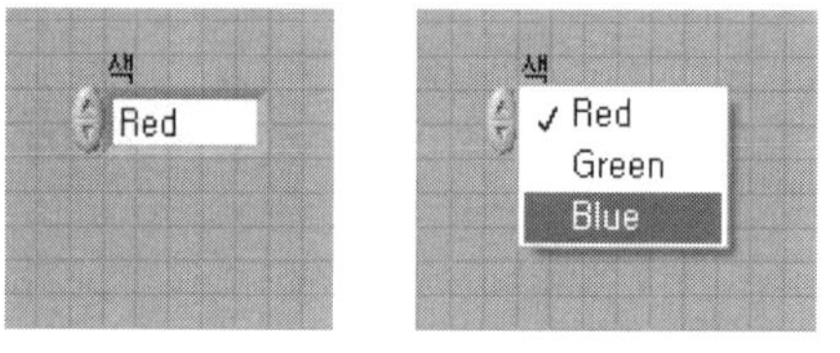


**[그림 5-71]** 열거형 컨트롤의 사용 예

**예제 5.14**

[그림 5-71]과 같이 프런트패널에 **열거형 컨트롤**을 만들고, **열거형 컨트롤 색**의 한 아이템을 선택하면 그에 해당하는 색을 나타내는 VI를 만들어라.

**예제 풀이**

**1단계 :** [그림 5-70]을 참고하여 프런트패널에 **열거형**을 생성하고 **라벨**을 **색**으로 변경한다.

**2단계 :** 현재 **열거형 컨트롤 색**은 어떠한 아이템도 가지고 있지 않다. 따라서 **Red, Green, Blue** 아이템을 추가하기 위해서 [그림 5-72]와 같이 **열거형 컨트롤 색**에서 마우스 오른쪽 클릭하여 **아이템 편집...**을 선택한다.

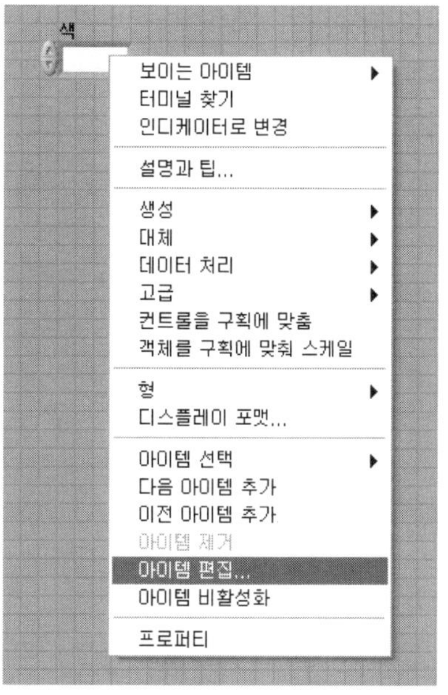


**[그림 5-72]** 열거형 컨트롤의 아이템 편집

**3단계 :** [그림 5-73]과 같이 **열거형 프로퍼티: 색**이란 창이 열리면, 사각형으로 표시한 것과 같이 **아이템** 항목에 **Red, Green, Blue**를 입력하고 **확인**을 선택한다.

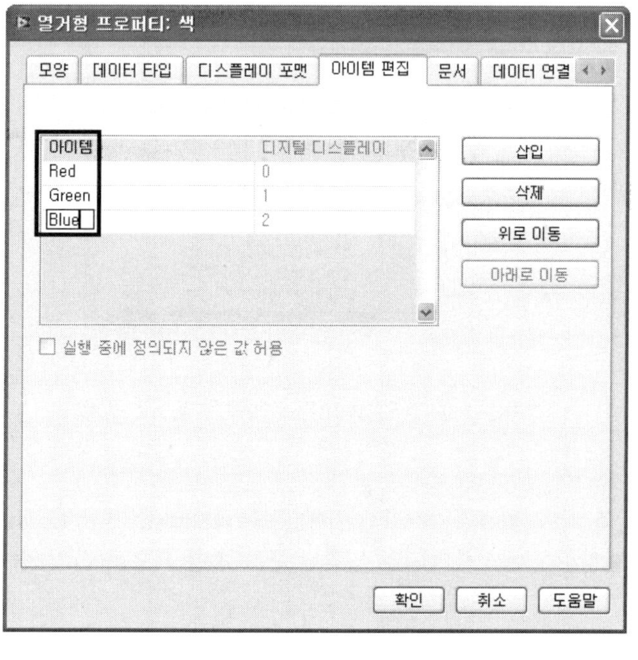


**[그림 5-73]** 열거형 프로퍼티 창

**4단계 :** [그림 5-71]과 같은 **열거형 컨트롤**이 만들어지면, [그림 5-74]의 **(a)**와 같이 블록다이어그램에 **케이스 구조**를 추가하고 **열거형**과 **케이스 선택자**를 와이어로 연결한다. 그러면 **(b)**와 같이 **선택자 라벨**이 **참**과 **거짓**에서 **열거형**의 아이템인 **Red**와 **Green**으로 변경된다.

그런데 **열거형**의 아이템은 **Red, Green, Blue** 세 개지만 **케이스 구조**의 **선택자 라벨**은 **Red**와 **Green** 뿐이다. 나머지 **Blue** 아이템을 추가하기 위해서 [예제 5.13]의 **4단계**와 같이 케이스를 직접 만들 수 있다. 하지만 이 방법은 **열거형**의 아이템이 많을 경우에는 꽤 비효율적인 방법이다.

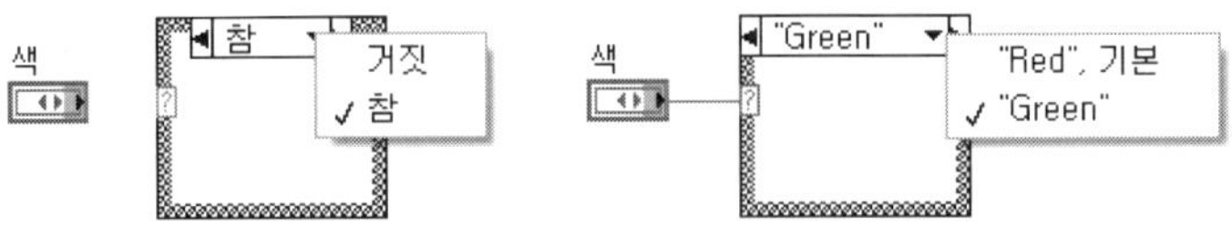


(a) (b)

**[그림 5-74]** 열거형과 케이스 구조의 연결

**5단계 :** [그림 5-75]와 같이 **케이스 구조**의 경계에서 마우스 오른쪽 클릭하면 나타나는 바로 가기 메뉴에서 **모든 값에 대한 케이스 추가**를 선택한다. 이렇게 하면 일일이 케이스를 추가할 필요 없이, **열거형**의 모든 아이템에 대한 **케이스**가 자동으로 만들어진다.

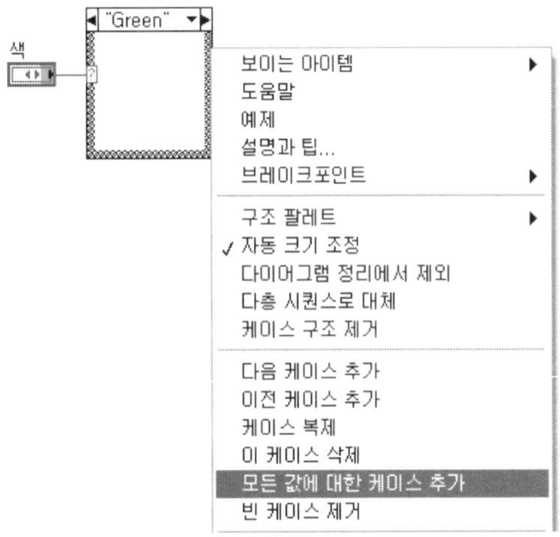


**[그림 5-75]** 열거형의 모든 값에 대한 케이스 추가

**6단계 :** [그림 5-76]과 같이 블록다이어그램에 **RGB를 색으로(RGB to Color.vi)** VI를 추가하고 **Red 케이스**에 **숫자형 상수**를 생성하여 값을 입력한 후 **RGB를 색으로** VI와 와이어로 연결한다.

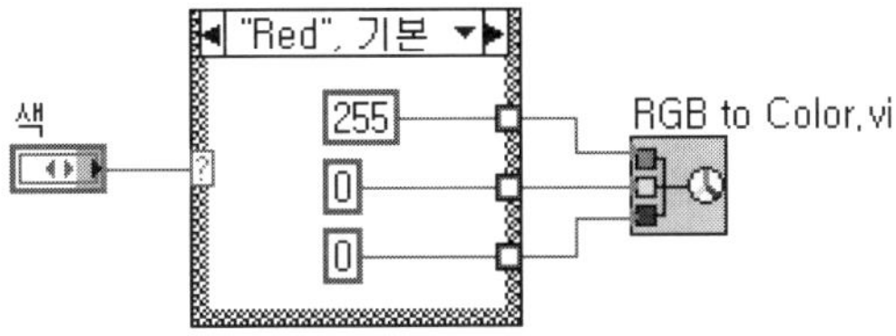


**[그림 5-76]** RGB를 색으로 VI 추가

참고로 **RGB를 색으로** VI는 [그림 5-77]에서 볼 수 있듯이 **함수 팔레트**의 **프로그래밍→숫자형→변환**에 있다.

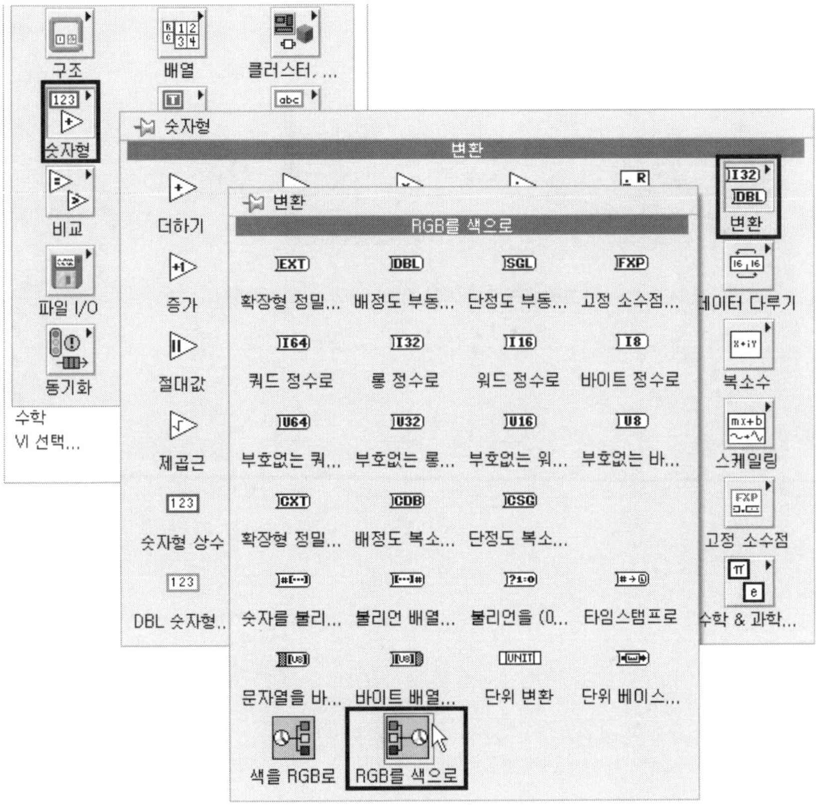


**[그림 5-77]** RGB를 색으로 VI의 위치

**7단계 :** [그림 5-78]과 같이 **Green**과 **Blue 케이스**에 대해서도 **숫자형 상수**를 생성하여 값을 입력하고 와이어로 연결한다.

(a) (b)

**[그림 5-78]** Green과 Blue 케이스 완성

**8단계** : [그림 5-79]의 블록다이어그램과 같이 **RGB를 색으로** VI의 출력 터미널에서 마우스 오른쪽 클릭하여 **생성 → 인디케이터**를 선택하면 VI가 완성된다. 완성된 VI를 **예제 5.14.vi**로 저장한 후 VI를 실행시켜보자.

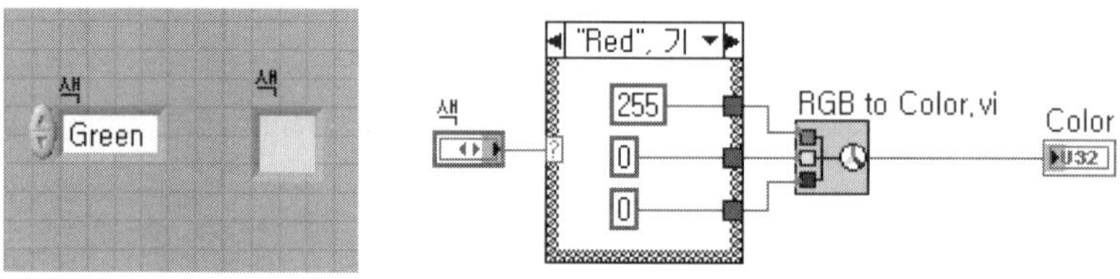


**[그림 5-79]** 예제 5.14.vi의 실행 결과

CHAPTER 06

# 그래프와 차트



데이터를 수집 또는 생성한 후 적절한 처리를 거쳐 얻은 결과를 숫자형 인디케이터나 배열의 형태로 나타낸다면 그것이 의미하는 바를 쉽게 파악하지 못할 수 있다. 예를 들어 제어응답 곡선과 같이 최종 결과뿐만 아니라 연산이 이루어지는 전체 과정의 변화 양상을 파악하고자 한다면 제어응답을 시간에 따라 그래프로 나타내면 좋을 것이다.

그렇지만 C 언어와 같이 기존 텍스트 기반의 프로그래밍 언어는 결과를 그래프로 표현하는 것이 쉽지 않다. 심지어는 제어응답을 구하기 위한 코딩보다 결과를 그래프로 나타내기 위한 코딩에 더 많은 시간과 노력이 필요할지도 모른다. 하지만 LabVIEW의 장점은 [그림 6-1]과 같이 다양한 그래프를 제공해주기 때문에 사용자는 프로그램 개발을 위한 창의적인 아이디어나 알고리즘에만 집중하면 된다.

[그림 6-1]에 나타낸 것과 같이 LabVIEW는 다양한 그래프가 있지만 크게 다음과 같이 분류할 수 있다.

- **웨이브폼 차트와 그래프 :** 일정한 속도로 수집된 데이터를 디스플레이
- **XY 그래프 :** 일정하지 않은 속도로 얻은 데이터와 여러 값을 가진 함수를 디스플레이
- **강도 차트와 그래프 :** 3차원 값을 표현하기 위해서 색을 이용하여 2D 플롯에서 3D 데이터를 디스플레이
- **디지털 웨이브폼 그래프 :** 펄스나 디지털라인의 그룹으로 데이터를 디스플레이
- **3D 그래프 :** 프런트패널 ActiveX 객체의 3차원 플롯에 데이터를 디스플레이

이 중에서 LabVIEW가 주로 사용되는 분야의 특성상 **웨이브폼 차트**와 **그래프**가 가

장 많이 이용된다. [그림 2-1]에 예로 든 **Signal Generation and Processing.vi**의 오른쪽에 있는 그래프도 **웨이브폼 그래프**이다.

**2부 유전알고리즘**에서도 **웨이브폼 차트**와 **그래프**가 주로 이용될 것이며, 일부 예제에서 **XY 그래프**와 **3D 그래프**가 소개될 것이다. 그러면 지금부터 4가지 그래프에 대해서 예제와 함께 자세히 알아보도록 하자.

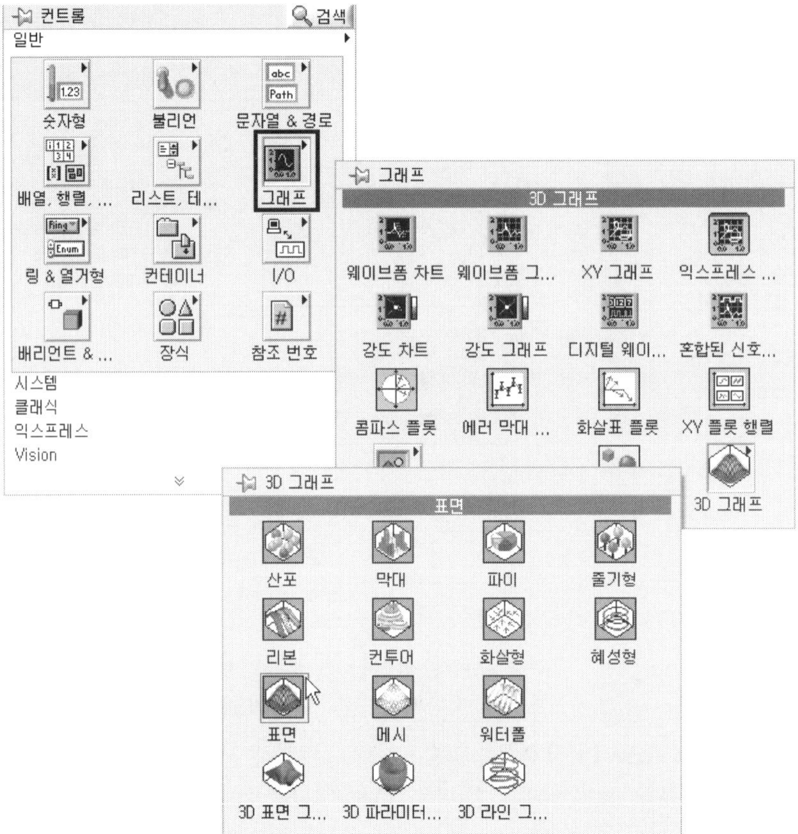


**[그림 6-1]** LabVIEW의 다양한 그래프

## 6.1 웨이브폼 차트와 그래프

LabVIEW에서 **차트**와 **그래프**는 데이터를 디스플레이하고 업데이트하는 방법에서 다소 차이가 있다. 즉 **차트**를 사용해야 할 곳에 **그래프**를 사용하던가 또는 그 반대로 행하면 와이어가 깨지면서 에러가 발생하므로 그 차이를 명확히 알아야 한다.

**그래프**는 일반적으로 데이터를 먼저 모은 후 **배열**로 만들어서 디스플레이 한다. 그리고 새로 VI를 실행하면 이전 데이터를 삭제하고 새로운 데이터만 디스플레이 한다. 따라서 **그래프**는 일반적으로 연속적인 데이터를 수집하는 빠른 과정에 사용한다. 이와는 대조적으로 **차트**는 새로운 데이터 값을 이미 그려진 데이터 뒤에 덧붙여서 디스플레이 하기 때문에 히스토리가 생성된다. 따라서 **차트**는 초당 아주 적은 수의 데이터 값만이 추가되는 느린 과정에 사용한다.

예를 들어 Sine 곡선을 그릴 때 0부터 2π까지 한 주기의 Sine 곡선을 얻고자 할 때는 **그래프**를 사용한다. 그렇지만 Sine 곡선이 변화되는 과정을 보고자 할 때는 **차트**를 사용해야 한다.

**예제 6.1**

0부터 2π까지 Sine 곡선을 각각 **웨이브폼 차트**와 **웨이브폼 그래프**에 디스플레이 하여라.

**예제 풀이**

**1단계 :** [그림 6-2]와 같이 프런트패널에 **웨이브폼 차트**와 **웨이브폼 그래프**를 생성하여 사용자 인터페이스를 만든다.

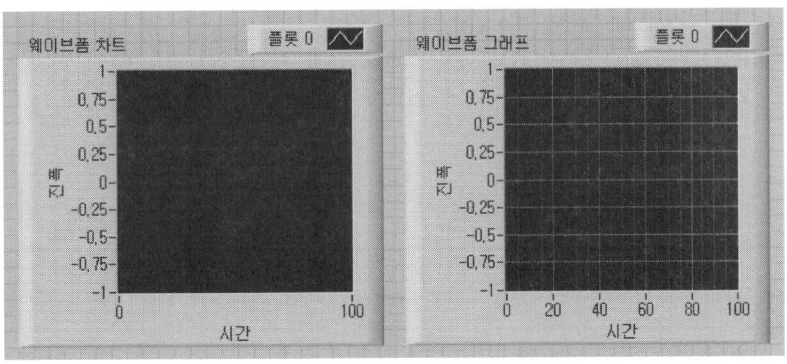


**[그림 6-2]** 사용자 인터페이스 생성

**2단계 :** 블록다이어그램에 **For 루프**를 만들고 그 안에 [그림 6-3]과 같이 **2로 곱한 원주율** 상수와 **곱하기, 나누기, 사인** 함수를 추가하여 와이어로 연결한다. 이때 **2로 곱한 원주율** 상수는 **함수 팔레트**의 **프로그래밍 → 숫자형 → 수학 & 과학 상수**에 있다. 그리고 **사인** 함수는 **함수 팔레트**의 **수학 → 기본 & 특수 함수 → 삼각 함수**에 있다.

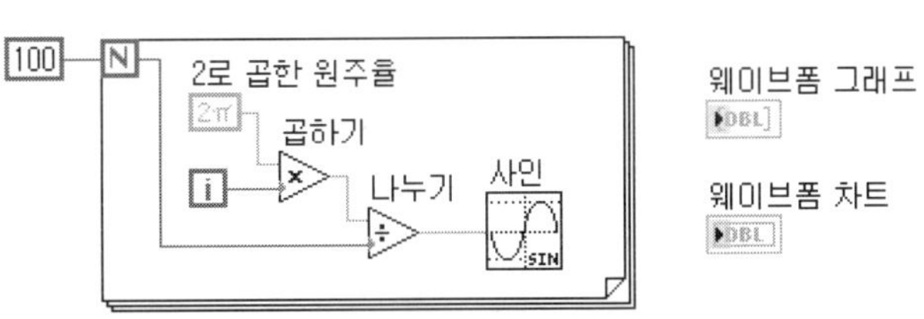


**[그림 6-3]** Sine 값 계산

**3단계 :** 앞서 **차트**와 **그래프**의 차이점을 설명하면서 **차트**는 새로운 데이터를 받아들일 때마다 그 값을 디스플레이 하는 반면에 **그래프**는 데이터를 전부 모아서 **배열**로 만든 후 디스플레이 한다고 하였다. 따라서 **웨이브폼 차트**를 **For 루프** 안으로 옮긴 후 [그림 6-4]와 같이 와이어로 연결한다.

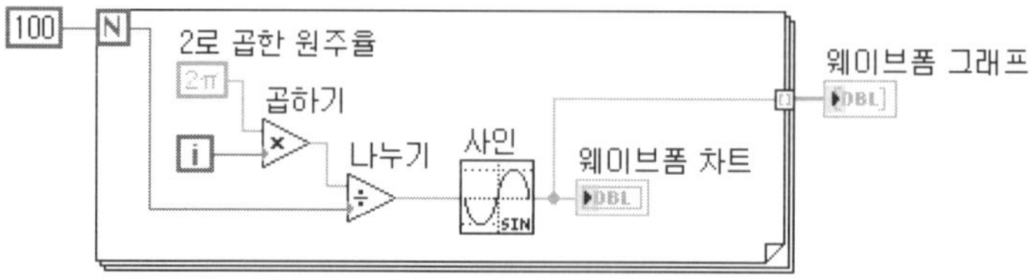


**[그림 6-4]** 완성된 VI

VI를 실행시키면 [그림 6-5]와 같은 결과를 얻을 것이다. 그러나 너무 순식간에 디스플레이 되면서 차트와 그래프의 차이점을 느끼지 못했을 것이다.

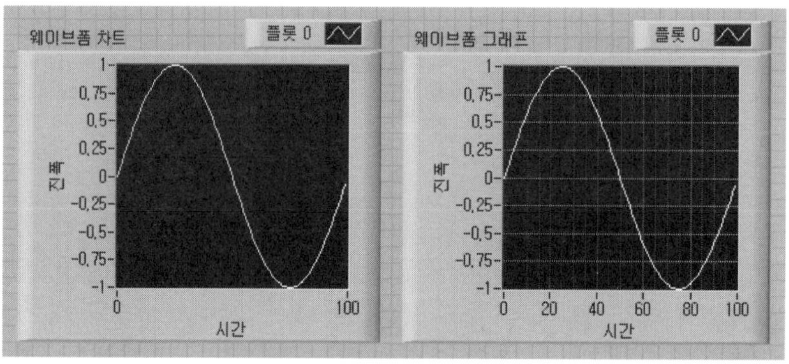


**[그림 6-5]** 예제 6.1.vi의 실행 결과

**4단계 :** **차트**와 **그래프**의 차이점을 좀 더 시각적으로 느낄 수 있도록 하기 위해서 **5.1.1 타이밍 함수**에서 배웠던 **다음 ms 배수까지 기다림** 함수를 [그림 6-6]과 같이 **For 루프** 안에 추가하여 와이어로 연결한다. 완성된 VI를 **예제 6.1.vi**로 저장한 후 VI를 실행시켜보자.

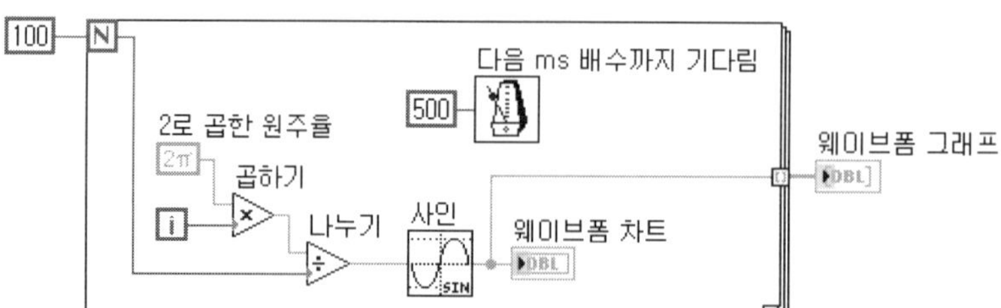


**[그림 6-6]** 타이밍 함수 추가

데이터를 수집할 때 두 가지 이상의 데이터를 동시에 수집하여 하나의 디스플레이에 나타내야 할 경우가 많다. 이러한 경우를 가정하여 Sine과 Cosine 곡선을 함께 나타내는 방법을 알아보자.

## 예제 6.2

0부터 2π까지 Sine과 Cosine 곡선을 각각 **웨이브폼 차트**와 **웨이브폼 그래프**에 디스플레이 하여라.

**예제 풀이**

**1단계 :** [그림 6-2]와 같이 프런트패널에 **웨이브폼 차트**와 **웨이브폼 그래프**를 생성하여 사용자 인터페이스를 만든다.

**2단계 :** 블록다이어그램에 **For 루프**를 만들고 그 안에 [그림 6-7]과 같이 **2로 곱한 원주율** 상수와 **곱하기, 나누기, 사인 & 코사인** 함수를 추가하여 와이어로 연결한다. 이때 **사인 & 코사인** 함수는 **함수 팔레트**의 **수학→기본 & 특수 함수→삼각 함수**에 있다. **사인 & 코사인** 함수를 이용하면 **사인** 함수와 **코사인** 함수를 각각 사용하는 것보다 VI를 좀 더 간결하게 하는 장점이 있다.

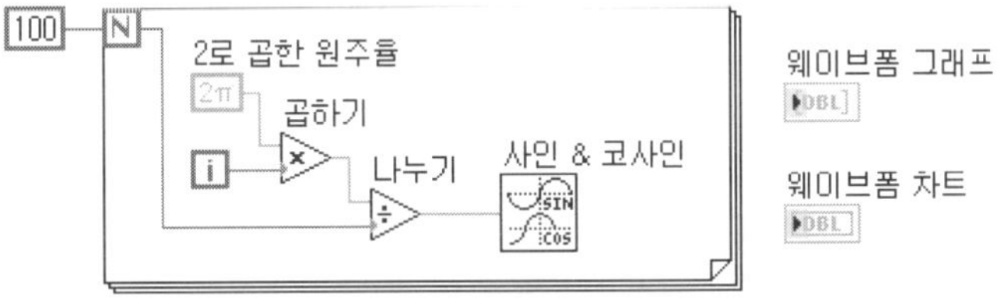


**[그림 6-7]** 사인 & 코사인 함수 계산

우선 두 개의 데이터를 하나의 **웨이브폼 차트**에 표시하기 위해서는 두 데이터를 하나로 묶어주는 작업이 필요하다. 이러한 역할을 수행하는 것이 바로 **묶기** 함수이며, [그림 6-8]과 같이 **함수 팔레트**의 **프로그래밍→클러서트, 클래스, & 배리언트**에 있다.

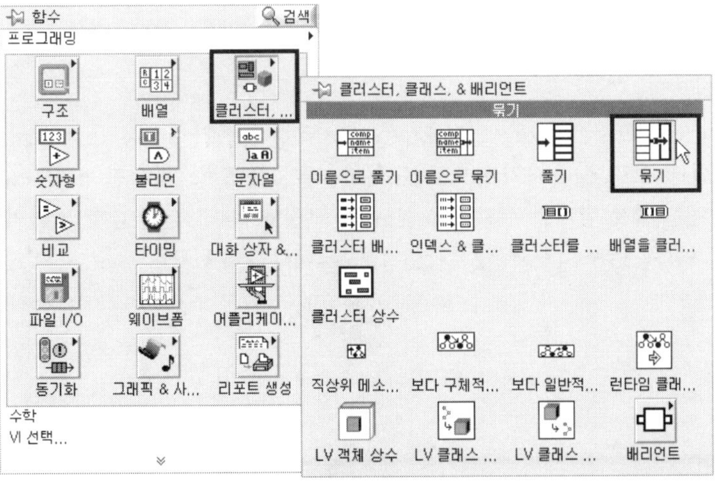


**[그림 6-8]** 묶기 함수

**3단계 : For 루프**에 **묶기** 함수를 추가한 후 [그림 6-9]와 같이 **웨이브폼 차트**와 와이어로 연결한다. 그 결과 그림에서 볼 수 있듯이 두 개의 **배정도 실수형 데이터 타입**이 **클러스터**라는 **데이터 타입**으로 변한 것을 알 수 있다. **클러스터**란 C 언어의 구조체에 해당하는 **데이터 타입**이다. 자세한 설명은 뒤에서 다시 한다.

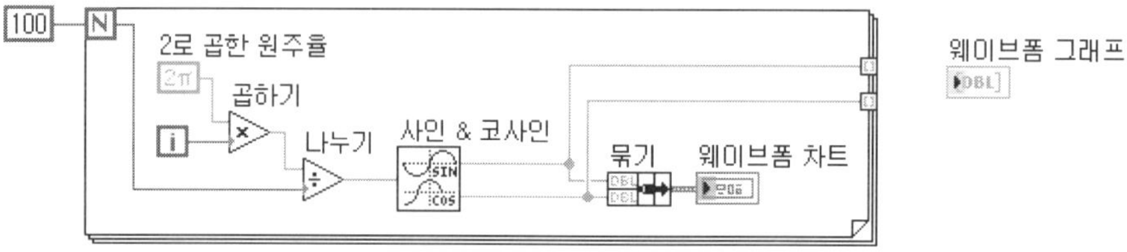


**[그림 6-9]** 묶기 함수와 웨이브폼 차트 와이어 연결

그렇다면 **웨이브폼 그래프**도 묶기 함수를 통해서 연결해주어야 할지 생각해보자. 앞서 언급하였듯이 **그래프**는 **배열**을 데이터로 받아들인다고 하였다. 두 1차원 배열을 **묶기** 함수로 묶어도 역시 **클러스터**가 되므로 **웨이브폼 그래프**와 연결이 불가능하다. 따라서 [예제 4.8]에서 배운 **배열 만들기** 함수를 이용한다.

**4단계** : 블록다이어그램에 **배열 만들기** 함수를 추가하여 [그림 6-10]과 같이 와이어로 연결하면 VI가 완성된다. 완성된 VI를 **예제 6.2.vi**로 저장한 후 VI를 실행시켜보자. [그림 6-11]과 같은 결과를 얻을 것이다.

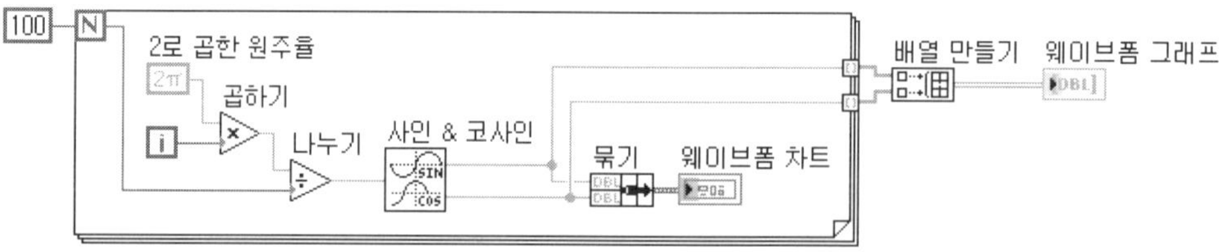


**[그림 6-10]** 배열 만들기 함수와 웨이브폼 그래프 와이어 연결

[그림 6-11]에서 Sine 곡선은 흰색 실선으로, Cosine 곡선은 빨간색 실선으로 표시되어 있다. 그런데 현재 **플롯 범례**(그림에서 사각형으로 표시한 부분)는 Sine 곡선만 나타내고 있다. 따라서 Cosine 곡선에 대한 **플롯 범례**를 추가하고 싶다면 [그림 6-11]과 같이 **플롯 범례**의 테두리에 마우스 포인터를 가져간 후 마우스 왼쪽 클릭하여 위로 드래그하면 된다.

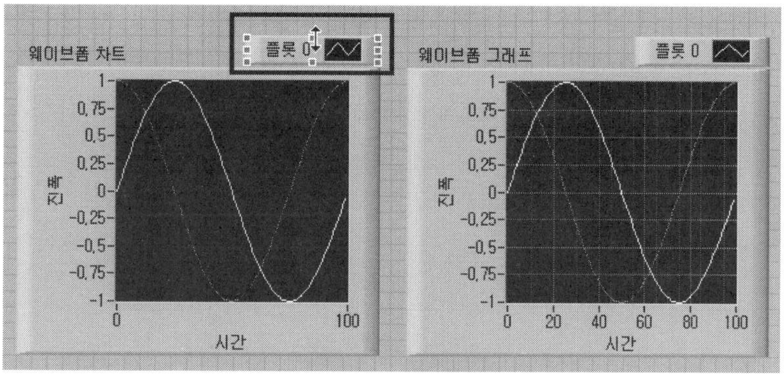


**[그림 6-11]** 예제 6.2.vi의 실행 결과

그리고 플롯의 종류(실선, 점, 점이 있는 실선 등), **색**, **라인 스타일**(실선, 1점 쇄선, 파선 등), **라인 폭** 등을 변경하고 싶다면 [그림 6-12]와 같이 **플롯 범례**를 마우스 왼쪽 클릭하면 뜨는 **바로 가기 메뉴**를 이용하면 된다.

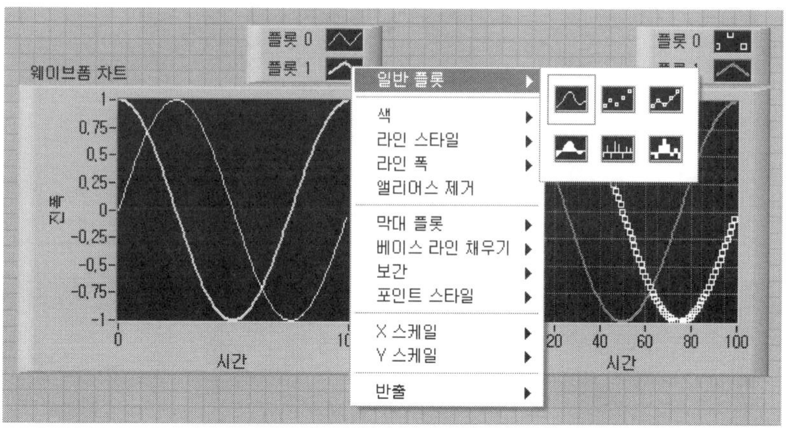


**[그림 6-12]** 플롯의 형태 변경

## 6.2 XY 그래프

**XY 그래프**는 일정하지 않은 속도로 얻은 데이터 또는 여러 값을 가진 함수를 디스플레이하는 직각좌표 그래픽 객체이다. 또한 **XY 그래프**는 앞서 설명한 **웨이브폼 차트**와 **그래프**와는 달리 데이터 호환성의 불편을 최소화하기 위해서 여러 데이터 타입을 입력으로 받아들인다.

예를 들어 [그림 6-13]과 같은 Cardinal 함수를 그래프로 표시하는 방법을 생각해보자. Cardinal 함수는 극좌표계에서 $r = 1 - \cos(\theta)$로 표현되는데, 이것을 **XY 그래프**에 표시하기 위해서 직각좌표계로 변환하면 다음과 같다.

$$x = r\cos(\theta) = (1 - \cos(\theta))\cdot\cos(\theta)$$
$$y = r\sin(\theta) = (1 - \cos(\theta))\cdot\sin(\theta) \quad (6.1)$$

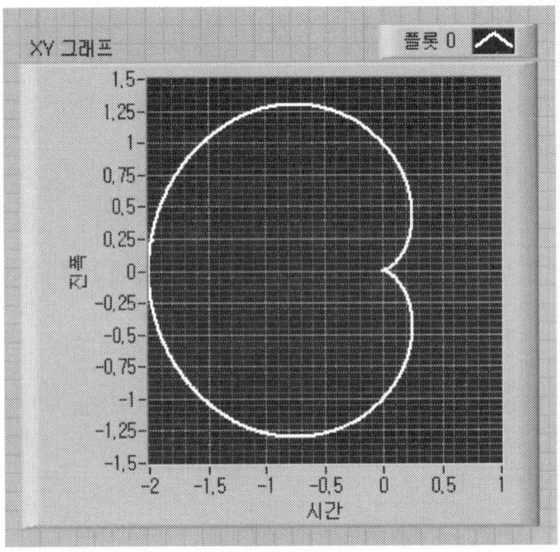


**[그림 6-13]** 예제 6.3.vi의 실행 결과

**예제 6.3**

[그림 6-13]과 같이 **XY 그래프**에 Cardinal 함수를 디스플레이 하여라.

**예제 풀이**

**1단계 :** [그림 6-13]과 같이 프런트패널에 **XY 그래프**를 생성하여 사용자 인터페이스를 만든다.

**2단계 :** 0부터 2π까지만 계산하면 하트 모양이 완성되므로, 블록다이어그램에 **For 루프**를 만들고 그 안에 [그림 6-14]와 같이 **2로 곱한 원주율** 상수와 **곱하기**, **나누기** 함수를 추가하여 와이어로 연결한다.

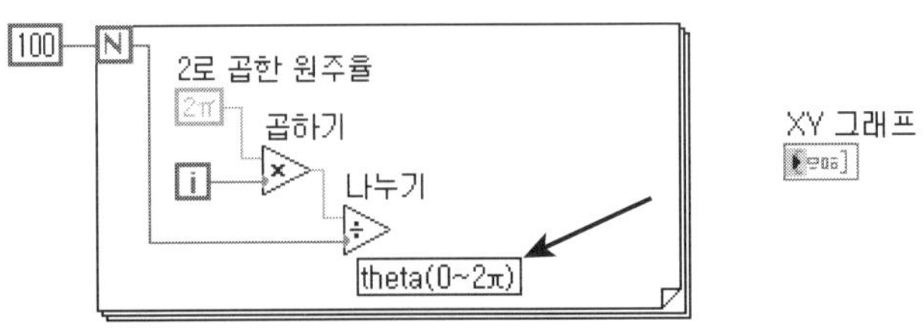


**[그림 6-14]** 0부터 2π까지 $\theta$ 값 생성

[그림 6-14]에서 화살표로 표시한 것은 **독립 라벨**이다. LabVIEW에는 두 종류의 **라벨**이 있는데, **고유 라벨**과 **독립 라벨**이 그것이다. **고유 라벨**은 [그림 6-14]에서 **2로 곱한 원주율**, **곱하기**, **나누기**, **XY 그래프**와 같이 특정 객체에 속하여 함께 이동하며 해당 객체를 설명한다. **고유 라벨**은 숨길 수는 있지만 삭제할 수는 없다.

반면에 **독립 라벨**은 말 그대로 어떤 객체에도 속하지 않으며, 독립적으로 생성, 이동, 회전 또는 삭제할 수 있다. 즉 여타 프로그래밍 언어의 주석문에 해당한다. 따라서 VI를 만들 때는 가급적 **독립 라벨**을 이용하여 코멘트를 다는 습관을 들이는 것이 좋다.

**3단계 :** 블록다이어그램에 **식 (6.1)**의 Cardinal 함수를 구현하기 위해서 [그림 6-15]와 같이 **코사인**, **사인 & 코사인** 함수를 추가하여 와이어로 연결한다.

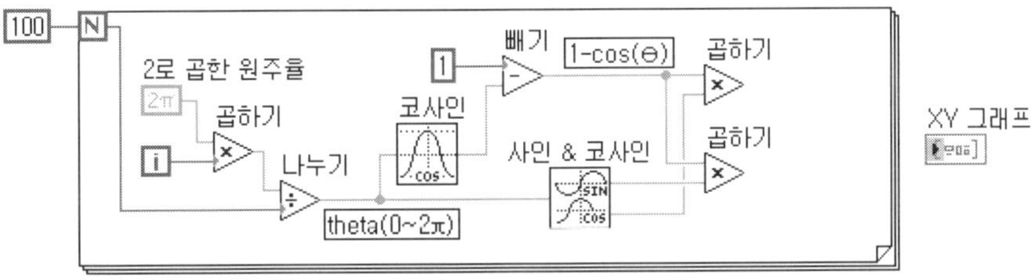


**[그림 6-15]** 식 (6.1) 구현

**4단계 :** 블록다이어그램에 **묶기** 함수를 추가하여 [그림 6-16]과 같이 와이어로 연결하면 VI가 완성된다. 완성된 VI를 **예제 6.3.vi**로 저장한 후 VI를 실행시켜보자. [그림 6-13]과 같이 하트가 그려질 것이다.

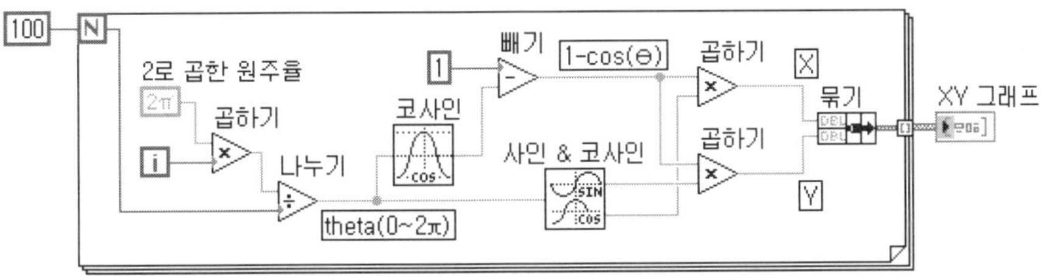


**[그림 6-16]** 완성된 VI(클러스터의 배열로 그래프 생성)

앞서 **XY 그래프**는 데이터 호환성의 불편을 최소화하기 위해서 여러 **데이터 타입**을 입력으로 받아들일 수 있다고 하였다. 이 말의 의미는 [그림 6-17]과 같이 **묶기** 함수를 **For 루프** 밖에 위치시켜도 된다는 것이다. 즉 [그림 6-16]에서 **XY 그래프**에 입력되는 **데이터 타입**은 **클러스터**의 **배열**이지만, [그림 6-17]에서 **XY 그래프**에 입력되는 **데이터 타입**은 1차원 **배열**을 묶은 **배열**의 **클러스터**이다.

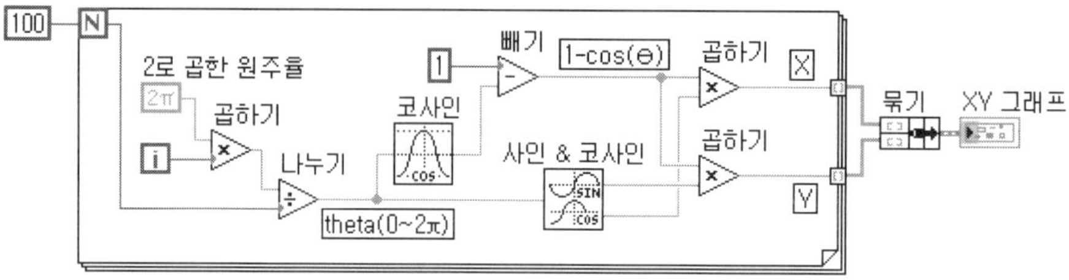


**[그림 6-17]** 완성된 VI(배열의 클러스터로 그래프 생성)

무슨 말인지 잘 이해가 되지 않는다면 그냥 넘어가도 괜찮다. 중요한 것은 사용자의 편의를 위해서 **데이터 타입**을 **배열**로 입력하여도 또는 **클러스터**로 입력하여도 된다는 것이다.

그렇다면 [예제 6.3]의 Cardinal 함수가 하트 모양을 플롯팅하는 과정을 보고 싶다면 어떻게 해야 할지 생각해보자. 이때 사용할 수 있는 방법이 바로 **익스프레스 XY 그래프**이다. 예제를 통해서 자세히 알아보자.

## 예제 6.4

**예제 6.3.vi**를 활용하여 Cardinal 함수가 순차적으로 하트 모양을 플롯팅하도록 VI를 수정하여라.

**예제 풀이**

**1단계 : 예제 6.3.vi**를 열어 프런트패널의 **파일** 메뉴에서 **다른 이름으로 저장**을 선택한 후 **예제 6.4.vi**로 저장한다(※ **다른 이름으로 저장**하는 방법은 [예제 5.2]를 참고한다).

**2단계 :** [그림 6-17]에서 **묶기** 함수와 **XY 그래프**를 삭제한 후 프런트패널에 **익스프레스 XY 그래프**를 생성하면 [그림 6-18]과 같이 블록다이어그램이 만들어진다.

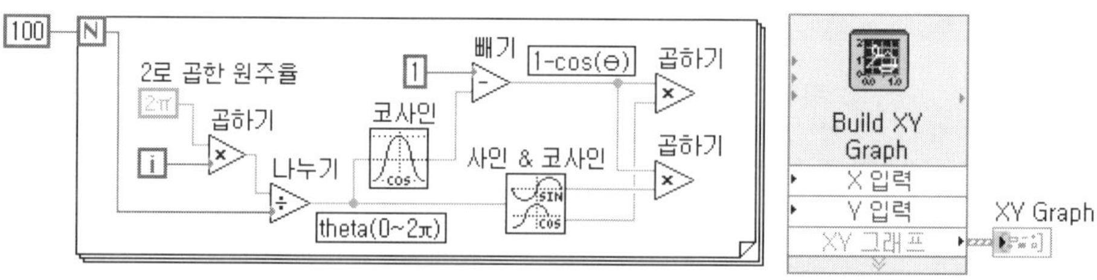


**[그림 6-18]** 익스프레스 XY 그래프 추가

**3단계 : For 루프**가 반복될 때마다 한 번씩 플로팅해야 하므로 [그림 6-19]와 같이 **Build XY Graph**와 **XY Graph**를 **For 루프** 안으로 옮긴 후 와이어로 연결한다. 그리고 **For 루프**가 반복될 때마다 어느 정도 시간 지연을 갖도록 하기 위해서 **다음 ms 배수까지 기다림** 함수를 추가한다.

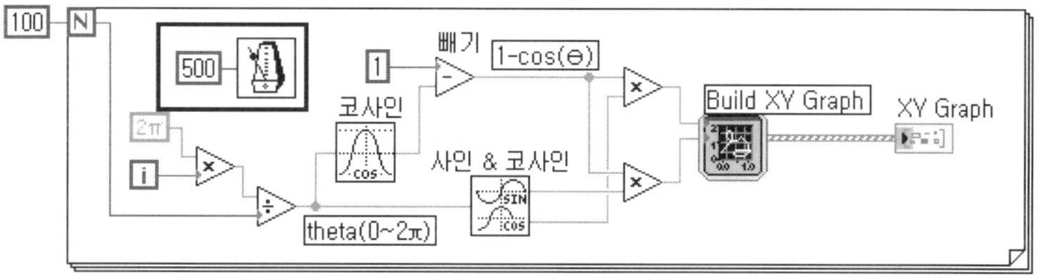


[그림 6-19] 완성된 VI

**4단계 :** VI를 실행해보면 알겠지만 하트 모양이 제대로 그려지지 않을 것이다. 이것은 **익스프레스 XY 그래프**가 이전에 플로팅된 데이터를 삭제한 후 새로운 값을 플로팅하기 때문이다. 따라서 **Build XY Graph**를 더블 클릭하면 [그림 6-20]과 같은 **XY 그래프 만들기 프로퍼티** 창이 열리는데, 여기서 **각 호출마다 데이터 삭제**를 체크 해제하고 **확인**을 선택한다.

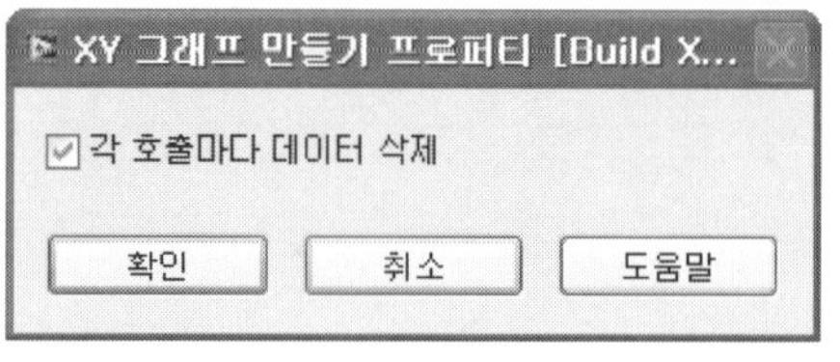


[그림 6-20] XY 그래프 만들기 프로퍼티 창

완성된 VI를 실행시키면 [그림 6-21]과 같이 원점에서 시작하여 반시계 방향으로 하트가 그려지는 것을 볼 수 있다.

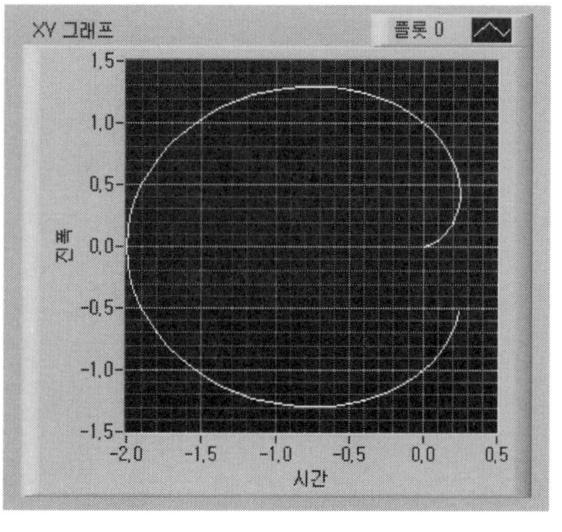


[그림 6-21] 예제 6.4.vi의 실행 과정

한편 [그림 6-19]에서 **Build XY Graph**가 너무 커서 블록다이어그램의 공간을 많이 차지하고 있다고 생각된다면, [그림 6-22]와 같이 **Build XY Graph** 위에서 마우스 오른쪽 클릭하여 **아이콘으로 보기**를 선택한다.

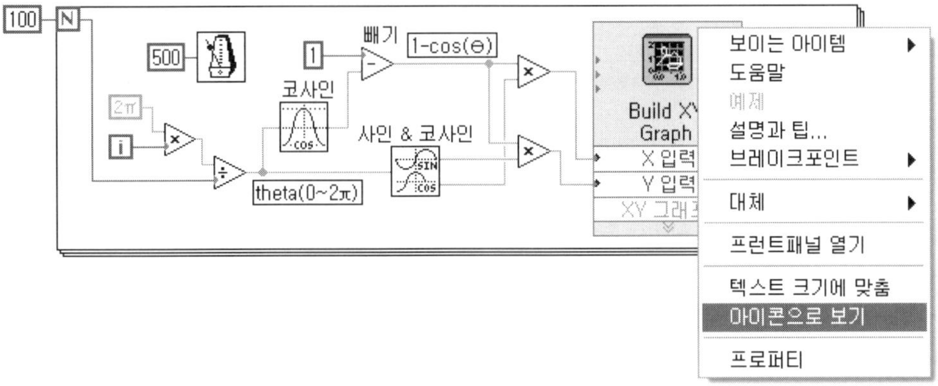


**[그림 6-22]** 익스프레스 XY 그래프를 아이콘으로 보기

CHAPTER 07

# SubVI 생성하기



지금까지 만든 VI는 매우 간단하였기 때문에 하나의 모니터 화면 상에서 작업이 가능하였다. 그러나 [그림 7-2]와 같이 VI의 규모가 커지면 아이콘과 와이어를 통해서 이루어지는 그래픽 언어의 장점은 오히려 단점이 된다.

[그림 7-2]를 보면 각종 아이콘과 와이어가 복잡하게 얽히고설키어 있는데, 마치 [그림 7-1]과 같은 스파게티가 연상된다. 따라서 이러한 VI를 가리켜 스파게티 VI라고 하는데, 다른 사람은 물론 정작 VI를 만든 본인조차도 이해하기 힘들게 만든다.

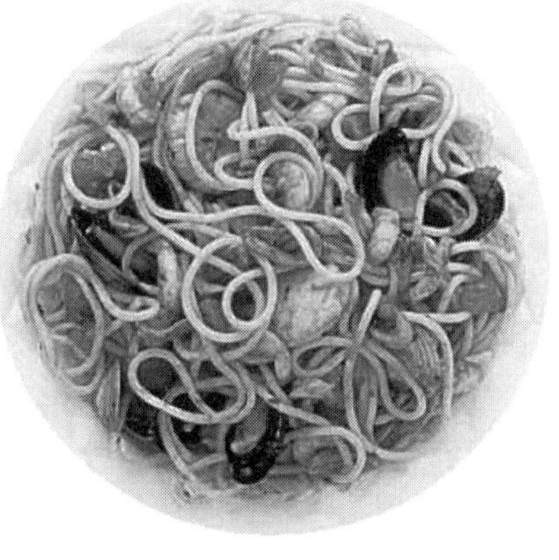

**[그림 7-1]** 스파게티

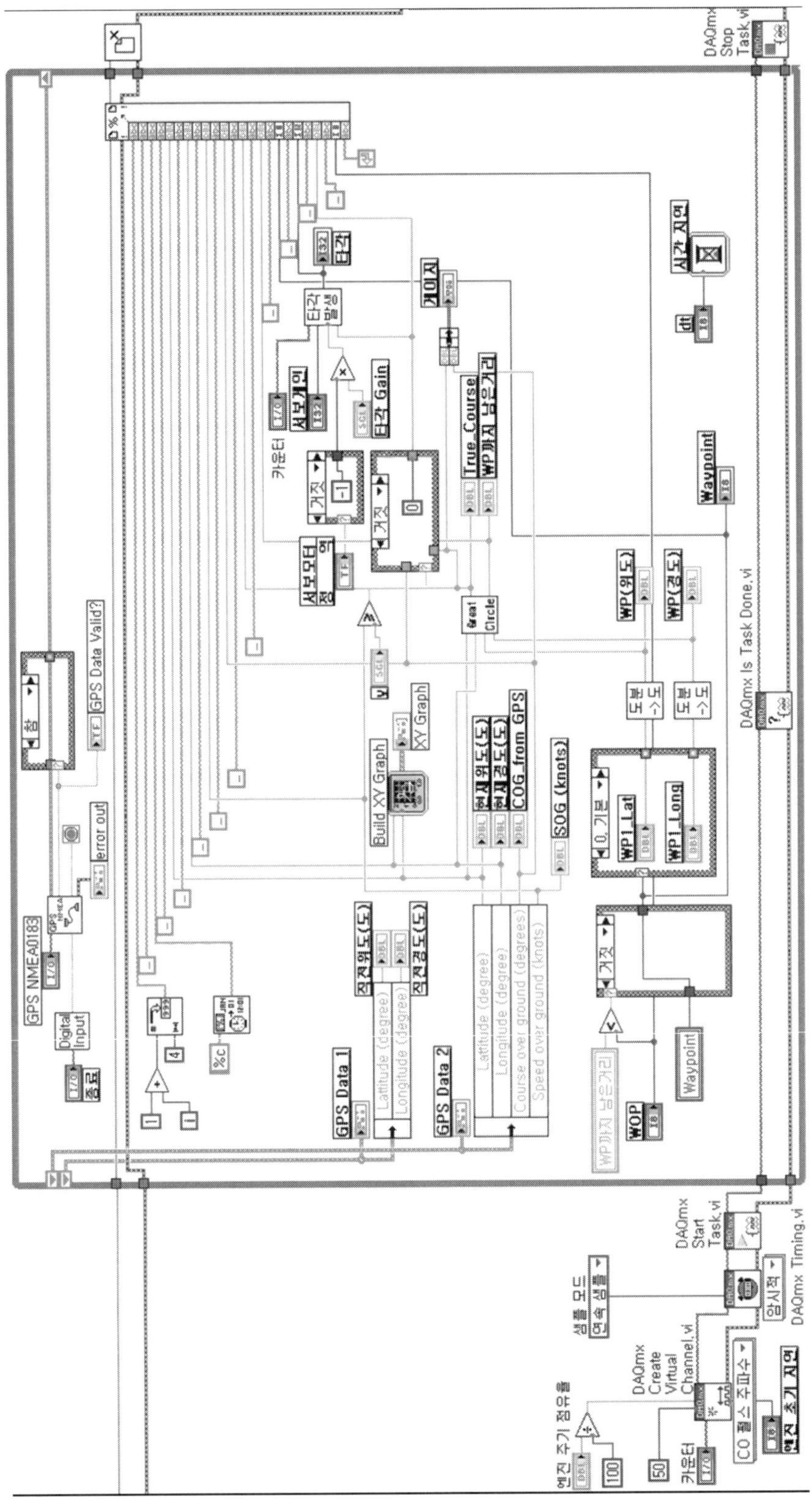


**[그림 7-2]** 스파게티 VI의 예

스파게티는 소스와 면발이 잘 섞여야 좋지만 스파게티 VI는 아무 장점도 없으므로 반드시 피해야 한다.

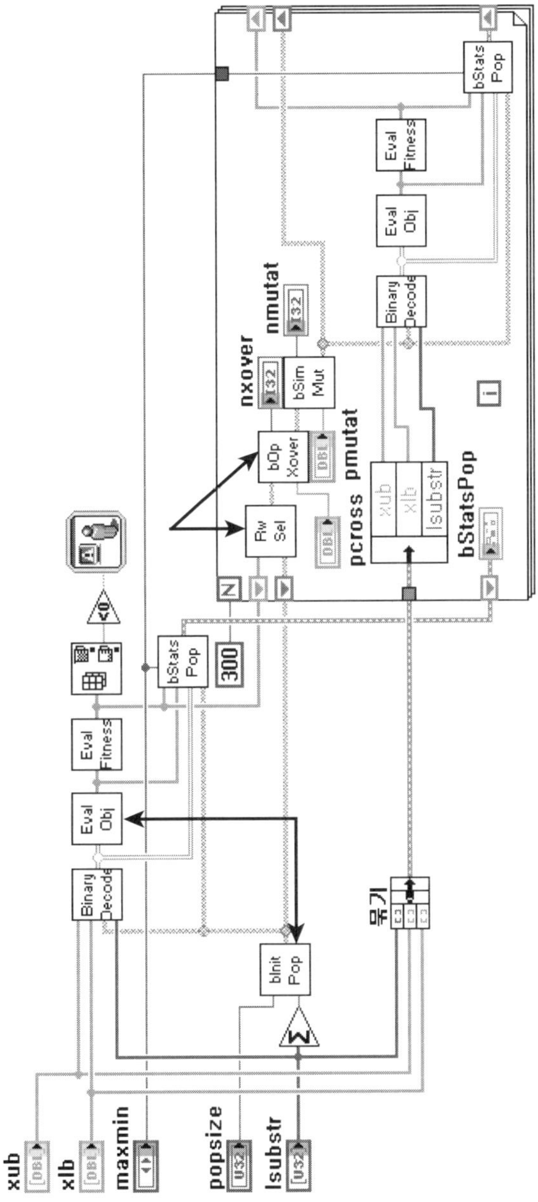


**[그림 7-3]** SubVI를 이용한 구조적인 VI의 예

한편 [그림 7-3]은 **2부 유전알고리즘**에서 예제를 통해서 함께 만들어 볼 VI이다. [그림 7-2]와 비교하면 VI가 매우 구조적으로 만들어져 있는 것을 알 수 있다. 그러한

이유는 그림에서 화살표로 표시한 SubVI를 활용하였기 때문이다. bOpXover SubVI는 단순히 아이콘으로 표시되어 있지만 내부적으로는 [그림 7-4]와 같이 **For 루프, 케이스 구조**와 각종 함수로 이루어진 또 하나의 VI이다. 그리고 bOpXover SubVI 안에 Pickup이라는 SubVI가 포함되어 있다는 것도 눈여겨볼 사항이다.

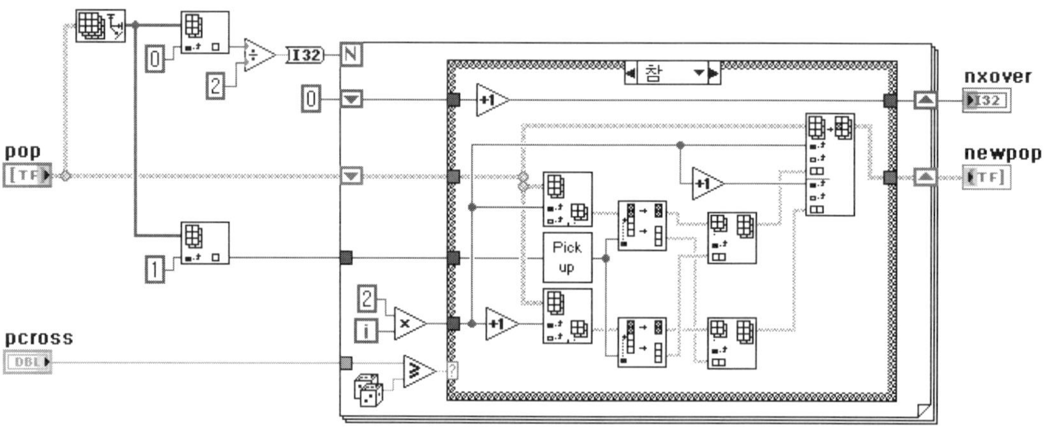


**[그림 7-4]** bOpXover SubVI의 블록다이어그램

이렇듯이 특정 기능을 수행하는 VI를 SubVI로 만들어 활용하면 전체 VI를 구조적이면서 간결하게 만들 수 있다. 덕분에 VI의 이해는 물론이고 수정도 쉽게 할 수 있다.

한편 [그림 7-3]에서 화살표로 표시한 SubVI(EvalObj, EvalFitness, bStatsPop)는 **For 루프** 내부에서 다시 한 번 사용되고 있다. 이와 같이 SubVI는 얼마든지 재사용이 가능하므로 VI를 만들 때 시간과 노력을 아낄 수 있는 장점이 있다.

SubVI를 생성하는 방법은 크게 수동으로 만드는 방법과 자동으로 만드는 방법이 있는데, 지금부터 자세히 알아보도록 하자.

## 7.1 수동으로 SubVI 생성하기

[그림 7-5]는 [예제 5.12]에서 만들었던 **범위내 확인과 강제변환** 함수와 동일한 기능을 하는 VI이다. 이것을 활용하여 수동으로 SubVI를 생성하는 방법을 알아보자.

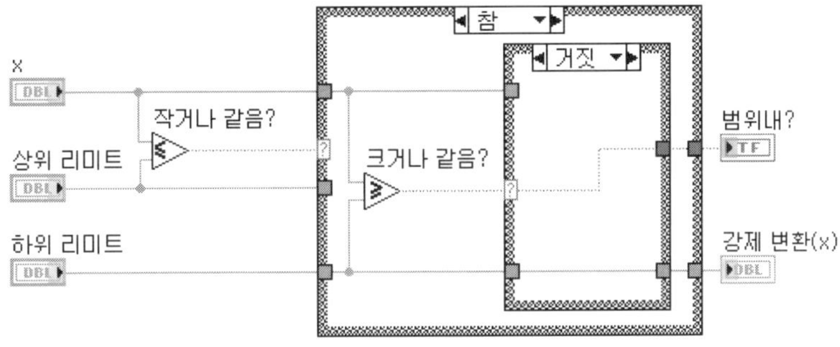


**[그림 7-5]** 예제 5.12.vi의 블록다이어그램

**1단계 :** 우선 **예제 5.12.vi**를 열어 프런트패널의 **파일** 메뉴에서 **다른 이름으로 저장**을 선택한 후 **범위내 확인과 강제변환.vi**로 저장한다.

**2단계 :** [그림 7-6]과 같이 프런트패널의 **아이콘**에서 마우스 오른쪽 클릭하여 **커넥터 보이기**를 선택한다.

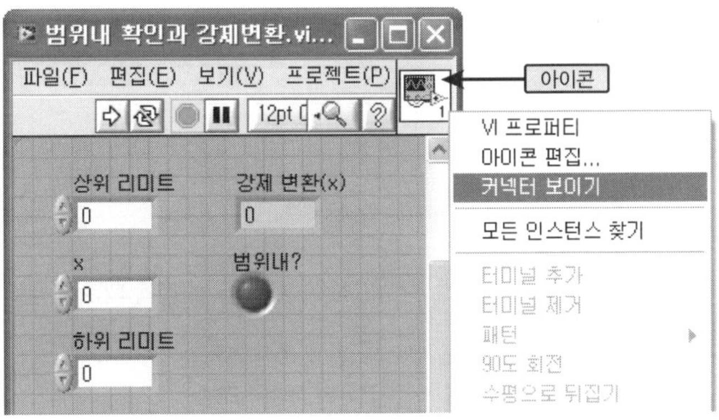


**[그림 7-6]** 아이콘 대신 커넥터 보이기

[그림 7-7]과 같이 **아이콘** 대신 사각형으로 표시한 **커넥터 팬**이 나타난다. **커넥터 팬**은 해당 VI의 **컨트롤**(상위 리미트, x, 하위 리미트)과 **인디케이터**(강제변환(x), 범위내?)에 대응하는 터미널의 세트이며, C 언어와 같은 텍스트 기반 프로그래밍 언어에서 함수 호출을 위한 파라미터 및 리턴 값에 해당한다.

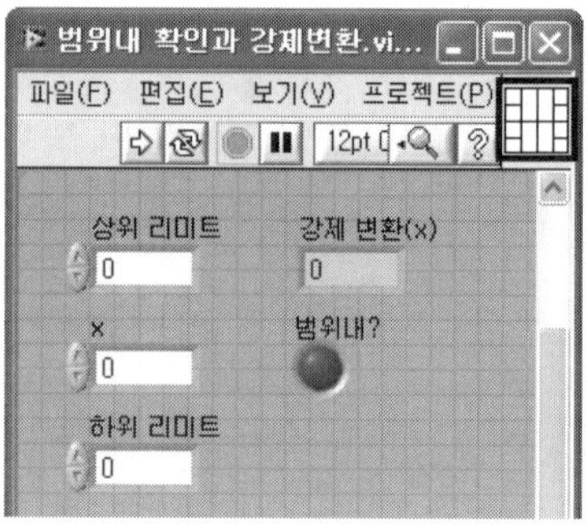


[그림 7-7] 커넥터 팬

**3단계 : 커넥터 팬**은 입력 터미널로 사용될 **컨트롤**의 개수와 출력 터미널로 사용될 **인디케이터**의 개수에 따라 다양한 **패턴**이 있다. 현 예제에서는 **컨트롤**이 3개, **인디케이터**가 2개이므로, **커넥터 팬**에서 마우스 오른쪽 클릭하여 [그림 7-8]과 같이 사각형으로 표시한 **패턴**을 선택한다.

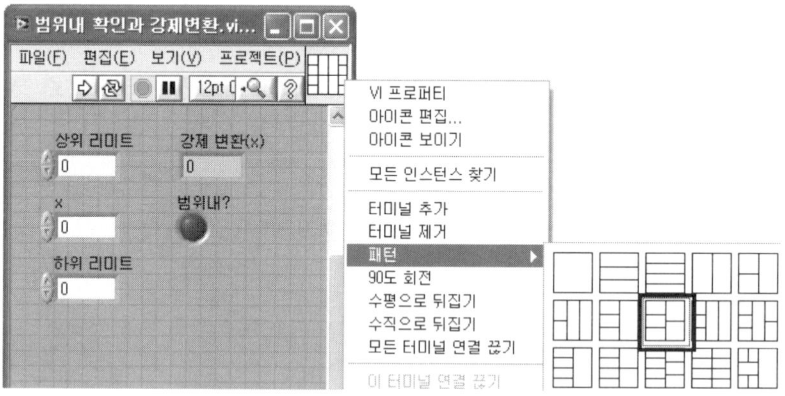


[그림 7-8] 커넥터 팬의 패턴 변경

그러면 [그림 7-9]와 같이 **커넥터 팬**의 **패턴**이 변경된다.

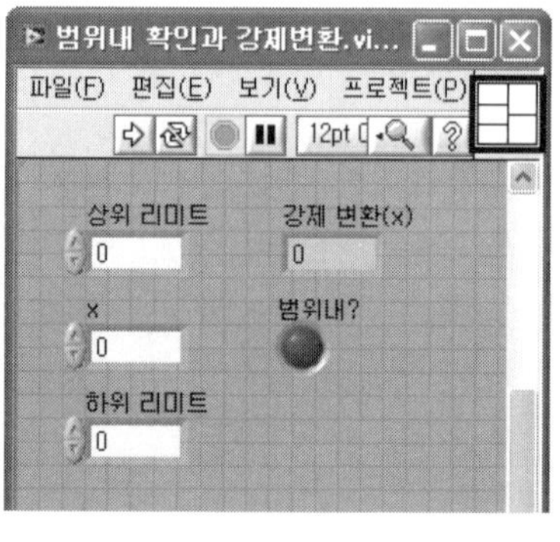


[그림 7-9] 변경된 패턴

**4단계 :** 각각의 터미널에 **컨트롤**과 **인디케이터**를 지정하기 위해서 [그림 7-10]의 **(a)**와 같이 **커넥터 팬**의 왼쪽 위의 터미널에 마우스 포인터를 가져간 후 마우스 왼쪽 클릭을 한다. 그다음 [그림 7-10]의 **(b)**와 같이 **상위 리미트 컨트롤**을 마우스 왼쪽 클릭한다.

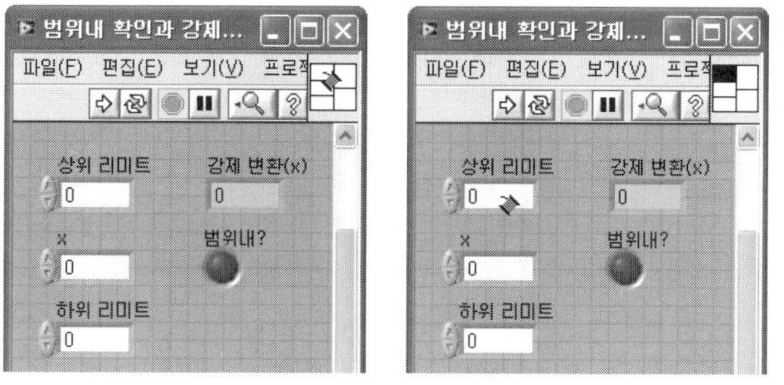

(a) (b)

**[그림 7-10]** 커넥터 팬의 터미널 지정

[그림 7-11]의 **(a)**와 같이 터미널의 색이 **상위 리미트 컨트롤**의 **데이터 타입**을 나타내는 주황색으로 변경된다.

**5단계 :4단계**와 동일한 방법으로 [그림 7-11]의 **(b)**와 같이 되도록 나머지 터미널도 지정한다.

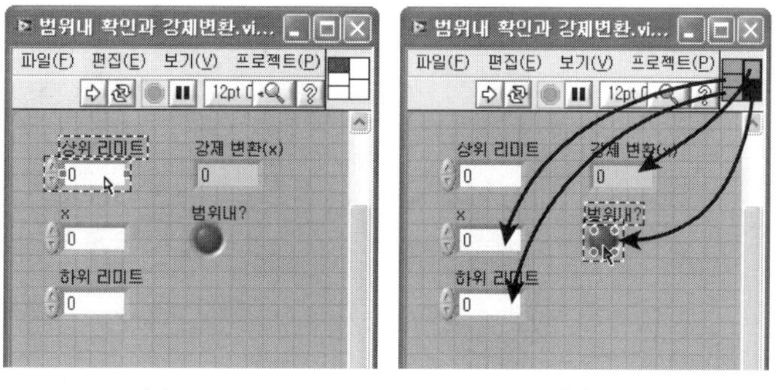

(a) (b)

**[그림 7-11]** 커넥터 팬의 터미널 지정

그런데 만약 터미널 지정을 잘못하여 연결을 끊고 싶을 때는 [그림 7-12]와 같이 연결을 해제하고 싶은 터미널 위에서 마우스 오른쪽 클릭하여 **이 터미널 연결 끊기**를 선택한다.

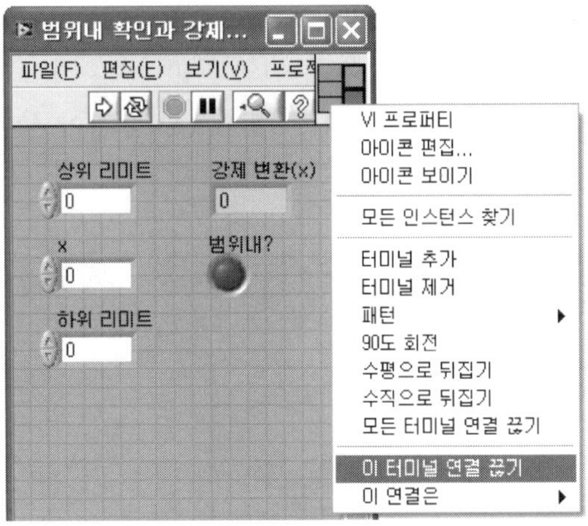

[그림 7-12] 터미널 연결 끊기

일단 **5단계**까지 터미널 지정이 완료되면 SubVI의 생성은 끝났다고 볼 수 있다. 즉 다른 VI에서 SubVI로 사용할 수 있다는 의미이다. 그런데 만약 [그림 7-3]에 있는 모든 SubVI의 **아이콘** 모양이 동일하다면 서로 구분이 되지 않을 것이다. 따라서 아이콘은 가급적이면 해당 SubVI의 기능을나타낼 수 있도록 수정해주는 것이 좋다.

**6단계 :** SubVI의 **아이콘** 모양을 변경하기 위해서 [그림 7-13]과 같이 **커넥터 팬**에서 마우스 오른쪽 클릭하여 **아이콘 편집...**을 선택한다.

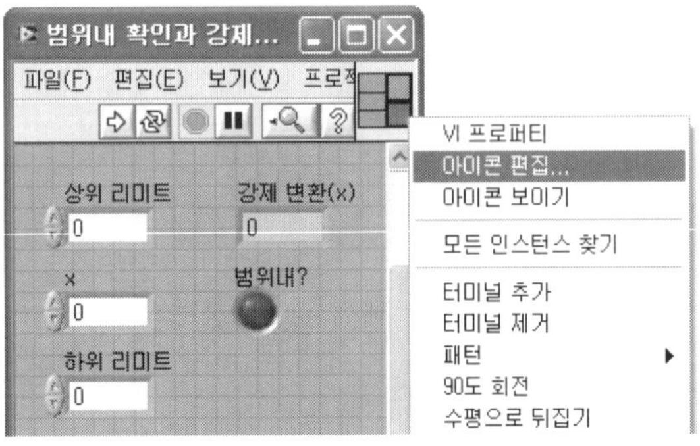

[그림 7-13] 아이콘 편집

그러면 [그림 7-14]와 같이 **아이콘 편집기** 창이 열린다. 또는 [그림 7-6]의 **아이콘**을 더블 클릭하여도 **아이콘 편집기** 창이 열린다.

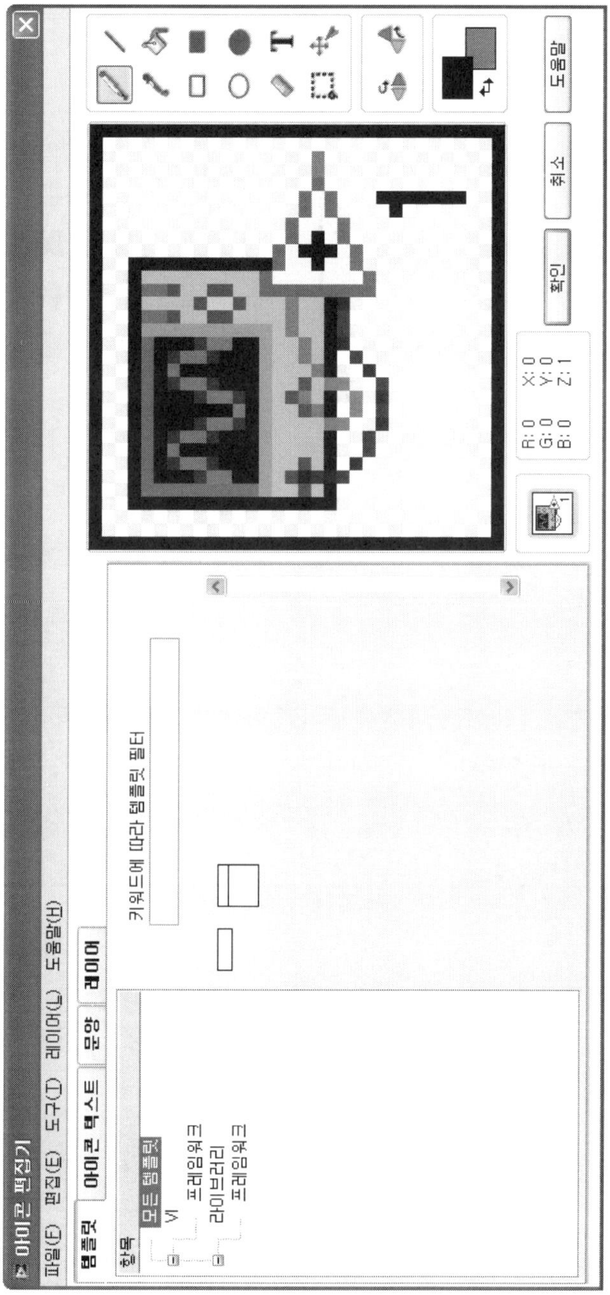


[그림 7-14] 아이콘 편집기 창

**7단계 : 아이콘 편집기**의 **아이콘 텍스트** 탭에서 **라인 1**부터 **라인 3**까지 [그림 7-15]와 같이 입력하고 **아이콘 편집기** 창의 **확인**을 선택하면 **아이콘**이 변경된다.

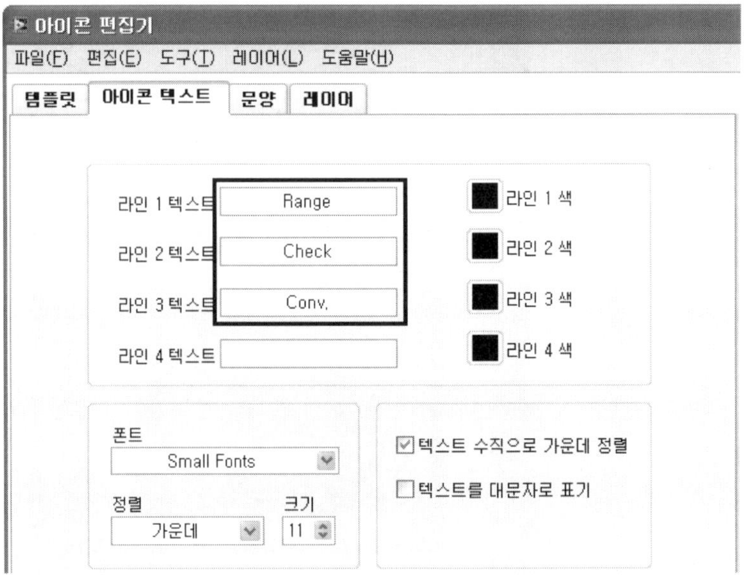

[그림 7-15] 아이콘 텍스트 탭

지금까지 과정을 통해서 **범위내 확인과 강제변환** SubVI가 완성되었다. 그렇다면 이것을 다른 VI에서 사용하는 방법을 알아보자.

**8단계 :** 우선 새 VI를 열고, [그림 7-16]과 같이 블록다이어그램의 **함수 팔레트**에서 **VI 선택...**을 클릭한다.

[그림 7-16] VI 선택

[그림 7-17]과 같이 **열 VI 선택** 창이 열린다. 여기서 방금 만든 **범위내 확인과 강제변환.vi**를 선택한다.

**[그림 7-17]** 열 VI 선택 창

[그림 7-18]과 같이 블록다이어그램에 **범위내 확인과 강제변환** SubVI가 생성된다.

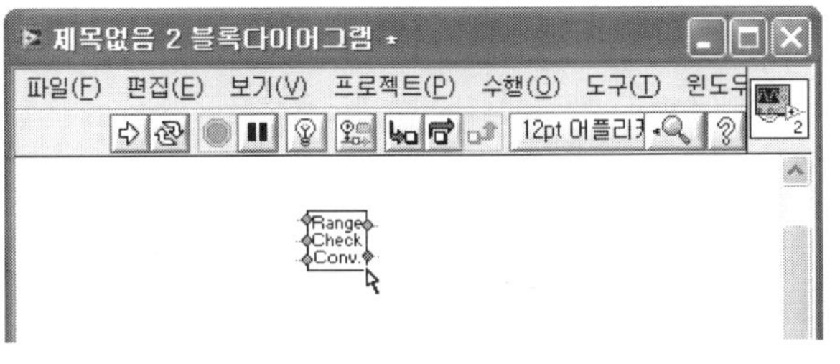


**[그림 7-18]** 범위내 확인과 강제변환 SubVI 생성

**9단계 :** [그림 7-18]의 SubVI의 각 터미널에서 마우스 오른쪽 클릭하여 **생성→ 컨트롤**과 **생성→ 인디케이터**를 선택하면 [그림 7-19]와 같이 VI가 만들어진다. 완성된 VI를 **범위내 확인과 강제변환.vi**로 저장하고 [그림 5-62]와 비교해보자. **범위내 확인과 강제변환** SubVI를 통해서 VI가 훨씬 간결해졌다는 것을 느낄 수 있을 것이다.

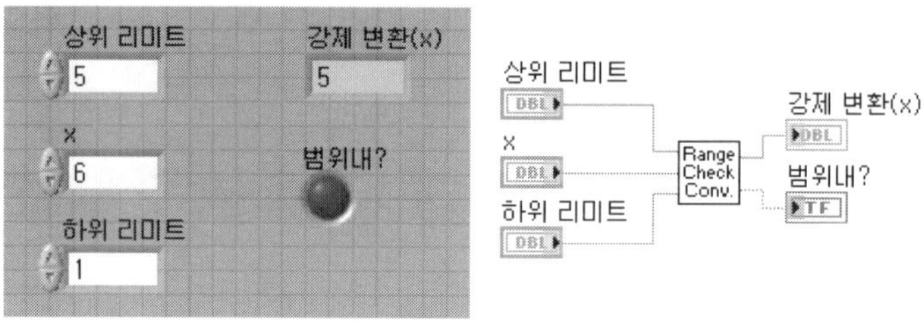


**[그림 7-19]** 범위내 확인과 강제변환 SubVI의 실행 결과

## 7.2 자동으로 SubVI 생성하기

SubVI를 수동으로 생성하는 경우는 애초부터 SubVI를 만들려는 의도를 가지고 만드는 것이 대부분이다. 그렇지만 SubVI를 자동으로 생성하는 경우는 VI를 만들던 도중 VI가 점차 복잡해져 간결하게 하고 싶거나, 특정 기능을 수행하는 부분을 재사용하고 싶을 때 주로 사용한다. 자동으로 SubVI 생성하기는 **수동으로 SubVI 생성하기**의 **2단계**부터 **5단계**까지를 자동으로 수행한다. 그러므로 아이콘만 변경하면 매우 간단히 SubVI를 생성할 수 있다.

**1단계 : 예제 5.13.vi**를 열어 프런트패널의 **파일** 메뉴에서 **다른 이름으로 저장**을 선택한 후 **주사위 게임.vi**로 저장한다.

[그림 7-20]에서 사각형으로 표시한 부분은 정수 n을 입력하면 1부터 n까지의 임의의 정수를 추출하는 기능을 수행한다. 실제로 [그림 7-4]에서 화살표로 표시한 **Pickup** SubVI가 바로 이러한 기능을 수행한다.

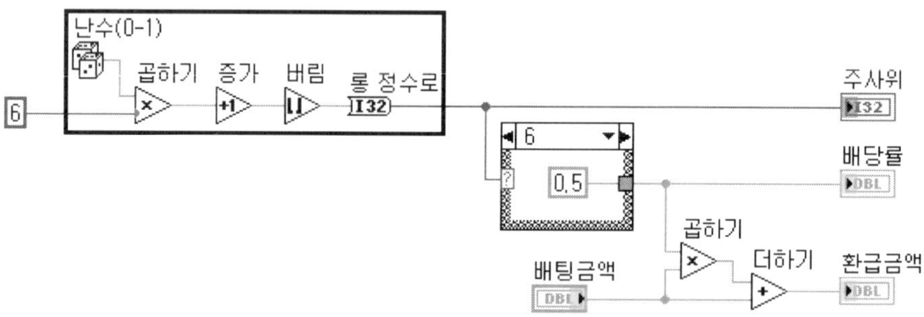


**[그림 7-20]** 예제 5.13.vi의 블록다이어그램

**2단계 :** 따라서 자동으로 SubVI를 생성하기 위해서는 가장 먼저 SubVI로 만들고자 하는 부분을 [그림 7-21]과 같이 클릭 앤 드래그하여 선택한다.

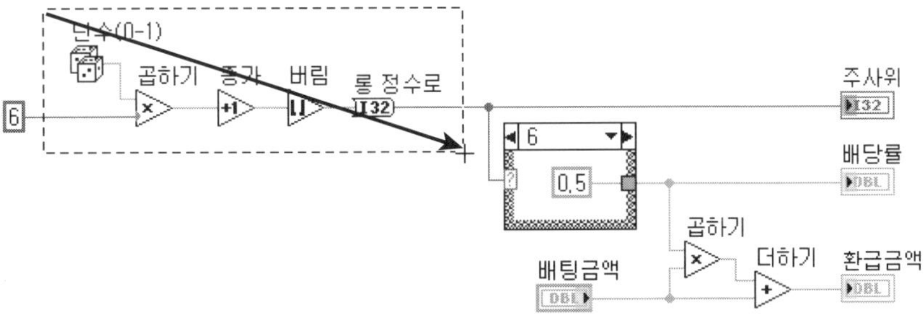


**[그림 7-21]** 범위 선택

**3단계 :** [그림 7-22]와 같이 **편집** 메뉴에서 **SubVI 생성**을 선택한다.

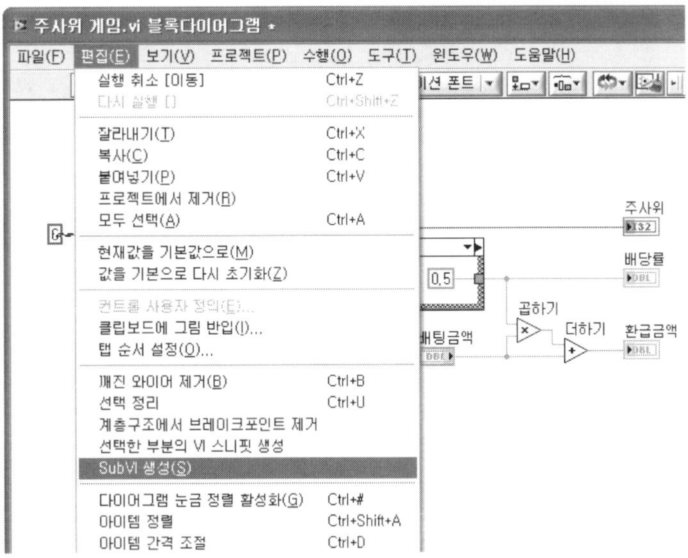


**[그림 7-22]** SubVI 생성 선택

[그림 7-23]과 같이 기본 **아이콘**을 가진 SubVI가 생성된다.

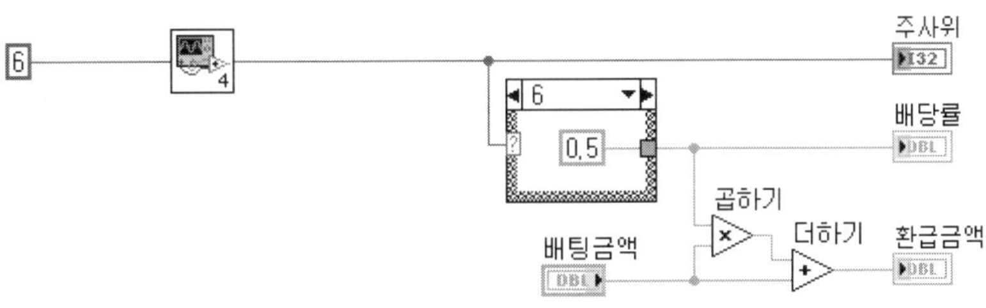


**[그림 7-23]** 자동으로 SubVI 생성

**4단계 :** [그림 7-23]에서 자동으로 생성된 SubVI를 더블 클릭하면 [그림 7-24]와 같은 VI가 열릴 것이다. 여기서 가급적이면 **컨트롤**과 **인디케이터**의 **라벨**을 적절히 변경해주는 것이 좋다. 따라서 [그림 7-25]와 같이 **컨트롤**의 **라벨**은 **n**으로, **인디케이터**의 **라벨**은 **0 이상 n 미만의 정수**로 변경한다.

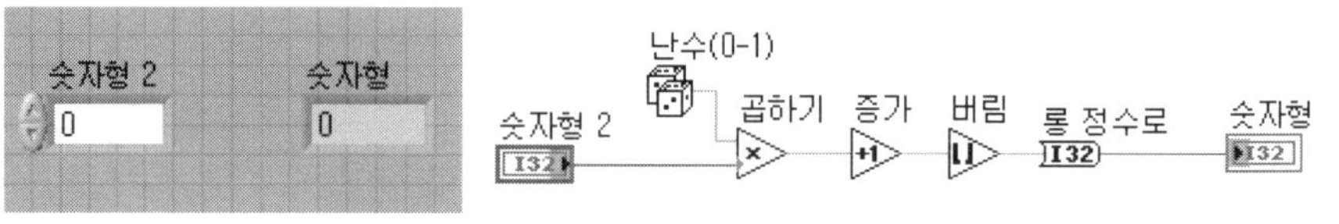


**[그림 7-24]** 자동으로 생성된 SubVI의 프런트패널과 블록다이어그램

**5단계 : 수동으로 SubVI 생성하기**의 **6~7단계**를 참고하여, [그림 7-25]에서 사각형으로 표시한 것과 같이 아이콘도 변경한다.

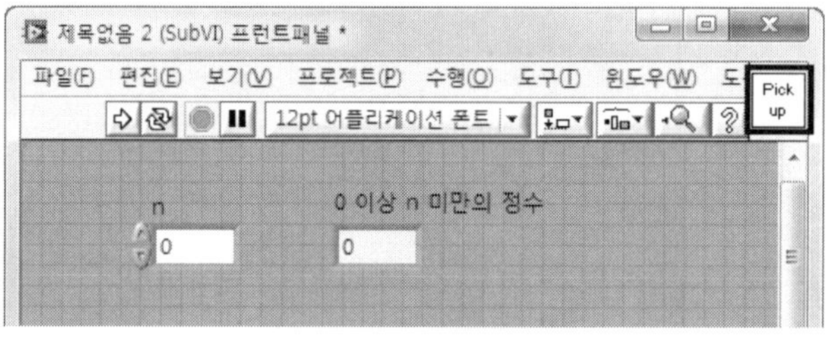


**[그림 7-25]** 아이콘 변경

**6단계 :** 마지막으로 [그림 7-26]과 같이 **파일** 메뉴에서 **저장**을 선택하여 **Pickup.vi**로 저장한다.

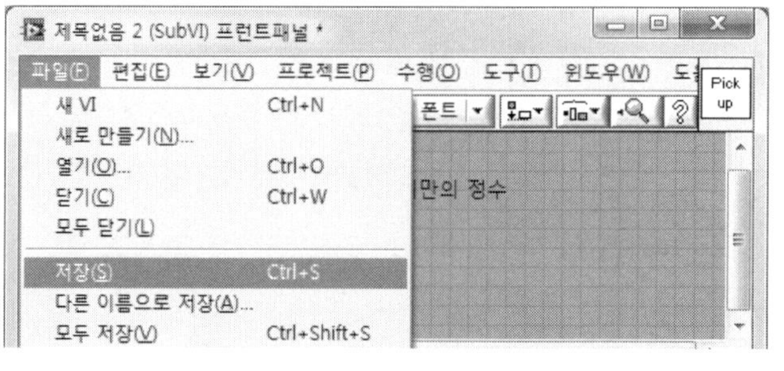


**[그림 7-26]** SubVI 저장

참고로 **4단계**에서 가급적이면 SubVI의 **컨트롤**과 **인디케이터**의 **라벨**을 적절히 변경

하라고 했는데, 그 이유는 마우스 포인터를 SubVI의 터미널에 가져가면 [그림 7-27]과 같이 **라벨**을 표시해주기 때문이다. 현 SubVI는 입력과 출력의 터미널이 각각 하나이기 때문에 혼동될 일이 없지만 터미널의 개수가 많을 경우에는 적절한 **라벨**을 붙여주어야 혼동을 막을 수 있다.

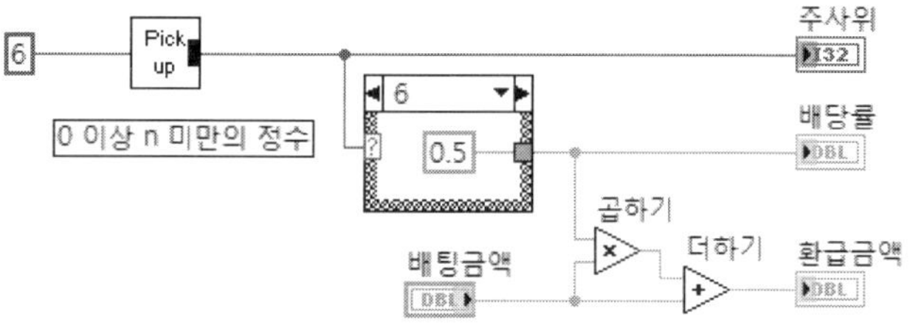


**[그림 7-27]** SubVI 커넥터의 라벨 표시

# PART 02 유전 알고리즘



본서는 크게 **제1부 LabVIEW 기초**와 **제2부 이용한 유전 알고리즘**으로 나눠진다. 1부에서는 LabVIEW의 기본적인 사용방법을 설명하였으며, 2부에서는 1부에서 배운 LabVIEW 기본 지식을 토대로 LabVIEW로 유전 알고리즘을 구현하는 방법을 설명할 것이다. 2부에서 중요한 핵심 내용들은 1부의 해당 chapter를 표기하고 있으므로, 2부를 공부하다 잘 모르는 부분이 있다면 표기된 1부의 chapter를 참고하면 된다.

***단순 유전 알고리즘(Simple Genetic Algorithm: SGA)***은 Holland에 의해 개발된 초기의 유전 알고리즘임에도 불구하고 해를 찾는 능력이 강인하여 아직도 많은 최적화 문제에 응용되고 있다. 또한 다른 유전 알고리즘의 원리를 이해하는 데 기본이 되므로 확실한 이해가 필요하다.

한편, 현재까지 문헌에 보고된 대부분의 유전알고리즘들은 자연 진화 과정을 충실히 반영하기 위해 두 개의 공간, 즉 ***부호공간(Coding Space)***과 ***해공간(Solution Space)***상에서 동작되도록 고안되어 왔다. ***유전 연산자(선택, 교배, 돌연변이 등)***들은 ***이진 스트링(유전자형)***을 기반으로 부호공간 상에서 동작되고, 개체의 능력을 평가하는 ***적합도*** 계산은 ***파라미터(표현형)***를 기반으로 해공간에서 이루어진다.

따라서 해공간상의 파라미터는 연산에 적합한 부호공간상의 자연 파라미터(Natural Parameter)로 변환되고 유지된다. 변환된 결과를 ***스트링(String)*** 또는 ***염색체(Chromosome)***라 부른다. 이렇게 함으로써 스트링 내의 비트들은 자연계의 유전자로서의 역할을 수행하게 된다. 스트링으로부터 적합도를 계산하는 작업은 해공간에서 이루어지기 때문에 스트링은 파라미터로 변환된다. [그림 Part 2-1]은 해공간과 부호공간 사이의 관계를 나타낸다.

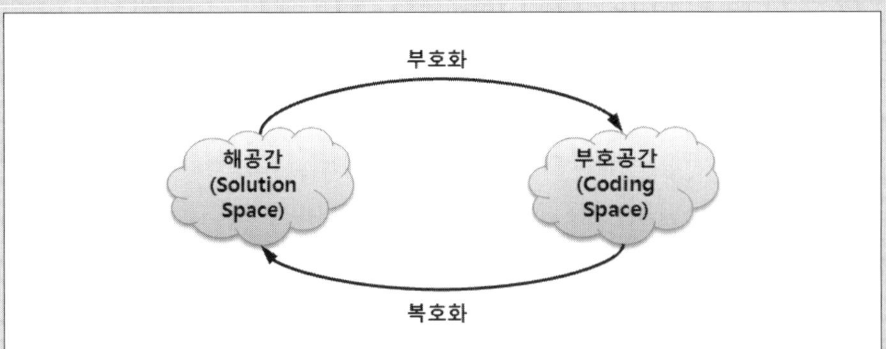


**[그림 Part 2-1]** 해공간과 부호공간

CHAPTER 08

# 해 파라미터의 표현



해공간상의 파라미터를 연산에 적합한 부호공간상의 자연 파라미터로 변환하는 몇 가지 방법이 있다. 가장 보편적인 방법은 이진 부호화 또는 이진 코딩(Binary Encoding)인데, 단순 유전 알고리즘(SGA)에서도 이를 채용하고 있다.

## 8.1 용어 정의

### 8.1.1 스트링(String)

자연계의 염색체(Chromosome)에 대응되는 인위계의 스트링(String)은 유전자 $v_i$의 열로 표시된다.

$$s = v_1 v_2 \cdots v_i \cdots v_l \tag{8.1}$$

여기서 $v_i$는 $i$번째의 유전자이며, $l$은 스트링 길이이다. 특히 $v_i$가 '0' 또는 '1'의 값을 가지게 될 때 이를 ***이진 스트링(Binary String)***이라 한다. 이후로 이진 스트링을 간단히 ***스트링(String)***으로 부르기로 한다.

### 8.1.2 복호화 및 부호화 함수

복호화 함수($\theta$)는 스트링 $s$를 변수(파라미터) $x$로 사상하고, 부호화 함수($\theta^{-1}$)는 그 반대 동작을 한다.

$$x = \theta(s) \tag{8.2}$$

$$s = \theta^{-1}(x) \tag{8.3}$$

여기서 $\theta$와 $\theta^{-1}$는 결정적인 함수(Deterministic function)이다. 자연계에서 $\theta$는 비선형이고, 확률적이며 후생적 환경(epigenetic environment)에 크게 의존하는 함수이지만 유전 알고리즘에서는 이러한 환경에 덜 의존적인 함수이다.

예컨대 $x = 11$을 4비트 이진 스트링으로 표현한다면 $s = \theta^{-1}(x) = 1011$이 되고, 5비트 길이의 스트링 $s = 10101$을 복호화하면 $x = \theta(s) = 21$이 된다. [그림 8-1]은 이를 보여주고 있다.

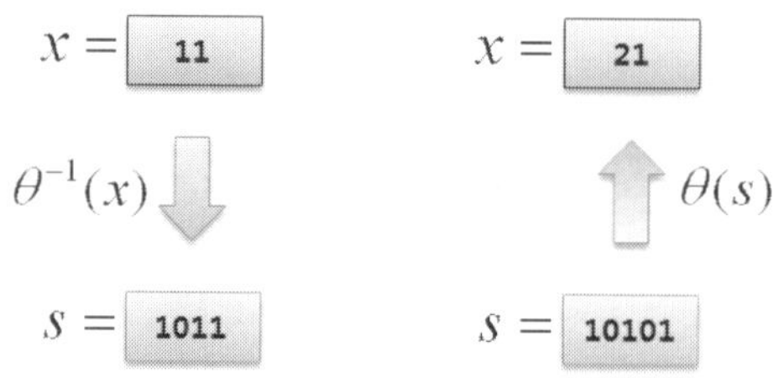


**[그림 8-1]** 단변수의 이진 부호화 및 복호화

**예제 8.1**

$x = 11$을 $s = 1011$로 부호화하는 VI를 만들어라.

**예제 풀이**

**1단계 :** [그림 8-2]와 같이 변수 $x$의 값을 입력하기 위한 **숫자형 컨트롤**을 프런트패널에 생성하고 **라벨**을 $x$로 변경한다. 또한 $x$는 정수값만을 입력할 것이므로 데이터 타입을 **롱 정수형(I32)**으로 바꿔준다.

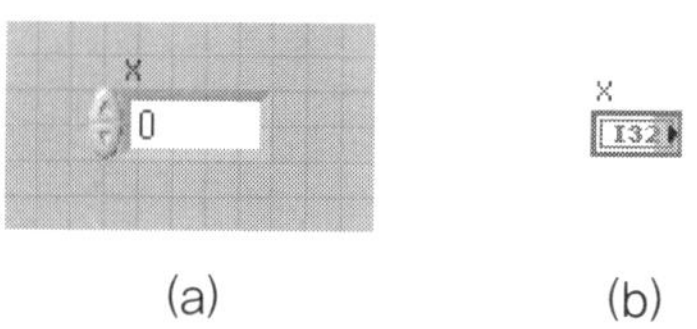


**[그림 8-2]** 숫자형 컨트롤 생성

**2단계 :** 변수 $x$를 이진수로 변환하는 작업이 필요하므로 블록다이어그램에 **숫자를 불리언 배열로** 함수를 추가한다. 그리고 불리언 배열을 원하는 비트 수만큼 잘라주기 위해서 **1D 배열 분리** 함수도 추가한 후 [그림 8-3]과 같이 와이어로 연결한다.

※ **숫자를 불리언 배열로** 함수는 1부의 3.2.2절 참고
※ **1D 배열 분리** 함수는 1부의 4.2.7절 참고

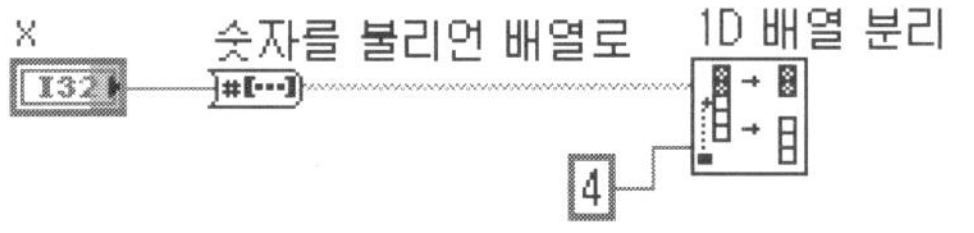


**[그림 8-3]** 함수 추가

**3단계 :** **1D 배열 분리** 함수의 **첫번째 부분배열** 터미널에서 마우스 오른쪽 클릭하여 **생성→ 인디케이터**를 선택한다. 생성된 **첫번째 부분배열 인디케이터**의 **라벨**을 [그림 8-4]와 같이 **s**로 수정한다.

**[그림 8-4]** 완성된 VI

**4단계 :** 프런트패널에 생성된 **불리언 배열 s**를 [그림 8-5]와 같이 늘려주면 VI가 완성된다. 완성된 VI를 **예제 8.1.vi**로 저장한 후 **x**에 11을 입력하여 VI를 실행시켜보자. 1부에서 설명하였듯이 LabVIEW에서 **배열**은 왼쪽부터 시작되므로 [그림 8-5]의 **불리언 배열 s**는 1011을 정확히 출력한 것이다.

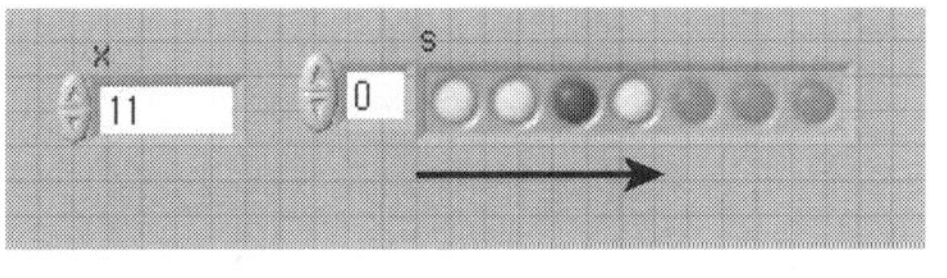


**[그림 8-5]** 예제 8.1.vi의 실행 결과

## 예제 8.2

$s = 1011$을 $x = 23$으로 복호화하는 VI를 만들어라.

**예제 풀이**

**1단계 :** 이진 스트링을 표현하기 위한 **불리언 배열**을 만들기 위해서 **컨트롤 팔레트**의 **일반→ 배열, 행렬, 클러스터**에서 **배열**을 선택하여 프런트패널에 생성한 후 **배열셀**의 **라벨**을 s로 변경한다.
※ **배열** 만들기는 1부의 4.1절 참고

**2단계 : 컨트롤 팔레트**의 **일반→불리언**에서 **원형 LED**를 **배열셀**에 넣은 후 [그림 8-6]의 프런트패널과 같이 **배열 s**를 적당히 늘려준다. 그런데 이렇게 만들어진 **배열 s**는 **컨트롤**이 아닌 **인디케이터**이다. 그것은 **배열셀**에 넣은 **원형 LED**의 기본 설정이 **인디케이터**이기 때문이다. 따라서 [그림 8-6]의 블록다이어그램처럼 **배열 s**를 **컨트롤**로 변경한다.

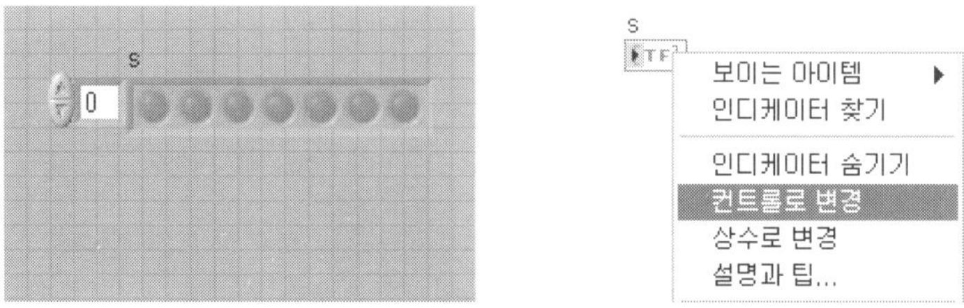


**[그림 8-6]** 1차원 불리언 배열 생성 및 컨트롤로 변경

**3단계 :** 이진 스트링을 표현하는 **불리언 배열 s**를 숫자로 변환하기 위해서 [그림 8-7]과 같이 블록다이어그램에 **불리언 배열을 숫자로** 함수를 추가한 후 와이어로 연결한다. 그리고 **불리언 배열을 숫자로** 함수의 **숫자** 터미널에서 마우스 오른쪽 클릭하여 **생성→인디케이터**를 선택한다.

**4단계 :** 생성된 **숫자** 인디케이터의 **라벨**을 **x**로 변경하면 [그림 8-7]과 같이 VI가 완성된다. 완성된 VI를 **예제 8.2.vi**로 저장한 후 VI를 실행시키면 정상적으로 복호화되는 것을 알 수 있다.

※ **불리언 배열을 숫자로** 함수는 1부의 3.2.2절 참고

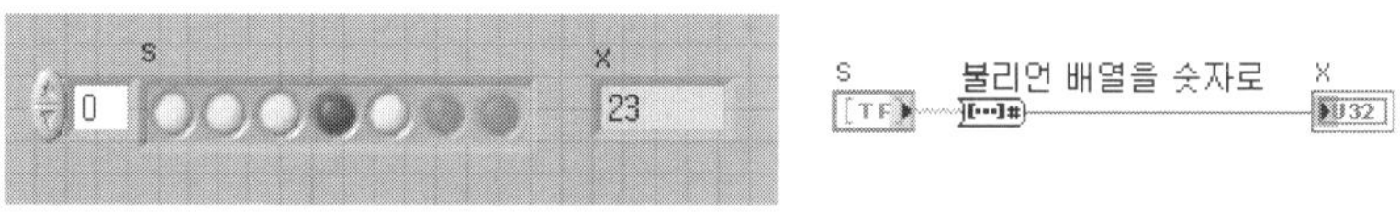


**[그림 8-7]** 예제 8.2.vi의 실행 결과

### 8.1.3 스트링 벡터

다차원 벡터 $\vec{x}$의 스트링 벡터 $\vec{s}$는 요소들의 스트링 결합으로 정의된다.

$$\vec{s} = (s_1 s_2 \cdots s_j \cdots s_n) \tag{8.5}$$

여기서 $s_j\,(1 \le j \le n)$는 $j$번째 요소의 스트링이고, $n$은 $\vec{x}$의 차원이다.

식 (8.5)에서 스트링 벡터의 전체 길이는 각 서브 스트링의 길이의 합이 된다. 스트링 벡터는 간단히 스트링 또는 염색체라 부르며, 단변수의 스트링과 구별하기 위하여

스트링 좌우에 괄호 '( ',' )'를 두기로 한다.

예컨대 3차원 벡터 $\vec{x} = [11\ 5\ 3]^T$을 부호화해보자. 각 변수 $x_1, x_2, x_3$에 4비트를 할당하면 $s_1 = 1011, s_2 = 0101, s_3 = 0011$을 얻게 되고 이들을 결합하면 총 12비트 길이의 염색체 $\vec{s} = (101101010011)$을 얻게 된다. 반대로 $\vec{s}$로부터 $\vec{x}$를 얻을 때는 각 변수와 대응되는 스트링을 복호화하면 된다. [그림 8-8]은 이를 나타낸다.

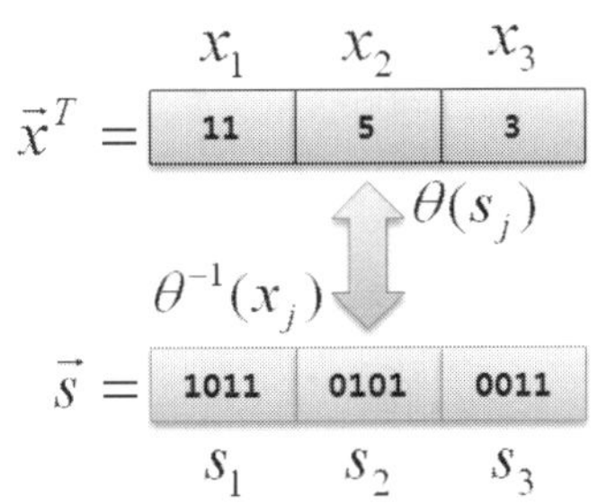


**[그림 8-8]** 정수 벡터의 이진 부호화 및 복호화

## 예제 8.3

[예제 8.1]에서 만든 부호화 함수($\theta^{-1}$) VI를 수정하여 3차원 벡터 $\vec{x} = [11\ 5\ 3]^T$을 스트링 벡터 $\vec{s}$로 부호화하는 VI를 만들어라. 단, 서브 스트링의 길이는 모두 4비트로 한다.

### 예제 풀이

**1단계 :** [그림 8-9]와 같이 **예제 8.1.vi**를 열어 프런트패널의 **파일** 메뉴에서 **다른 이름으로 저장**을 선택한 후 **예제 8.3.vi**로 저장한다.

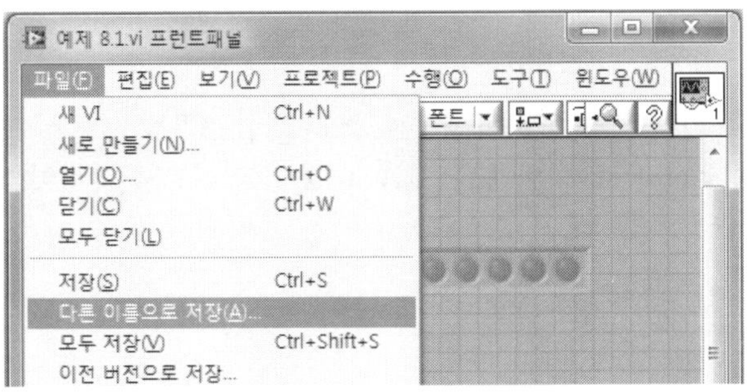


**[그림 8-9]** 다른 이름으로 저장

**2단계 :** 블록다이어그램에 위치한 모든 개체들을 마우스로 드래그하여 선택한 후 Ctrl 키를 누른 상태에서 선택된 개체를 마우스 왼쪽 클릭하여 이동시키면 선택된 개체들이 복제된다.

**3단계 :** 프런트패널의 **숫자형 컨트롤**과 **불리언 배열**의 위치를 가지런하게 정렬한 후 [그림 8-10]과 같이 **라벨**도 변경한다. 또한 블록다이어그램의 개체도 보기 좋게 정렬한다. 참고로 블록다이어그램에서 Ctrl + U 키를 누르면 블록다이어그램의 개체들이 자동으로 정렬된다.

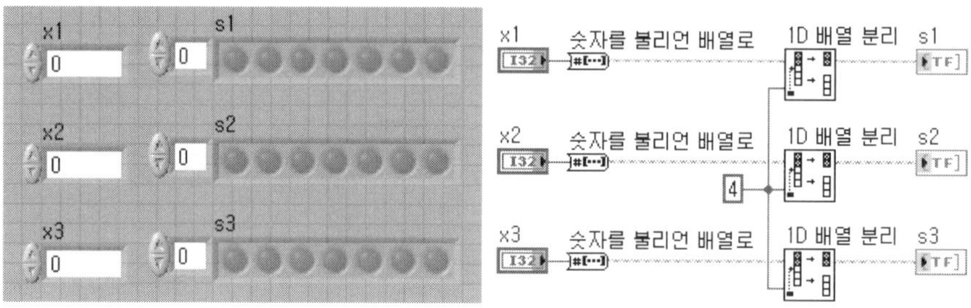


**[그림 8-10]** 개체 복사 및 정렬

**4단계 :** 서브 스트링 *s1*, *s2*, *s3*이 결합된 스트링 벡터를 표시하기 위해서 [그림 8-11]과 같이 블록다이어그램의 **불리언 배열 s3**을 이용하여 복제한 후 **라벨**을 **s**로 변경한다.

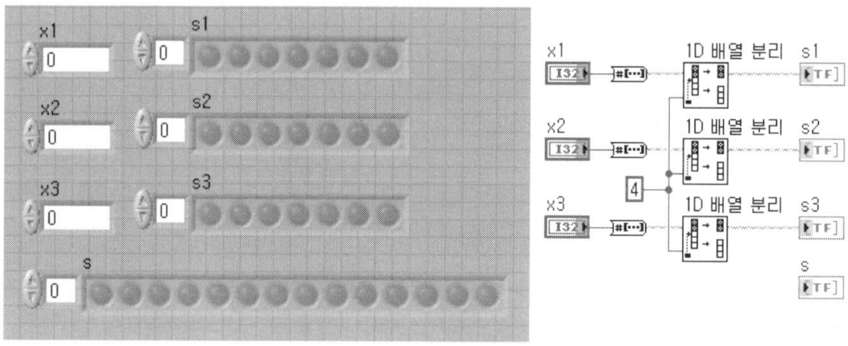


**[그림 8-11]** 스트링 벡터 $\vec{s}$를 표시하기 위한 인디케이터 s 생성

**5단계 :** 서브 스트링 *s1*, *s2*, *s3*을 결합하여 스트링 벡터를 만들기 위해서는 **불리언 배열 s1**에 **s2**와 **s3**을 차례대로 결합해야 한다. 이를 위해서 [그림 8-12]와 같이 블록다이어그램에 **배열에 삽입** 함수를 추가한 후 와이어로 연결한다.

※ **배열에 삽입** 함수는 1부의 4.2.4절 참고

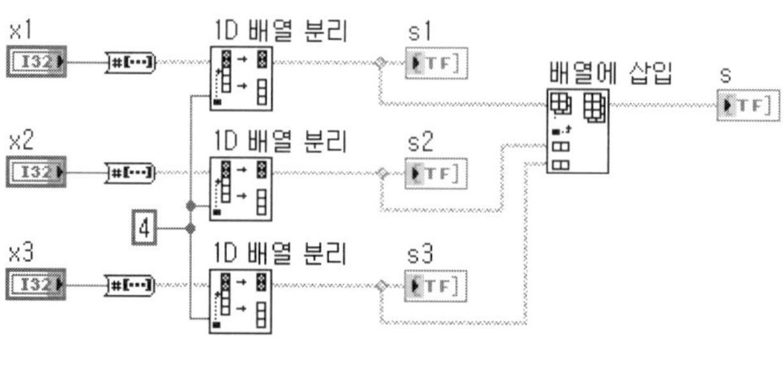


**[그림 8-12]** 완성된 VI

[그림 8-13]과 같이 **숫자형 컨트롤 x1, x2, x3**에 각각 11, 5, 3을 입력하여 VI를 실행시켜보자.

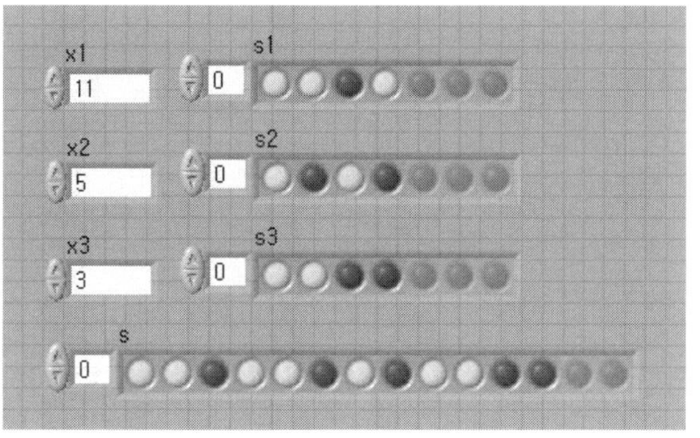


**[그림 8-13]** 예제 8.3.vi의 실행 결과

## 8.2 실수해 파라미터의 표현

지금까지 보인 예는 모든 요소가 0 또는 양의 정수값을 가지는 경우에 해당된다. 그러나 대부분의 최적화 문제에서 정의영역 또는 탐색 공간(search space)은 실수 집합에서 정의되기 때문에 실수를 부호화하기 위해서는 부가적인 절차가 필요하다. 이를 위해서 구간 $x_j^{(L)} \le x_j \le x_j^{(U)} (1 \le j \le n)$에서 정의되는 실수 벡터 $\vec{x} = [\, x_1 x_2 \cdots x_j \cdots x_n]^T$를 생각해보자. 그러면 벡터의 부호화와 염색체의 복호화는 각각 두 단계를 거쳐 완성된다.

### 8.2.1 부호화

**1단계 :** 변수 $x_j$를 선형적으로 $[0, 2^{\ell_j} - 1]$ 사이의 정수 $u_j$로 사상한다. 다음 식은 이들 간의 관계를 말해준다.

$$u_j = \frac{2^{\ell_j} - 1}{(x_j^{(U)} - x_j^{(L)})}(x_j - x_j^{(L)}) = \Theta_j^{-1}(x_j)(1 \le j \le n) \tag{8.6}$$

단 $\ell_j$는 각 변수에 할당된 비트 수이고, $\Theta_j^{-1} : R \to [0, 2^{\ell_j} - 1]$은 스칼라 함수이다.

**2단계 :** 차례대로 $u_j$를 이진 스트링으로 변환한 다음 결합한다. 결과적으로 $\vec{s} = (s_1 s_2 \cdots s_j \cdots s_n)$을 얻는다.

### 8.2.2 복호화

**1단계 :** 각 변수에 대응되는 스트링 $s_j$를 취하고 10진수 $u_j$로 변환한다.

**2단계 :** 다음 수식을 통해 $u_j$를 구간 $[x_j^{(L)}, x_j^{(U)}]$ 사이의 실수 $x_j$로 변환한다.

$$x_j = x_j^{(L)} + \frac{x_j^{(U)} - x_j^{(L)}}{2^{\ell_j} - 1} u_j = \Theta_j(u_j)\ (1 \leq j \leq n) \tag{8.7}$$

단, $\Theta_j : [0, 2^{\ell_j} - 1] \rightarrow R$는 스칼라 함수이다.

예컨대 $\vec{x} = [-1.6\ \ 0.5\ \ 1.5]^T$를 부호화하고 다시 복호화하는 문제를 살펴보자. 각 변수는 구간 $[-1.6, 1.5]$에서 제한되고, 5비트 스트링으로 표시된다. 먼저 $x_1 = -1.6$, $x_2 = 0.5$, $x_3 = 1.5$를 식 (8.6)을 이용하여 부호 없는 정수로 변환하면

$$u_1 = \frac{2^5 - 1}{1.5 - (-1.6)}(-1.6 - (-1.6)) = 0$$

$$u_2 = \frac{2^5 - 1}{1.5 - (-1.6)}(0.5 - (-1.6)) = 21$$

$$u_3 = \frac{2^5 - 1}{1.5 - (-1.6)}(1.5 - (-1.6)) = 31$$

이 되고, 이들을 스트링으로 변환하면 $s_1 = 00000$, $s_2 = 10101$, $s_3 = 11111$이 된다. 결과적으로 $\vec{s} = (000001010111111)$을 얻는다. 반대로 $\vec{s}$를 복호화하면 최종적으로 $\vec{x} = [-1.6\ \ 0.5\ \ 1.5]^T$를 얻게 되는데, 이것은 순차적으로 5비트를 취한 $s_1 = 00000$, $s_2 = 10101$, $s_3 = 11111$로부터 $u_1 = 0$, $u_2 = 21$, $u_3 = 31$을 얻고 식 (8.7)에 적용한다. [그림 8-14]는 이를 도식적으로 보여주고 있다.

$$x_1 = -1.6 + \frac{1.5 - (-1.6)}{2^5 - 1} \times 0 = -1.6$$

$$x_2 = -1.6 + \frac{1.5 - (-1.6)}{2^5 - 1} \times 21 = 0.5$$

$$x_3 = -1.6 + \frac{1.5 - (-1.6)}{2^5 - 1} \times 31 = 1.5$$

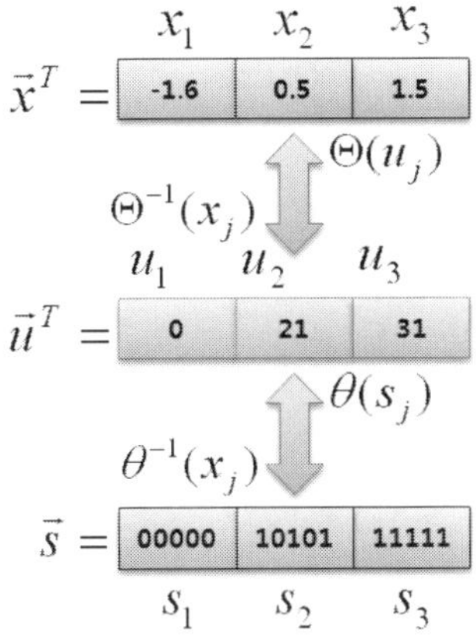


**[그림 8-14]** 실수 벡터의 이진 부호화 및 복호화

**예제 8.4**

실벡터 $\vec{x} = [-1.6 \;\; 0.5 \;\; 1.5]^T$를 스트링 벡터 $\vec{s}$로 부호화하는 VI를 만들어라. 단 각 변수는 구간 $[-1.6, 1.5]$에서 제한되고, 5비트 스트링으로 표시한다.

**예제 풀이**

**1단계 :** 실벡터 $\vec{x}$를 표현하기 위해서 [그림 8-15]의 **(a)**와 같이 배열을 만들고, 라벨을 x로 변경한다. 그리고 [그림 8-15]의 **(b)**와 같이 블록다이어그램에 **For 루프**를 추가하고 와이어로 연결한다.

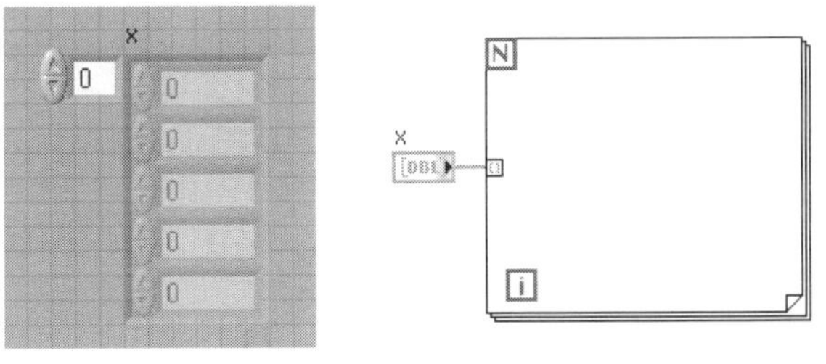


(a) (b)

**[그림 8-15]** 1차원 배열 생성 및 For 루프 추가

**2단계 :** 변수 $x_j$의 상한과 하한, 그리고 스트링의 길이를 정의하기 위해서 [그림 8-16]과 같이 **숫자형 컨트롤**을 프런트패널에 생성하고 **라벨**을 변경한다. 또한 스트링 길이는 정수형 값만을 가지므로, **숫자형 컨트롤 length**의 **데이터 타입**을 **롱(Long) 정수형**으로 변경한다.

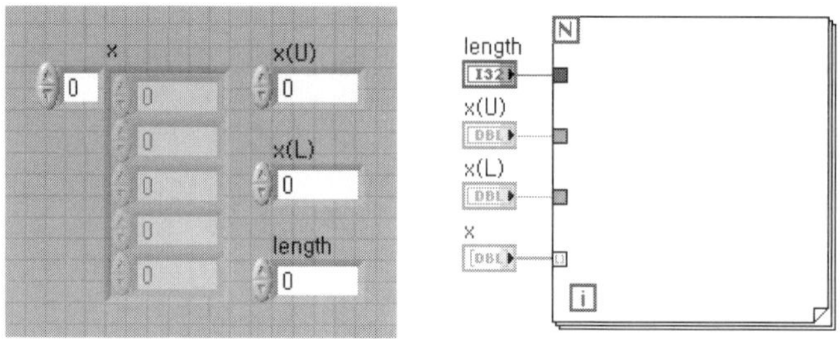


(a) (b)

**[그림 8-16]** 변수의 상한, 하한 및 스트링 길이 입력을 위한 컨트롤 생성

**3단계 :** 변수 $x_j$를 선형적으로 $[0, 2^{\ell_j} - 1]$ 사이의 정수 $u_j$로 사상하기 위해서 [그림 8-17]과 같이 **For 루프**에 **2의 거듭제곱**, **감소**, **빼기**, **나누기**, **곱하기** 함수 등을 이용하여 식 (8.6)을 구현한다. 그리고 **오토인덱스 터널**에서 마우스 오른쪽 클릭하여 **생성 → 인디케이터**를 선택하면 배열이 생성되는데, 이 배열의 **라벨**을 **u**로 변경한다.

※ **2의 거듭제곱** 함수는 1부의 3.3.1절 참고

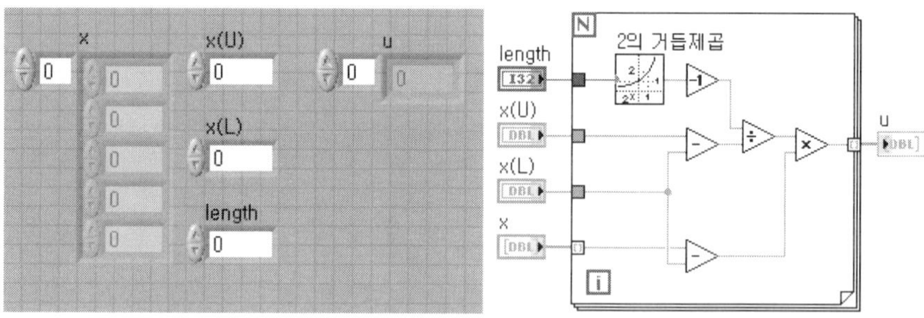


**[그림 8-17]** 식 (8.6) 구현

그리고 프런트패널에서 생성된 **배열 u**를 적당히 늘린 후 [그림 8-18]과 같이 예제의 값을 입력하여 실행시켜보자.

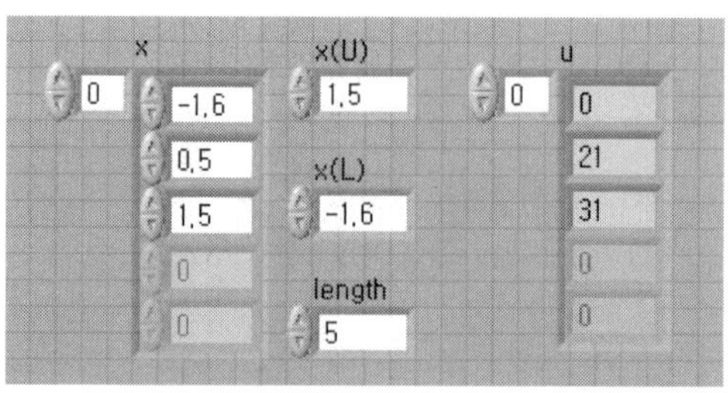


**[그림 8-18]** 식 (8.6) 실행 결과

다음 절차는 정수로 사상된 $u$를 이진 스트링으로 변환한 다음 결합하여 스트링 벡터 s를 만드는 것이다(※ 잘 기억이 나지 않으면 [예제 8.3]을 참고한다). 그러나 [예제 8.3]에서 만들었던 부호화 프로그램은 개념을 이해하기 위한 것으로 다소 비효율적인 프로그램이다. 즉 변수의 개수가 3개가 아닌 5개 또는 그 이상일 경우에는 어떻게 할 것인지 생각해보면 쉽게 알 수 있다. 본 예제에서는 **For 루프**를 이용하여 이를 개선할 것이다.

**4단계 :** 블록다이어그램에 **For 루프**를 추가하고, 스트링 $\vec{s}$를 저장하기 위한 1차원 빈 배열을 만들기 위해서 [그림 8-19]에서 화살표로 표시한 것과 같이 **배열 상수**를 추가한다.

※ **배열 상수**는 **함수 팔레트**의 **프로그래밍 → 배열**에 있다.

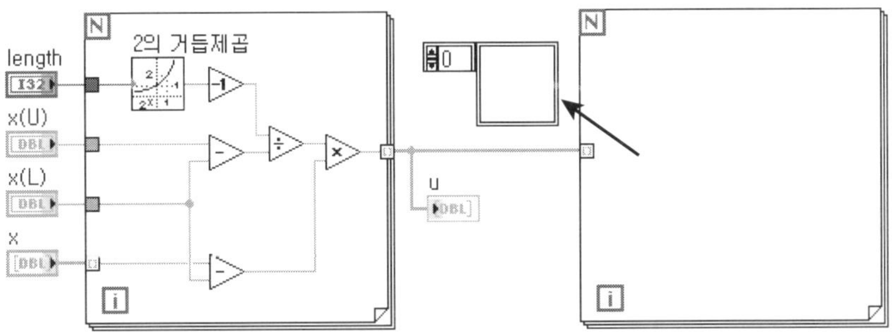


**[그림 8-19]** For 루프 추가

**5단계 :** 스트링 $\vec{s}$의 원소는 참 또는 거짓의 불리언 값을 갖는 배열이므로, [그림 8-19]의 **배열 상수**에 **참 상수**(또는 **거짓 상수**)를 넣고, [그림 8-20]과 같이 **For 루프**의 경계에 와이어로 연결한다.

※ **참 상수**(또는 **거짓 상수**)는 **함수 팔레트**의 **프로그래밍 → 불리언**에 있다.

**6단계 :** [그림 8-20]에서 화살표로 표시한 **오토인덱스 터널**에서 마우스 오른쪽 클릭하여 **시프트 레지스터로 대체**를 선택한다.

※ **시프트 레지스터**는 1부의 5.1.3절 참고

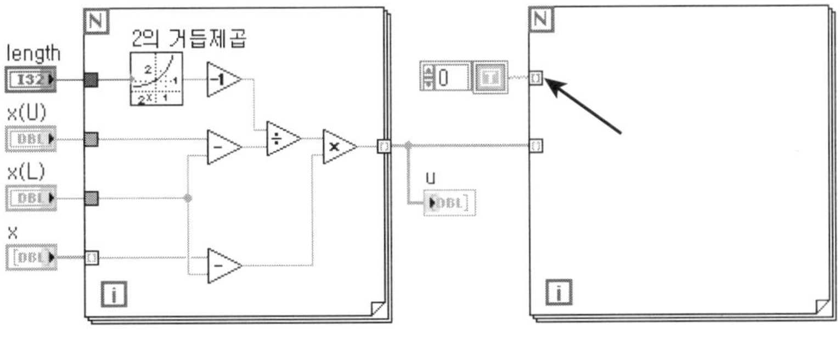


**[그림 8-20]** 오토인덱스 터널을 시프트 레지스터로 대체

**7단계** : 블록다이어그램의 오른쪽 **For 루프**에 **숫자를 불리언 배열로**, **1D 배열 분리** 함수를 추가한 후 와이어로 연결한다. 그리고 **불리언 배열**을 원하는 비트만큼 잘라주기 위해서는 **1D 배열 분리**의 **인덱스** 터미널에 **length** 값을 입력해야 한다.

그런데 서로 멀리 떨어진 개체를 와이어로 연결하려면 VI가 복잡해지므로 **로컬 변수**를 이용한다. 이를 위해서 [그림 8-21]과 같이 **숫자형 컨트롤 length**에서 마우스 오른쪽 클릭하여 **생성 → 로컬 변수**를 선택한다.

참고로 **로컬 변수**는 한 VI 내에서 해당 컨트롤 또는 인디케이터에 저장된 값을 읽거나 쓸 때 사용한다. 여기서는 **컨트롤 length**에 저장된 값을 읽기 위한 것이다.

※ **숫자를 불리언 배열로** 함수는 1부의 3.2.2절 참고
※ **1D 배열 분리** 함수는 1부의 4.2.7절 참고

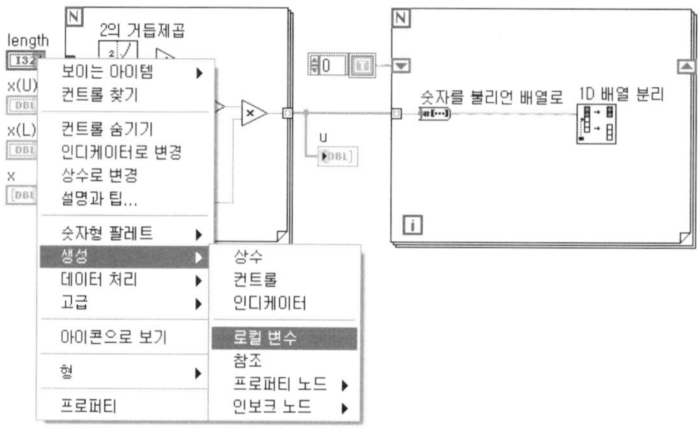


**[그림 8-21]** 컨트롤 length의 로컬 변수 생성

**8단계** : 생성된 **로컬 변수 length**를 [그림 8-22]와 같이 오른쪽 **For 루프**에 넣은 후 마우스 오른쪽 클릭하여 **읽기로 변경**을 선택한다. 그리고 **로컬 변수**와 **1D 배열 분리**의 **인덱스** 터미널을 와이어로 연결한다.

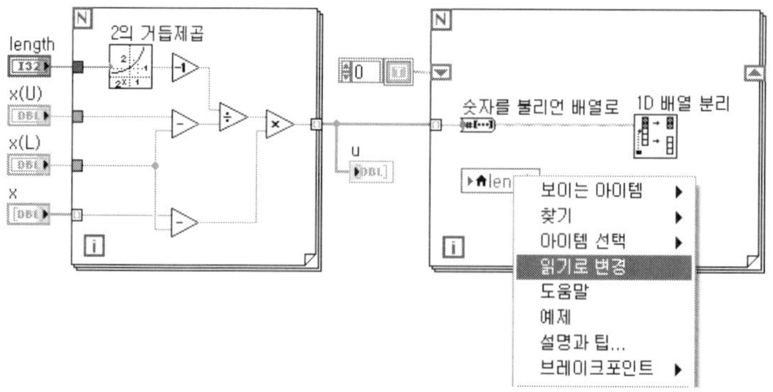


**[그림 8-22]** 로컬 변수 읽기로 변경

**9단계 :** [그림 8-23]과 같이 **1D 배열 분리** 함수 오른쪽에 **배열에 삽입** 함수를 추가한 후 와이어로 연결한다. 그리고 **시프트 레지스터**에서 마우스 오른쪽 클릭하여 **생성 → 인디케이터**를 선택하고 생성된 **배열**의 라벨을 **s**로 변경한다.

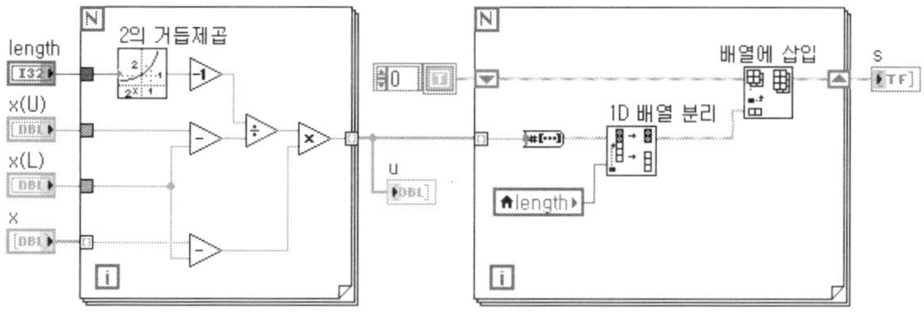


**[그림 8-23]** 완성된 VI

**10단계 :** [그림 8-24]와 같이 프런트패널에 생성된 **불리언 배열 s**를 적당히 늘려주면 VI가 완성된다. 완성된 VI를 **예제 8.4.vi**로 저장한 후 예제의 값을 입력하여 VI를 실행시켜보자.

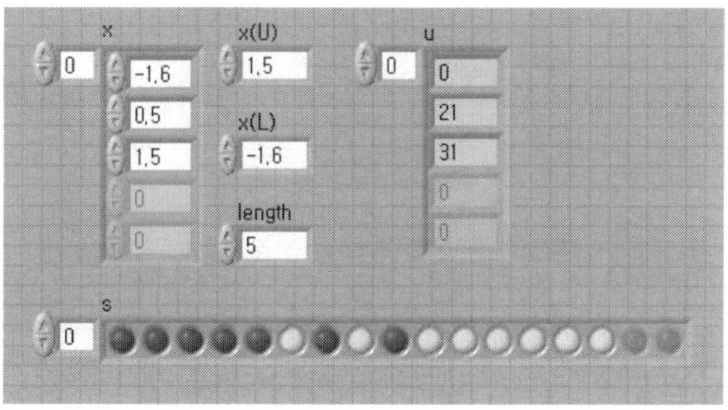


**[그림 8-24]** 예제 8.4.vi의 실행 결과

본 예제에서는 논리적인 이해를 돕기 위해서 **For 루프**를 두 번 사용했지만 [그림 8-25]와 같이 **For 루프**를 한 번만 사용하여 VI를 좀 더 간결하게 만들 수 있다.

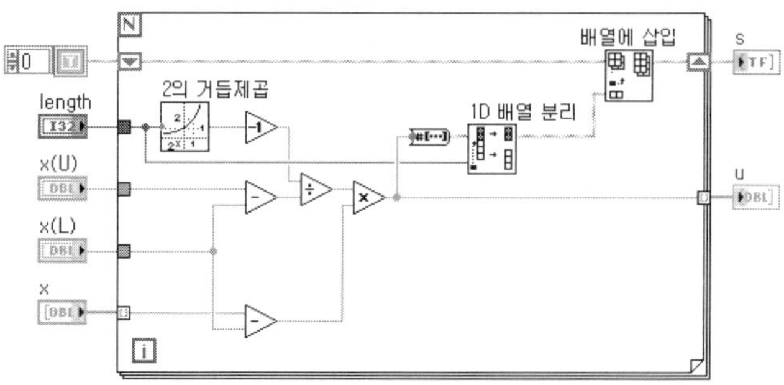


**[그림 8-25]** 예제 8.4(2).vi의 블록다이어그램

**예제 8.5**

스트링 벡터 $\vec{s}$ = (100011010111111)을 실벡터 $\vec{x}$로 복호화하는 VI를 만들어라. 단 각 변수는 구간 [−1.6, 1.5]에서 제한되고, 5비트 스트링으로 표시한다.

**예제 풀이**

**1단계 :** 이진 스트링을 표현하기 위한 **불리언 배열**을 만들기 위해서 **컨트롤 팔레트**의 **일반→ 배열, 행렬, 클러스터**에서 **배열**을 선택하여 프런트패널에 생성한 후 **배열셀**의 **라벨**을 s로 변경한다.

※ **배열** 만들기는 1부의 4.1절 참고

**2단계 : 컨트롤 팔레트**의 **일반→ 불리언**에서 **원형 LED**를 **배열셀**에 넣은 후 [그림 8-26]의 프런트 패널과 같이 **배열 s**를 적당히 늘려준다. 그런데 이렇게 만들어진 **배열 s**는 **컨트롤**이 아닌 **인디케이터**이다. 그것은 **배열셀**에 넣은 **원형 LED**의 기본 설정이 **인디케이터**이기 때문이다. 따라서 [그림 8-6]의 블록다이어그램처럼 **배열 s**를 **컨트롤**로 변경한다.

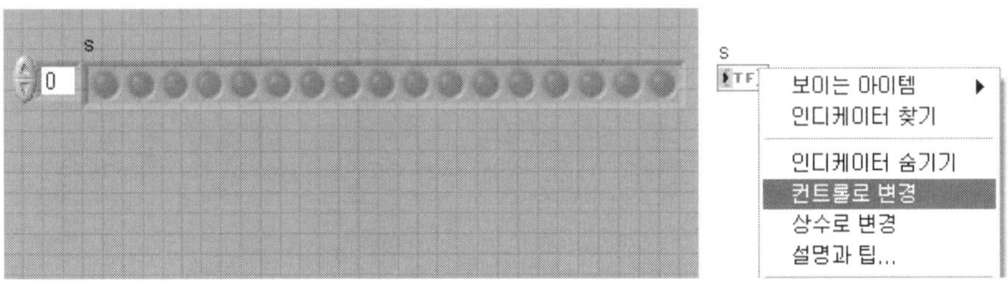


**[그림 8-26]** 1차원 불리언 배열 생성 및 컨트롤로 변경

**3단계 :** 복호화의 첫 단계는 각 변수에 대응되는 스트링 $s_j$를 취하여 10진수 $u_j$로 변환하는 것이다. 스트링 벡터 $\vec{s}$는 5비트의 서브 스트링으로 구성되어 있으므로, **불리언 배열 s**를 5비트씩 자르기 위해서 블록다이어그램에 [그림 8-27]의 **(a)**와 같이 **1D 배열 분리** 함수를 추가한다. 그리고 [그림 8-27]의 **(b)**와 같이 **1D 배열 분리** 함수의 **인덱스** 터미널에서 마우스 오른쪽 클릭하여 **생성→ 상수**를 선택한 후 5를 입력하면 [그림 8-27]의 **(c)**와 같이 된다.

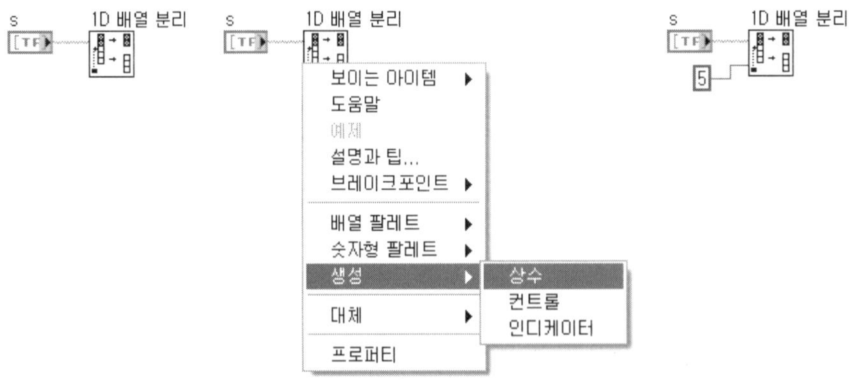


(a) (b) (c)

**[그림 8-27]** 1D 배열 분리 함수 추가

**4단계 : For 루프**를 [그림 8-28]의 **(a)**와 같이 범위를 지정하면 [그림 8-28]의 **(b)**와 같이 된다. 여기서 [그림 8-28]의 **(c)**와 같이 **오토인덱스 터널**을 **시프트 레지스터로** 대체한다.

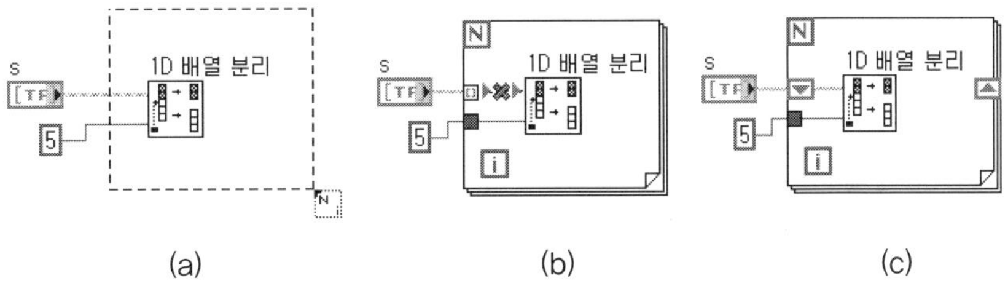


**[그림 8-28]** For 루프 추가 및 오토인덱스 터널을 시프트 레지스터로 대체

**5단계 : For 루프**에 **불리언 배열을 숫자로** 함수를 추가하고 [그림 8-29]와 같이 와이어로 연결한다. 그리고 **오토인덱스 터널**에서 마우스 오른쪽 클릭하여 **생성 → 인디케이터**를 선택하면 배열이 생성된다. 생성된 **배열**의 라벨을 **u**로 변경한다.

※ **불리언 배열을 숫자로** 함수는 1부의 3.2.2절 참고

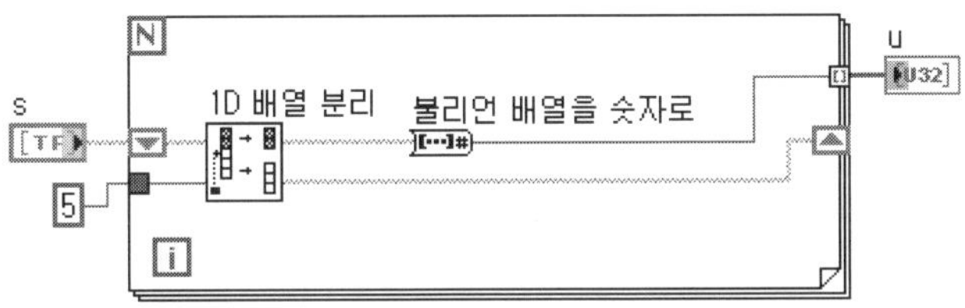


**[그림 8-29]** 스트링 벡터 $\vec{s}$를 정수 벡터 $\vec{u}$로 사상

**6단계 : For 루프**의 **루프 카운터(N)**에 반복 횟수를 지정해야 한다. 반복 횟수는 스트링 벡터 $\vec{s}$의 전체 비트 수를 서브 스트링의 비트 수로 나누어주면 된다. 따라서 **배열 s**의 크기를 구하기 위하여 **배열 크기** 함수와 **나누기** 함수를 블록다이어그램에 추가하고 [그림 8-30]과 같이 와이어로 연결한다.

※ **배열 크기** 함수는 1부의 4.2.1절 참고

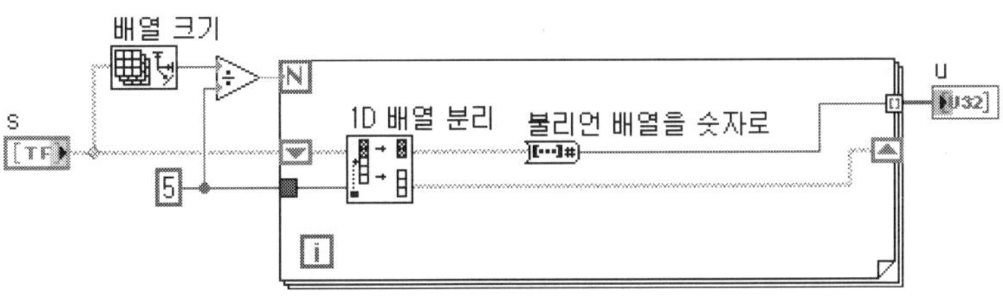


**[그림 8-30]** For 루프의 반복 횟수 결정

**7단계 :** 프런트패널에 생성된 **배열 u**를 적당히 늘려준 후 불리언 **배열 s**를 [그림 8-31]과 같이 $\vec{s}$ = (100011010111111)을 나타내도록 하여 VI를 실행시켜보자.

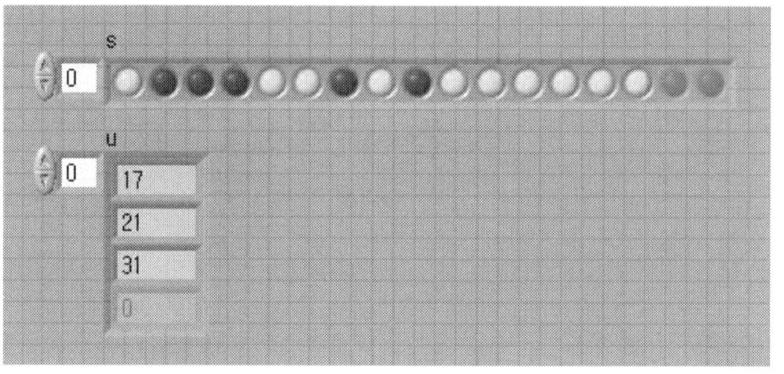


[그림 8-31] 스트링 벡터 $\vec{s}$를 정수 벡터 $\vec{u}$로 사상한 결과

다음 절차는 식 (8.7)을 이용하여 **배열 u**를 실벡터 x로 바꿔주는 것이다.

**8단계 :** 실벡터의 상한($x_j^{(U)}$)과 하한($x_j^{(L)}$)을 설정하기 위해서 [그림 8-32]와 같이 프런트패널에 **숫자형 콘트롤**을 배치하고 **라벨**을 각각 **x(U)**와 **x(L)**로 변경한다.

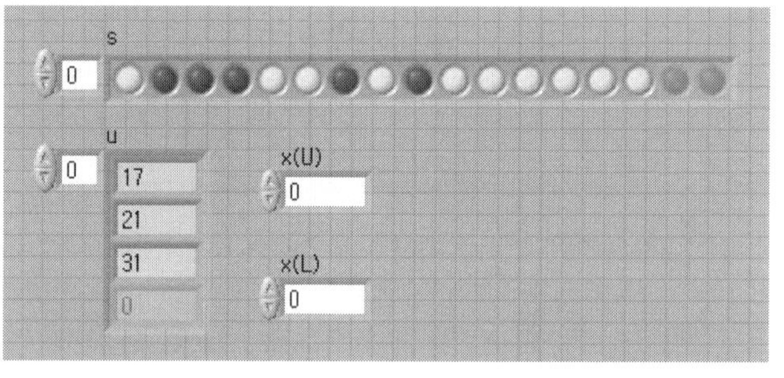


[그림 8-32] 상한값과 하한값 입력을 위한 컨트롤 생성

**9단계 :** 블록다이어그램에 **For 루프**를 추가하고 [그림 8-33]과 같이 와이어로 연결한다.

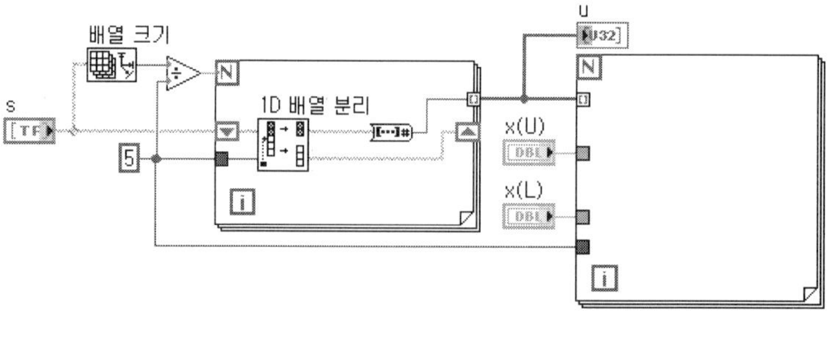


[그림 8-33] For 루프 추가

**10단계 : For 루프**에 **2의 거듭제곱** 함수를 비롯한 몇몇 함수를 추가한 후 [그림 8-34]와 같이 와이어로 연결하여 식 (8.7)을 구현한다.

※ **2의 거듭제곱** 함수는 1부의 3.3.1절 참고

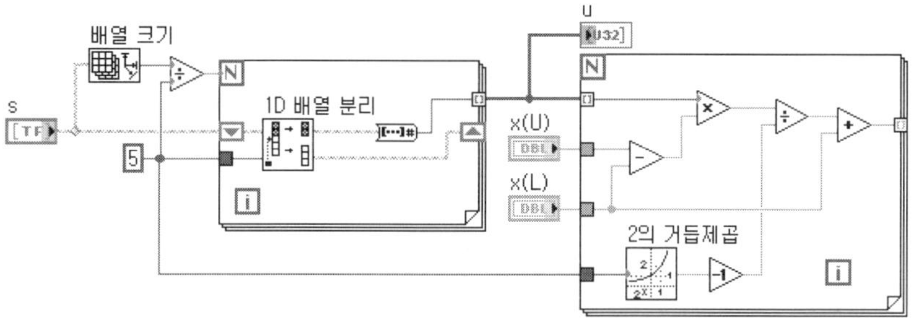


**[그림 8-34]** 식 (8.7) 구현

**11단계 :** 오른쪽 **For 루프**의 **오토인덱스 터널**에서 마우스 오른쪽 클릭하여 **생성 → 인디케이터**를 선택한다. 생성된 **배열**의 **라벨**을 **x**로 변경하고, 프런트패널에서는 **배열 x**의 크기를 적당히 늘려주면 [그림 8-35]와 같이 VI가 완성된다. 완성된 VI를 **예제 8.5.vi**로 저장한 후 VI를 실행시켜보자.

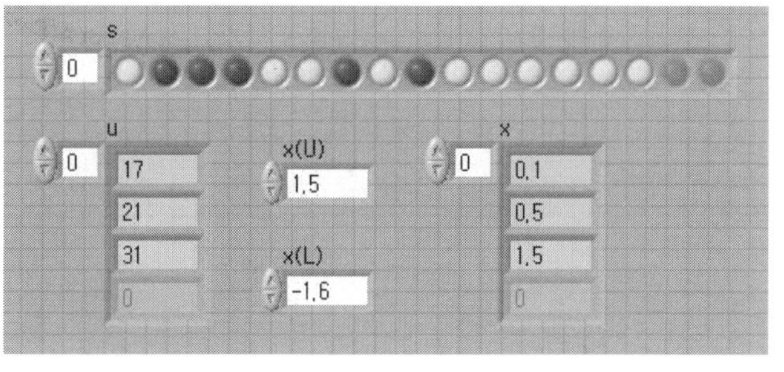


**[그림 8-35]** 완성된 VI 및 예제 8.5.vi의 실행 결과

본 예제도 논리적인 이해를 돕기 위해서 **For 루프**를 두 번 사용했지만 [그림 8-36]과 같이 **For 루프**를 한 번만 사용하여 좀 더 간결하게 VI를 만들 수 있다.

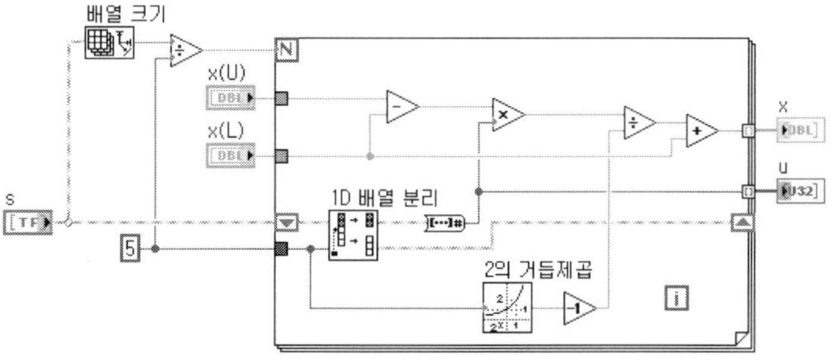


**[그림 8-36]** 예제 8.5(2).vi의 블록다이어그램

한편 변수 표현 시 중요하게 고려해야 할 사항 중 하나는 스트링 길이이다. 스트링 길이는 요구되는 분해능을 유지하면서 주어진 탐색 공간 내의 점들을 표현할 수 있도록 선택해야 한다. 만약 어떤 변수 $x_j$가 영역 $[x_j^{(L)}, x_j^{(U)}]$에서 $d$디지트의 분해능(요구되는 정밀도가 소수점 이하 $d$자리), 즉 $\Delta x_j = 10^{-d}$를 가져야 한다면 정의영역은 [그림 8-37]과 같이 $(x_j^{(U)} - x_j^{(L)}) / \Delta x_j = (x_j^{(U)} - x_j^{(L)})10^d$개의 일정한 구간으로 나누어져야 함을 의미한다.

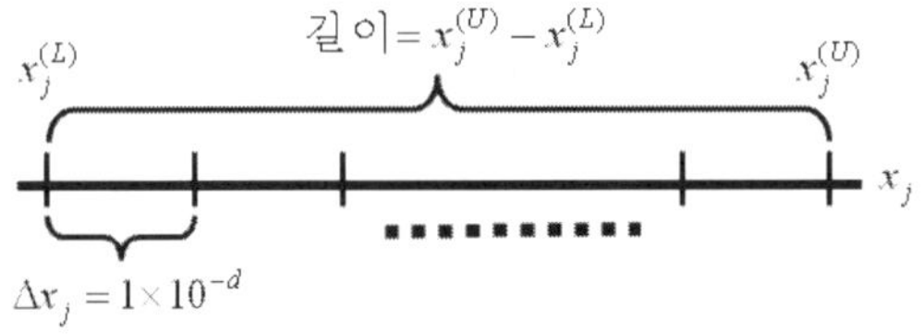


**[그림 8-37]** $x_j$의 정의영역과 분해능

$\ell_j$비트로 표시 가능한 10진수의 최소, 최대값이 각각 0과 $2^{\ell_j} - 1$임을 고려한다면 스트링 길이는 다음의 부등식을 만족하여야 한다.

$$0 \le (x_j^{(U)} - x_j^{(L)})10^d \le 2^{\ell_j} - 1 \tag{8.8}$$

이를 정리하면 다음 식을 얻을 수 있고, 스트링 길이 $\ell_j$는 부등식을 만족하는 가장 작은 정수를 택하면 된다.

$$\ell_j \ge \log_2[(x_j^{(U)} - x_j^{(L)})10^d + 1](1 \le j \le n) \tag{8.9}$$

한 예로 두 변수 $x_1, x_2$가 구간 $-3.2 \le x_1 \le 3.2$, $0.00 \le x_2 \le 10.20$에서 1디지트와 2디지트의 분해능을 갖도록 요구된다면 식 (8.9)로부터

$$\ell_j \ge \log_2[(3.2 - (-3.2))10^1 + 1] = 6.022$$

$$\ell_j \ge \log_2[(10.22 - 0)10^2 + 1] = 9.996$$

이 되어 스트링 길이는 각각 $\ell_1 = 7$비트와 $\ell_2 = 10$비트이면 충분하다.

식 (8.9)로부터 스트링 길이와 분해능 사이에 밀접한 관계가 있음을 알았다. 일반적으로 고정된 탐색 구간에서 정밀도를 높이면 스트링 길이가 길어지고, 이로 인해 계산기의 연산 부담이 증가하게 된다. 반대로 정밀도를 낮추면 스트링 길이는 짧아지

고 연산 부담은 감소하게 된다. 따라서 스트링 길이의 선택은 정밀도와 연산 부담 사이에 적절한 타협을 필요로 한다. 염색체 길이가 고정된 상황에서는 정의영역을 확대하면 정밀도가 희생된다.

CHAPTER 09

# 초기 집단의 생성



탐색 공간상의 점들을 표현하는 방법이 결정되면 다음은 유전 연산자를 통해 모의 진화가 수행될 초기 개체 집단을 생성하는 절차가 필요하다. 개체들이 진화해가는 도중에 집단은 총체적 기억장소(Integral Memory)로서의 역할을 담당하게 되고, 많은 세대를 거치는 동안에 좋은 해(우성)의 유전자를 보유하게 된다.

## 9.1 집단(Population)

$k$세대($k$번째 반복횟수)에서의 집단 P($k$)는 염색체로 특정 지워지는 $N$개 개체들의 집합으로 정의된다.

$$\mathrm{P}(k) = \{s_1(k), s_s(k), \cdots, s_i(k), \cdots, s_N(k)\} \tag{9.1}$$

여기서 $s_i(k)$는 $i$번째의 염색체로서 탐색 공간상의 한 점을 나타내며, $N(>1)$은 집단 크기(Population Size)이다. 계절의 변화와 세대에 따라 집단의 크기를 달리하는 자연계의 일부 곤충들과 같이 가변 집단을 채택하고 있는 유전 알고리즘도 있지만, 대부분의 경우 집단 크기는 세대 변화와는 무관하게 항상 일정한 것으로 간주된다. 또한 집단 내의 염색체들의 길이는 서로 같고 세대 변화와는 상관없이 일정한 것으로 간주된다.

초기 집단 P(0)는 연구용 유전 알고리즘이냐 아니면 응용을 위한 유전 알고리즘이냐에 따라 그 생성 방법이 판이하게 달라진다. 자주 이용되는 방법으로는 두 가지가 있는데, 하나는 무작위 초기화(Random Initialization)법이고, 다른 하나는 사전지식 또는 경험을 기반으로 하는 유도된 초기화(Directed Initialization)법이다.

전자는 단순히 난수발생기에서 생성되는 $N\ell$(= 집단 크기 × 염색체 길이)개의 이진 정수로 염색체를 초기화하게 되는데, [그림 9-1]은 이를 보여주고 있다. 이 방법은 해에 대한 사전 지식이 결여되거나 임의로 발생된 집단(즉 가혹한 초기 환경)으로부터 전역해(Global Solution)를 탐색해가는 유전 알고리즘의 성능을 평가할 때 주로 이용된다.

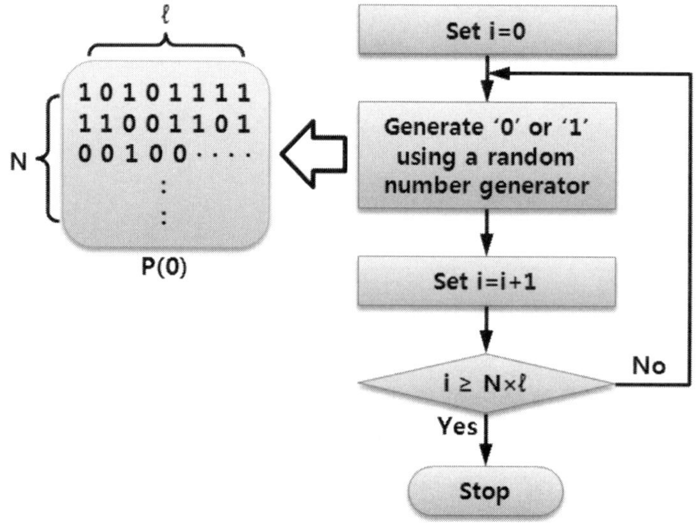


**[그림 9-1]** 무작위법에 의한 초기 집단의 생성

후자는 다른 간단한 알고리즘으로 얻은 근사 결과치를 이용하거나 아니면 직관과 경험을 기초로 하여 초기 집단을 생성한다. 해에 대한 사전 지식이 있을 경우에는 이 방법을 이용하는 것이 더 바람직하다.

예를 들어 어떤 알고리즘을 사용한 결과 2차원 최적화 문제의 해가 구간 $-3 \leq x_1, x_2 \leq 3$ 사이에 존재함을 알았다고 하자. 이 정보로부터 크기가 9인 초기 집단을 생성한다면, 먼저 각 구간을 균등하게 분할하여 [그림 9-2]와 같이 9개의 초기화 점을 선택한다.

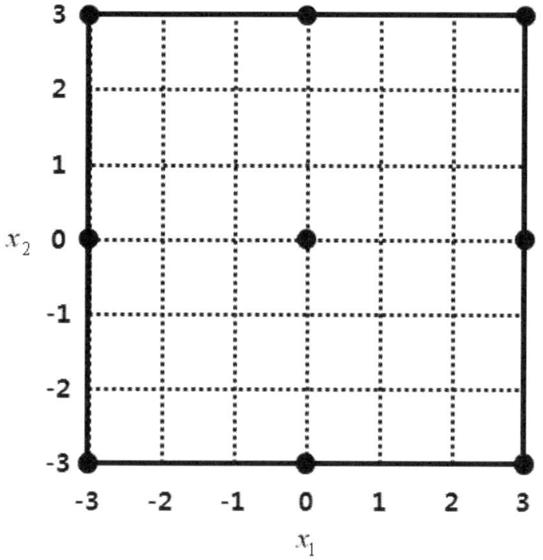


**[그림 9-2]** 균등 분할하여 얻어진 초기화 점

주어진 문제에서 각 변수가 6비트 길이의 이진 스트링으로 표현된다면 다음과 같은 초기 집단을 생성할 수 있다. 초기화 점과 변환된 염색체 사이의 관계는 다음에서 보여주고 있다.

$$\vec{x_1}(0) = [-3\ \ -3]^T, \qquad \vec{s_1}(0) = (000000000000)$$

$$\vec{x_2}(0) = [0\ \ -3]^T, \qquad \vec{s_2}(0) = (100000000000)$$

$$\vec{x_3}(0) = [3\ \ -3]^T, \qquad \vec{s_3}(0) = (111111000000)$$

$$\vec{x_4}(0) = [-3\ \ 0]^T, \qquad \vec{s_4}(0) = (000000100000)$$

$$\vec{x_5}(0) = [0\ \ 0]^T, \qquad \vec{s_5}(0) = (100000100000)$$

$$\vec{x_6}(0) = [3\ \ 0]^T, \qquad \vec{s_6}(0) = (111111100000)$$

$$\vec{x_7}(0) = [-3\ \ 3]^T, \qquad \vec{s_7}(0) = (000000111111)$$

$$\vec{x_8}(0) = [0\ \ 3]^T, \qquad \vec{s_8}(0) = (100000111111)$$

$$\vec{x_9}(0) = [3\ \ 3]^T, \qquad \vec{s_9}(0) = (111111111111)$$

유전 알고리즘을 실세계 문제에 응용할 경우 해에 대한 사전 지식이 있다면 전자보다는 후자의 방법을 택하는 것이 유리하다. 그 이유는 후자의 방법이 전역해로의 수렴속도가 빨라 계산 시간을 상당히 줄일 수 있기 때문이다. 이때 초기 집단이 유전적 다양성을 유지하도록 세심하게 배려할 필요가 있다. 그렇지 않으면 탐색이 어느 한 쪽으로 치우칠 수 있고 전역해를 찾기 어렵게 된다.

본 책은 LabVIEW를 이용하여 유전 알고리즘의 개념을 이해하는 것이 목적이므로, [예제 9.2]의 무작위법에 의한 초기 집단 생성을 이용하여 유전 알고리즘을 구현할 것이다. 따라서 [예제 9.1]의 균등 분할로 초기 집단을 생성하는 것은 추후 이용되지 않을 것이다. 그렇지만 [예제 9.1]은 LabVIEW를 잘 활용하기 위해서 반드시 알아야 하는 **2차원 배열** 및 **For 루프** 활용법이 나오니 이 부분에 초점을 맞추도록 한다.

### 예제 9.1

어떤 2차원 최적화 문제의 해가 구간 $-3 \le x_1, x_2 \le 3$ 사이에 존재한다. [그림 9-2]와 같이 크기가 9인 초기 집단을 생성하는 VI를 만들어라. 단 두 변수 모두 6비트 스트링으로 표시하여라.

**예제 풀이**

[예제 8.4]에서 실벡터 $\vec{x} = [x_1 \cdots x_n]^T$를 스트링 벡터 $\vec{s}$로 부호화하는 방법을 배웠다. 즉 변수 $x_j$를 $[0, 2^{\ell_j} - 1]$ 사이의 정수 $u_j$로 사상하고, 다시 이진 스트링으로 변환한 다음 결합하여 스트링 벡터 $\vec{s}$로 부호화하였다. 단 [예제 8.4]에서는 실벡터 $\vec{x}$를 표현하기 위해서 1차원 **배열**을 사용하였지만, 본 예제는 실벡터 $\vec{x}$의 집합인 ***집단(Population)***을 표현하기 위해서 2차원 **배열**을 사용할 것이다.

**1단계** : 실벡터 $\vec{x}$의 집합인 ***집단(Population)***을 표현하기 위해서 [그림 9-3]과 같이 프런트패널에 2차원 **배열**을 만든 후 **라벨**을 **pop**으로 변경한다.

※ **다차원 배열**을 만드는 방법은 1부의 4.1.2절 참고

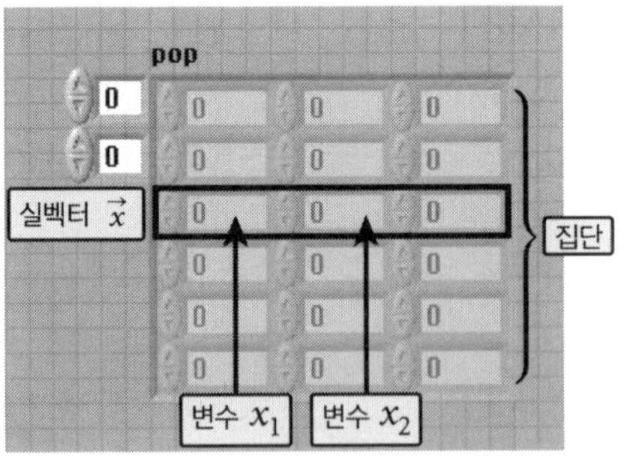


**[그림 9-3]** 2차원 배열 생성

**2단계 :** 2차원 **배열**의 원소를 추출하기 위해서 [그림 9-4]와 같이 이중 **For 루프**를 생성한 후 와이어로 연결한다.

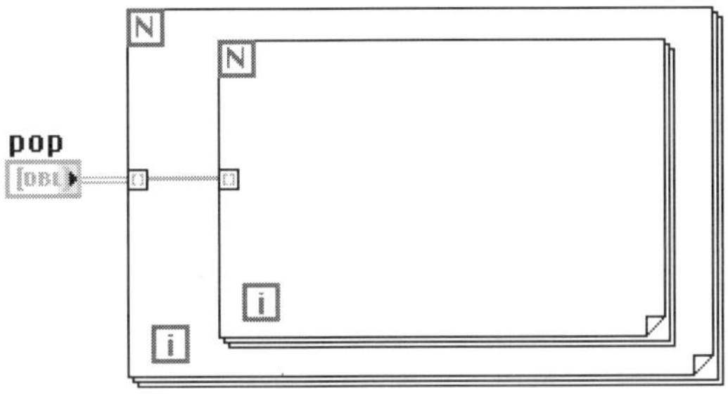


**[그림 9-4]** 이중 For 루프 생성

**3단계 :** 변수 $x_j$의 상한과 하한, 스트링 길이를 정의하기 위해서 [그림 9-5]와 같이 **숫자형 컨트롤**을 프런트패널에 생성하고 **라벨**을 변경한다. 또한 스트링 길이는 정수형 값만을 가지므로, **숫자형 컨트롤 length**의 **데이터 타입**을 **롱(Long) 정수형**으로 변경한다.

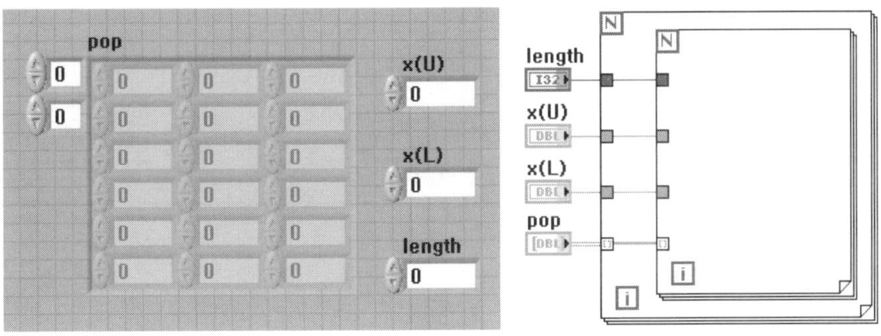


**[그림 9-5]** 컨트롤 추가

**4단계 :** 변수 $x_j$를 $[0, 2^{\ell_j} - 1]$ 사이의 정수 $u_j$로 사상하기 위해서 [그림 9-6]과 같이 **For 루프**에 **2의 거듭제곱**, **감소**, **빼기**, **나누기**, **곱하기** 함수 등을 이용하여 식 (8.6)을 구현한다. 그리고 **오토인덱스 터널**에서 마우스 오른쪽 클릭하여 **생성 → 인디케이터**를 선택하면 배열이 생성되는데, 이 배열의 **라벨**을 **pop_u**로 변경한다.

※ **2의 거듭제곱** 함수는 1부의 3.3.1절 참고

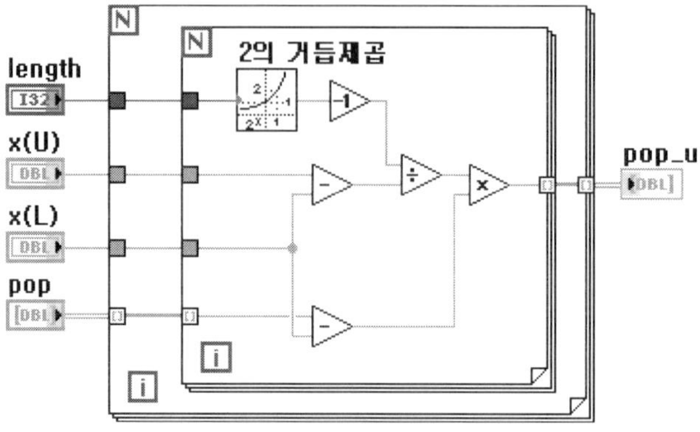


[그림 9-6] 식 (8.6) 구현

**5단계 :** 프런트패널에 생성된 **배열 pop_u**를 적당히 늘린 후 [그림 9-7]과 같이 값을 입력하여 실행시켜보자.

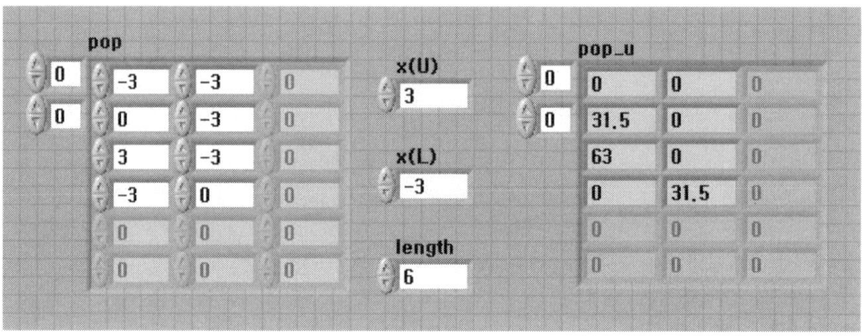


[그림 9-7] 실벡터 $\vec{x}$를 정수 벡터 $\vec{u}$로 사상한 결과

**6단계 :** 블록다이어그램에 이중 **For 루프**를 추가하고, [그림 9-8]에서 화살표로 표시한 것과 같이 스트링 $\vec{s}$를 저장하기 위한 1차원 빈 배열을 만들고 **For 루프**와 와이어로 연결한다. 이때 만들어진 **오토인덱스 터널**을 **시프트 레지스터**로 대체한다.

※ **빈 배열**을 만드는 방법은 2부의 [예제 8.4]에서 4, 5단계 참고

※ **시프트 레지스터**는 1부의 5.1.3절 참고

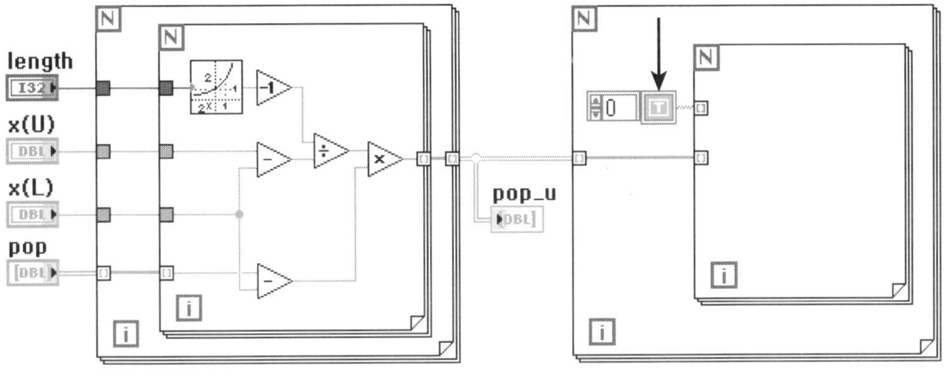


**[그림 9-8]** 이중 For 루프 추가

**7단계 :** [그림 9-9]와 같이 **For 루프**에 **숫자를 불리언 배열로, 1D 배열 분리, 배열에 삽입** 함수와 **숫자형 컨트롤 length**의 **로컬 변수**를 추가한다. 이것은 각각의 정수 벡터 $\vec{u_j}$를 스트링 벡터 $\vec{s_j}$로 변환하는 과정이다.

※ **로컬 변수**를 생성하는 방법은 2부의 [예제 8.4]에서 7, 8단계 참고

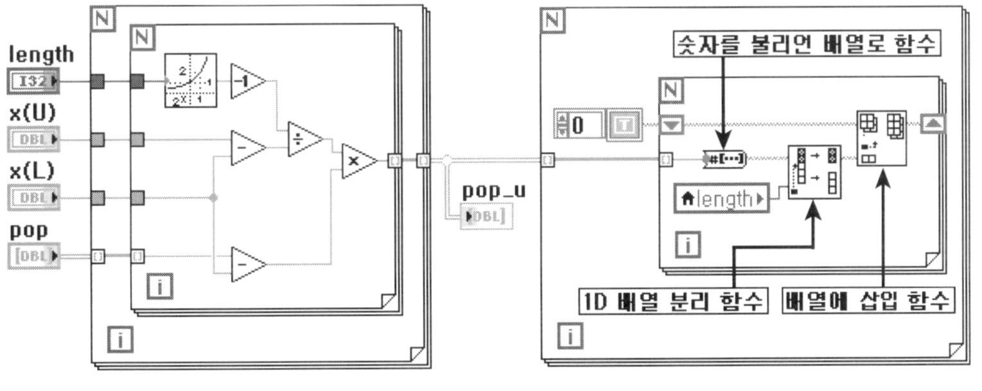


**[그림 9-9]** 함수 및 로컬 변수 추가

[그림 9-10]에 나타내고 있듯이 7단계까지는 실벡터 $\vec{x_j}$의 변수 $x_1$, $x_2$를 스트링 $s_1$, $s_2$로 변환하고 연결하여 스트링 벡터 $\vec{s_j}$로 만드는 과정이었다. 이제 남은 절차는 각각의 스트링 벡터를 행으로 결합하여 집단(Population)으로 만드는 것이다.

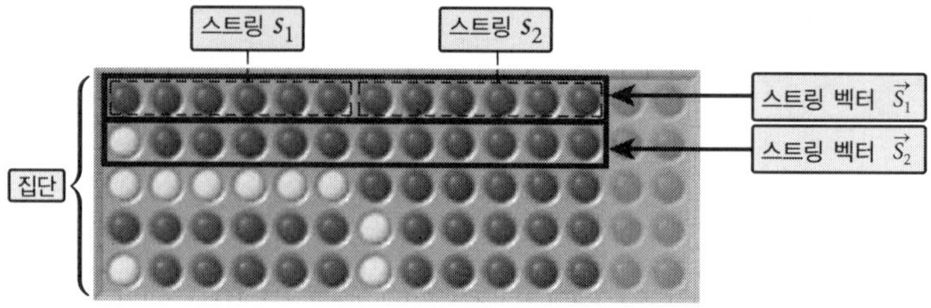


[그림 9-10] 스트링, 스트링 벡터, 집단의 관계

**8단계 :** [그림 9-11]에서 화살표로 표시한 것과 같이 스트링 $\vec{s}$의 집단(pop_s)을 저장하기 위한 2차원 빈 배열을 만들고 **For 루프**와 와이어로 연결한다. 이때 만들어진 **오토인덱스 터널**을 **시프트 레지스터**로 대체한다.

※ **빈 배열**을 만드는 방법은 2부의 [예제 8.4]에서 4, 5단계 참고

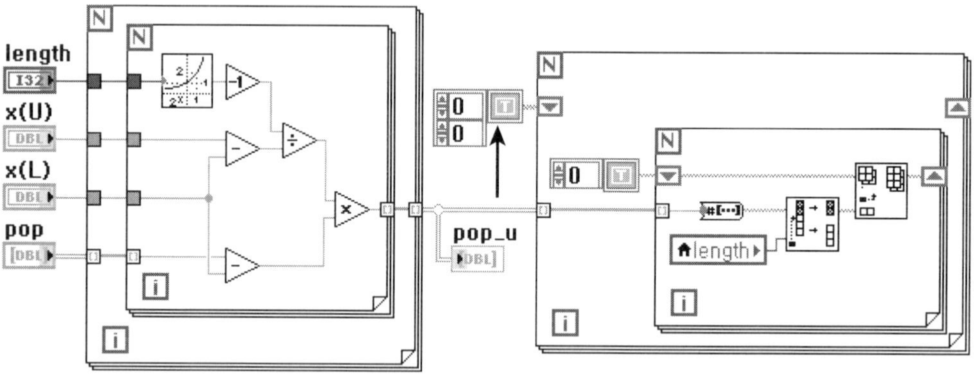


[그림 9-11] 2차원 빈 배열 생성

**9단계 :** 스트링 벡터를 한 행씩 쌓기 위해서 [그림 9-12]와 같이 **배열에 삽입** 함수를 추가하여 와이어로 연결한다. 그리고 **시프트 레지스터**에서 마우스 오른쪽 클릭하여 **생성 → 인디케이터**를 선택하면 2차원 불리언 **배열**이 만들어지는데, 생성된 **배열**의 **라벨**을 **pop_s**로 변경한다.

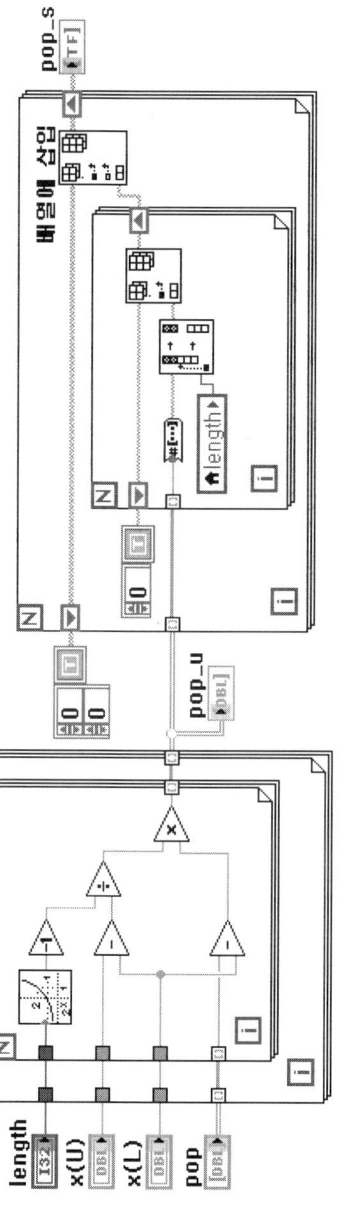


**[그림 9-12]** 완성된 VI

**10단계** : [그림 9-13]과 같이 프런트패널에 생성된 **불리언 배열 pop_s**의 크기를 적당히 늘려주면 VI가 완성된다. 완성된 VI를 **예제 9.1.vi**로 저장한 후 [그림 9-13]과 같이 값을 입력하여 VI를 실행시켜보자.

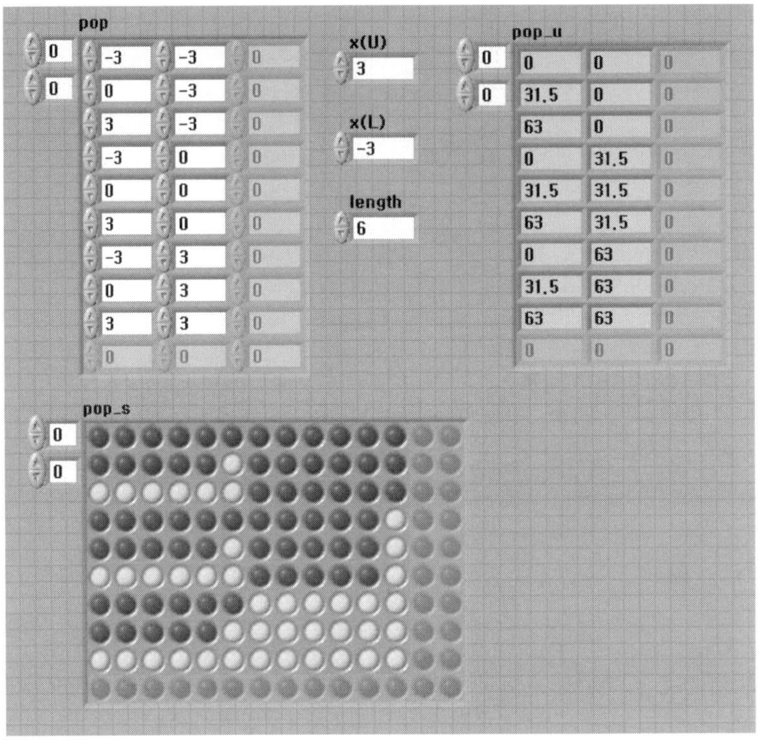


[그림 9-13] 예제 9.1.vi의 실행 결과(균등 분할로 생성한 초기 집단)

**예제 9.2**

무작위법을 이용하여 집단의 크기가 5이고 염색체의 길이가 9비트인 초기 집단을 생성하는 VI를 만들어라. 그리고 이 VI를 bInitPop SubVI로 만들어라.

**예제 풀이**

무작위법에 의한 초기 집단 생성 VI는 의외로 간단하다. 하지만 추후 **단순 유전 알고리즘**(SGA) VI에서 SubVI로 계속 사용될 것이다. 무작위법을 이용한 초기 집단 생성 프로그램의 알고리즘은 [그림 9-1]과 같이 popsize(집단의 크기) × lchrom(염색체 또는 스트링 벡터 $\vec{s}$의 길이) 차원 배열의 각 원소에 대해서 난수값이 0.5 미만이면 참(True), 0.5 이상이면 거짓(False)을 부여하는 것이다.

**1단계** : 집단의 크기와 염색체의 길이를 입력하기 위해서 프런트패널에 **숫자형 컨트롤**을 생성한 후 **라벨**을 각각 **popsize**와 **lchrom**으로 변경한다. 그리고 둘 다 양의 정수값만을 가지므로 **데이터 타입**을 **부호없는 롱**(U32) **정수형**으로 변경한다.

**2단계** : [그림 9-14]와 같이 블록다이어그램에 **For 루프**를 추가하고 **루프 카운터**(N)와 와이어로 연결한다.

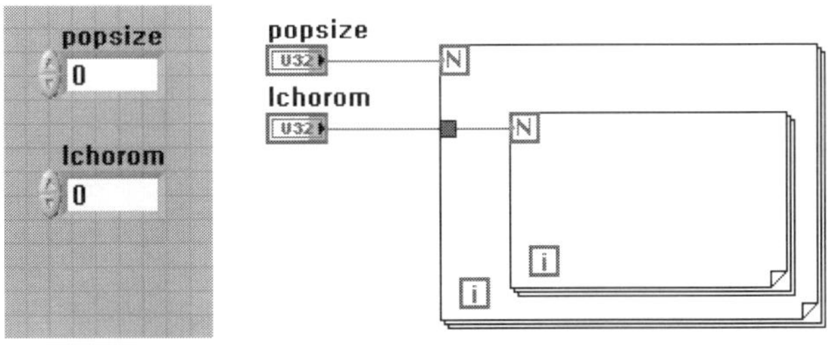


[그림 9-14] 컨트롤 및 이중 For 루프 생성

**3단계 : For 루프**에 **난수(0~1)**, **보다 작음?** 함수를 추가한다. 그리고 [그림 9-15]와 같이 배열의 각 원소는 난수값이 0.5 미만이면 참(True), 0.5 이상이면 거짓(False)이 되도록 구현한다.

※ **난수(0~1)** 함수는 1부의 3.1.6절 참고

※ **보다 작음?** 함수는 1부의 5.2.1절 참고

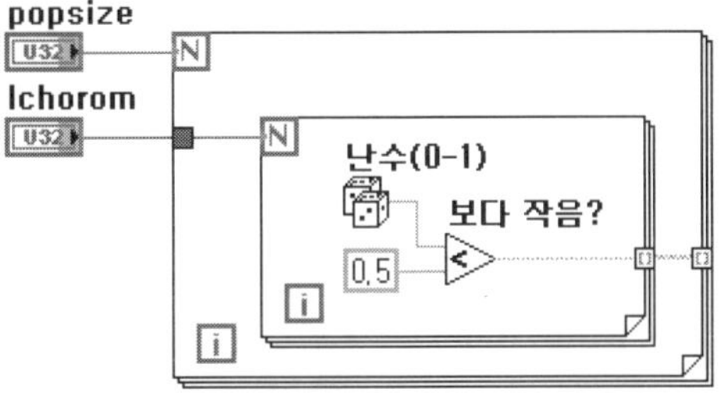


[그림 9-15] 함수 추가

**4단계 : For 루프**의 **오토인덱스 터널**에서 마우스 오른쪽 클릭하여 **생성 → 인디케이터**를 선택하면 **배열**이 생성된다. 생성된 **배열**의 **라벨**을 **pop**으로 변경한 후 [그림 9-16]과 같이 프런트패널에 예제의 값을 입력하여 VI를 실행시켜보자.

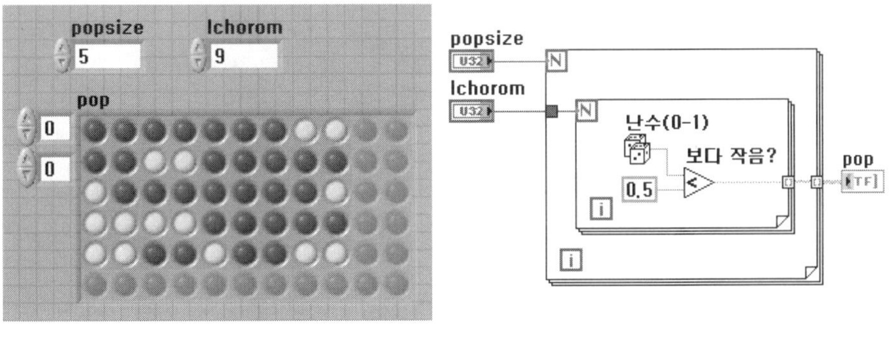


[그림 9-16] 무작위로 생성된 초기 집단

**5단계 :** 완성된 VI를 다른 VI에서 활용하기 위해서 SubVI로 만들어보자. 이를 위해서 [그림 9-17]과 같이 **패턴**(입력:2, 출력:1)을 변경한 후 그림에서 화살표로 표시한 것과 같이 각각의 터미널을 popsize, lchrom 컨트롤 및 pop 인디케이터와 연결한다.

※ **수동으로 SubVI**를 만드는 방법은 1부의 7.1절 참고

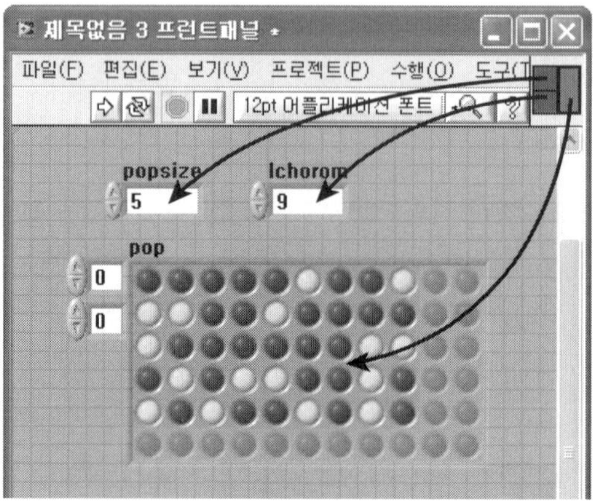


[그림 9-17] 완성된 VI

**6단계 :** [그림 9-18]에서 사각형으로 표시한 것과 같이 SubVI의 **아이콘**을 bInitPop으로 변경한 후 **파일** 메뉴에서 **저장**을 선택하여 **bInitPop.vi**로 저장하면 popsize(집단의 크기)와 lchrom(스트링 벡터의 비트 수) 값을 입력받아 무작위로 초기 집단을 생성하는 SubVI가 완성된다.

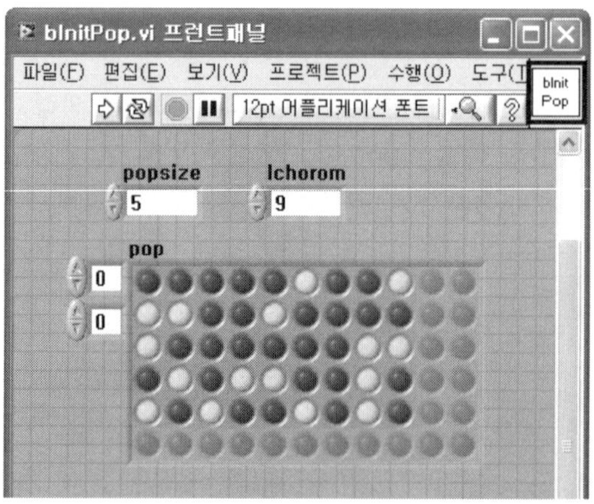


[그림 9-18] 완성된 bInitPop SubVI

※ **SubVI**를 만드는 방법이 익숙지 않다면 반드시 1부의 7.1절과 7.2절을 통해서 완벽하게 익힐 것을 권한다. 앞으로 유전 알고리즘 VI를 만드는 거의 모든 과정에서 SubVI를 만들게 될 것이기 때문이다.

CHAPTER 10

# 적합도 평가



***적자생존(Survival of the Fittest)*** 또는 ***자연도태(Natural Selection)***설의 중심개념으로서 다윈(Darwin)의 생존경쟁 또는 생존투쟁은 다음 4가지로 요약된다.

- 생물과 자연조건(재앙, 질병 등)과의 투쟁
- 천적 등 이종(異種) 개체 간의 투쟁
- 이종 개체 간의 경쟁
- 동종 개체 간의 투쟁

자연계에서 생물들은 이러한 생존경쟁을 통해 끊임없이 투쟁하며 환경에 적응해가는데 한 생물의 생존능력은 그 환경에 대한 **적합도(Fitness)**를 반영한다. 환경에 대한 생물의 적응능력은 유전 알고리즘에서는 개체의 적합도를 평가하는 과정을 통해 반영된다.

11장에서 배울 ***재생산(Reproduction)***, ***교배(Crossover)***, ***돌연변이(Mutation)*** 연산을 거쳐 새로운 집단이 완성될 때마다 개체들의 ***적합도(Fitness)***가 평가되는데, 이는 대개 목적 함수로부터 계산된다. 환경에 대한 생물의 적합도는 장점을 의미하고, 크면 클수록 더 많은 보상을 받듯이, 유전 알고리즘에서도 적합도가 큰 개체가 더 많은 보상을 받을 수 있도록 배려되어야 한다.

그러기 위해서는 적합도 함수는 최대화 문제 형태로 기술되어야 하고 음의 값을 가져서는 안 된다. 이 때문에 적합도 함수를 얻기 위해서는 목적 함수의 적절한 ***사상(mapping)***이 요구되는 경우가 발생한다. 이윤 또는 생산율의 극대화와 같이 최대화 문제로 기술되는 목적 함수가 정의영역 안에서 항상 양의 값을 가질 때는 이를 적합도 함수로 취할 수 있지만, 어떤 구간에서 음의 값을 가지게 될 때는 다음과 같은 사상을 통해 적합도 함수를 얻을 수 있다.

$$f(\vec{s}) = F(\vec{x}) - \gamma \tag{10.1}$$

여기서 $\gamma$는 항상 $f(\vec{s}) \geq 0$의 관계를 만족시키는 함수이다. $\gamma$는 유전 알고리즘의 성능에 영향을 끼치는 요소로서 부적절하게 선정되면 탐색 효율을 저하시킨다. 흔히 탐색 공간 내에서 목적 함수의 최소치를 사전에 아는 것은 어려운 일이기 때문에 $\gamma$는 경험에 의해 충분히 작은 값으로 설정된다. 그러나 세대 진행과 무관하게 이 값을 고정하면 ***선택압(Selection Pressure)***이 떨어지기 때문에 이를 보완해줄 수 있는 기법이 필요한데 이에 대해서는 **13장 적합도의 스케일링**에서 논의하기로 한다.

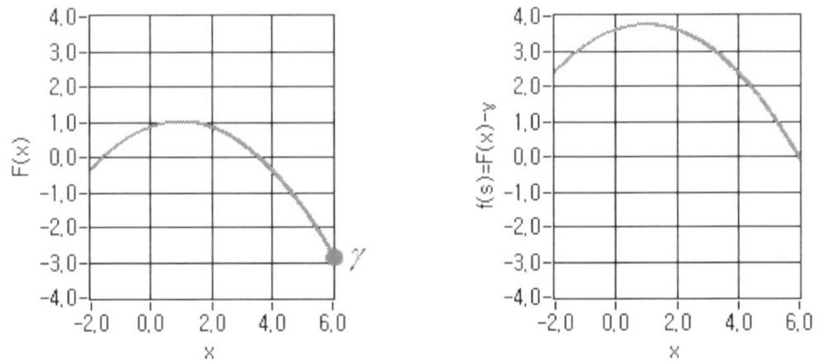


(a) 목적 함수 (b) 적합도 함수

**[그림 10-1]** 최대화 형태의 단변수 목적 함수로부터 적합도 함수를 얻는 예

[그림 10-1]은 $F(x) = -0.15(x-1)^2 + 1$과 같이 최대화 형태로 기술되는 단변수 목적 함수로부터 적합도 함수를 얻는 예를 보여주고 있다. 이때 $\gamma$는 $-2.75$를 선택하였다. 한편 플랜트의 생산비, 운전경비, 에너지 사용 등 최소화 문제로 기술되는 목적 함수로부터 적합도 함수를 얻을 때는 이를 최대화 문제로 전환하면서 동시에 $f(\vec{s}) \geq 0$의 관계를 만족시켜주는 사상이 필요하다. 자주 이용되는 방법으로는 두 가지가 있다. 하나는 $F(\vec{x})$의 부호를 바꾼 다음 이를 적절히 이동하는 방법이다.

$$f(\vec{s}) = -F(\vec{x}) - \gamma \tag{10.2}$$

[그림 10-2]와 [그림 10-3]은 이 방법으로 목적 함수 $F(x) = 0.15(x-1)^2 - 1$과

$$F(\vec{x}) = -\frac{1}{1 + 2(x_1 - 1.5)^2 + (x_2 + 1)^2} - \frac{0.6}{1 + (x_1 + 1)^2 + (x_2 - 1.5)^2}$$

으로부터 적합도 함수를 얻는 예를 보여준다. $\gamma$ 값으로는 각각 $-2.75$와 0이 사용되었다.

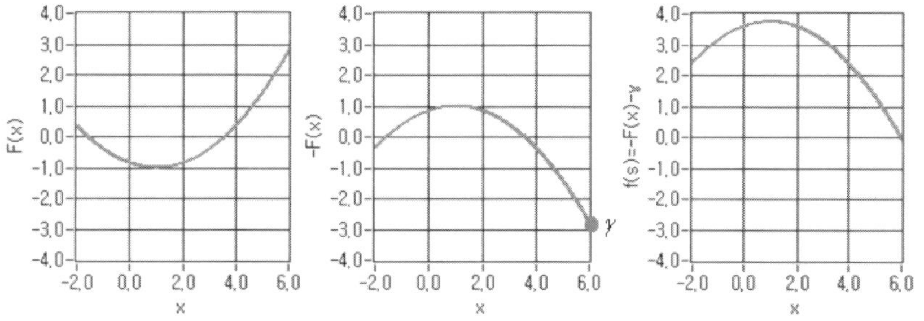


(a) 목적 함수 (b) 적합도 함수

**[그림 10-2]** 최소화 형태의 단변수 목적 함수로부터 적합도 함수를 얻는 예

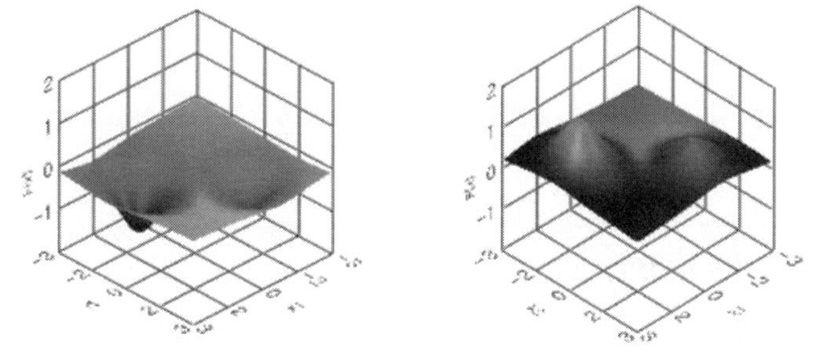

(a) 목적 함수 (b) 적합도 함수

**[그림 10-3]** 최소화 형태의 다변수 목적 함수로부터 적합도 함수를 얻는 예

다른 하나는 식 (10.3)과 같이 $F(\vec{x})$에 적절한 상수를 더한 다음 그 역을 취하는 방법이다.

$$f(\vec{s}) = \frac{1}{F(\vec{x}) + \gamma} \tag{10.3}$$

여기서 $\gamma$는 모든 $\vec{x}$에 대해 $F(\vec{x}) + \gamma > 0$의 관계를 만족시키는 상수로서, 이를 정할 때 주의해야 할 사항은 $F(\vec{x})$의 최소값에서 $f(\vec{s})$가 과도하게 큰 값을 갖지 않도록 하는 것이다. [그림 10-4]와 [그림 10-5]는 각각 $\gamma = 1.1$로 선택하였을 때 식 (10.3)으로부터 적합도 함수를 구한 것이다.

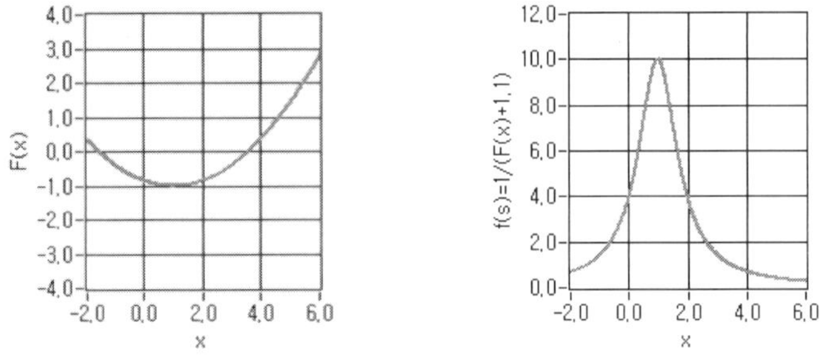


(a) 목적 함수 (b) 적합도 함수

**[그림 10-4]** 최소화 형태의 단변수 목적 함수로부터 적합도 함수를 얻는 예

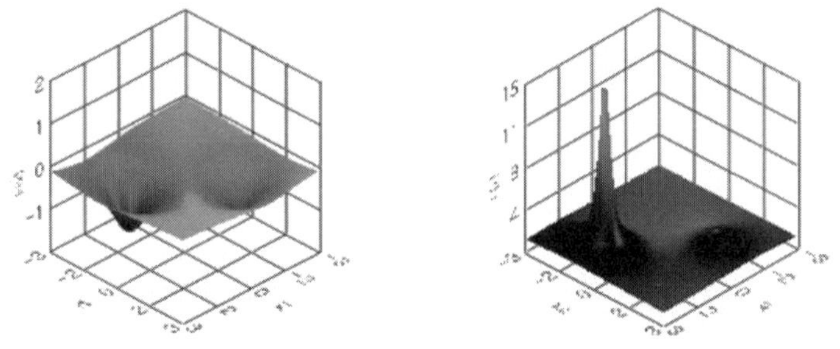

(a) 목적 함수 (b) 적합도 함수

**[그림 10-5]** 최소화 형태의 다변수 목적 함수로부터 적합도 함수를 얻는 예

## 10.1 복호화(Decode)

만약 $F(\vec{x}) = x_1^2 + x_2^2, (-2 \le x_1 \le 2, -3 \le x_2 \le 3)$의 최소값을 단순 유전 알고리즘(SGA)으로 구하는 문제를 생각해보자(물론 $x_1 = x_2 = 0$일 때 $F(\vec{x}) = 0$이 됨을 직관적으로 알 수 있다). 이때 가장 먼저 해야 할 작업은 무엇인가?

[그림 10-6]에서 볼 수 있듯이 집단 내의 각각의 염색체(이진 스트링)를 **복호화(Decode)**하여 정의영역 내의 벡터로 사상하는 것이다.

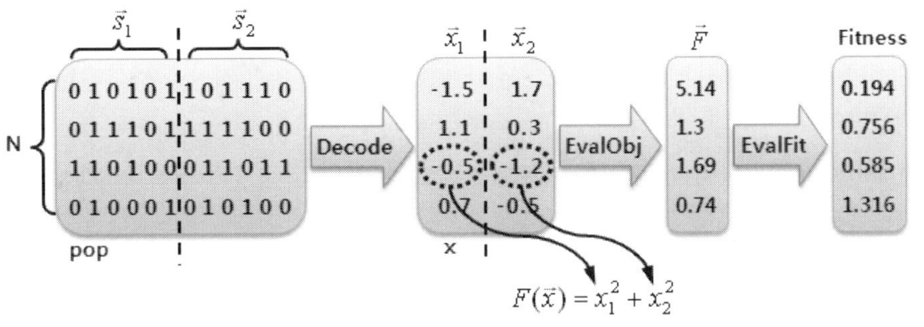


**[그림 10-6]** 적합도 평가 절차

**예제 10.1**

[예제 9.2]에서 만든 초기 집단 생성 SubVI(bInitPop.vi)를 이용하여 이진 스트링을 정의영역 내의 벡터로 복호화하는 bDecode SubVI를 만들어라. 단 정의영역의 범위는 $-2 \le x_1 \le 2$, $-3 \le x_2 \le 3$이며, 스트링의 길이는 $s_1$이 5비트, $s_2$가 6비트이다.

**예제 풀이**

문제를 풀기에 앞서 이진 스트링으로 구성된 집단을 복호화하기 위해서 필요한 정보는 다음과 같다.

- **pop** : 이진 스트링으로 구성된 2차원 배열
- **popsize** : 집단의 염색체 개수
- **lsubstr** : $\vec{s}_1$, $\vec{s}_2$의 스트링 길이 정보를 담고 있는 벡터
- **xub/xlb** : 복호화된 변수의 상한값/하한값을 담고 있는 벡터

**1단계** : [예제 8.5]에서 스트링 벡터 $\vec{s}$를 복호화하는 VI를 이미 만들었으므로, **예제 8.5(2).vi**를 실행한 후 [그림 10-7]과 같이 프런트패널의 **파일** 메뉴에서 **다른 이름으로 저장**을 선택하여 **예제 10.1.vi**로 저장한다.

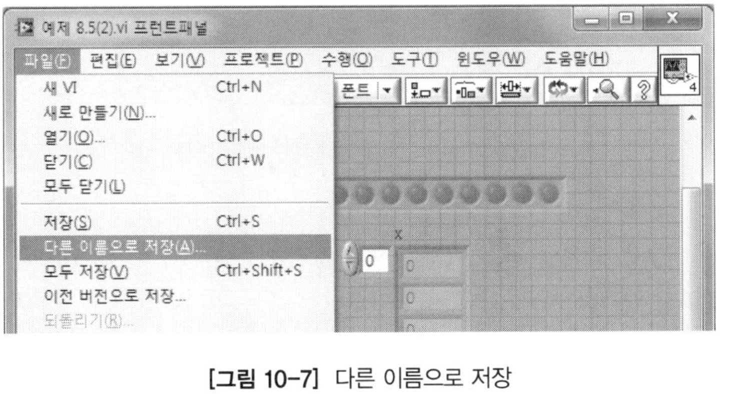


**[그림 10-7]** 다른 이름으로 저장

**2단계** : [그림 10-8]과 같이 블록다이어그램에서 **For 루프**를 제외한 나머지 개체(**s**, **x(U)**, **x(L)**, **x**, **u**, **배열 크기** 함수, **나누기** 함수)를 모두 삭제한다. 그리고 초기 집단을 생성하는 bInitPop SubVI를 블록다이어그램으로 가져온다.

※ **SubVI**를 블록다이어그램으로 가져오는 방법은 1부의 7.1절 수동으로 SubVI 생성하기 8단계 참고

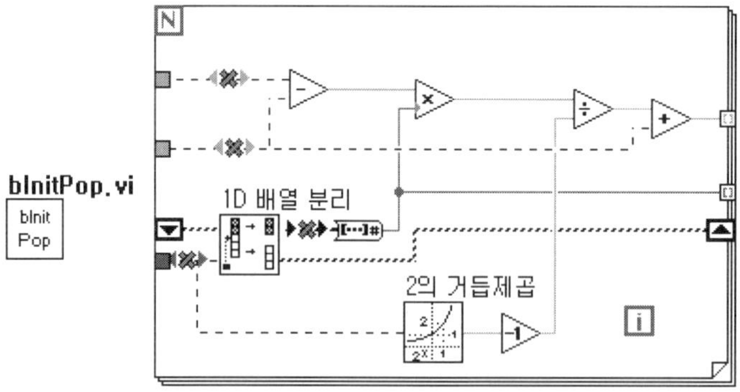


[그림 10-8] bInitPop SubVI 불러오기

**3단계** : [그림 10-9]와 같이 집단의 염색체 개수를 결정하기 위한 **숫자형 컨트롤 popsize**와 각 염색체의 스트링 길이 정보를 담고 있는 **lsubstr 배열**, 복호화된 변수의 상한값과 하한값을 담고 있는 **xub**, **xlb 배열**을 프런트패널에 생성한다. 이때 **lsubstr 배열**과 **popsize**의 **데이터 타입**은 **부호없는 롱(U32) 정수형**으로 변경한다.

※ 프런트패널에서 **1차원 배열** 만들기는 1부의 4.1.1절 참고

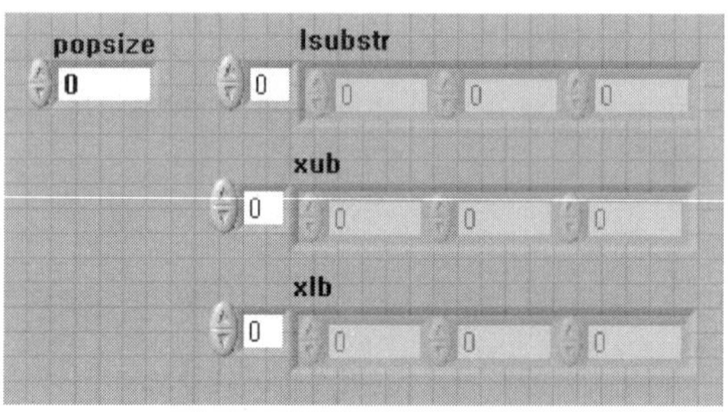


[그림 10-9] 컨트롤 및 1차원 배열 생성

**4단계** : 블록다이어그램에 **배열 원소 더하기** 함수를 추가한 후 [그림 10-10]과 같이 popsize와 lsubstr 배열을 bInitPop SubVI에 와이어로 연결한다. 그리고 bInitPop의 출력 터미널에서 마우스 오른쪽 클릭하여 **생성→인디케이터**를 선택한다.

※ **배열 원소 더하기** 함수는 1부의 4.1.2절 [예제 4.2] 참고

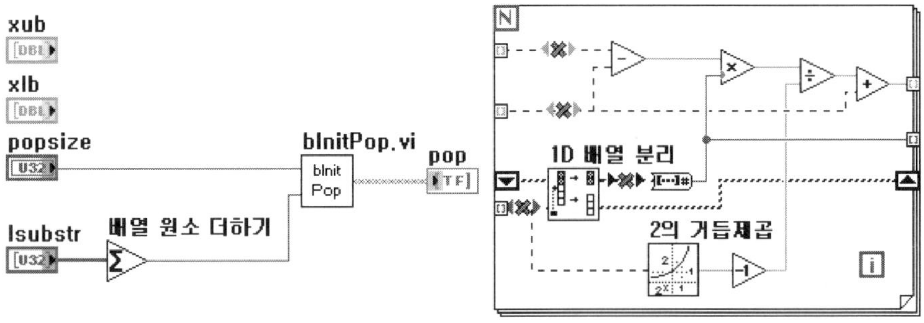


[그림 10-10] 배열 원소 더하기 함수 추가

**5단계 :** bInitPop SubVI에서 출력되는 초기 집단은 2차원 불리언 배열이므로 [그림 10-11]과 같이 **For 루프**를 추가하여 이중 **For 루프**를 만들고 와이어로 연결한다.

그리고 배열 **xub**, **xlb**, **lsubstr**의 각 원소가 내부 **For 루프**에서 하나씩 분리되도록 하기 위해서 [그림 10-11]에서 화살표가 가리키는 **오토인덱스 터널**을 마우스 오른쪽 클릭하여 **인덱싱 비활성화**를 선택한다. 참고로 외부 **For 루프**는 초기 집단인 2차원 불리언 배열을 한 행씩 추출하기 위한 것이고, 그 역할을 bInitPop SubVI에 의해서 만들어진 **오토인덱스 터널**이 수행하기 때문이다.

한편, [그림 10-11]에서 사각형으로 표시한 와이어는 필요 없으므로 삭제한다.

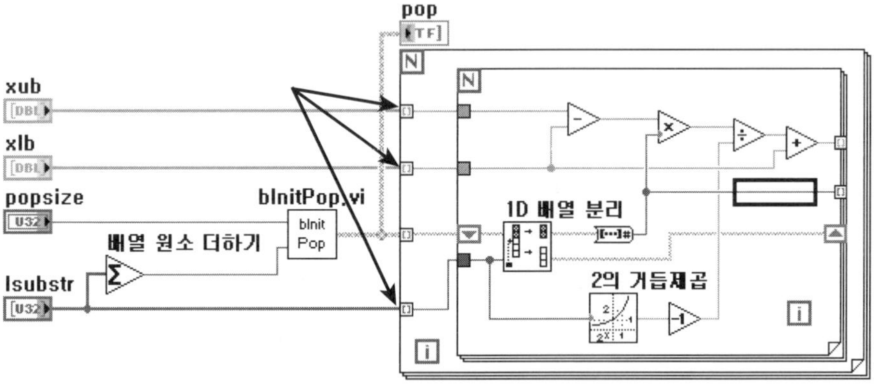


[그림 10-11] For 루프 추가

**6단계 :** [그림 10-12]와 같이 외부 **For 루프**의 **오토인덱스 터널**에서 마우스 오른쪽 클릭하여 **생성 → 인디케이터**를 선택하면 **배열**이 생성된다. 생성된 **배열**의 **라벨**을 x로 변경한다.

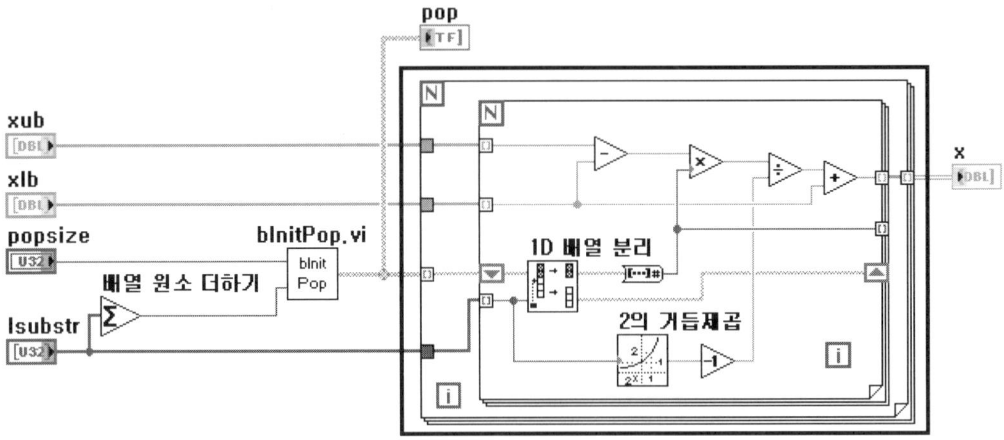


[그림 10-12] 완성된 VI

그리고 프런트패널을 [그림 10-13]과 같이 정리한 후 예제의 값을 입력하여 VI를 실행시켜보자.

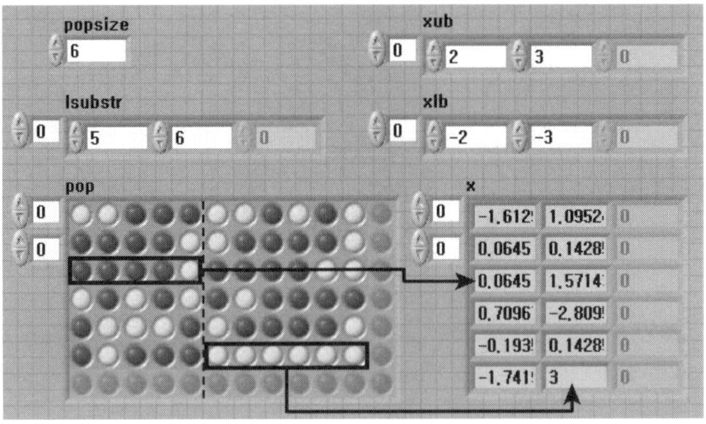


[그림 10-13] 예제 10.1.vi의 실행 결과

**7단계 :** 본 예제에서 집단을 복호화하는 프로그램은 추후 단순 유전 알고리즘(SGA)에서 계속 사용될 것이므로 **SubVI**로 만든다. SubVI를 만드는 방법은 두 가지가 있는데 여기서는 1부 7.2절에서 배운 **자동으로 SubVI 생성하기** 방법을 이용한다. 먼저 [그림 10-12]에서 사각형으로 표시한 것과 같이 마우스로 선택한다.

**8단계 :** [그림 10-14]와 같이 편집 메뉴에서 **SubVI 생성**을 선택하면 자동으로 [그림 10-15]와 같이 되는데, 블록다이어그램을 보기 좋게 정리한다.

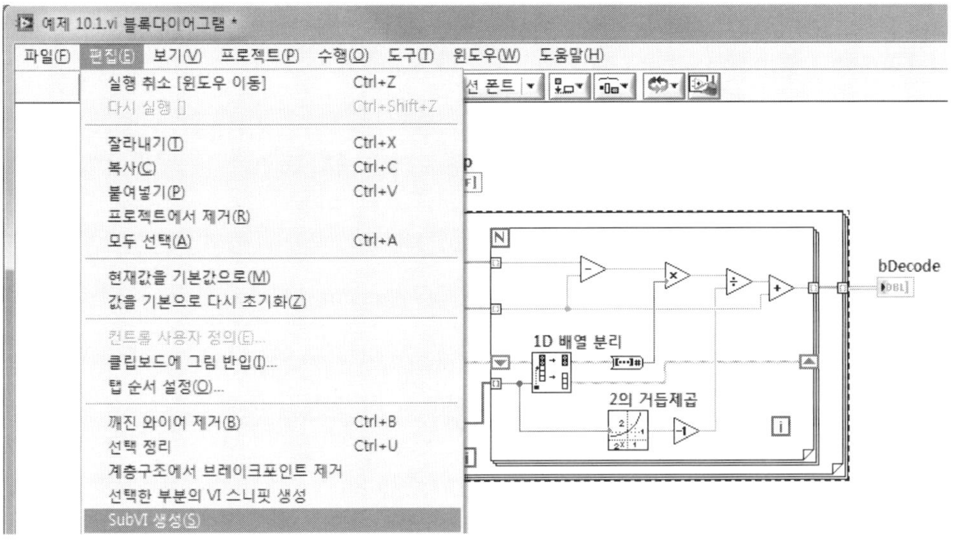

[그림 10-14] 편집 메뉴 → SubVI 생성

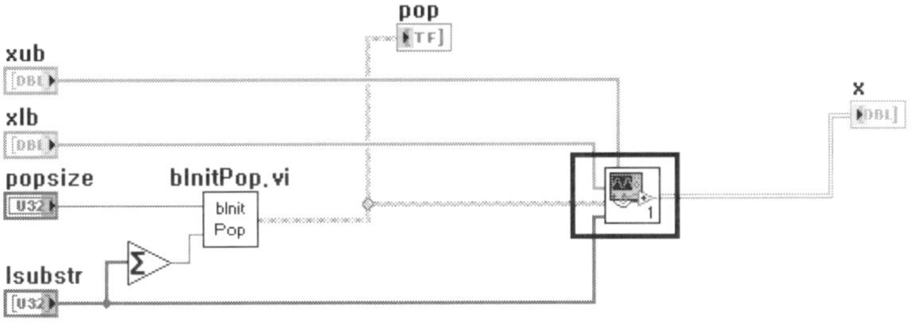

[그림 10-15] 자동으로 생성된 SubVI

**9단계 :** [그림 10-15]에서 사각형으로 표시한 아이콘을 더블 클릭하면 [그림 10-16]과 같이 SubVI 프로그램이 열린다. 먼저 **파일** 메뉴에서 **저장**을 선택하여 **bDecode.vi**로 저장한다. 그리고 그림에서 사각형으로 표시한 **배열**의 **라벨**을 **x**로 변경한다.

※ **라벨**을 변경해야 하는 이유는 1부의 7.2절 **5단계**와 [그림 7-27] 참고

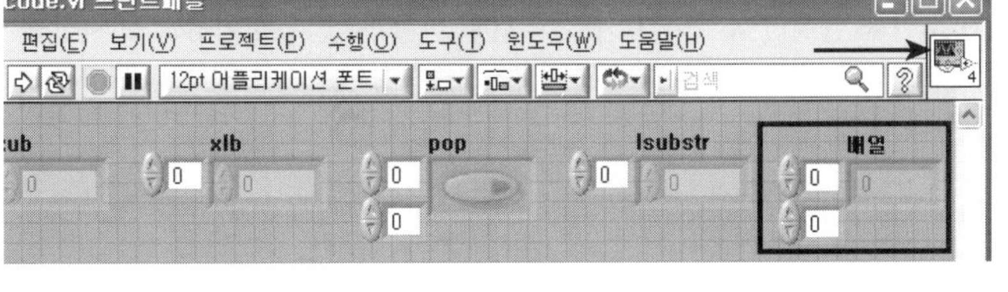

[그림 10-16] bDecode SubVI 수정

**10단계 :** [그림 10-16]에서 화살표가 가리키는 **아이콘**을 더블 클릭하면 **아이콘 편집기** 창이 열린다. 아이콘은 각자 편집한다. 하지만 중요한 것은 해당 SubVI가 어떤 기능을 하는지 한눈에 알아볼 수 있어야 한다는 것이다.

SubVI의 수정이 완료되었으면 저장하고 SubVI를 종료한다. **예제 10.1.vi**의 블록다이어그램이 [그림 10-17]과 같을 것이다.

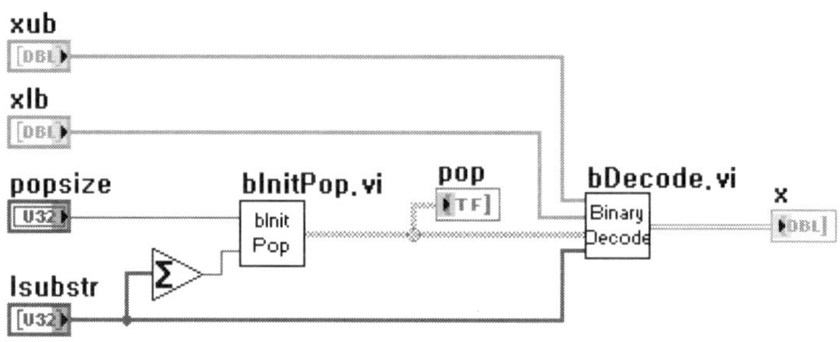


**[그림 10-17]** 예제 10.1.vi의 블록다이어그램

## 10.2 목적 함수 계산(EvalObj)

방금 살펴본 [예제 10.1]은 [그림 10-6]의 적합도 평가 절차의 첫 번째 단계인 복호화(Decode) 과정을 구현한 것이다. 그다음으로 해야 할 작업은 복호화된 변수 x를 목적 함수에 대입하여 값을 구하는 EvalObj SubVI를 만드는 것이다. EvalObj는 주어진 최적화 문제의 목적 함수값을 계산해주는 SubVI로서 문제마다 다를 수밖에 없으며, 본인 스스로 목적 함수를 VI로 구현해야 한다.

**예제 10.2**

[예제 10.1]을 이용하여 목적 함수의 값을 계산하는 EvalObj SubVI를 만들어라. 단 목적 함수는 $F(\vec{x}) = x_1^2 + x_2^2$이다.

**예제 풀이**

**1단계 : 예제 10.1.vi**를 실행한 후 프런트패널의 **파일** 메뉴에서 **다른 이름으로 저장**을 선택하여 **예제 10.2.vi**로 저장한다. 그리고 [그림 10-18]과 같이 블록다이어그램에 이중 **For 루프**를 생성한 후 와이어로 연결한다.

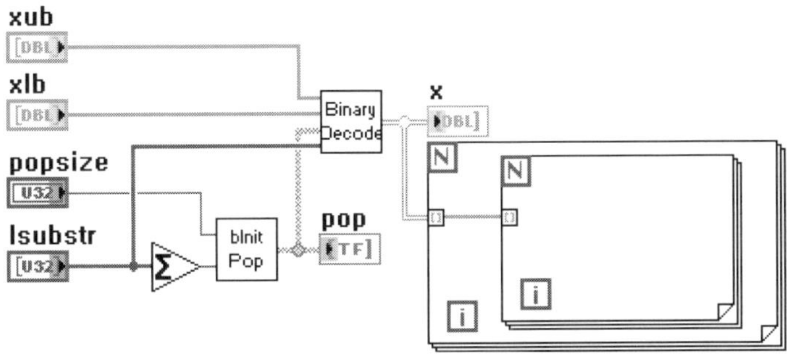


**[그림 10-18]** 이중 For 루프 생성

**2단계 :** [그림 10-19]와 같이 내부 **For 루프**에 목적 함수인 $F(\vec{x}) = x_1^{\,2} + x_2^{\,2}$을 구현한다. 그리고 외부 **For 루프**의 **오토인덱스 터널**에서 마우스 오른쪽 클릭하여 **생성→인디케이터**를 선택한다. 생성된 **배열**의 **라벨**을 F로 변경한다.

※ **제곱** 함수는 1부의 3.1.5절 참고

※ **시프트 레지스터** 활용법은 1부의 5.1.3절 참고

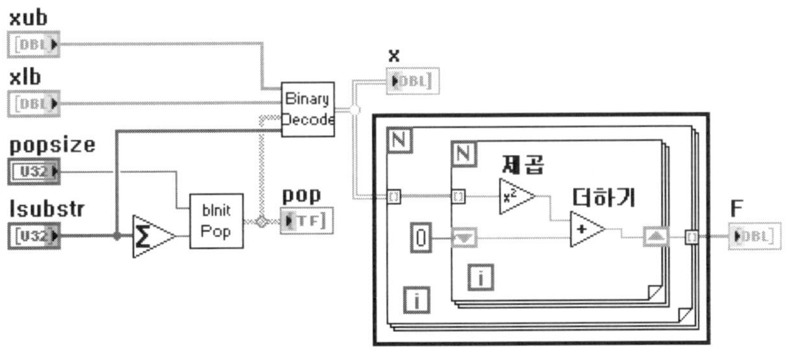


**[그림 10-19]** 목적 함수 구현

**3단계 :** [그림 10-20]과 같이 [예제 10.1]의 값을 입력하여 VI를 검증한다.

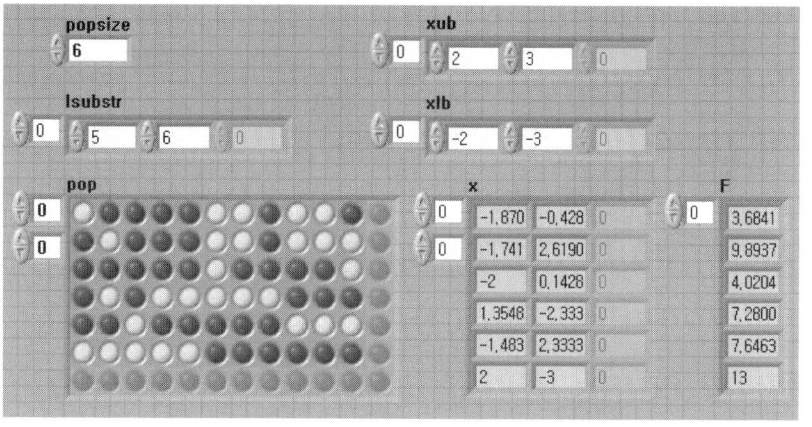


[그림 10-20] 예제 10.2.vi의 실행 결과

**4단계** : [그림 10-19]에서 사각형으로 표시한 부분을 [예제 10.1]의 **7단계~9단계**를 참고하여 [그림 10-21]과 같이 EvalObj SubVI로 만든다.

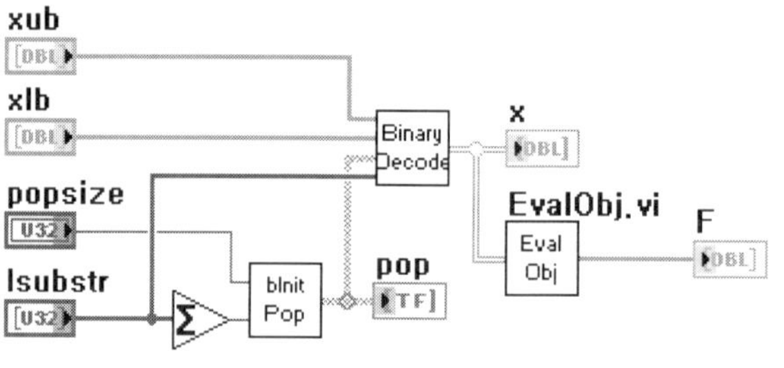


[그림 10-21] EvalObj SubVI 생성

## 10.3 적합도 계산(EvalFit)

EvalFit은 목적 함수값을 적합도값으로 변환해주는 SubVI이다. 적합도 계산 역시 목적 함수와 마찬가지로 문제에 의존적일 수밖에 없다.

### 예제 10.3

[예제 10.2]를 이용하여 적합도를 계산하는 EvalFit SubVI를 만들어라. 단 목적 함수는 $F(\vec{x}) = x_1^2 + x_2^2$이고, 적합도 함수는 식 (10.3)을 이용하기로 한다. 이때 $\gamma = 0.1$로 한다.

**예제 풀이**

목적 함수 및 적합도 함수를 3D 그래프로 나타내면 [그림 10-22]와 같다. LabVIEW에서 3D 그래프를 그리는 방법을 간략히 소개한다.

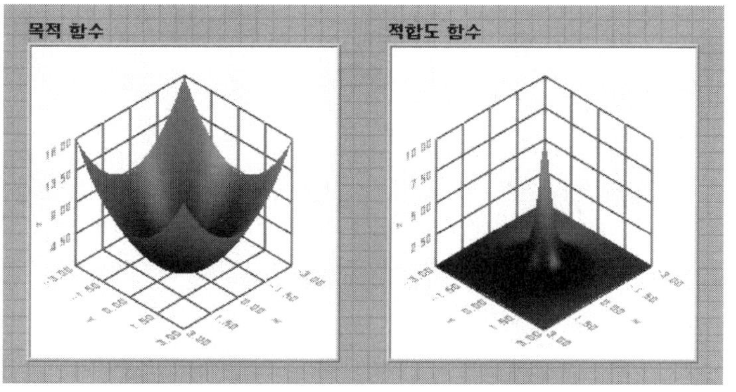


**[그림 10-22]** 목적 함수 및 적합도 함수의 3D 그래프

**1단계 :** LabVIEW에서 3차원 그래프를 그리기 위해서는 [그림 10-23]과 같이 프런트패널의 **컨트롤 팔레트**에서 **일반→그래프→3D 그래프→3D 표면 그래프**를 선택하면 된다. 그러면 [그림 10-24]와 같이 프런트패널에 **3D 표면 그래프**가 생성된다.

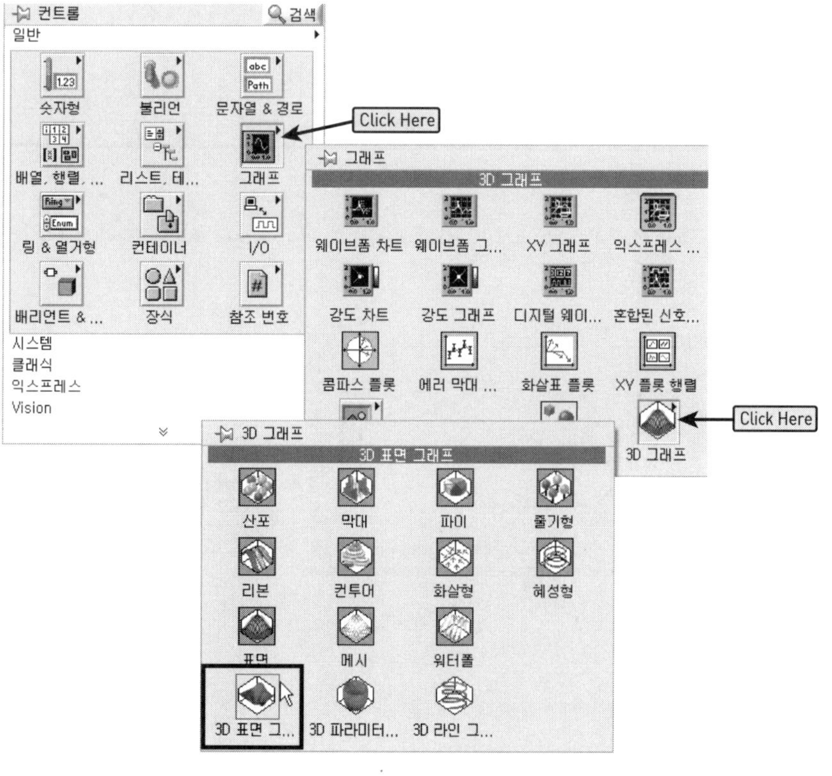


**[그림 10-23]** 3D 그래프 팔레트

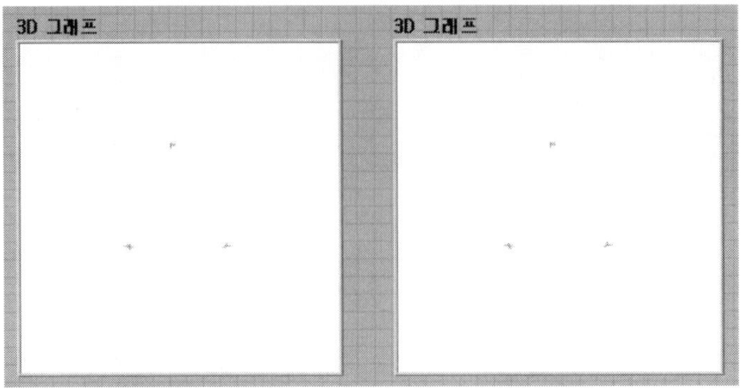


[그림 10-24] 3D 표면 그래프 생성

**2단계 :** 프런트패널에 **3D 표면 그래프**를 생성하면, 블록다이어그램에는 [그림 10-25]와 같이 **3D 표면 그래프.vi(create_plot_surface.vi)**와 **3D 그래프 인디케이터**가 자동으로 생성된다. 여기서 **3D 그래프 인디케이터**의 **라벨**을 각각 **Obj_Func**과 **Fit_Func**으로 변경한다.

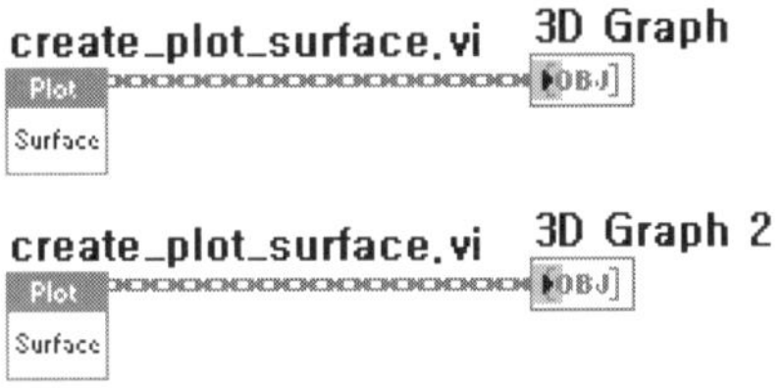


[그림 10-25] 3D 표면 그래프 VI

**3단계 :** x, y축의 정의영역을 $-3 \le x, y \le 3$, mesh 간격을 0.1로 하기 위해서 [그림 10-26]과 같이 이중 **For 루프**를 만든다.

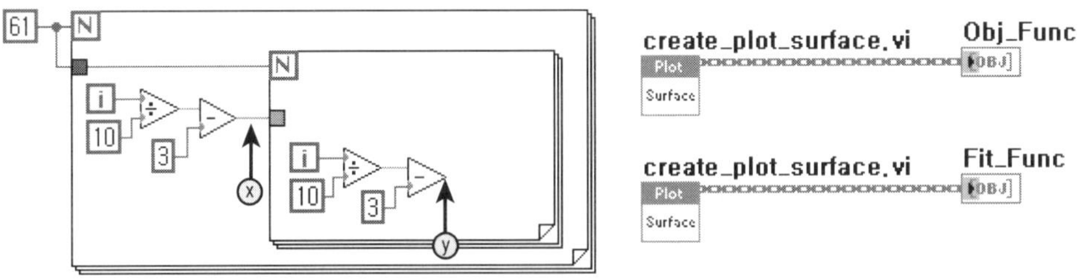


[그림 10-26] mesh 생성

**4단계 :** 각각의 mesh를 목적 함수($F(\vec{x}) = x_1^2 + x_2^2$)에 대입하여 z축 값을 구하기 위해서 [그림 10-27]과 같이 **제곱**, **더하기** 함수를 이용한다.

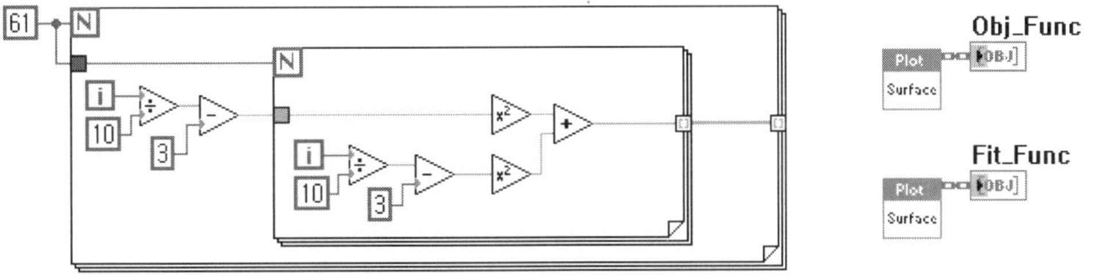


**[그림 10-27]** mesh 좌표에 따른 목적 함수 값 생성

**5단계 :** 각각의 mesh에 대하여 식 (10.3)을 구현하기 위해서 [그림 10-28]과 같이 **더하기**, **역수** 함수를 추가한 후 와이어로 연결하면 VI가 완성된다. 완성된 VI를 **목적 함수의 3D 그래프.vi**로 저장한 후 VI를 실행시켜보자. [그림 10-22]와 같은 결과를 얻을 것이다.

※ **역수** 함수는 1부의 3.1.5절 참고

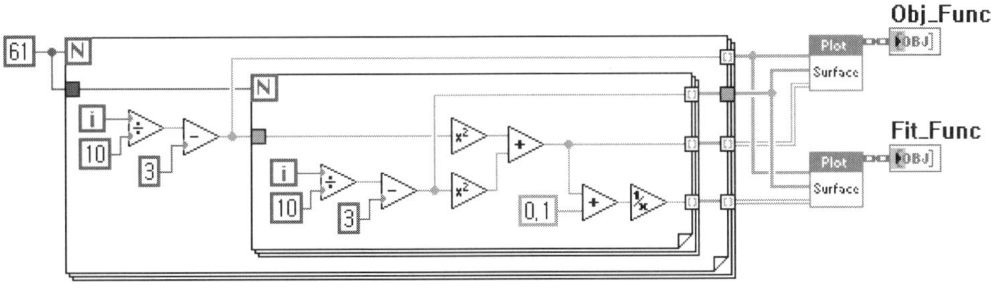


**[그림 10-28]** 완성된 3D 그래프

지금까지는 목적 함수와 적합도 함수를 시각적으로 확인하기 위한 것이었고, 이제부터 적합도를 계산하는 EvalFit SubVI를 만들어보자.

**6단계 : 예제 10.2.vi**를 실행한 후 프런트패널의 **파일** 메뉴에서 **다른 이름으로 저장**을 선택하여 **예제 10.3.vi**로 저장한다. 그리고 블록다이어그램에 **For 루프**를 생성한 후 [그림 10-29]와 같이 **For 루프**에 식 (10.3)을 구현한다. 또한 **For 루프**의 **오토인덱스 터널**에서 마우스 오른쪽 클릭하여 **생성 → 인디케이터**를 선택하고, 생성된 **배열**의 **라벨**을 **fitness**로 변경한다.

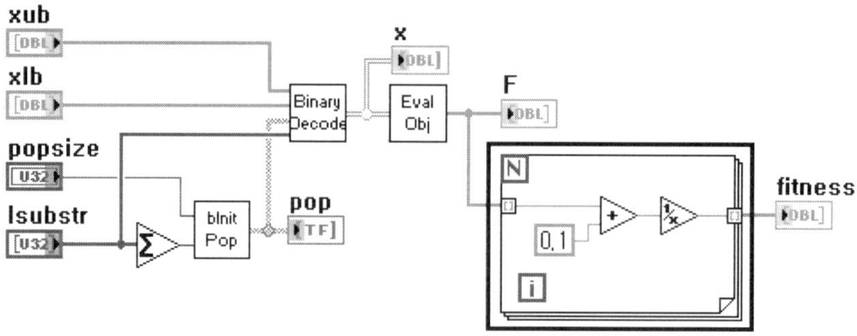


**[그림 10-29]** 적합도 함수 구현

**7단계 :** [그림 10-29]에서 사각형으로 표시한 부분을 [예제 10.1]의 **7단계~9단계**를 참고하여 [그림 10-30]과 같이 EvalFit SubVI로 만든다.

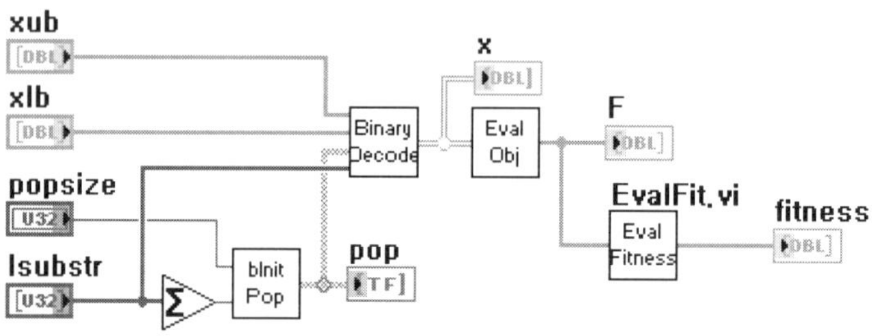


**[그림 10-30]** EvalFit SubVI 생성

**8단계 :** 만약 적합도 함수의 $\gamma$ 값을 잘못 선택하면 배열 fitness의 원소 중 어느 하나라도 음수가 될 수 있다. 따라서 배열 fitness의 원소 중 최소값이 0보다 작은지 판단하고, 사용자에게 알려주어 $\gamma$ 값을 수정하도록 해야 한다.

이를 위해서 [그림 10-31]과 같이 **사용자에게 메시지 디스플레이**를 생성하면 **사용자에게 메시지 디스플레이 설정** 창이 열린다. 설정 창의 **디스플레이할 메시지**에 '적합도 값 중 음수가 있습니다. $\gamma$ 값을 수정하십시오.'를 입력하고 **확인**을 선택한다.

※ **사용자에게 메시지 디스플레이**는 1부의 5.2.1절 [예제 5.9] 참고

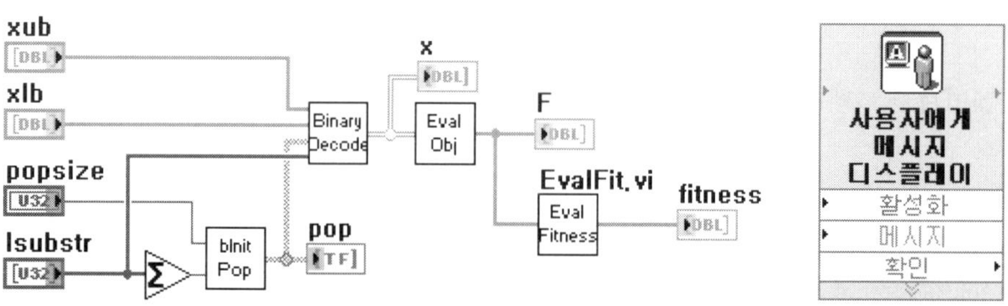


**[그림 10-31]** 사용자에게 메시지 디스플레이 추가

**9단계 : 배열 fitness**의 원소 중 최소값이 0보다 작은지 판단하기 위해서 [그림 10-32]와 같이 **배열 최대 & 최소**, **0보다 작음?** 함수를 추가한 후 와이어로 연결한다.

※ **배열 최대 & 최소** 함수는 1부의 4.2.8절 참고

※ **0보다 작음?** 함수는 1부의 5.2.1절 참고

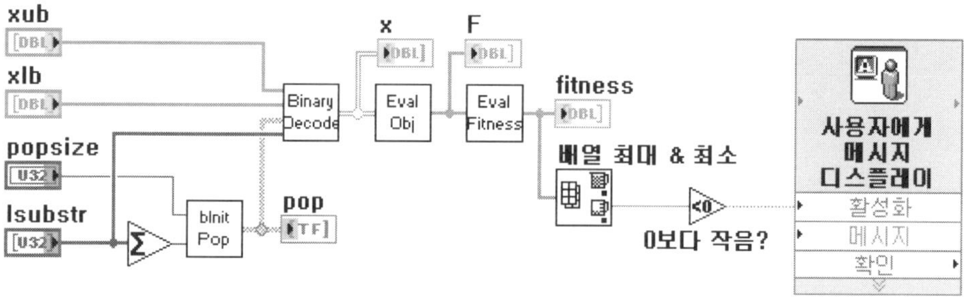


[그림 10-32] 적합도 함수의 최소값이 음수인지 판단

프런트패널을 [그림 10-33]과 같이 정리한 후 VI를 실행시켜보자. 그림에서 사각형으로 표시한 것과 같이 목적 함수($F(\vec{x}) = x_1^2 + x_2^2$)의 값 중 가장 작은 0.024가 식 (10.3)에 의해서 적합도 값은 가장 크게 나온 것을 알 수 있다.

이것은 6개의 염색체 중에서 4번째 염색체가 목적 함수에 가장 적합한 개체, 즉 최소값을 갖는 해($x_1 = -0.06$, $x_2 = 0.142$)임을 의미하는 것이다.

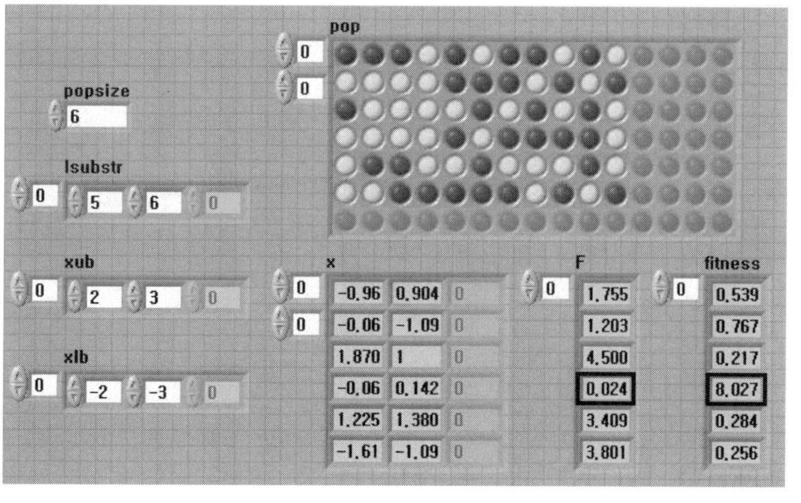


[그림 10-33] 예제 10.3.vi의 실행 결과

CHAPTER 11

# 기본 유전 연산자



유전 알고리즘의 핵심은 무엇보다도 자연의 진화 원리를 알고리즘 형태로 흉내 내려는 ***유전 연산자(Genetic Operator)***라고 해도 과언이 아닐 것이다. 만약 어떤 알고리즘이 유전 알고리즘으로 불리려면 다수의 필수적인 연산자들이 사용되어야 한다. 이들 중 어떤 연산자는 한 유전 알고리즘에는 포함되지만 다른 유전 알고리즘에서 생략되기도 하며, 같은 이름의 연산자일지라도 문제의 성격과 사용자의 입장에 따라 그 구조와 연산 방법이 다를 수 있다.

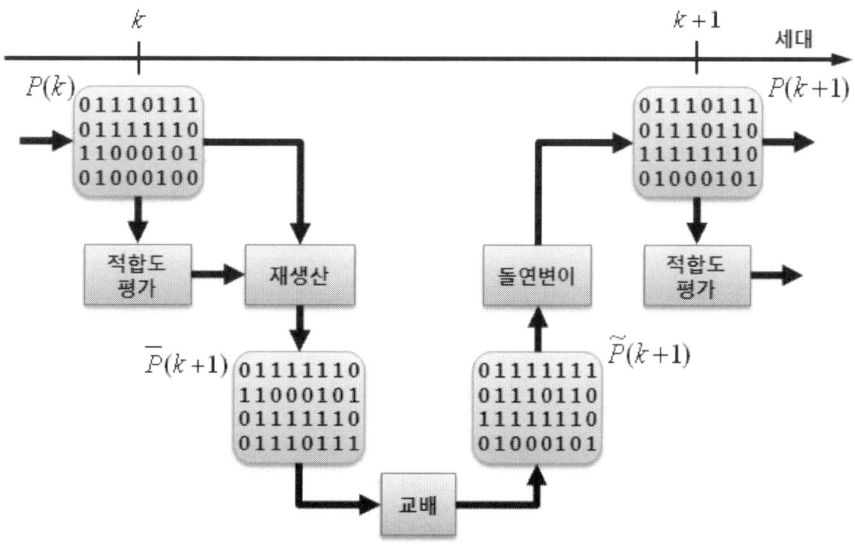


**[그림 11-1]** 단순 유전 알고리즘(SGA)의 구조

비록 알고리즘 간에 그러한 차이가 있다 해도 대부분의 유전 알고리즘들은 ***재생산(Reproduction)***, ***교배(Crossover)***, ***돌연변이(Mutation)***를 포함하고 있다. 이 장에서는 SGA의 기본 유전 연산자를 중심으로 그 원리를 살펴본다.

[그림 11-1]은 단순 유전 알고리즘의 구조로써 현 세대의 집단 $P(k)$가 연산자를 통해 다음 세대의 집단 $P(k+1)$로 진화해가는 과정을 도식적으로 보여주고 있다. 이 과정에서 두 임시 집단이 생성된다. 본서에서는 이들을 구별하기 위해서 $\overline{P}(k+1)$와 $\widetilde{P}(k+1)$로 표기하기로 한다. 특히 전자를 ***교배급원(Mating Pool)*** 또는 ***집단급원(Population Pool)***이라 부른다. 이후로 $\overline{P}$ 내의 염색체를 $\overline{s}$로, $\widetilde{P}$ 내의 염색체를 $\widetilde{s}$로 표기하기로 한다.

## 11.1 재생산(Reproduction)

자연에서 환경은 더 적합한 생물들이 더 높은 생존 기회를 갖도록 이들의 생존을 조절하는 기능을 가진다. 이런 환경을 통하여 생물들은 생존경쟁에 이기면 살아남고 지면 도태되는데, 재생산은 ***적자생존(Survival of the Fittest)*** 또는 ***자연도태(Natural Selection)*** 현상을 모방하려는 인위적인 메커니즘이다.

이를 알고리즘으로 구현한 ***재생산 연산자(Reproduction Operator)***는 적합도 값을 기반으로 집단 $P(k)$ 내의 개체들을 선택하여 **교배급원** $\overline{P}(k+1)$을 형성한다. 이러한 선택은 전체 집단을 강하게 해주는 특징을 가진다. 다시 말하면 약한 개체들을 집단에서 몰아내고 강한 개체를 선택함으로써 이들의 유전자들이 이후 세대의 집단에서 넓게 퍼지도록 해준다.

재생산을 알고리즘으로 구현한 방법으로는 여러 가지가 있다. ***룰렛휠 선택(Roulette Wheel Selection)***, ***토너먼트 선택(Tournament Selection)***, ***순위에 기초한 선택(Ranking-based Selection)*** 등이 여기에 해당된다. 이 중에서 사용자에게 폭넓게 인정되고 있는 방법은 단순 유전 알고리즘에서 채용하고 있는 룰렛휠 선택이다. 본서에서는 '룰렛휠 선택'과 '토너먼트 선택' 재생산 알고리즘에 대해서 알아볼 것이다.

### 11.1.1 룰렛휠 선택(Roulette Wheel Selection)

룰렛휠 선택에 기초한 재생산 알고리즘은 크게 준비 단계와 동작 단계로 구분된다.

#### 1 준비 단계

**1단계 :** 개체들의 적합도 합을 계산한다.

$$f_{sum}(k) = \sum_{i=1}^{N} f_i(k) \tag{11.1}$$

단 $f_i(k) = f(s_i(k))$는 $i$번째 개체의 적합도이다.

**2단계 :** 각 개체의 선택 확률(Selection Probability)을 계산한다.

$$P_s(s_i(k)) = \frac{s_i(k)}{\text{개체들의 적합도 합}} = \frac{f_i(k)}{f_{sum}(k)} (1 \le i \le N) \tag{11.2}$$

**3단계 :** 선택 확률의 백분율에 따라 룰렛휠의 슬롯(Slot) 면적을 할당한다.

### 2 동작 단계

**1단계 :** 룰렛휠을 돌려 정지할 때 개체 하나를 선택한다.

**2단계 :** 선택된 개체를 교배급원에 복제한다.

동작 단계는 교배급원에 복제된 개체수와 집단 크기가 일치될 때까지 반복된다. [그림 11-2]는 룰렛휠 선택으로 구현되는 재생산 알고리즘을 나타낸다.

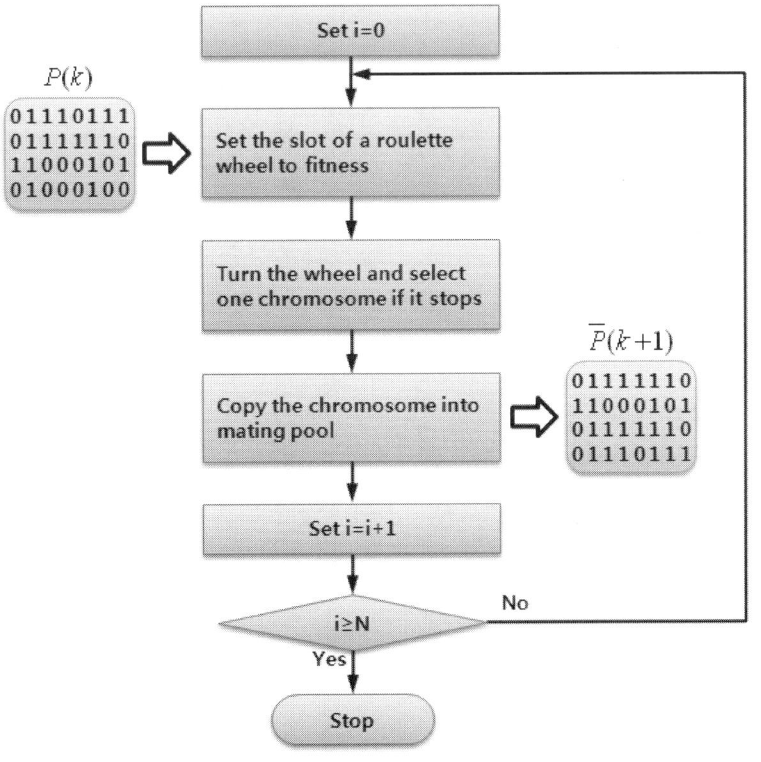


**[그림 11-2]** 룰렛휠 선택에 기초한 재생산 알고리즘

좀 더 쉬운 이해를 위해서 재생산 연산이 수행된 결과를 [그림 11-3]에 나타내었다. 슬롯 면적이 가장 넓은 2번 염색체는 2번 선택되었고, 1번과 3번 염색체는 각각 1번씩 선택되었다. 짐작할 수 있듯이 슬롯 면적이 가장 작은 4번 염색체는 확률적으로 선택되지 못하고 소멸되었다.

| $i$ | 염색체 $s_i(k)$ | 적합도 $f_i(k)$ | 선택 확률 $P_s(s_i(k))$ |
|---|---|---|---|
| 1 | 01110111 | 9.8 | 18.0 |
| 2 | 01111110 | 24.5 | 45.0 |
| 3 | 11000101 | 16.9 | 31.1 |
| 4 | 01000100 | 3.2 | 5.9 |
| 합계 | | 54.4 | 100.0 |

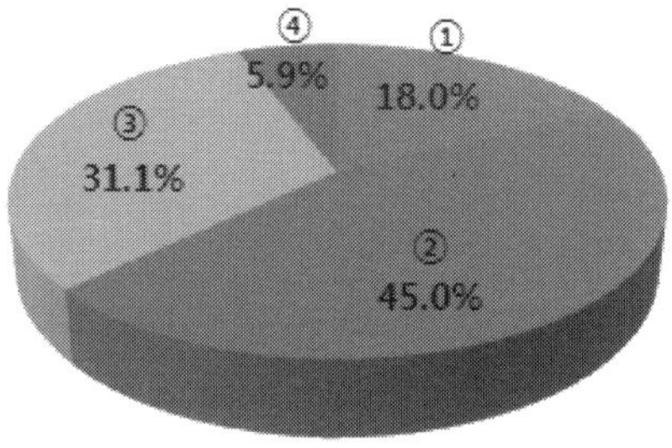


| $i$ | 염색체 $\bar{s}_i(k)$ |
|---|---|
| 1 | 01111110 |
| 2 | 11000101 |
| 3 | 01111110 |
| 4 | 01110111 |

**[그림 11-3]** 룰렛휠 선택에 기초한 재생산 예

룰렛휠 선택은 선택 확률의 크기에 따라 이전의 집단에서 염색체를 선택하고 복제할 뿐 유전자를 변경할 수 없기 때문에 집단 내 전체 유전자형의 변화에는 영향을 주지 못한다. 또한 확률적 속성 때문에 선택 과정에서 ***최적자(the fittest)***를 선택하지 못할 수도 있는 단점이 있다(마찬가지 원리로 선택 확률이 매우 작아 집단에서 없어져야 할 열성유전자가 운 좋게 선택될 수도 있다). 이를 보완해줄 수 있는 한 방법이 ***엘리트 전략(Elitist Strategy)***인데 자세한 것은 14장에서 다루기로 한다.

**예제 11.1**

[예제 10.3]을 이용하여 룰렛휠 선택을 이용한 재생산 연산자 RwSel SubVI를 만들어라.

**예제 풀이**

**1단계 :** **예제 10.3.vi**를 실행한 후 프런트패널의 **파일** 메뉴에서 **다른 이름으로 저장**을 선택하여 **예제 11.1.vi**로 저장한다.

**2단계 :** 재생산 연산을 위해서 가장 먼저 해야 할 작업은 적합도 평가 결과를 토대로 식 (11.1)과 같이 모든 개체의 적합도 합을 구하는 것이다. 이를 위해서 프런트패널에 적합도 합을 표시할 **숫자형 인디케이터**를 생성한 후 **라벨**을 **fitsum**으로 변경한다. 그리고 블록다이어그램에 **배열 원소 더하기** 함수를 추가한 후 [그림 11-4]와 같이 와이어로 연결한다.

※ **배열 원소 더하기** 함수는 1부의 4.1.2절 [예제 4.2] 참고

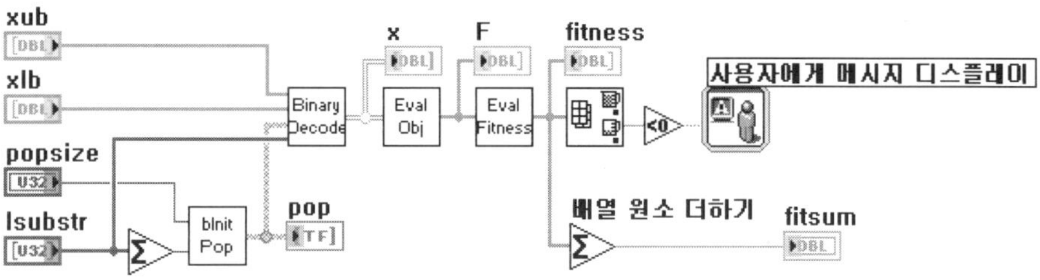


[그림 11-4] 식 (11.1)의 적합도 합 계산

**3단계 :** 적합도 합이 0이 아닌지 여부를 체크하여 참이면(모든 개체의 적합도가 0이 아님) 룰렛휠로 선택하고, 그렇지 않으면(모든 개체의 적합도가 0임) 무작위로 선택한다. 이를 위해서 [그림 11-5]와 같이 블록다이어그램에 **0과 같지 않음?** 함수와 **케이스 구조**를 추가하여 와이어로 연결한다.

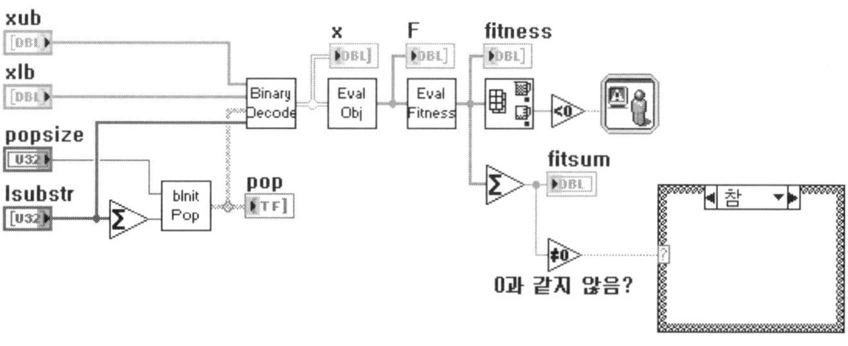


[그림 11-5] 적합도 합이 0이 아닌지 여부

**4단계 :** 각 염색체의 선택 확률과 누적 확률을 구하기 위해서 [그림 11-6]과 같이 **참 케이스**에 식 (11.2)를 구현한다. 선택 확률은 각 염색체의 적합도(fitness)를 적합도 합(fitsum)으로 나눈 것이며, 누적 확률은 선택 확률의 합을 **시프트 레지스터**를 이용하여 누적한 것이다.

※ **시프트 레지스터**는 1부의 5.1.3절 참고

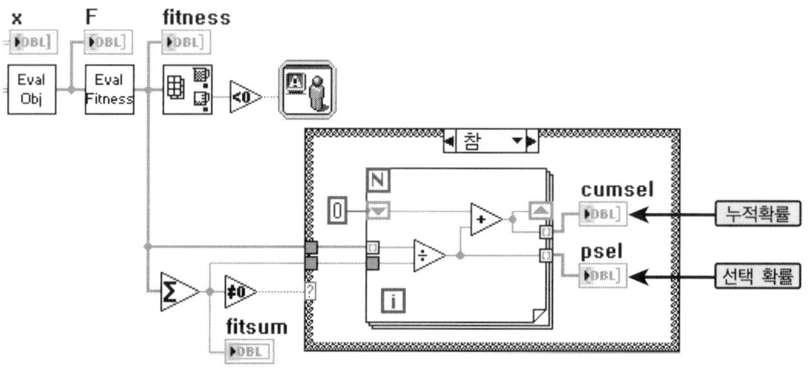


[그림 11-6] 식 (11.2)의 선택 확률과 누적 확률 계산

[그림 11-7]과 같이 프런트패널을 정리한 후 popsize, lsubstr, xub, xlb의 값을 입력하여 VI를 실행시켜 검증해보자.

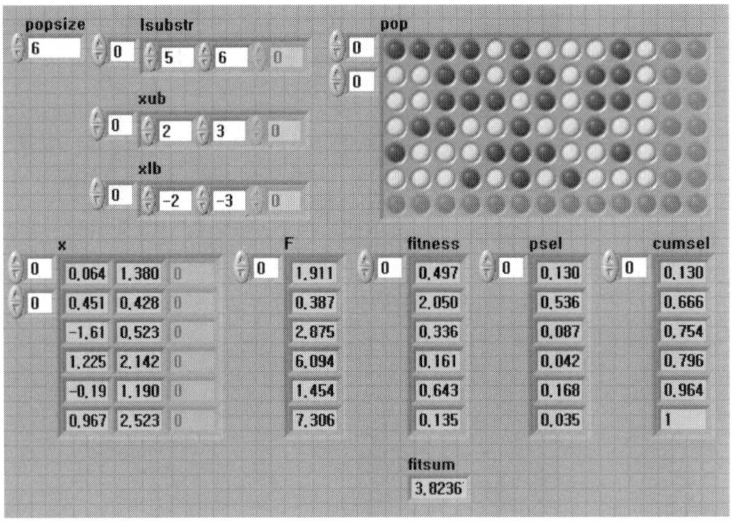


**[그림 11-7]** 룰렛휠 선택의 준비 단계 검증

**5단계 : 4단계**를 통해서 [그림 11-3]의 원형 차트와 같은 룰렛휠이 만들어졌다. 다음 절차는 화살을 룰렛휠에 쏘아서 선택 확률에 따라 개체를 재생산하는 것이다. 그러나 컴퓨터상에서 룰렛휠을 돌리고 화살을 쏠 수는 없으므로, 이와 동일한 효과를 얻기 위한 전략이 필요하다. 이를 위해서 [그림 11-8]과 같이 매번 난수를 발생시키고 이를 누적 확률값과 차례로 비교한다. **While 루프**의 조건이 참일 때까지 비교는 계속되고 거짓이면 중지되는데, 이때 선택될 개체의 **인덱스** 번호가 구해진다.

※ **배열 크기** 함수는 1부의 4.2.1절 참고

※ **배열 인덱스** 함수는 1부의 4.2.2절 참고

※ **난수(0~1)** 함수는 1부의 3.1.6절 참고

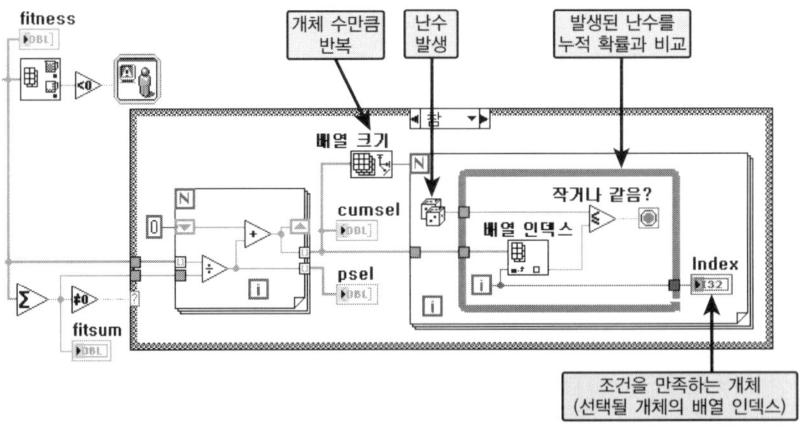


**[그림 11-8]** 룰렛휠 선택의 동작 단계 구현

**6단계 :** 5단계를 통해서 선택될 개체가 결정되었으므로 이전 집단(pop)에서 개체를 추출하여 새로운 집단(newpop)을 생성하도록 [그림 11-9]와 같이 블록다이어그램을 수정한다.

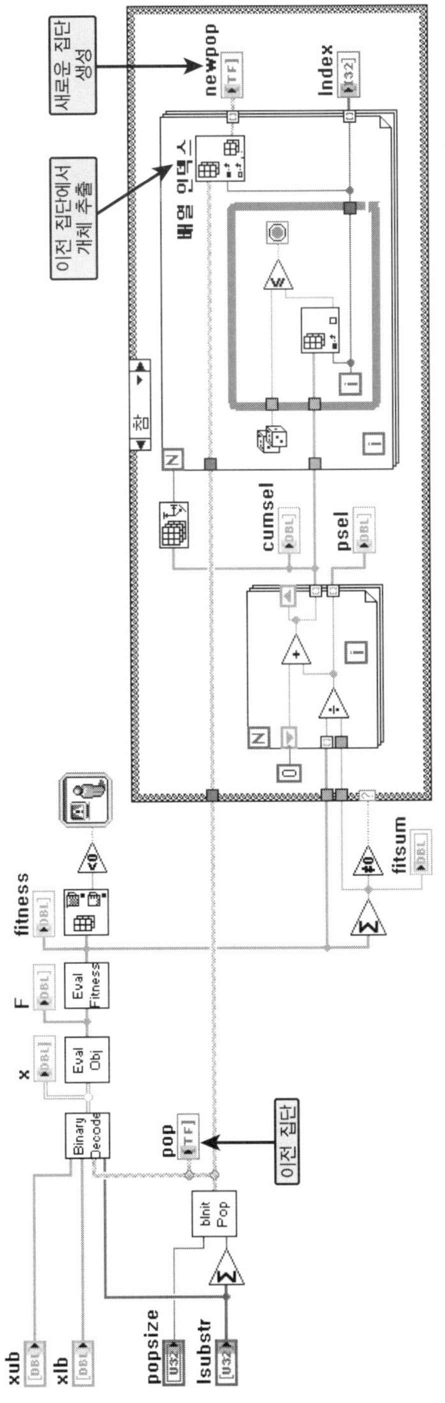

[그림 11-9] 완성된 룰렛휠 선택 연산

[그림 11-10]과 같이 프런트패널을 수정한 후 VI를 실행시켜보자. 그림에서 이전 집단(pop)의 6번째 개체(인덱스 = 5)가 약 56.6%로 선택 확률이 가장 높다. 그 결과 newpop에서는 세 번 선택된 것을 알 수 있다.

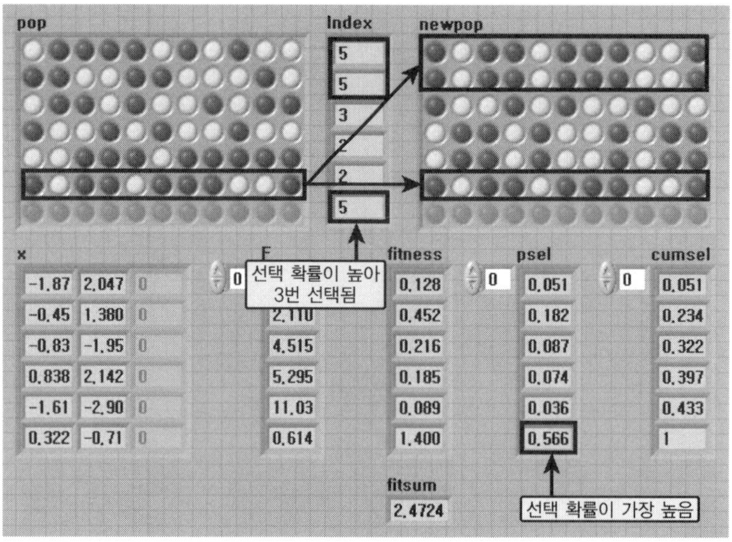


[그림 11-10] 룰렛휠 선택 연산 검증

지금까지는 3단계에서 설명하였듯이 적합도의 합이 0이 아닌 경우 룰렛휠 선택 알고리즘을 구현하였다. 이제는 적합도의 합이 0이 되어 룰렛휠 선택을 할 수 없을 경우를 대비하여 무작위로 선택하는 알고리즘을 구현할 것이다.

**7단계 :** 그 전에 [그림 11-10]과 같이 독자의 이해를 돕기 위해 생성한 개체인 fitsum(적합도 합), cumsel(누적 확률), psel(선택 확률), index를 삭제한다. 그리고 [그림 11-11]에서 사각형으로 표시한 **배열 크기** 함수와 **newpop 배열**을 **케이스 구조** 밖으로 옮긴 후 와이어를 다시 연결하여 정리한다.

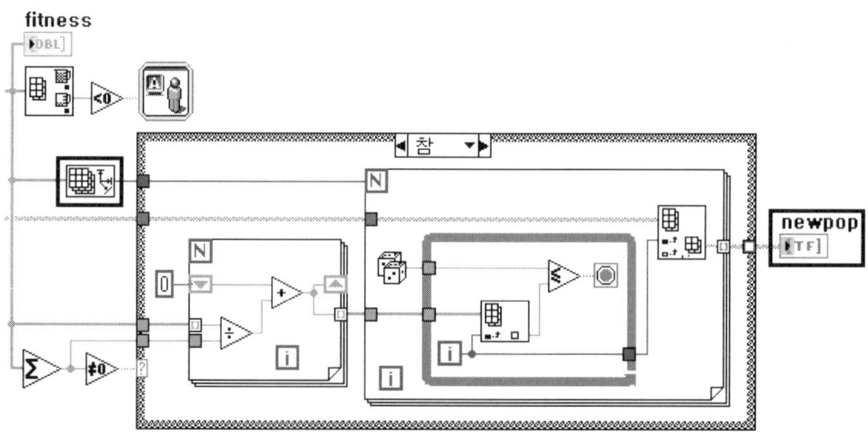


[그림 11-11] 블록다이어그램 정리

**8단계 :** [그림 11-12]와 같이 **거짓 케이스**에 무작위 추출 알고리즘을 구현한다. 그림에서 사각형으로 표시한 부분은 0 이상 N 미만의 임의의 정수를 발생시키는 것이다. 여기서 N은 집단(pop)의 개체 수를 의미한다. 즉 6개의 개체로 이루어진 집단이라면 0부터 5 사이의 임의의 정수를 발생시킨다.

※ **버림** 함수는 1부의 3.1.4절 참고

※ **롱 정수로** 함수는 1부의 3.1.6절 참고

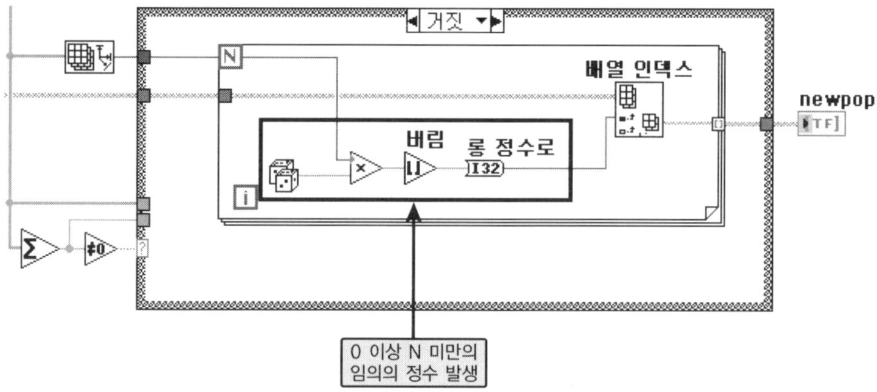


[그림 11-12] 무작위 추출 알고리즘 구현

**9단계 :** 0 이상 N 미만의 임의의 정수를 발생시키는 작업은 앞으로 많이 사용될 것이므로 [그림 11-13]과 같이 Pickup SubVI로 만든다.

※ **자동으로 SubVI 생성하기**는 1부의 7.2절 참고

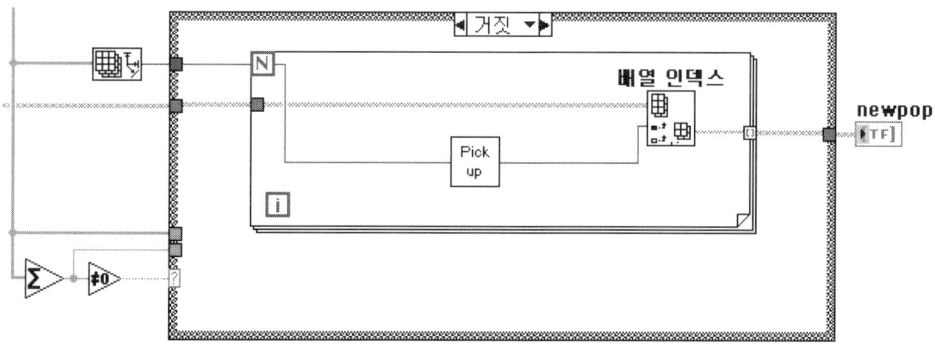


[그림 11-13] Pickup SubVI 생성

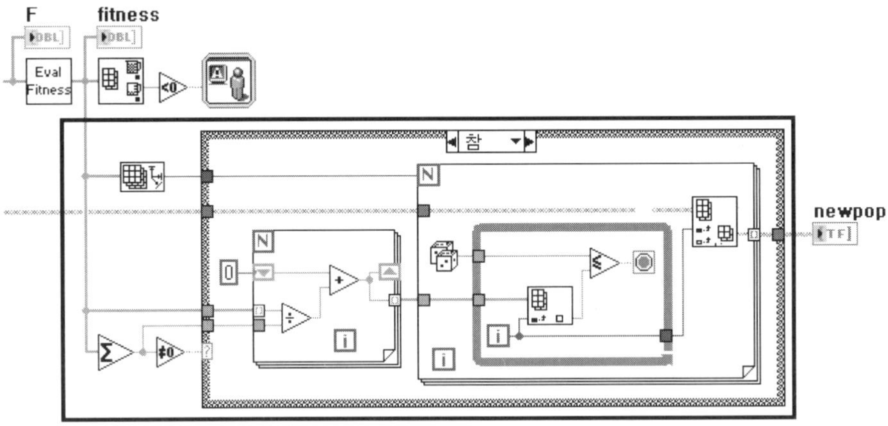


[그림 11-14] 완성된 룰렛휠 선택 재생산 연산자 VI

**10단계** : 9단계를 통해서 룰렛휠 선택 알고리즘이 완성되었다. 이것 역시 앞으로 계속 사용될 것이므로 [그림 11-14]에서 사각형으로 표시한 부분을 이용하여 RwSel SubVI로 만든다. RwSel SubVI의 입력은 pop과 fitness이며, 출력은 newpop이다.

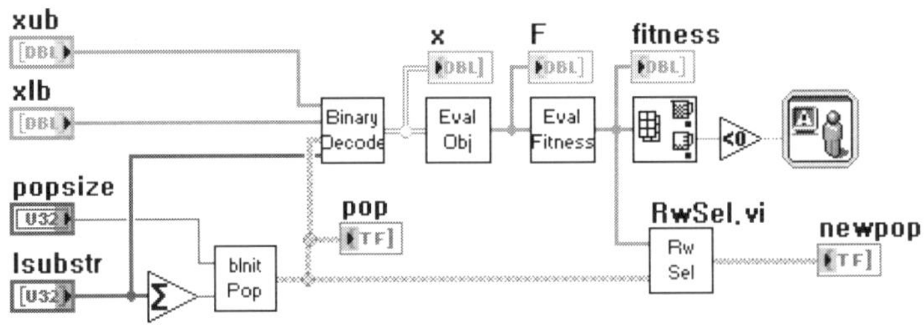


[그림 11-15] 룰렛휠 선택(RwSel) SubVI 생성

## 11.1.2 토너먼트 선택(Tournament Selection)

토너먼트 선택은 스포츠나 게임에서 자주 접할 수 있는 경쟁적으로 개체를 선택하는 방식이다. 한 번의 시도에서 집단으로부터 $L \in [2, N]$개의 개체를 선택하고, 이 중에서 최적의 개체를 골라내어 교배급원에 복제한다. 이와 같은 과정은 $N$개의 개체가 선택될 때까지 반복된다. 선택되는 개체의 수 $L$을 ***토너먼트 크기(Tournament Size)***라 한다. $L$을 크게 할수록 선택압은 증가한다. 토너먼트 선택이 두 개체($L = 2$) 사이에서 일어나게 되면 이를 ***이진 토너먼트(Binary Tournament)***라 한다.

**예제 11.2**

[예제 10.3]을 이용하여 토너먼트 선택을 이용한 재생산 연산자 TournSel SubVI를 만들어라.

**예제 풀이**

**1단계 : 예제 10.3.vi**를 실행한 후 프런트패널의 **파일** 메뉴에서 **다른 이름으로 저장**을 선택하여 **예제 11.2.vi**로 저장한다.

**2단계 :** [그림 11-16]에서 사각형으로 표시한 부분과 같이 **For 루프**, **배열 크기** 함수, **Pickup** SubVI 등을 이용하여 블록다이어그램을 만든다. 그림에서 원으로 표시한 부분은 토너먼트 대상을 선정하기 위한 것이다. 토너먼트 크기는 $L \in [2, N]$ 사이의 값을 선택할 수 있지만, 여기서는 $L = 3$인 토너먼트를 사용한다.

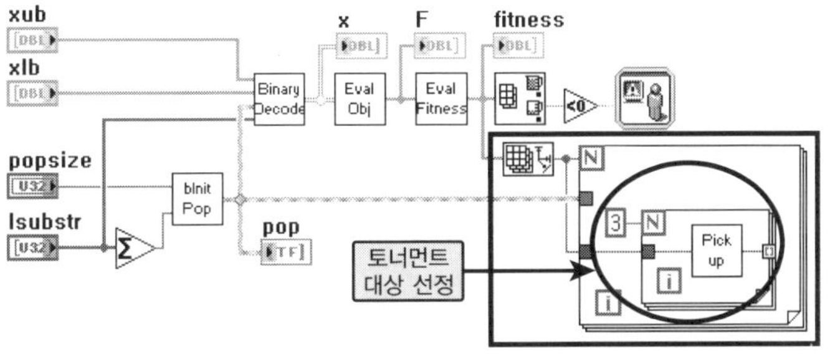


**[그림 11-16]** 토너먼트 대상 선정($L = 3$)

**3단계 :** 임의로 선정된 3개의 토너먼트 대상을 상대로 토너먼트를 시행하기 위해서 [그림 11-17]에서 사각형으로 표시한 부분과 같이 **For 루프**, **배열 인덱스** 함수, **배열 최대 & 최소** 함수를 이용하여 블록다이어그램을 만든다.

※ **배열 인덱스** 함수는 1부의 4.2.2절 참고

※ **배열 최대 & 최소** 함수는 1부의 4.2.8절 참고

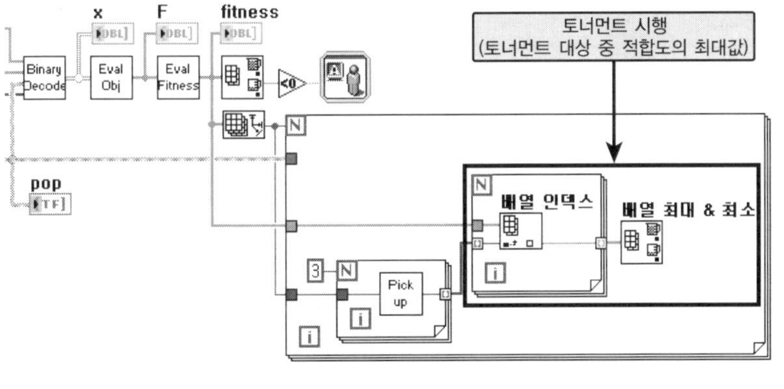


**[그림 11-17]** 토너먼트 시행

**4단계 :** 3단계를 통해서 집단(pop) 중에서 몇 번째 개체가 최적 개체임을 알았으므로 [그림 11-18]에서 사각형으로 표시한 부분과 같이 이전 집단(pop)에서 최적 개체를 추출하도록 한다. 마지막으로 **For 루프**의 **오토인덱스 터널**에서 마우스 오른쪽 클릭하여 **생성→ 인디케이터**를 선택하면 배열이 생성되는데, 두 배열의 **라벨**을 각각 **newpop, pickup**으로 변경한다.

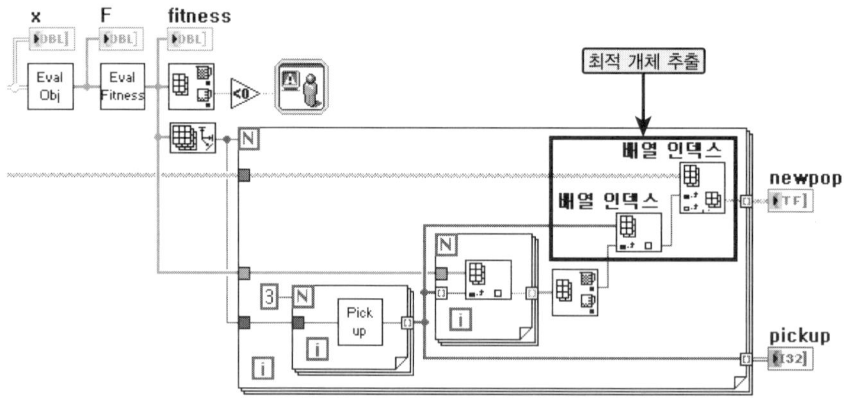


**[그림 11-18]** 최적 개체 추출

**5단계 :** 프런트패널에 생성된 **newpop, pickup** 배열을 [그림 11-19]와 같이 정리한 후 VI를 실행시켜보자. **popsize, lsubstr, xub, xlb**의 값은 [그림 11-7]을 참고한다.

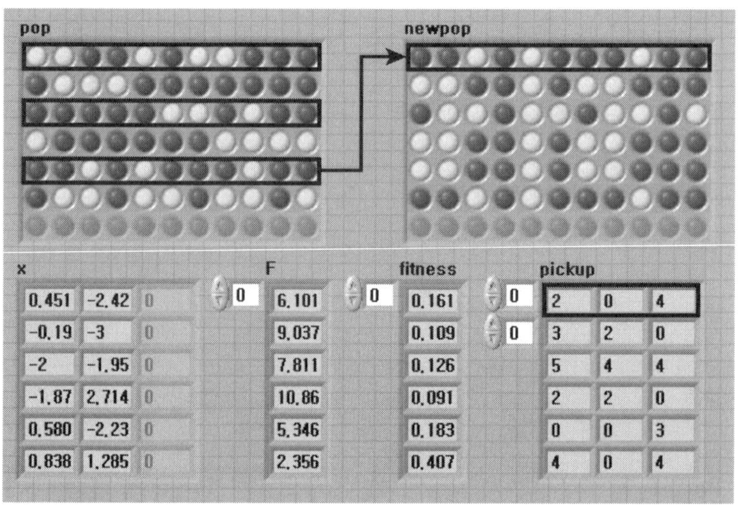


**[그림 11-19]** 토너먼트 선택 연산 검증

선정된 토너먼트 대상은 [그림 11-19]의 우측 하단의 pickup 배열에서 볼 수 있다. 첫 번째 토너먼트 선정 대상은 2, 0, 4번 개체이고, 각 개체의 적합도는 0.126, 0.161, 0.183이다. 따라서 4번 개체가 첫 번째 토너먼트에서 승리하게 된다.

그 결과 배열 newpop의 첫 번째 개체는 배열 pop의 4번 개체로부터 복제된 것임을 알 수 있다. [그림 11-18]과 [그림 11-19]를 다시 한 번 자세히 살펴보면서 토너먼트 선택 재생산 알고리즘을 이해하기 바란다.

그리고 토너먼트 크기를 변경하고자 할 때에는 [그림 11-16]에서 원으로 표시한 부분의 **루프 카운트(N)**에 입력된 상수 값을 변경하면 된다. 만약 ***이진 토너먼트(Binary Tournament)***를 시행하고 싶다면 3 대신 2로 변경하면 된다.

**6단계 :** 4단계를 통해서 토너먼트 선택 알고리즘이 완성되었다. 이것 역시 앞으로 계속 사용될 것이므로 [그림 11-20]에서 사각형으로 표시한 부분을 이용하여 TournSel SubVI로 만든다. TournSel SubVI의 입력은 pop과 fitness이며, 출력은 newpop이다. 이때 [그림 11-18]의 pickup 배열은 토너먼트 선택 알고리즘의 원리를 이해하기 쉽도록 만든 것이므로 삭제한다.

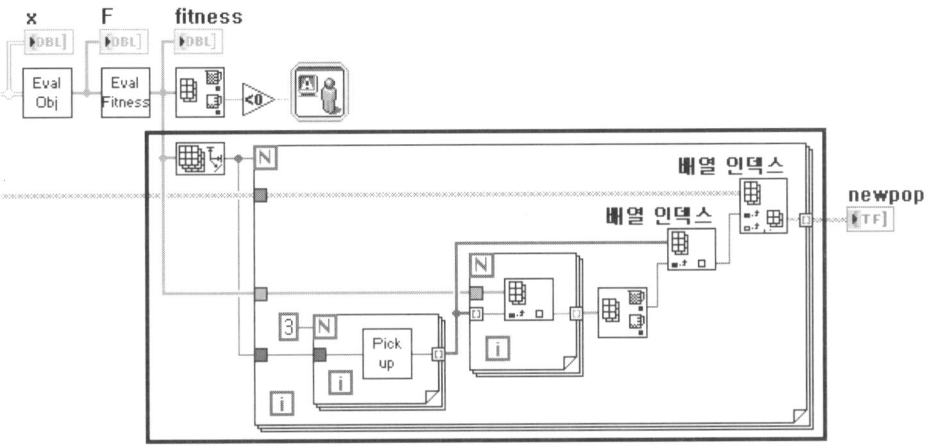


**[그림 11-20]** 완성된 토너먼트 선택 재생산 연산자 VI

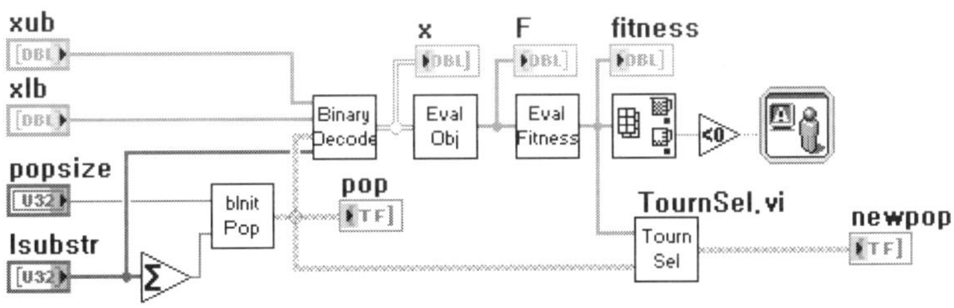


**[그림 11-21]** 토너먼트 선택(TournSel) SubVI 생성

참고로 본 토너먼트 선택 알고리즘에서 토너먼트 대상 선정 방식은 똑같은 개체가 중복 선택될 가능성이 있다. 특히 개체수가 적을수록 중복 선택될 가능성은 커진다. 하지만 실제 유전 알고리즘을 이용하여 최적해를 찾는 문제의 경우 개체 수를 50~60개를 선정하므로, 토너먼트 크기를 아주 크게 하지 않는 이상 토너먼트 대상이 중복 선택될 가능성은 적다.

## 11.2 교배(Crossover)

자연계의 생물들은 그들의 유전자를 서로 섞는 ***유성생식(Sexual Mating)***을 통하여 자손을 생산하게 되고, 이런 성적 재생산을 알고리즘 형태로 흉내 낸 것이 인위계에서의 교배이다. 교배는 탐색 공간상의 가능한 새로운 점을 찾기 위하여 교배급원으로부터 부모(parent) 염색체 쌍을 임의로 선택하고, 교배점 이후의 비트들을 서로 교환 결합함으로써 자손(offspring)을 생성한다. 유전자를 절단하는 교배점은 염색체 내에서 임의로 선택된다. 이러한 연산은 교배된 자손의 수가 어버이 집단의 크기와 같을 때까지 반복된다.

자연계의 성적교배를 알고리즘 형태로 구현한 것으로는 ***일점교배(One-point Crossover)***, ***다점교배(Multi-point Crossover)***, ***순환교배(Cycle Crossover)***, ***균등교배(Uniform Crossover)*** 등이 있다. 어떤 교배를 선택할 것인지는 전적으로 주어진 문제와 사용자가 결정할 사항이지만 본서에서는 일점교배와 다점교배의 하나인 이점교배만 다루기로 한다.

### 11.2.1 일점교배(One-point Crossover)

가장 간단하면서도 자주 이용되는 방법은 일점교배이다. 일점교배는 흔히 표준교배로도 불린다. 일점교배는 단순 유전 알고리즘의 기본 연산자로서 한 사이클 동안의 연산은 크게 3단계로 구분된다.

**1단계 :** 교배급원으로부터 부모 염색체 쌍을 임의로 선정한다.

**2단계 :** ***교배 확률(Crossover Rate)*** $P_c$를 토대로 교배 유무를 결정한다. 난수 $r \in [0, 1]$을 발생시켜 $r \le P_c$이면 교배를 일으킨다. 임의로 교배점 $c \in [1, \ell - 1]$을 발생시키고, $[c + 1, \ell]$ 사이의 유전자를 서로 교환함으로써 두 자손을 생성한다. 여기서 $\ell$은 염색체의 길이를 뜻한다. 반대로 $r > P_c$이면 선택된 부모 염색체 쌍이 그대로 자손이 된다.

**3단계 :** 생성된 자손을 임시 집단 $\widetilde{P}(k + 1)$에 복제한다.

임시 집단에 $N$개의 염색체로 채워질 때까지 위의 연산은 반복된다. 매 교배마다 2개의 염색체가 선택되기 때문에 만일 $N$이 짝수이면 $N/2$번 반복되고, $N$이 홀수이면 $(N + 1)/2$번 반복되나 마지막 시행에서 교배된 염색체 중에서 하나를 임의로 버리면 된다. [그림 11-22]는 일점교배 연산 알고리즘을 나타낸 것이다.

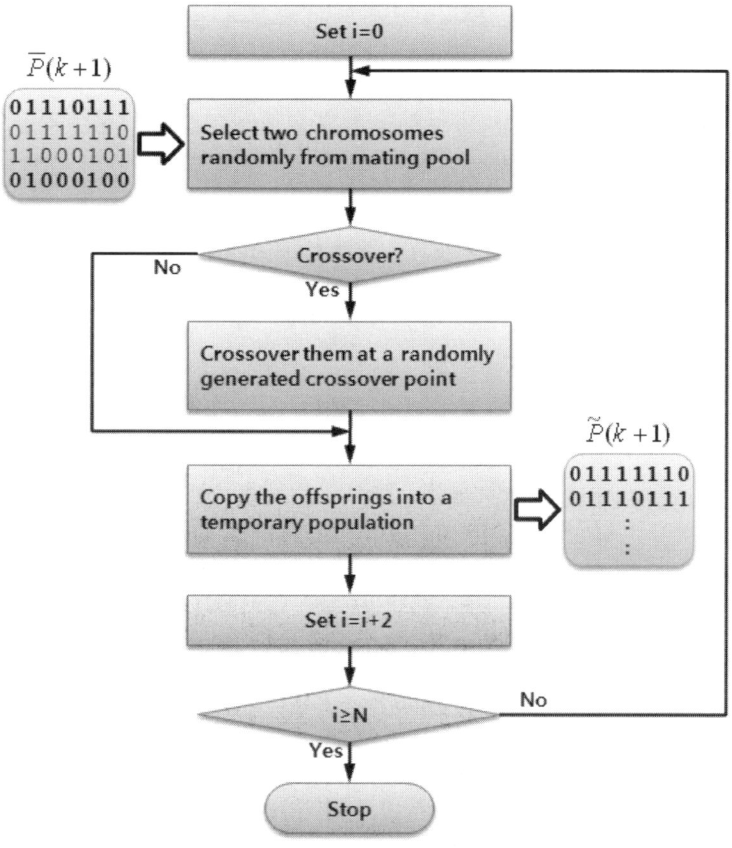


**[그림 11-22]** 일점교배 연산 알고리즘

[그림 11-23]은 [그림 11-3]의 집단에서 $\bar{s}_1$과 $\bar{s}_4$가 선택되었고, 5번 이후의 유전자들이 교환되어 자손 $\tilde{s}_1$과 $\tilde{s}_2$가 생성되는 일점교배의 예를 보여주고 있다.

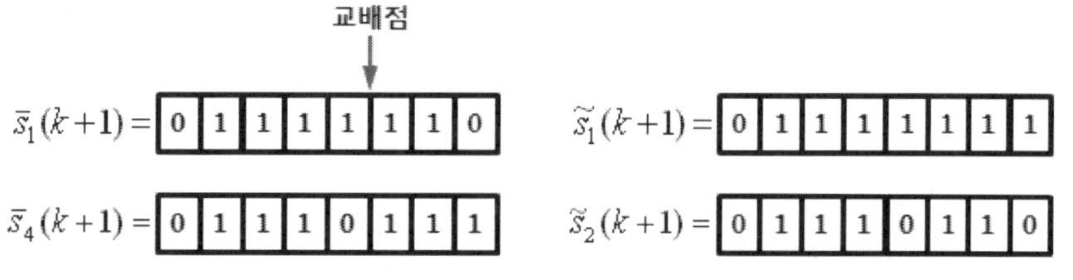


**[그림 11-23]** 일점교배 예

교배 확률 $P_c$는 교배 빈도를 조절하는 요소로서 높게 설정하면 교배가 빈번하게 일어나고 낮게 설정하면 교배가 일어나기 어렵다. $P_c = 1$이면 선택된 염색체에는 항상 교배가 일어나고 $P_c = 0$이면 교배가 전혀 일어나지 않는다. 예컨대 $P_c = 0.8$이고 $N = 50$이라면 확률상으로는 약 40개의 염색체가 교배될 것이다.

교배 연산자 사용 시 주의할 점은 교배될 부모 염색체는 집단으로부터 순차적으로 2개씩 꺼내져 연산이 이루어진다. 그렇기 때문에 재생산, 교배, 돌연변이 연산이 이루어지는 과정에서 최소 한 번은 선택된 염색체들을 랜덤하게 뒤섞는 기능을 가져야 한다. 본 유전 알고리즘에서는 재생산 연산이 이러한 기능을 한다. 앞서 11.1절에서 설명한 룰렛휠 선택, 토너먼트 선택은 랜덤하게 저장하는 기능을 가진 재생산 연산자이다.

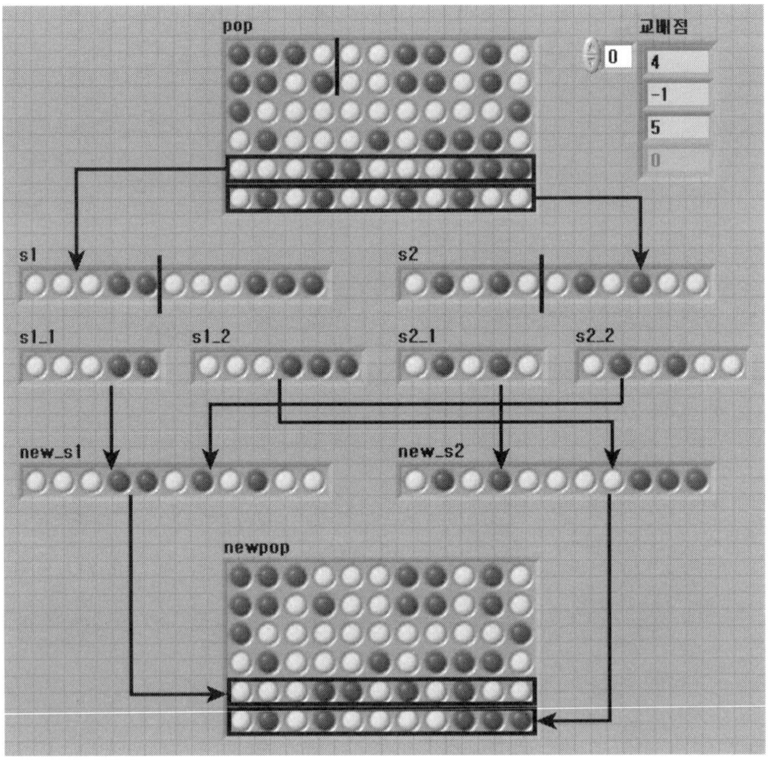


**[그림 11-24]** 일점교배 연산 과정

[그림 11-24]는 만들어 볼 일점교배 연산과정을 나타낸 것이다. 교배점 위치는 0부터 lchrom(염색체 길이로 그림에서는 10) 사이의 정수값을 **Pickup** SubVI에 의해서 임의로 생성되며, 그림에서는 4, 5에서 교배점이 만들어졌다. 교배점 배열에서 −1은 교배가 일어나지 않았다는 것을 의미한다.

## 예제 11.3

[예제 11.1]을 이용하여 [그림 11-24]와 같이 일점교배 연산을 수행하는 bOpXover SubVI를 만들어라.

**예제 풀이**

bOpXover SubVI는 pop 내의 염색체들을 한 점에서 교배한 후 다시 pop으로 되돌리는 SubVI이다. 교배는 항상 염색체 쌍에서 일어나기 때문에 popsize/2만큼 반복되며 다음과 같은 순서로 연산이 이루어진다.

❶ 만일 난수가 교배 확률 pcross 이하이면 교배횟수(nxover) 1 증가

❷ 두 부모 염색체 선택

❸ 0과 lchrom−1 사이의 교배점이 Pickup SubVI에 의해 발생

❹ 교배점 이후의 비트 교환

**1단계 : 예제 11.1.vi**를 실행한 후 프런트패널의 **파일** 메뉴에서 **다른 이름으로 저장**을 선택하여 **예제 11.3.vi**로 저장하고 [그림 11-25]와 같이 RwSel SubVI를 삭제한다.

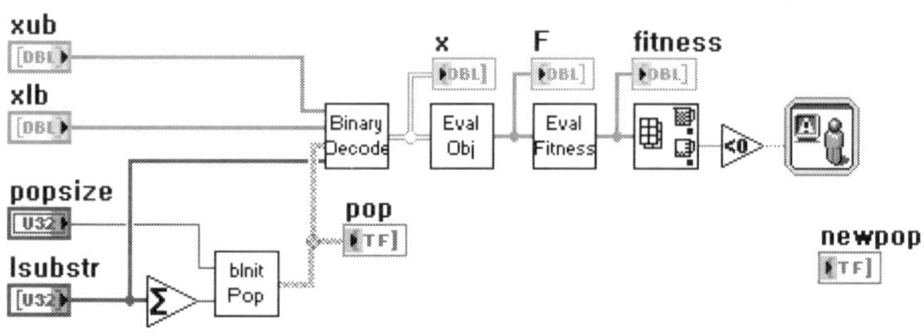


**[그림 11-25]** RwSel SubVI 삭제

**2단계 :** 블록다이어그램에 [그림 11-26]에서 사각형으로 표시한 부분과 같이 만들어준다. 이것은 위에서 설명한 **For 루프**의 반복횟수, 교배 여부, 교배횟수(nxover), 임의의 교배점 발생(Pickup SubVI)을 위한 것이다.

※ **배열 크기** 함수는 1부의 4.2.1절 참고

※ **배열 인덱스** 함수는 1부의 4.2.2절 참고

※ **롱 정수로** 함수는 1부의 3.1.6절 참고

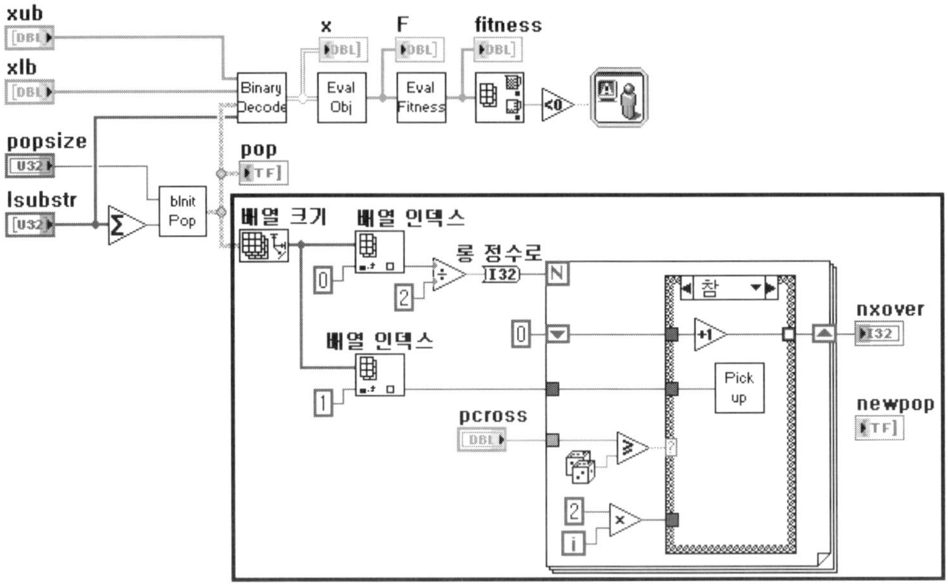


[그림 11-26] 교배 여부, 교배 횟수, 교배점 발생

**3단계 :** 만약 교배 확률(pcross)이 임의의 난수보다 크거나 같을 경우 [그림 11-27]과 같이 **배열 인덱스** 함수를 이용하여 집단(pop)으로부터 차례로 두 개체([그림 11-24]에서 s1, s2)씩 추출하는 것이다.

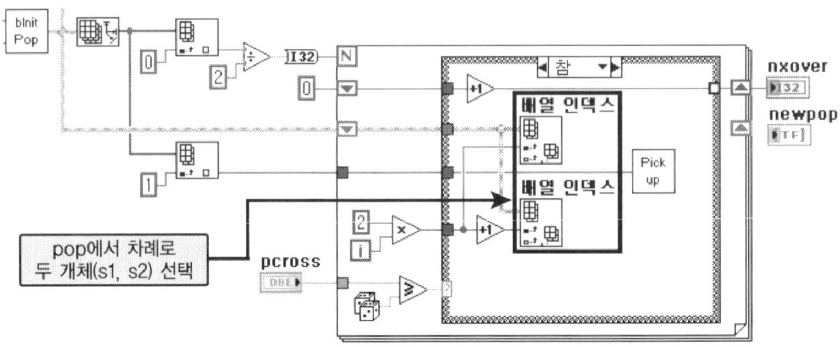


[그림 11-27] 교배할 두 부모 염색체 선택

**4단계 :** 3단계에서 추출된 s1과 s2를 [그림 11-28]과 같이 **Pickup** SubVI와 **1D 배열 분리** 함수를 이용하여 임의의 교배점에서 s1은 s1_1과 s1_2로, s2는 s2_1과 s2_2([그림 11-24] 참고)로 분리하는 것이다.

※ **1D 배열 분리** 함수는 1부의 4.2.7절 참고

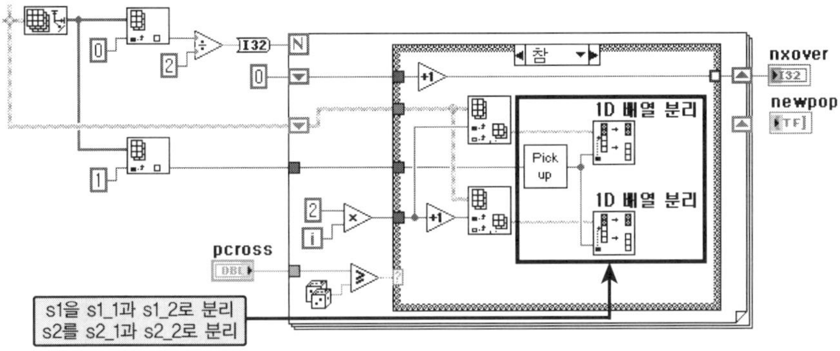


**[그림 11-28]** 임의의 교배점에서 염색체 분리

**5단계 :** [그림 11-29]와 같이 **배열에 삽입** 함수를 이용하여 s1_1과 s2_2를 결합하여 new_s1로, s2_1과 s1_2를 결합하여 new_s2([그림 11-24] 참고)로 만든다.

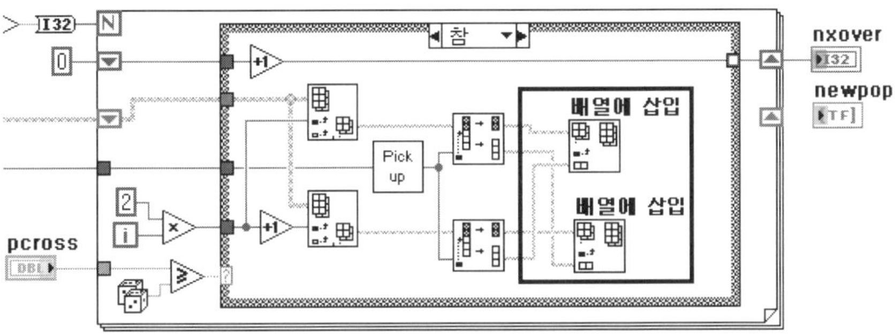


**[그림 11-29]** 교배점 이후의 염색체 교환

**6단계 :** [그림 11-30]과 같이 **배열 부분 대체** 함수를 이용하여 new_s1과 new_s2를 집단의 원래 위치에 복제하여 newpop([그림 11-31] 참고)을 만든다.

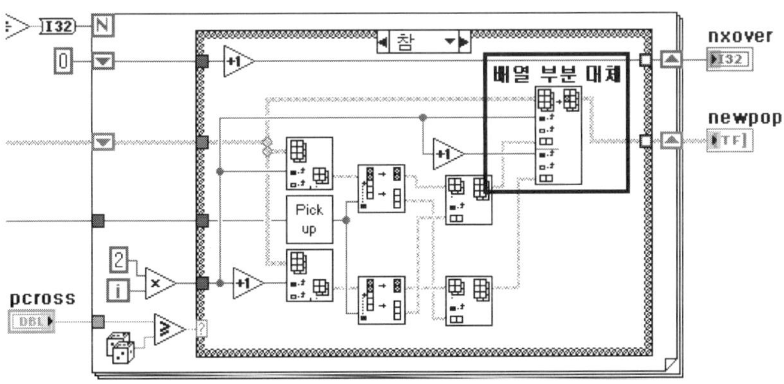


**[그림 11-30]** 부모 염색체 대신 자손 염색체로 대체

**7단계 :** [그림 11-31]에서 화살표로 표시한 것과 같이 **거짓 케이스**에서 nxover와 newpop을 와이어로 연결한다.

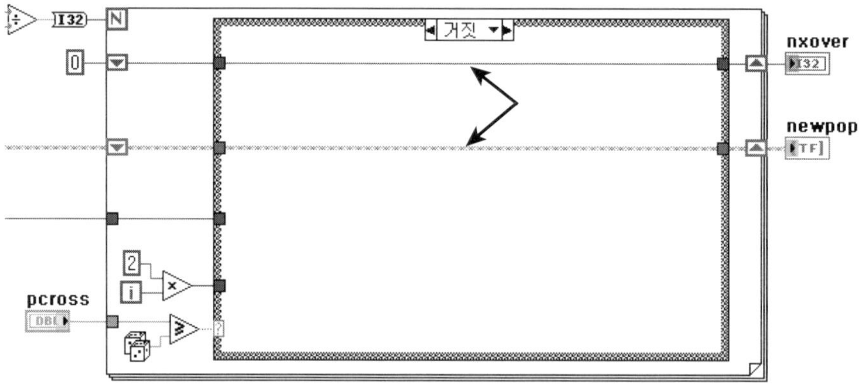


**[그림 11-31]** 교배가 일어나지 않을 경우

**8단계 :** 7단계를 통해서 완성된 일점교배 연산 알고리즘을 [그림 11-32]에서 사각형으로 표시한 부분을 이용하여 [그림 11-33]과 같이 bOpXover SubVI를 만든다. SubVI의 입력은 pop과 pcross이며, 출력은 newpop과 nxover이다.

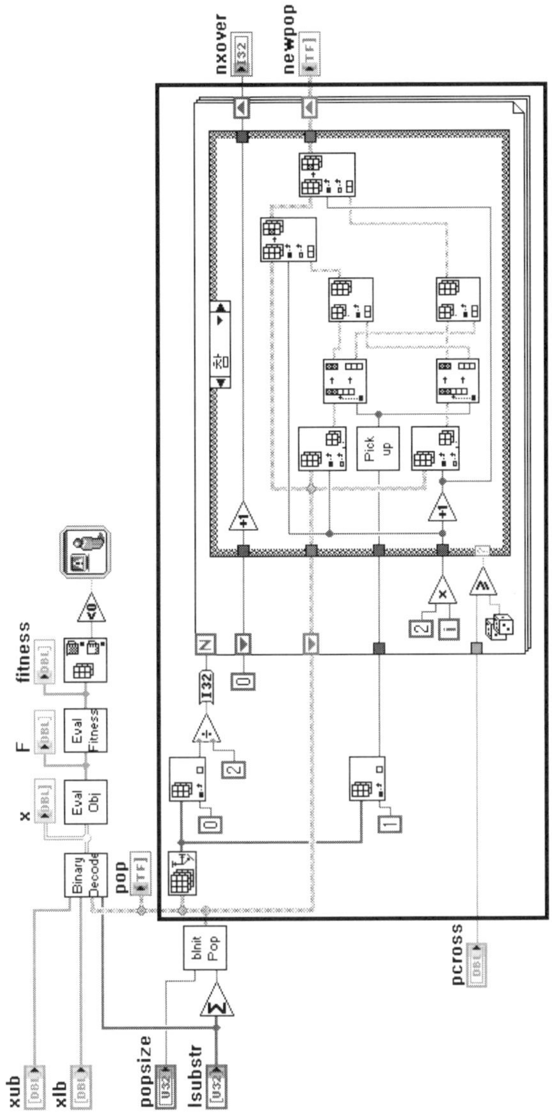


[그림 11-32] 완성된 일점교배 연산자 VI

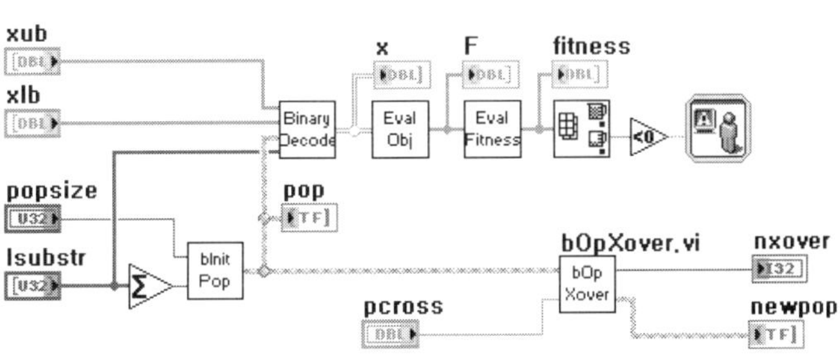


[그림 11-33] bOpXover SubVI 생성

### 11.2.2 이점교배(Two-point Crossover)

앞서 일점교배의 원리를 자세히 살펴보았다. 일점교배는 그 간결함 때문에 아직도 폭넓게 이용되고 있지만 이 교배는 두 부모 염색체 안에 분산되어 있는 어떤 유전정보를 결합하지 못하는 약점을 가진다.

[그림 11-34]는 이것을 설명하고 있다. 두 염색체를 한 점에서 교배해서는 최종 스키마 H와 일치하는 염색체를 생성할 수 없다. 그 이유는 1과 7 사이의 한 점에서 절단해서는 $H_1$과 $H_2$에 포함된 특이점들을 모두 갖는 스키마를 조합할 수 없기 때문이다. 실제로 [그림 11-24]에서 첫 번째와 두 번째 염색체는 교배점 4에서 교배가 이루어졌으나 교배 전후의 염색체가 동일한 것을 알 수 있다.

| | 염색체 | 스키마 |
|---|---|---|
| 부모 1 | 01101001 | $H_1$ = **101*** |
| 부모 2 | 10001101 | $H_2$ = *0***10* |
| 최종 스키마 | | H = *010110* |

**[그림 11-34]** 일점교배로 결합 불가능한 스키마

일점교배의 이러한 단점을 보완해줄 수 있는 연산자 중의 하나가 이점교배이다. 이점교배는 두 교배점에서 절단되는 부스트링(Substring)을 서로 교환함으로써 자손을 생성한다. 교배점은 염색체 안에서 무작위로 선택된다. [그림 11-35]는 이점교배의 원리를 나타낸다.

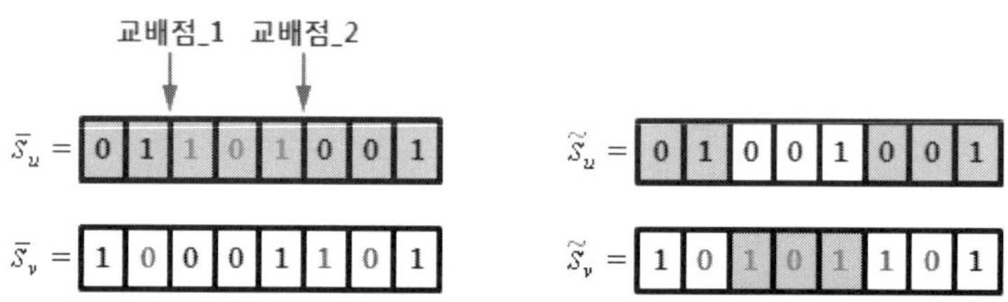


**[그림 11-35]** 이점교배

교배점 2와 5는 독립적으로 발생되었다. 자손 $\tilde{s}_u$는 부모 $\bar{s}_u$의 머리와 꼬리 부분에 부모 $\bar{s}_v$의 중간 부분이 합쳐진 결과이고, 자손 $\tilde{s}_v$는 $\bar{s}_v$의 머리와 꼬리 부분에 $\bar{s}_u$의 중간 부분이 결합된 결과이다. 일점교배에서 불가능하였던 스키마 결합이 여기서는 가능한 것을 알 수 있다.

그러나 어떤 경우에는 이점교배로도 결합할 수 없는 스키마가 있을 수 있다. 이때는 다점교배(Multi-point Crossover)를 적용하면 가능하다. 다점교배는 일점교배를 단순히 확장한 것으로서 이점교배를 포함한다. 여기서는 둘 또는 그 이상의 교배점이 선택되고, 염색체들의 부스트링들이 서로 교환된다. 다점교배는 일점교배에서는 잘 파괴되지 않는 스키마를 쉽게 파괴시키는 단점을 가지고 있기 때문에 문제에 따라 적절한 선택이 필요하다.

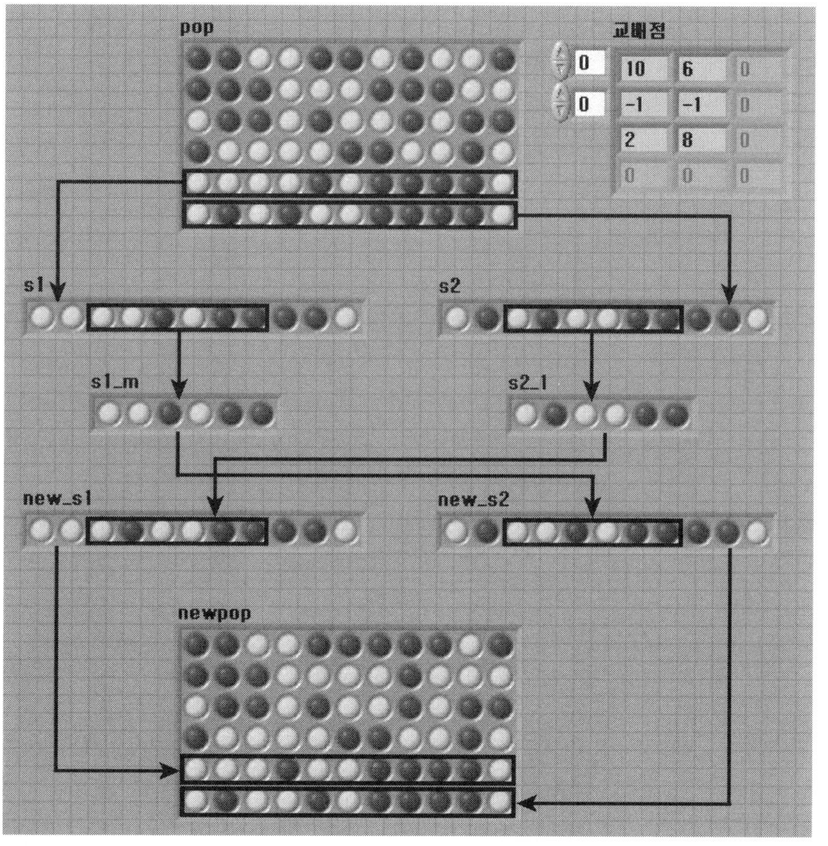


**[그림 11-36]** 이점교배 연산 과정

[그림 11-36]은 다음 예제에서 만들어 볼 이점교배 연산 과정을 나타낸 것으로 일점교배와 매우 유사하다. 다만 일점교배와 다른 점은 0부터 lchrom 사이의 임의의 정수로 교배점을 두 개 생성한다는 것이다.

## 예제 11.4

[예제 11.1]을 이용하여 [그림 11-36]과 같이 이점교배 연산을 수행하는 bTpXover SubVI를 만들어라.

**예제 풀이**

**1단계 : 예제 11.1.vi**를 실행한 후 프런트패널의 **파일** 메뉴에서 **다른 이름으로 저장**을 선택하여 **예제 11.4.vi**로 저장하고, [그림 11-37]과 같이 RwSel SubVI를 삭제한다.

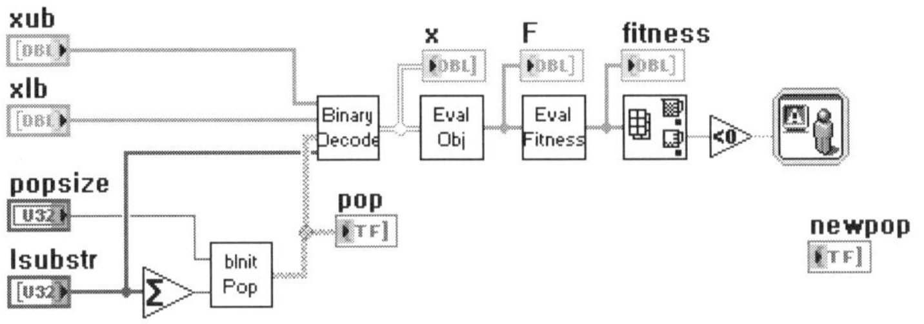


**[그림 11-37]** RwSel SubVI 삭제

**2단계 :** 블록다이어그램을 [그림 11-38]에서 사각형으로 표시한 부분과 같이 만들어준다. 이것은 **For 루프**의 반복횟수, 교배 여부, 교배 횟수(nxover), 교배점 발생(**Pickup** SubVI)을 위한 것이다. [그림 11-26]의 일점교배와 다른 점은 교배점 발생을 **For 루프**를 이용하여 2차원 배열로 만든 것이다.

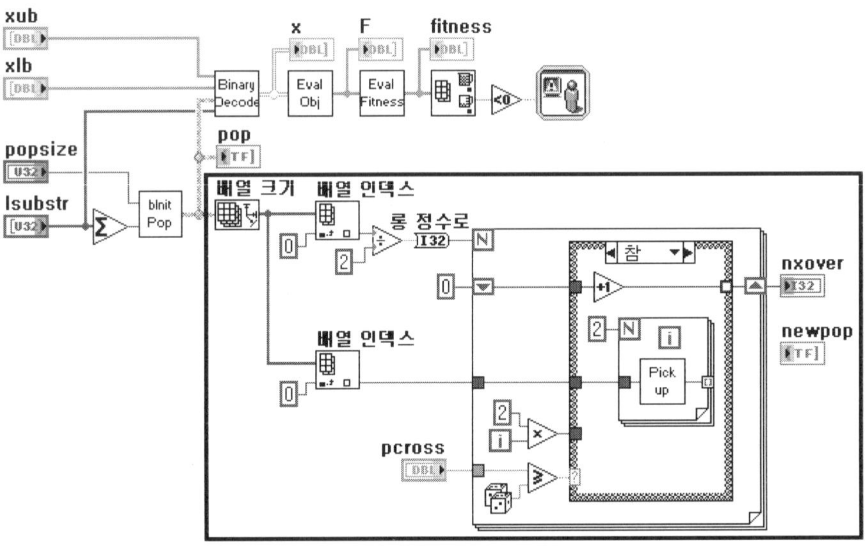


**[그림 11-38]** 교배 여부, 교배 횟수, 교배점 발생

**3단계 :** 교배 확률(pcross)이 임의의 난수보다 크거나 같을 경우 [그림 11-39]에서 사각형으로 표시한 것과 같이 **배열 인덱스** 함수를 이용하여 집단(pop)으로부터 차례로 두 개체([그림 11-36]에서 s1, s2)씩 추출한다.

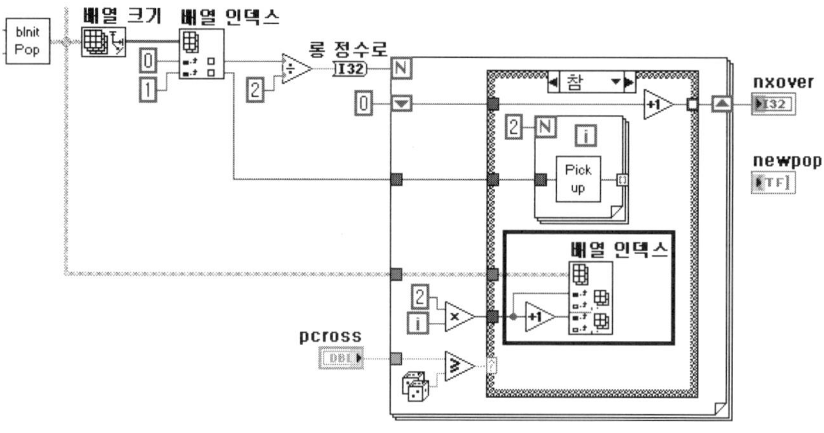


**[그림 11-39]** 교배할 두 부모 염색체 선택

**4단계 :** 3단계에서 추출된 s1과 s2로부터 두 교배점 사이의 부분 염색체를 분리한다. 즉 [그림 11-40]에서 사각형으로 표시한 것과 같이 **Pickup** SubVI가 두 개의 교배점을 생성하면 **배열 최대 & 최소** 함수를 이용하여 두 교배점의 차이를  구한다. 그리고 **배열로부터 삭제** 함수를 이용하여 두 교배점 사이의 유전자([그림 11-36]에서 s1_m, s2_m)를 추출한다.

※ **배열로부터 삭제** 함수는 1부의 4.2.5절 참고

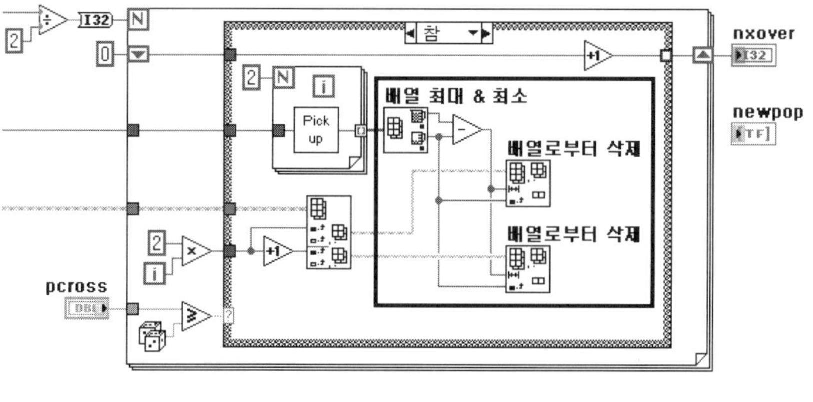


**[그림 11-40]** 두 교배점 사이의 부분 염색체(Substring) 추출

**5단계 :** [그림 11-41]과 같이 **배열에 삽입** 함수를 이용하여 추출되고 남은 s1에 s2_m을 삽입하여 new_s1을 만들고, 추출되고 남은 s2에 s1_m을 삽입하여 new_s2([그림 11-36] 참고)를 만든다.

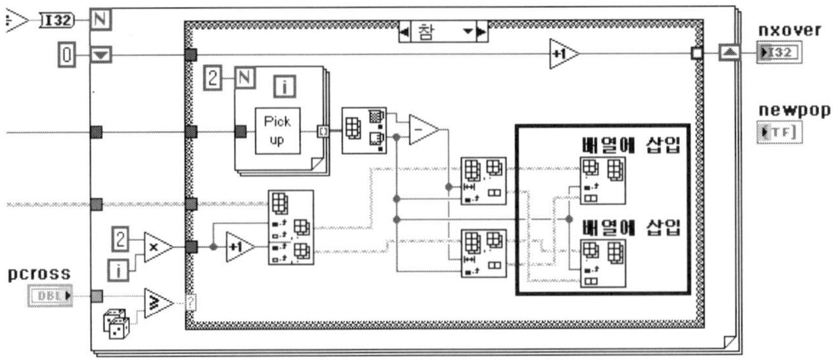


[그림 11-41] 추출된 부분 염색체 교환

**6단계 :** [그림 11-42]와 같이 **배열 부분 대체** 함수를 이용하여 new_s1과 new_s2를 집단의 원래 위치에 복제하여 newpop([그림 11-36] 참고)을 만든다.

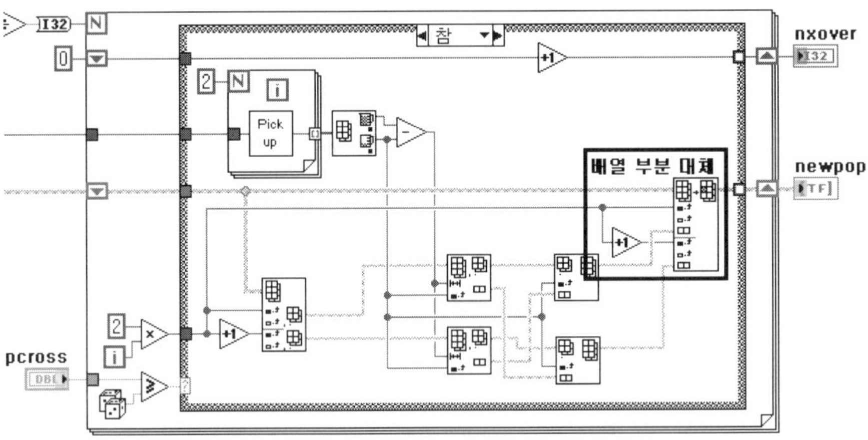


[그림 11-42] 부모 염색체 대신 자손 염색체로 대체

**7단계 :** [그림 11-43]에서 화살표로 표시한 것과 같이 **거짓 케이스**에서 nxover와 newpop을 와이어로 연결한다.

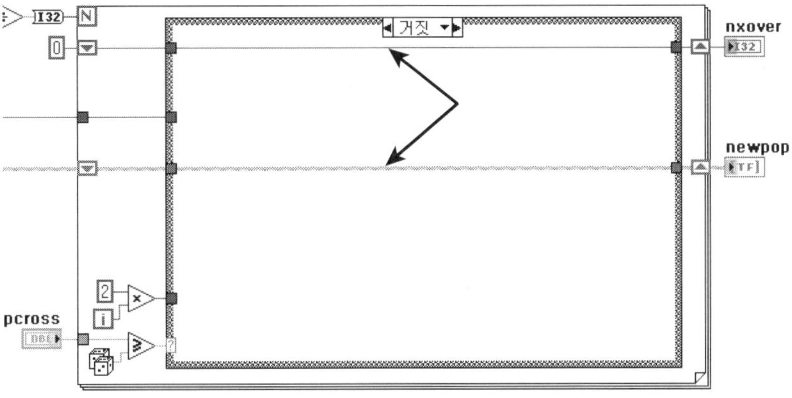


[그림 11-43] 교배가 일어나지 않을 경우

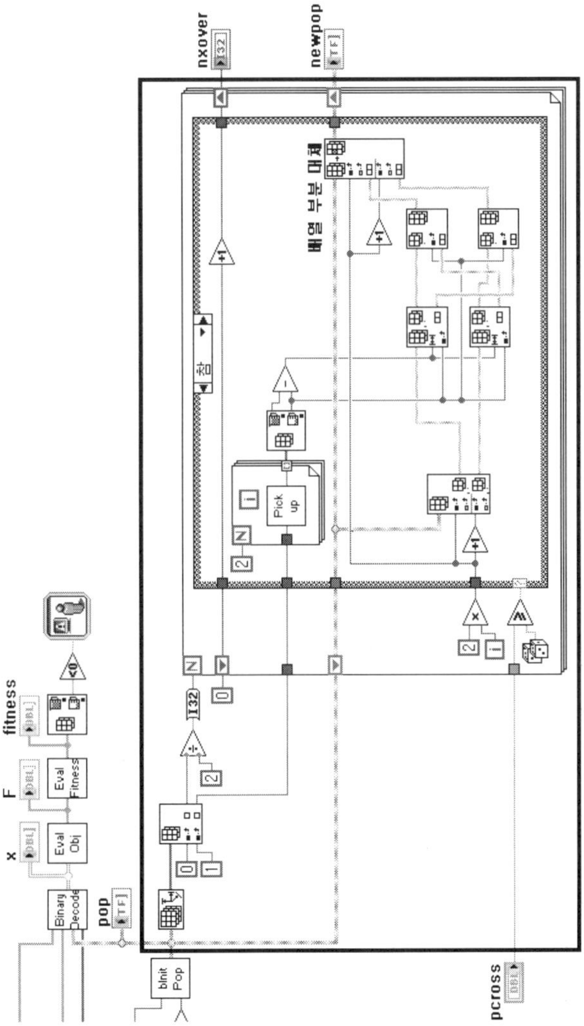


[그림 11-44] 완성된 이점교배 연산자 VI

**8단계 :** 7단계를 통해서 완성된 이점교배 연산 알고리즘을 [그림 11-44]에서 사각형으로 표시한 부분을 이용하여 [그림 11-45]와 같이 bTpXover SubVI를 만든다. SubVI의 입력은 pop과 pcross이며, 출력은 newpop과 nxover이다.

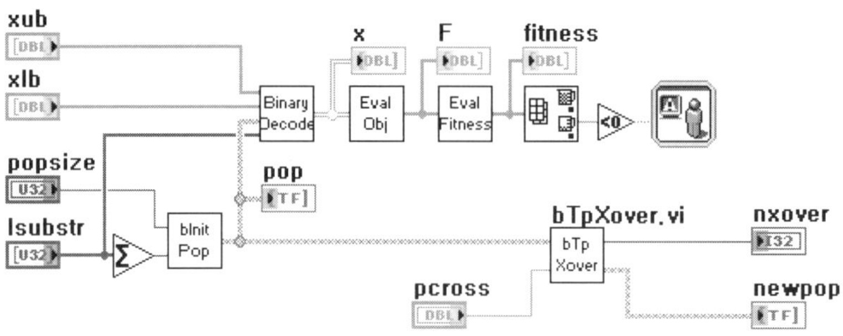


[그림 11-45] bTpXover SubVI 생성

## 11.3 돌연변이(Mutation)

모의진화가 계속되는 동안 ***재생산(Reproduction)***과 ***교배(Crossover)*** 연산자는 집단을 더욱 강하게 해주고 이로 인하여 염색체들은 서로 닮아가게 된다. 이러한 현상은 세대 말기에는 바람직하지만 세대 초기에 발생하게 되면 유전자의 다양성 결핍으로 ***준최적해(Suboptimal Solution)***나 ***사점(Dead Corner)***에 빠지는 요인이 된다. 재생산과 교배 연산자는 지역해나 사점으로부터 벗어나게 하는 메커니즘을 가지고 있지 않다.

다시 말하면 집단 내 염색체들의 특정 위치 비트가 모두 같게 되면([그림 11-3]에서 염색체들의 두 번째 비트가 모두 '1'로 고정되어 있음) 재생산과 교배 연산자는 이를 변경할 수 없게 된다. 이러한 원치 않는 해로부터 벗어나기 위한 한 메커니즘이 ***돌연변이(Mutation)***이다. 이는 자연계의 돌연변이를 모방한 것으로 염색체 내의 비트를 돌연변이 확률을 토대로 변경시킨다. 이렇게 함으로써 초기 세대에서 모든 염색체의 특정 비트가 고정되는 것을 방지해줄 뿐만 아니라 탐색영역을 확대해주기도 한다.

### 11.3.1 단순 돌연변이(Simple Mutation)

돌연변이를 구현하는 방법으로는 여러 가지가 있으나 널리 이용되고 있는 방법 중 하나가 SGA에서 채용되고 있는 단순 돌연변이(표준 돌연변이)이다. 단순 돌연변이 연산은 크게 3단계로 구분된다.

**1단계 :** 순차적으로 집단 $\tilde{P}(k+1)$ 내의 염색체에서 비트 하나를 취한다.

**2단계 : *돌연변이 확률(Mutation Rate)*** $P_m$에 근거하여 선택된 비트의 돌연변이 유무를 결정한다. 난수 $r \in [0, 1]$을 발생시켜 만약 $r \leq P_m$이면 돌연변이를 일으킨다. 이때 선택된 비트가 '1'이면 '0'으로, '0'이면 '1'로 반전시킨다. 반대로 $r > P_m$이면 비트 반전이 일어나지 않는다.

**3단계 :** 선택된 비트를 집단 $P(k+1)$에 복제한다.

[그림 11-46]은 단순 돌연변이의 흐름도를 보여준다. 이 연산은 모든 염색체 인자들이 다 체크될 때까지 반복되는데, 반복되는 루프는 $N \cdot \ell$이 된다.

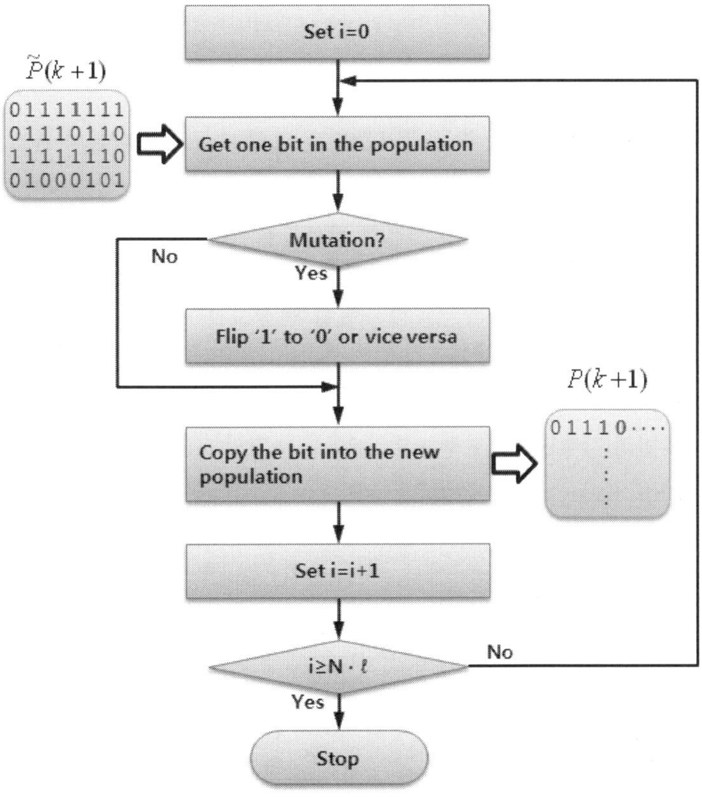


**[그림 11-46]** 단순 돌연변이 연산 알고리즘

앞의 연산 과정을 예시적으로 보여주는 [그림 11-47]에서 보면 1번 염색체로부터 시작해서 각 비트의 돌연변이 유무를 확인하는 동안 5번째 비트가 돌연변이되었다.

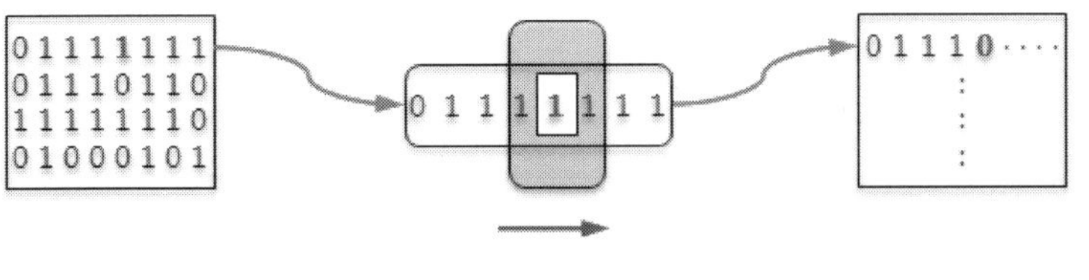


**[그림 11-47]** 단순 돌연변이 연산

교배 확률과 같이 돌연변이 확률도 그 빈도, 즉 반전되는 비트 수를 조절한다. 일반적으로 $P_m$을 높게 설정하면 돌연변이가 일어나기 쉽고 반대로 낮게 설정하면 일어나기 어렵다. 세대마다 확률적으로 돌연변이가 일어나는 비트 수는 약 $P_m \cdot N \cdot \ell$개가 된다. 만약 집단의 크기가 50이고 염색체 길이가 120이면 전체 비트 수는 $50 \times 120 = 6{,}000$개이고, $P_m = 0.003$이라면 이 중 약 $18(= 0.003 \times 6{,}000)$개가 '0' 에서 '1' 또는 '1' 에서 '0' 으로 비트 반전될 것으로 기대된다.

**예제 11.5**

[예제 11.1]을 이용하여 단순 돌연변이 연산을 수행하는 bSimMut SubVI를 만들어라.

**예제 풀이**

**1단계 :** **예제 11.1.vi**를 실행한 후 프런트패널의 **파일** 메뉴에서 **다른 이름으로 저장**을 선택하여 **예제 11.5.vi**로 저장하고, RwSel SubVI를 삭제한다.

**2단계 :** 돌연변이 확률(pmutat)은 **숫자형 컨트롤**을 이용하여 사용자가 입력한다. 그리고 2중 **For 루프**를 사용하여 popsize × lchrom회 **For 루프**가 반복되는데 이때마다 임의의 난수를 발생시켜 이 값이 pmutat 이하이면 해당 염색체 비트를 반전시킨다. 반전(돌연변이)이 일어날 때마다 카운트하여 돌연변이횟수(nmutat)를 1씩 증가시킨다. 단순 돌연변이 연산 VI는 [그림 11-48]에서 사각형으로 표시한 것과 같이 비교적 간단하다.

※ **범위내 확인과 강제변환** 함수는 1부의 5.2.1절 [그림 5-55] 참고

※ **NOT** 함수는 1부의 3.2.1절 참고

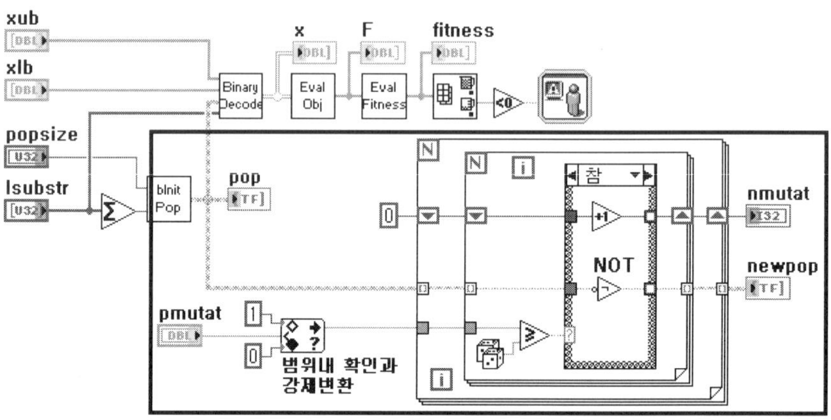


[그림 11-48] 단순 돌연변이 연산 구현

**3단계 :** 거짓 케이스에서 nmutat와 newpop을 와이어로 연결한다.

**4단계 :** 3단계를 통해서 완성된 단순 돌연변이 연산 알고리즘을 [그림 11-49]와 같이 bSimMut SubVI를 만든다. SubVI의 입력은 pop과 pmutat이며, 출력은 newpop과 nmutat이다.

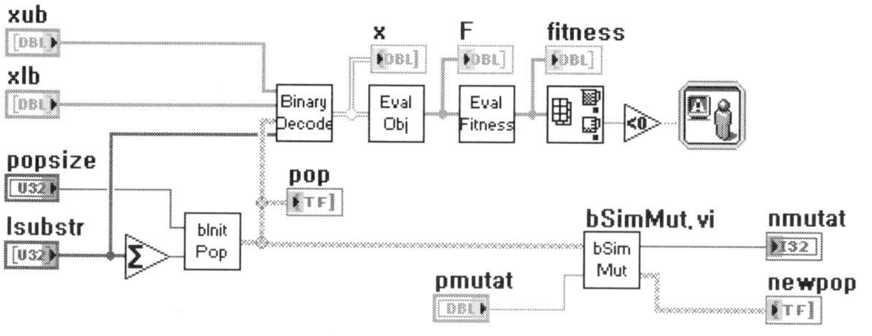


**[그림 11-49]** bSimMut SubVI 생성

[그림 11-50]은 [예제 11.5]의 실행 화면이다. 총 비트 수는 popsize(6) × lchrom(5 + 6) = 66개이다. 그리고 돌연변이 확률($P_m$)은 0.1이므로, 돌연변이는 약 6.6회 일어날 것으로 기대된다. 그림에서는 총 5회 일어났으며, newpop에서 원으로 표시한 비트가 돌연변이가 발생한 곳이다.

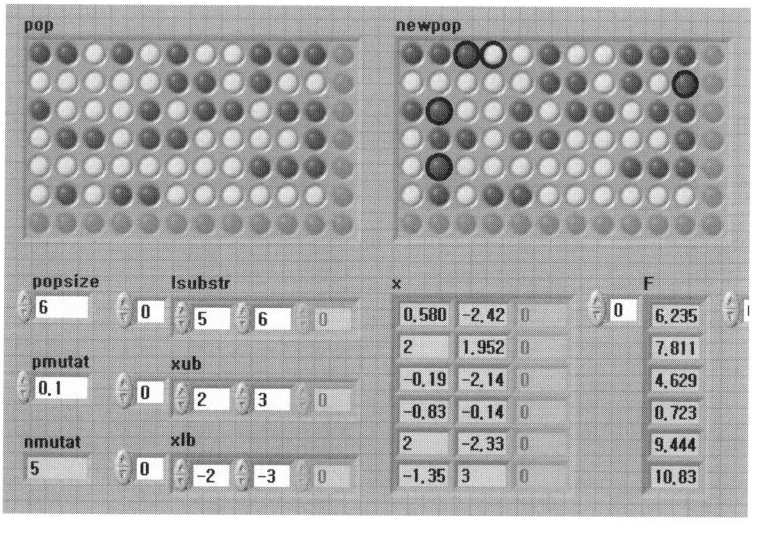


**[그림 11-50]** 단순 돌연변이 연산 결과

CHAPTER 12

# 단순 유전 알고리즘 구현



앞서 배운 8장부터 11장까지 내용을 잘 이해하고 예제를 통해서 실습을 하였다면 단순 유전 알고리즘(SGA)은 거의 완성된 것이나 다름없다. 이제 남은 절차는 지금까지 배운 내용을 통합하여 단순 유전 알고리즘을 구현하는 일만 남았다.

본 장에서는 몇 가지 최대, 최소 문제에 단순 유전 알고리즘을 적용하여 해를 구하도록 할 것이다. 그전에 반드시 필요한 절차가 하나 남아 있다. 그것은 단순 유전 알고리즘이 진행되는 과정 동안 현재 집단(pop)에서 최적 염색체, 최적 벡터, 최적 성능, 최적 적합도, 평균 성능 등의 정보를 계산하여 알려주는 SubVI를 만드는 것이다.

**예제 12.1**

[예제 11.5]를 이용하여 집단(pop), 벡터(x), 목적 함수(objfunc), 적합도(fitness), 최대최소(maxmin) 정보로부터 최적 염색체(chrombest), 최적 벡터(xbest), 최적 성능(objbest), 최적 적합도(fitbest), 평균 성능(objave), $\gamma$(gamma) 값을 계산하는 bStatsPop SubVI를 만들어라.

**예제 풀이**

**1단계 : 예제 11.5.vi**를 실행한 후 프런트패널의 **파일** 메뉴에서 **다른 이름으로 저장**을 선택하여 **예제 12.1.vi**로 저장한 후 bSimMutat SubVI, pmutat, nmutat, newpop을 삭제하여 [그림 12-1]과 같이 정리한다.

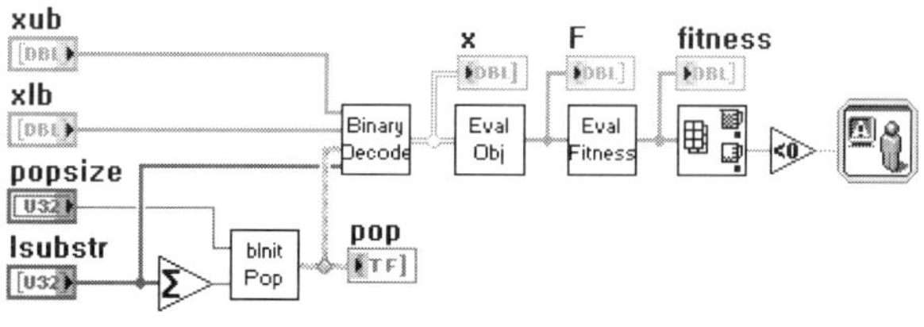


[그림 12-1] 블록다이어그램 정리

**2단계 :** 먼저 최적 성능(objbest)을 구하도록 하자. 최적 성능은 주어진 문제가 최소값을 찾는 문제인지 최대값을 찾는 문제인지에 따라 달라지므로, 최대화 문제에서는 최대값을, 최소화 문제에서는 최소값을 찾아야 한다. 따라서 [그림 12-2]와 같이 프런트패널에 **열거형** 컨트롤을 위치시키고 **라벨**을 **maxmin**으로 변경한다. 그리고 maxmin 열거형의 **아이템**은 max와 min으로 편집한다.

※ **열거형** 컨트롤의 아이템 편집 방법은 1부의 5.2.3절 참고

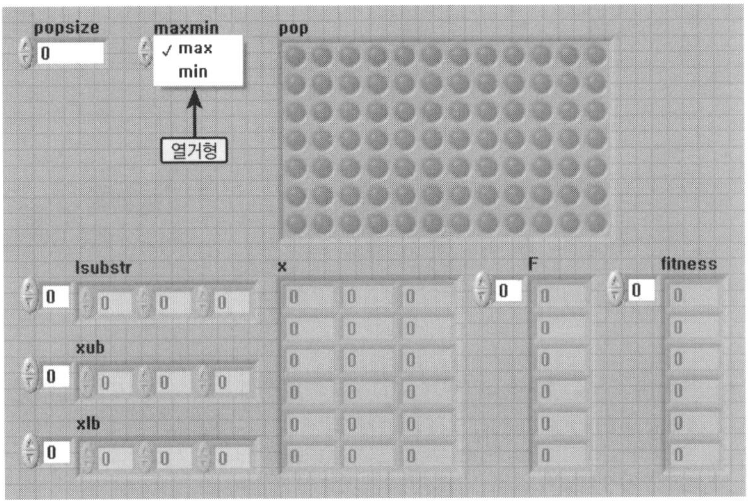


[그림 12-2] 열거형 컨트롤 maxmin 추가

**3단계 :** 블록다이어그램에 **케이스 구조**를 추가하고 [그림 12-3]과 같이 **max 케이스**에 **배열 최대 & 최소** 함수를 추가한 후 와이어로 연결한다.

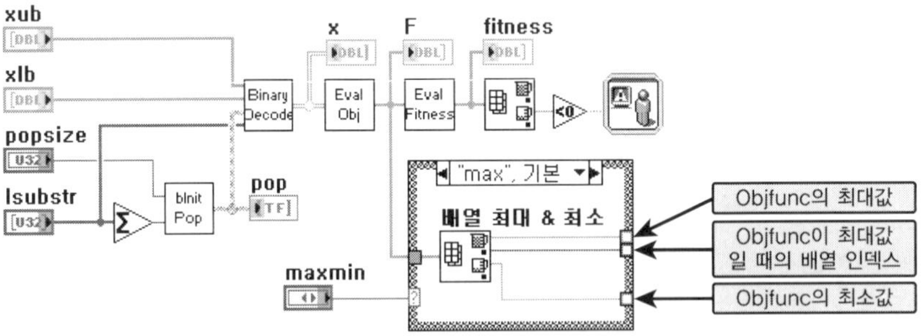


[그림 12-3] 목적 함수의 최적 성능 계산

**4단계 :** [그림 12-4]와 같이 **min 케이스**에 **배열 최대 & 최소** 함수와 **음수화** 함수를 추가한 후 와이어로 연결한다. 각 터널에서 마우스 오른쪽 클릭하여 **생성→ 인디케이터**를 선택한 후 **라벨**을 각각 **objbest, index, gamma**로 변경한다.

※ **음수화** 함수는 1부의 3.1.5절 참고

※ **gamma(γ)**에 대해서는 추후 13장에서 다룰 **스케일링 윈도우** 기법에서 사용하기 위한 것으로 그때 설명할 것이다.

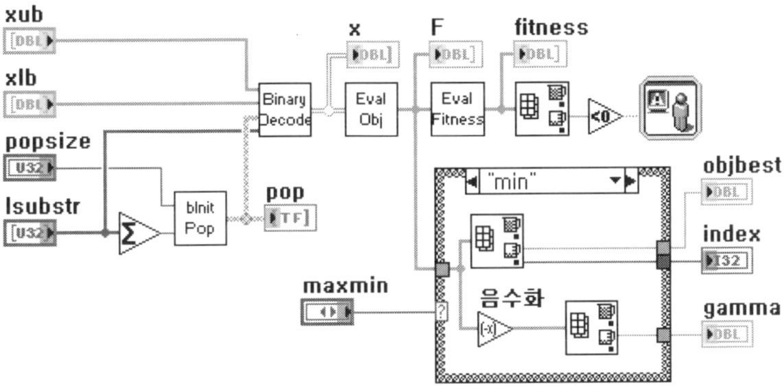


**[그림 12-4]** 목적 함수의 최적 성능(objbest) 및 gamma(γ) 계산

**5단계 :** 4단계를 통해서 최적 성능(objbest)과 최적 성능을 갖는 최적 염색체의 위치(index)를 알게 되었다. 따라서 집단(pop)에서 최적 염색체(chrombest)를 추출하기 위해서 [그림 12-5]와 같이 **배열 인덱스** 함수를 추가한 후 와이어로 연결한다.

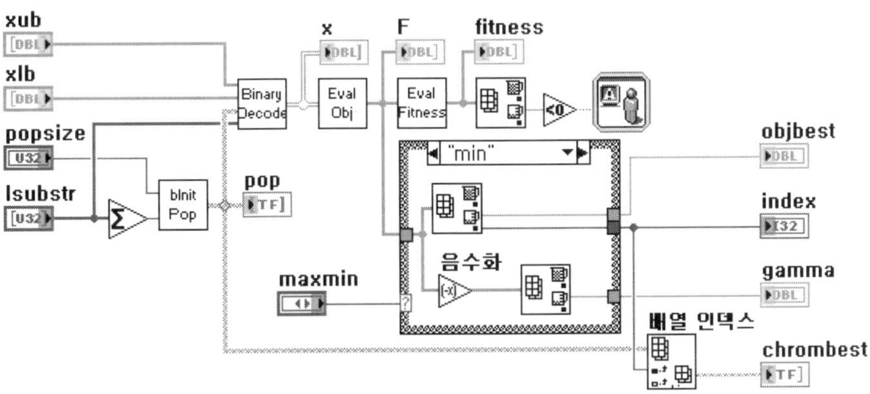


**[그림 12-5]** 최적 염색체(chrombest) 추출

**6단계 :** 5단계에서 최적 염색체(chrombest)를 추출한 것과 동일한 방법으로 [그림 12-6]과 같이 최적 벡터(xbest), 최적 적합도(fitbest), 평균 성능(objave)을 구한다. 이를 위해서 **배열 인덱스** 함수와 **평균(Mean.vi)** VI를 추가하고 와이어로 연결한다.

※ **평균(Mean.vi)** VI는 1부의 3.3.2절 참고

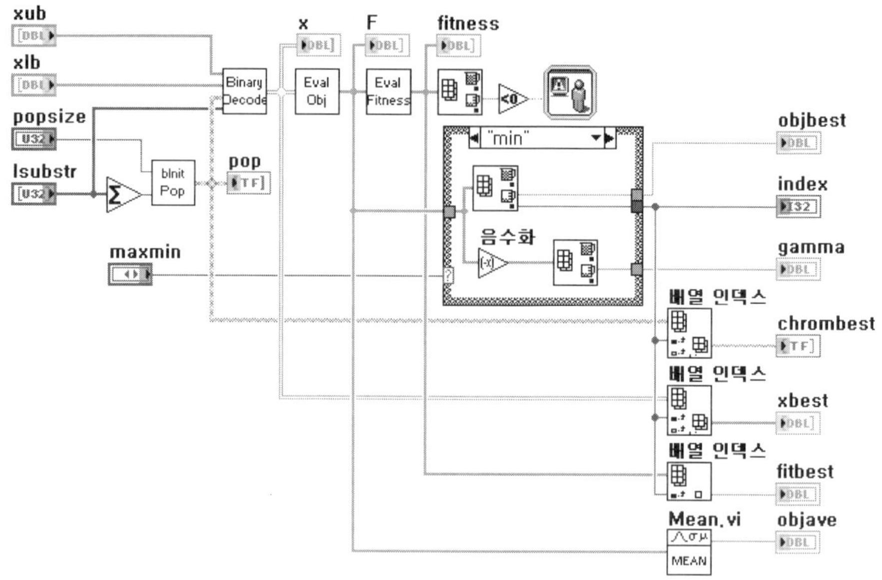


[그림 12-6] 최적 벡터(xbest), 최적 적합도(fitbest), 평균 성능(objave) 계산

**7단계** : [그림 12-7]과 같이 프런트패널을 정리한 후 popsize, lsubstr, xub, xlb의 값을 입력한다. 그리고 본 예제의 목적 함수는 $F(\vec{x}) = x_1^2 + x_2^2$으로 최소값을 구해야 하므로 **열거형 maxmin**의 아이템을 **min**으로 하여 VI를 실행시켜보자.

그림에서 최적 성능을 갖는 염색체는 index 3번이며, 그에 따라 pop, x, F, fitness 배열의 3번 인덱스가 chrombest, xbest, objbest, fitbest로 추출된 것을 알 수 있다.

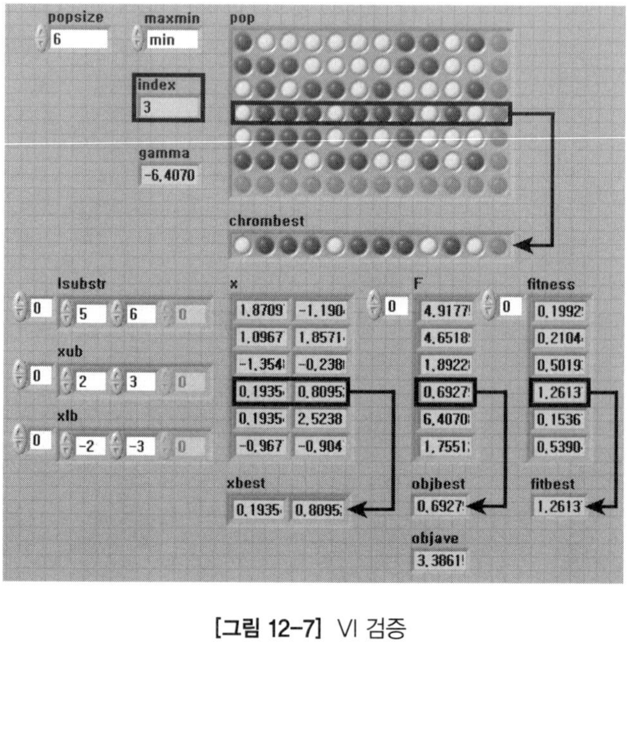


[그림 12-7] VI 검증

**8단계 :** 7단계까지 완료한 상태에서 bStatsPop SubVI를 만들 수도 있지만, 출력의 개수(7개)가 많아 SubVI를 만들기 쉽지 않다. 따라서 **클러스터**를 이용하여 출력을 간소화시켜보자. 우선 블록다이어그램에 **묶기** 함수를 생성하고 [그림 12-8]과 같이 인디케이터를 모두 삭제한 후 **묶기** 함수에 와이어로 연결한다.

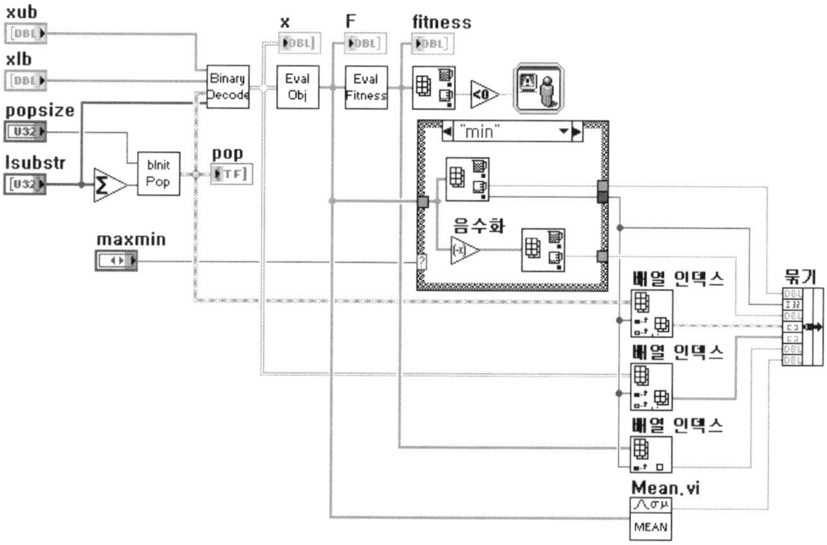


[그림 12-8] 묶기 함수 추가

※ **묶기** 함수는 [그림 12-9]와 같이 **함수 팔레트**의 **프로그래밍 → 클러스터, 클래스, & 배리언트**에서 찾을 수 있다. **묶기** 함수는 서로 다른 **데이터 타입**(숫자형 컨트롤, 문자열 컨트롤, 배열 등)을 묶어 하나의 **클러스터**로 만들어준다. 즉 **클러스터**는 C 언어의 구조체에 해당한다.

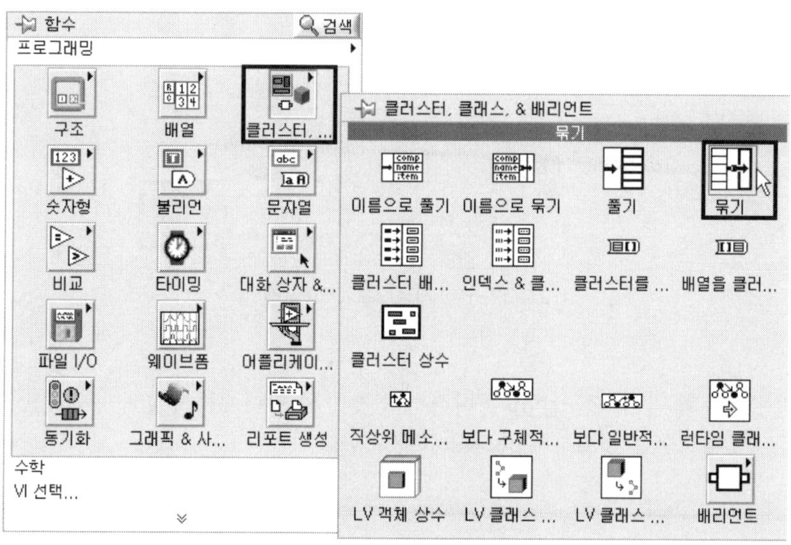


[그림 12-9] 묶기 함수 위치

**9단계** : [그림 12-10]과 같이 **묶기** 함수의 **출력 클러스터**에서 마우스 오른쪽 클릭하여 **생성→ 인디케이터**를 선택하면 **클러스터**가 생성된다. 생성된 **클러스터**의 **라벨**을 **bStatsPop**으로 변경한다. 그리고 [그림 12-10]에서 사각형으로 표시한 부분을 이용하여 [그림 12-11]과 같이 bStatsPop SubVI를 만든다.

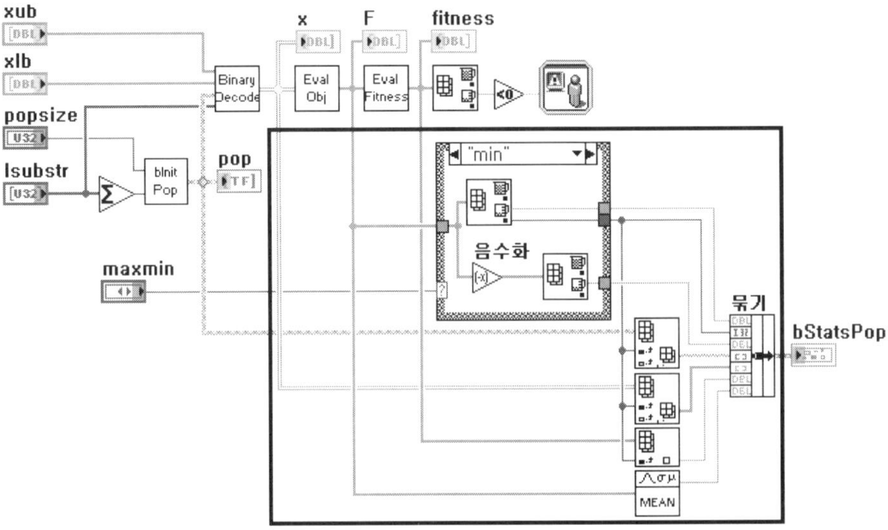


**[그림 12-10]** bStatsPop 클러스터 생성

**10단계** : [그림 12-11]에서 사각형으로 표시한 SubVI를 더블 클릭하면 [그림 12-12]와 같이 프런트 패널이 열린다. 여기서 **클러스터**의 **라벨**을 **bStatsPop**으로 변경한다.

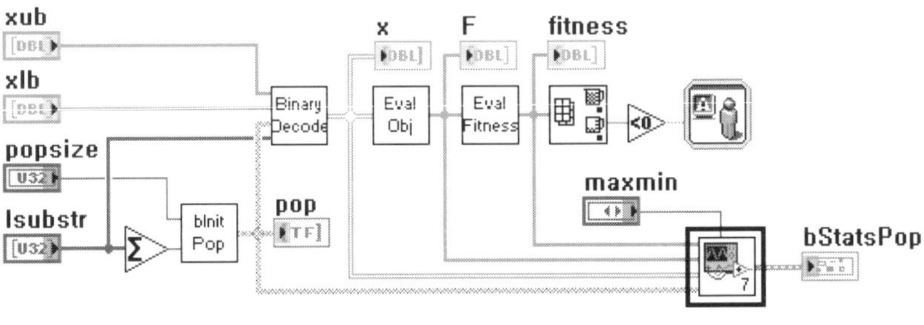


**[그림 12-11]** 자동으로 SubVI 생성

그리고 [그림 12-12]와 같이 **bStatsPop 클러스터**의 첫 번째 **인디케이터**에서 마우스 오른쪽 클릭한 후 **보이는 아이템→ 라벨**을 선택하여 **objbest**를 입력한다.

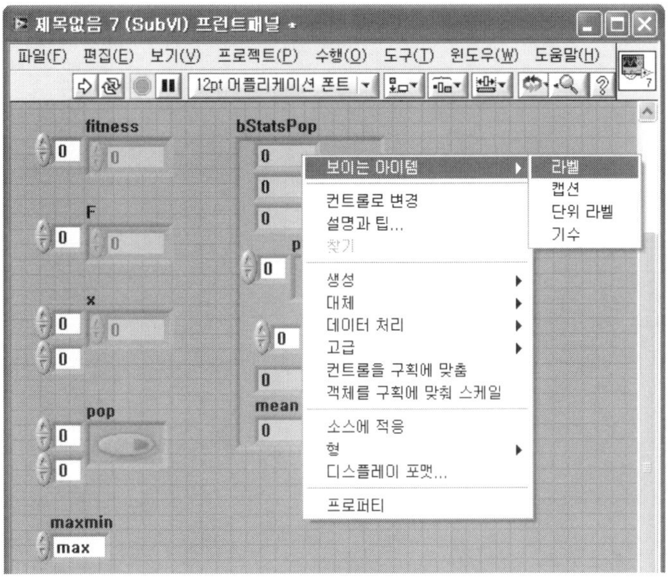


**[그림 12-12]** bStatsPop 클러스터의 라벨 지정

똑같은 방식으로 [그림 12-13]과 같이 나머지 **인디케이터**의 **라벨**도 차례로 **index, gamma, chrombest, xbest, fitbest, objave**로 변경한다. 그리고 [그림 12-13]에서 화살표로 표시한 것과 같이 **아이콘**을 변경하고 bStatsPop으로 저장하면 SubVI가 완성된다.

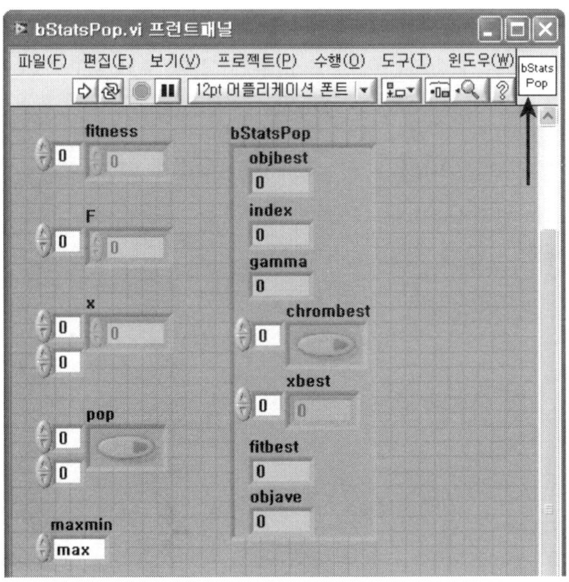


**[그림 12-13]** SubVI 아이콘 변경

※ 이렇게 **인디케이터**의 **라벨**을 지정해줘야 [그림 12-14]에서 볼 수 있듯이 **클러스터**의 **이름으로 풀기**가 가능해진다.

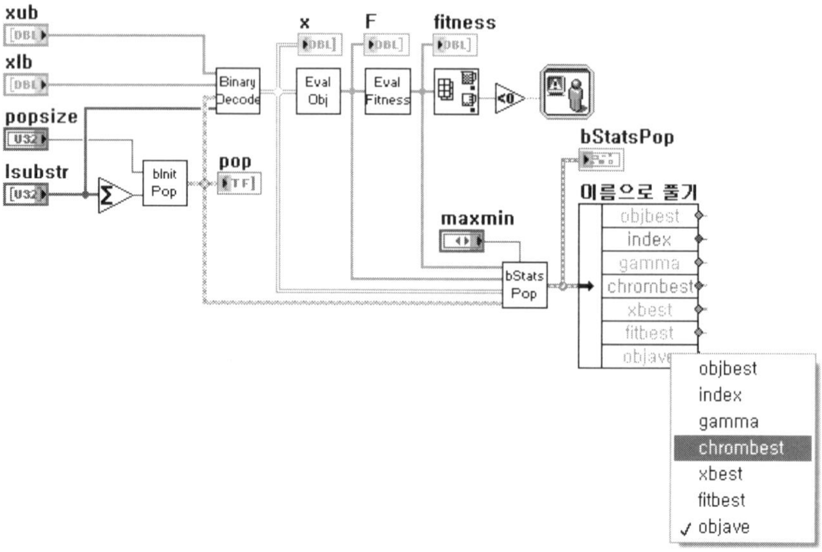


[그림 12-14] 클러스터 이름으로 풀기

bStatsPop SubVI를 만들었으므로 단순 유전 알고리즘을 구현하기 위한 기본 요건은 다 갖추었다고 할 수 있다. 여기서 기본 요건이라고 말한 것은 이것만으로는 단순 유전 알고리즘의 탐색 성능을 보장할 수 없기 때문이다.

단순 유전 알고리즘의 탐색 성능을 향상시키기 위한 방법은 13장과 14장에서 다루게 될 것이다. 여기서는 지금까지 만든 VI를 이용하여 단순 유전 알고리즘을 구현하는 방법을 알아보자.

## 12.1 단순 유전 알고리즘의 구현_1

### 예제 12.2

다음 함수를 최소화하는 문제를 생각해보자. $F(\vec{x})$는 원점에서 최소값 0을 갖는 단봉 함수이다.

$$\text{최소화} : F(\vec{x}) = x_1^2 + x_2^2,\ \vec{x} = [x_1\ x_2]^T \tag{12.1a}$$

$$\text{영역제한} : \Omega = \{\vec{x} \mid -5.12 \le x_1, x_2 \le 5.11\} \tag{12.1b}$$

**예제 풀이**

**1단계 :** 우선 염색체 길이부터 결정한다. 어떤 변수를 부호화할 때 요구되는 스트링 길이는 정밀도와 연산 시간 사이에 적절한 타협점을 이루며 결정된다. 본 예제에서는 변수마다 2디지트 분해능(정밀도가 소수점 이하 2자리)이 요구된다고 가정한다면 식 (8.9)로부터

$$\ell_j \ge \log_2[(x_j^{(U)} - x_j^{(L)})10^d + 1](1 \le j \le n)$$
$$\ge \log_2[(5.11 - (-5.12))10^2 + 1] = \log_2 1024 = 10,\ j = 1, 2$$

가 되어 최소 $\ell_1 = \ell_2 = 10$비트가 필요하고, 염색체 길이는 $\ell = \ell_1 + \ell_2 = 20$비트가 된다.

**2단계 : 예제 12.1.vi**를 실행한 후 프런트패널의 **파일** 메뉴에서 **다른 이름으로 저장**을 선택하여 **예제 12.2.vi**로 저장한다. 그리고 [그림 12-15]와 같이 블록다이어그램에 **RwSel, bOpXover, bSimMutat** SubVI를 가져온 후 **pop, x, F, fitness 인디케이터**를 삭제한다. 왜냐하면 지금까지 이러한 인디케이터는 프로그램이 어떻게 동작되는지 이해를 돕기 위한 것으로 개체수(popsize)가 60개에 이르는 현 상황에서는 별 도움이 안 되며, 연산에 부담만 되기 때문이다.

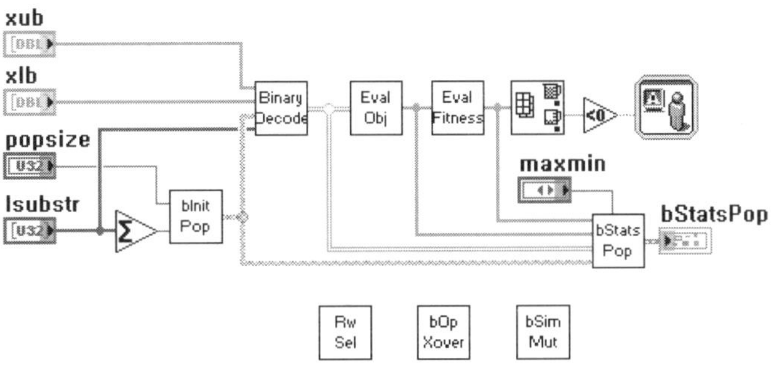


[그림 12-15] 블록다이어그램 정리

**3단계 :** 본 예제는 $F(\vec{x}) = x_1^2 + x_2^2$의 최소값을 찾는 문제이다. 따라서 목적 함수를 구현하고 있는 EvalObj SubVI를 더블 클릭하여 식을 수정해줘야 한다. 그러나 [그림 12-16]과 같이 이미 [예제 10.2]를 풀면서 $F(\vec{x}) = x_1^2 + x_2^2$에 대한 EvalObj SubVI를 만들었으므로, 지금은 아무런 수정이 필요 없다.

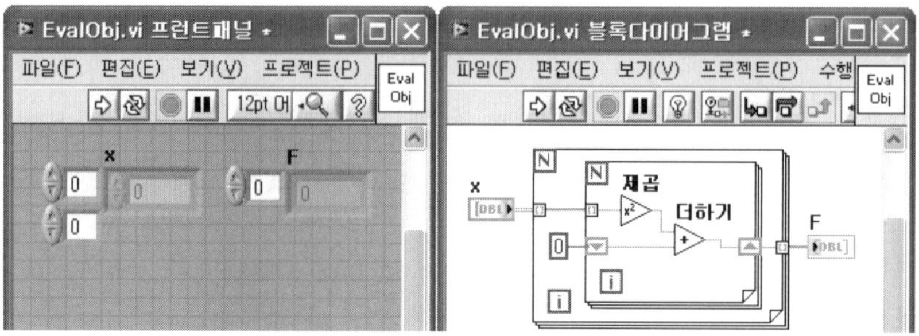


**[그림 12-16]** 목적 함수($F(\vec{x}) = x_1^2 + x_2^2$) 구현

**4단계 :** 본 예제는 최소점을 찾는 문제이므로 적합도 사상 함수로 식 (10.3)을 사용하고, $\gamma = 0.1$로 한다. 다음으로 적합도 함수를 구현하고 있는 EvalFit SubVI를 더블 클릭하여 식을 수정해줘야 한다. 그러나 [그림 12-17]과 같이 이미 [예제 10.3]에서 $\gamma = 0.1$일 때 식 (10.3)을 구현하는 EvalFit SubVI를 만들었으므로, 이번에도 아무런 수정이 필요 없다.

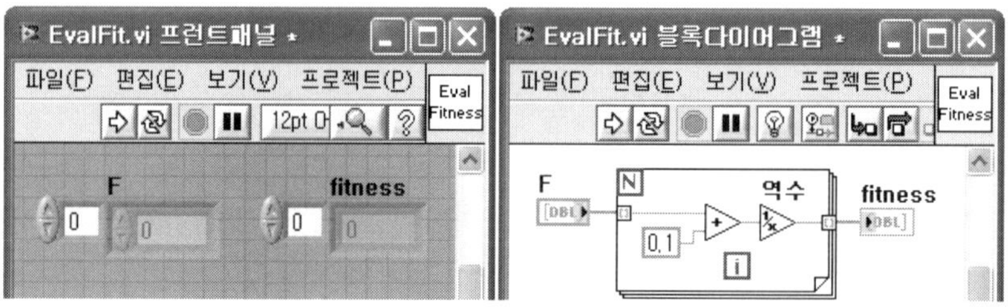


**[그림 12-17]** 적합도 함수 구현

**5단계 :** 이제는 [그림 11-1]과 같이 집단의 적합도 평가와 함께 재생산(룰렛휠 선택), 교배(일점교배), 돌연변이(단순 돌연변이) 연산을 세대를 거치며 반복하는 절차를 구현하면 된다. 이를 위해서 [그림 12-18]과 같이 블록다이어그램을 수정한다.

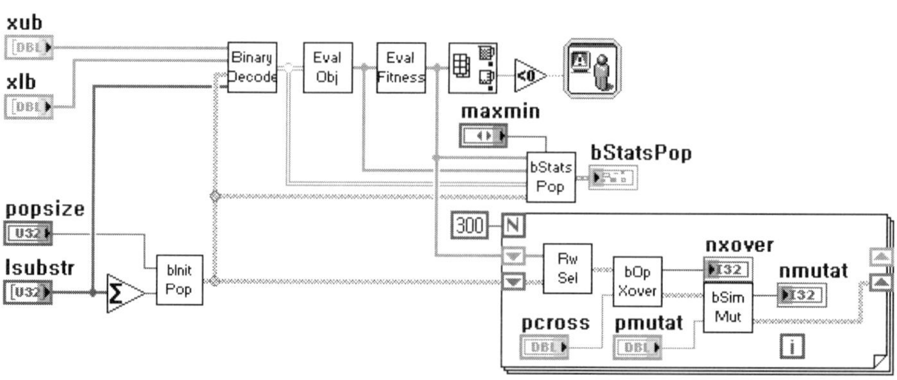


**[그림 12-18]** 세대를 반복하며 유전 연산 수행

**6단계 :** 5단계를 통해서 세대별 재생산, 교배, 돌연변이 연산이 반복된다. 아울러 이러한 연산의 결과로 생성된 새로운 집단에 대해서 **복호화**, **목적 함수 계산**, **적합도 함수 계산**, **통계** 절차가 반복되어야 한다. 이를 위해서 [그림 12-19]와 같이 **For 루프**에 **bDecode**, **EvalObj**, **EvalFit**, **bStatsPop** SubVI를 추가한 후 와이어로 연결한다.

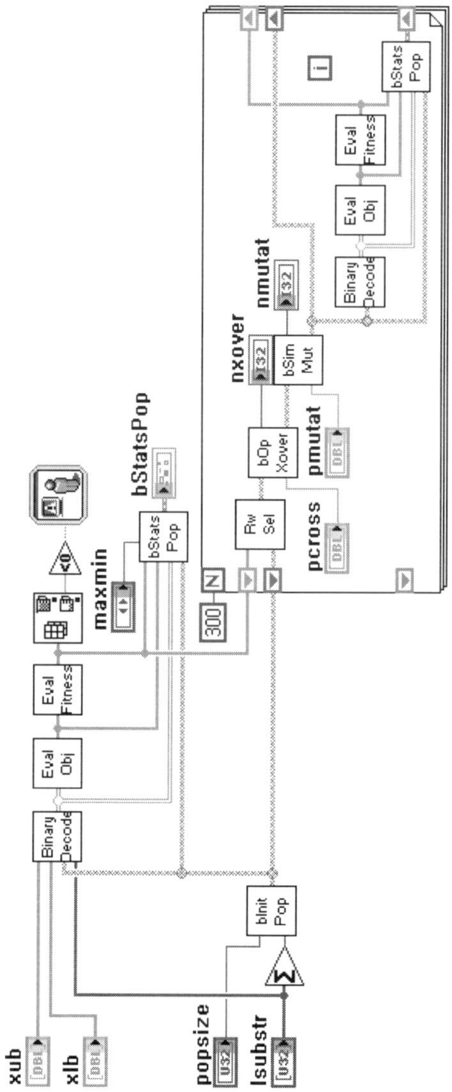


[그림 12-19] 유전 연산 후 적합도 평가

**7단계 :** 마지막으로 [그림 12-20]과 같이 **For 루프**에 있는 bDecode, bStatsPop SubVI의 연결되지 않은 터미널을 와이어로 연결한다.

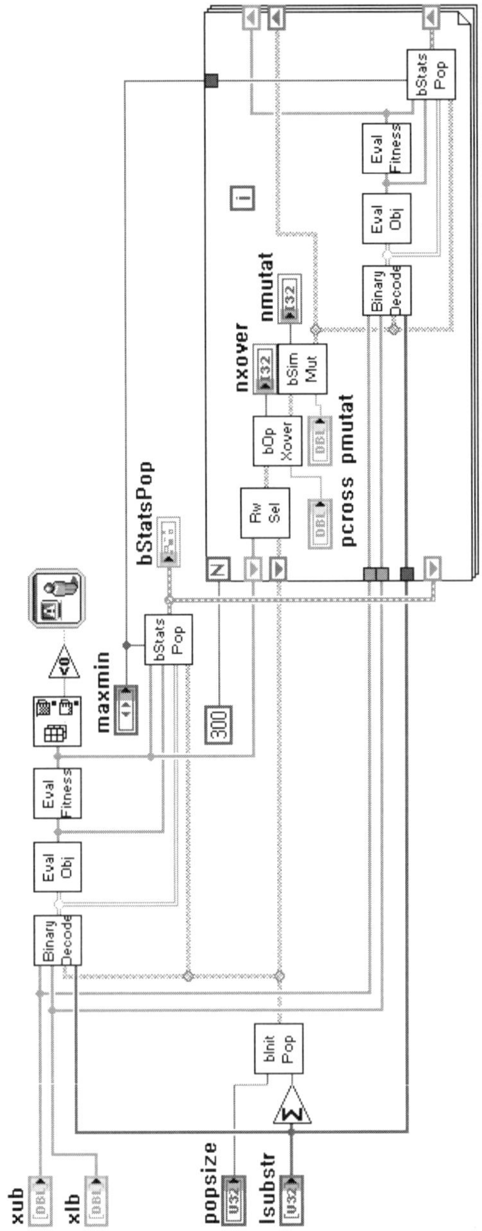


**[그림 12-20]** 와이어 연결

**8단계 :** 그러나 블록다이어그램에 와이어가 많아 복잡해 보이므로 [그림 12-21]과 같이 **묶기** 함수와 **이름으로 풀기** 함수를 이용하여 블록다이어그램을 정리한다.

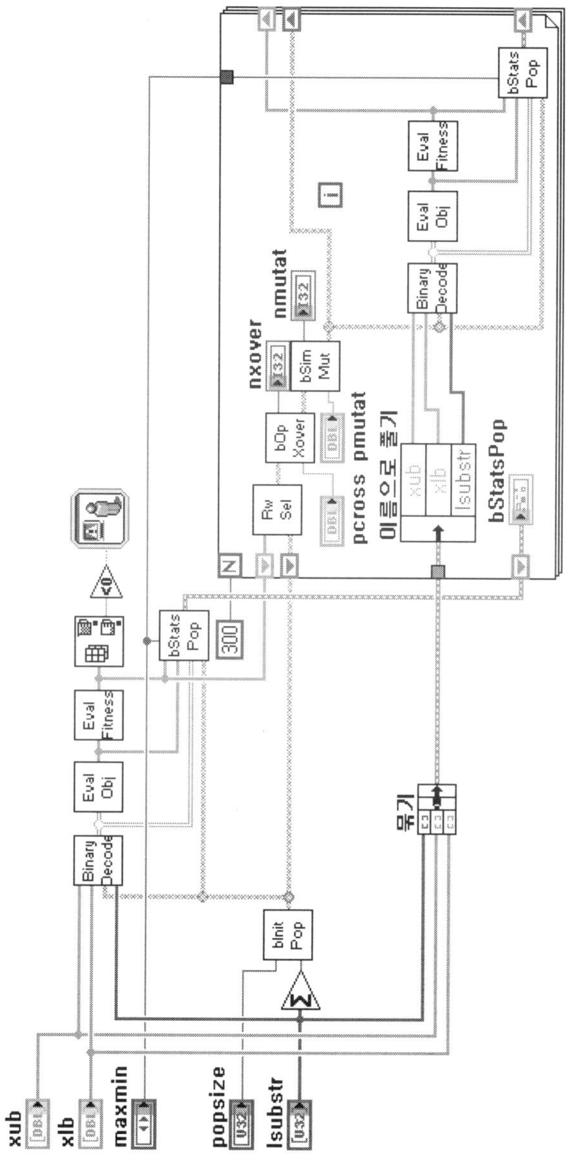

**[그림 12-21]** 블록다이어그램 정리

**9단계 :** 프런트패널을 [그림 12-22]와 같이 정리한 후 집단의 개체수(popsize)는 60개, 염색체의 길이(lsubstr)는 10비트, x의 상한(xub)은 5.11, x의 하한(xlb)은 −5.12, 교배 확률(pcross)과 돌연변이 확률(pmutat)은 각각 0.8과 0.01을 입력한다. 그리고 최소값을 구할 것이므로 maxmin 열거형의 아이템은 min으로 하여 VI를 실행시켜보자. [그림 12-22]와 유사한 결과를 얻을 것이다. 그림에서 bStatsPop 클러스터의 결과는 300세대 후의 결과로서 문제의 최소값은 $\vec{x} = (0, 0.02)$일 때 $F(\vec{x}) = 0.0004$(objbest)임을 알 수 있다.

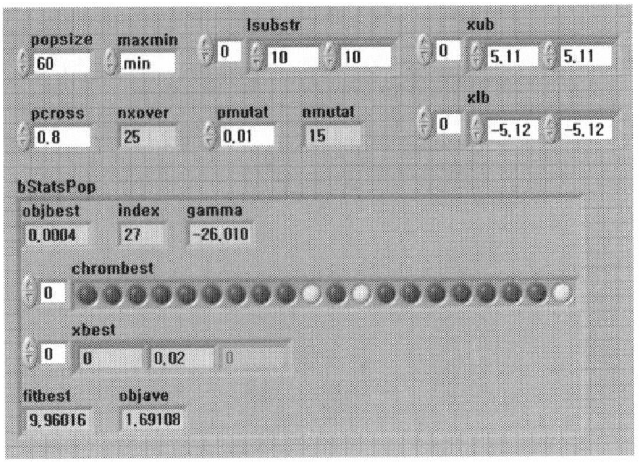


[그림 12-22] VI 실행 결과

**10단계 :** 최종 해(解)를 구하는 것이 목적이라면 8단계만으로도 충분하지만 유전 알고리즘의 원리를 좀 더 이해하기 위해서 세대(generation)에 따른 해의 탐색 과정을 살펴보도록 하자. 이를 위해서 가장 좋은 방법은 최적 성능(objbest)과 최적 벡터(xbest)의 결과를 [그림 12-23]과 같이 그래프로 표시하는 것이다. 먼저 프런트패널에 **웨이브폼 차트**를 생성하고 [그림 12-23]과 같이 **라벨**을 **objbest**와 **xbest**로 변경한다.

※ **웨이브폼 차트**는 1부의 6.1절 참고

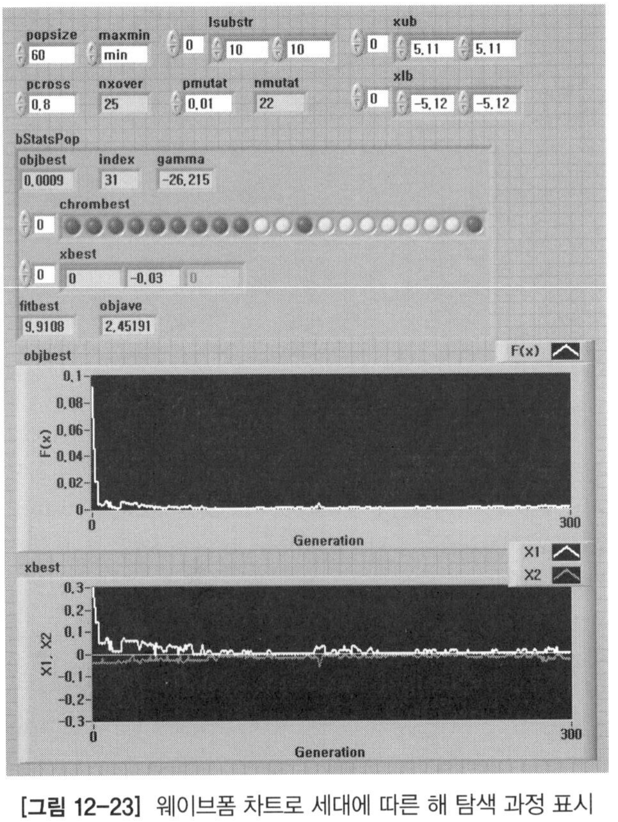


[그림 12-23] 웨이브폼 차트로 세대에 따른 해 탐색 과정 표시

**11단계 :** [그림 12-24]에서 사각형으로 표시한 것과 같이 **이름으로 풀기** 함수와 **배열을 클러스터로** 함수를 추가한 후 **웨이브폼 차트**와 와이어로 연결한다.

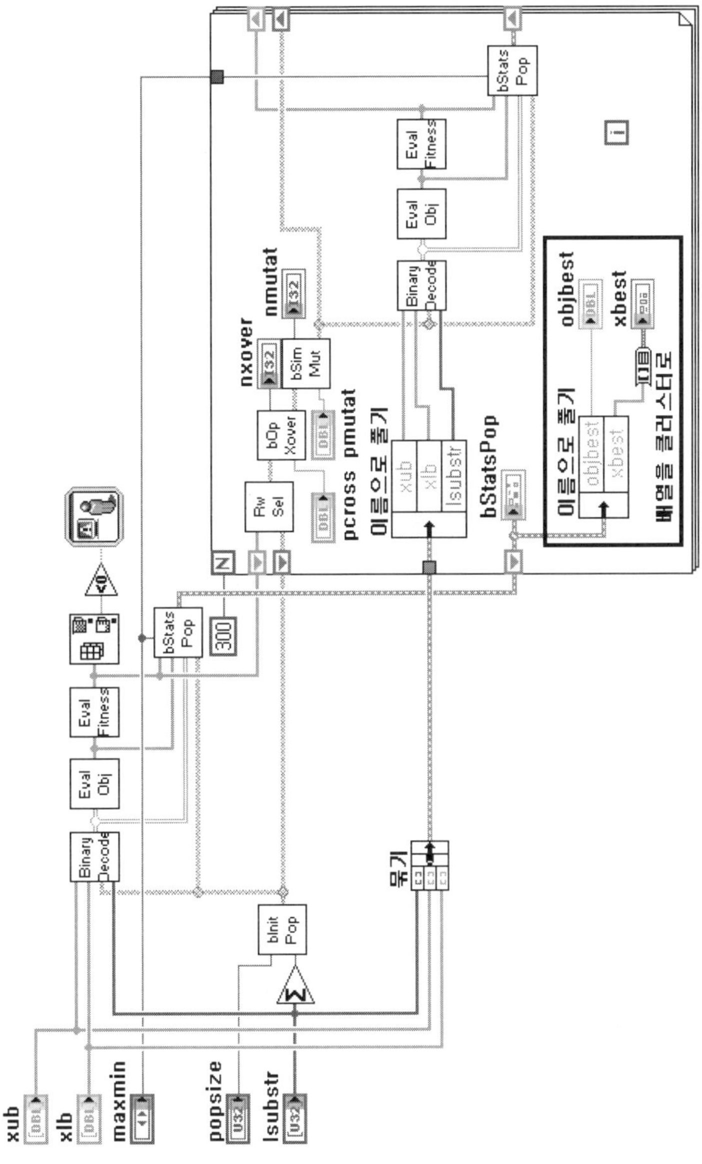

**[그림 12-24]** 완성된 VI

**예제 결과**

[그림 12-23]의 프런트패널에서 popsize(개체수), lsubstr(유전자 길이), pcross(교배 확률), pmutat(돌연변이 확률)의 값을 다양하게 변경하여 VI를 실행시켜보자. 그리고 [그림 12-24]의 블록다이어

그램에서 룰렛휠 선택(RwSel), 일점교배(bOpXover) SubVI 대신에 토너먼트 선택(TournSel), 이점교배(bTpXover) SubVI로 대체하여 VI를 실행시켜보자.

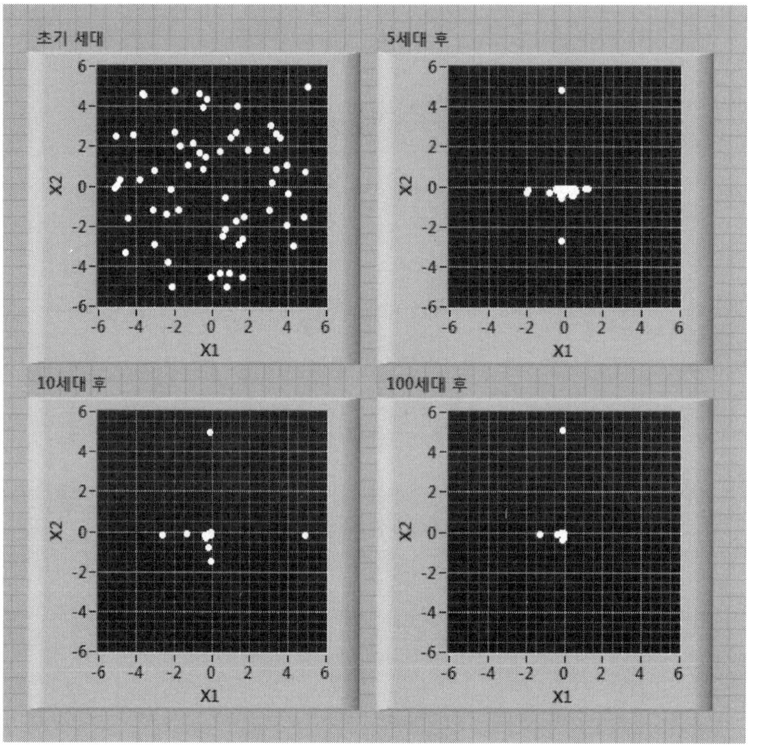


**[그림 12-25]** 세대별 벡터 위치

유전 알고리즘은 [그림 12-25]와 같이 세대를 거듭하면서 우성 유전자는 증가하고, 열성 유전자는 점차 사라지게 된다. 그 결과 개체의 종류가 줄어들어 점의 개수가 점차 줄어드는 것을 볼 수 있다. 한편 100세대 후 그림에서는 해의 상당 부분이 원점으로 수렴하였으나 돌연변이에 의해서 해에서 많이 벗어난 결과가 발생하기도 하였다. 이렇게 세대가 지남에 따라 해를 찾아가는 과정을 보고 싶다면 인터넷으로 제공된 **예제 12.2.vi**를 실행시켜보도록 하여라.

## 12.2 단순 유전 알고리즘의 구현_2

**예제 12.3**

다음 함수의 최대점을 찾는 문제를 생각해보자.

$$\text{최대화} : F(\vec{x}) = 3(1-x_1)^2 e^{-x_1^2-(x_2+1)^2} - 10\left(\frac{x_1}{5} - x_1^3 - x_2^5\right)e^{-x_1^2-x_2^2} - \frac{1}{3}e^{-(x_1+1)^2-x_2^2},\ \vec{x} = [x_1\ x_2]^T \tag{12.2a}$$

$$\text{영역제한} : \Omega = \{\vec{x} \mid -3 \le x_1, x_2 \le 3\} \tag{12.2b}$$

$F(\vec{x})$는 $\vec{x} = [0\ \ 1.58]^T$에서 전역 최대값 8.105를 가지는 다봉 함수로서 그 모양은 [그림 12-26]과 같다.

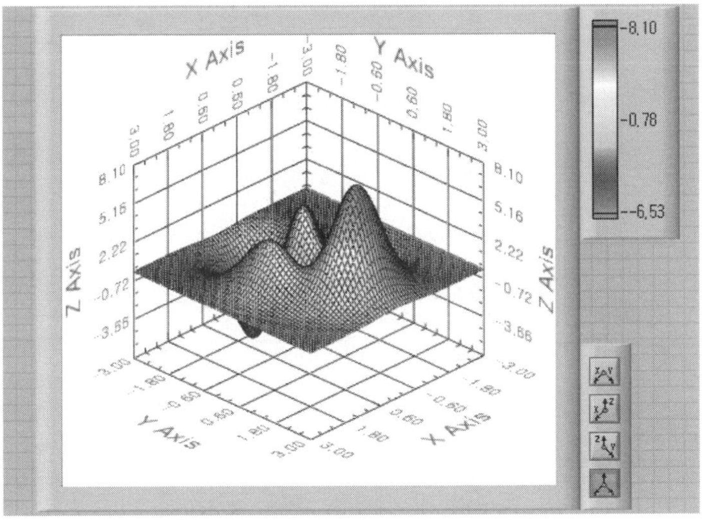


**[그림 12-26]** 함수 $F(\vec{x})$와 등고선

**예제 풀이**

**1단계 :** 앞서 예제와 마찬가지로 염색체 길이부터 결정한다. 본 예제에서도 변수마다 2디지트 분해능(정밀도가 소수점 이하 2자리)이 요구된다고 가정한다면 식 (8.9)로부터

$$\ell_j \ge \log_2[(x_j^{(U)} - x_j^{(L)})10^d + 1](1 \le j \le n)$$
$$\ge \log_2[(3-(-3))10^2 + 1] = \log_2 601 \approx 9.23 = 10, j = 1, 2$$

가 되어 최소 $\ell_1 = \ell_2 = 10$비트가 필요하다. 따라서 염색체 길이는 20비트가 되고 실제 분해능은 $\Delta x_1 = \Delta x_2 = (3+3)/(2^{10}-1) = 0.0059$가 된다.

**2단계 : 예제 12.2.vi**를 실행한 후 프런트패널의 **파일** 메뉴에서 **다른 이름으로 저장**을 선택하여 **예제 12.3.vi**로 저장한다.

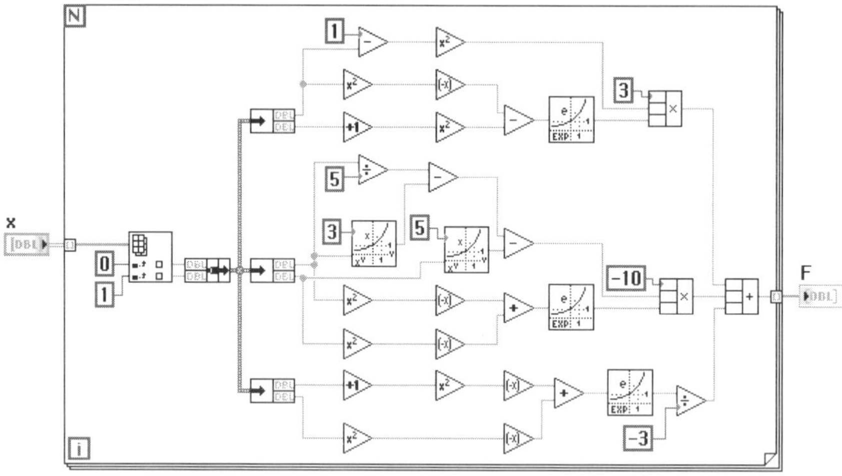

[그림 12-27] 식 (12.2a)를 구현한 EvalObj2 SubVI의 블록다이어그램

**3단계** : 현재 EvalObj SubVI에는 식 (12.1a)가 목적 함수로 구현되어 있다. 따라서 본 예제인 식 (12.2a)를 목적 함수로 구현해야 한다. 직접 식 (12.2a)를 구현할 수도 있지만 [그림 12-27]과 같이 다소 복잡하므로 인터넷으로 제공한 EvalObj2 SubVI를 이용하여 [그림 12-28]과 같이 EvalObj SubVI를 EvalObj2 SubVI로 대체한다.

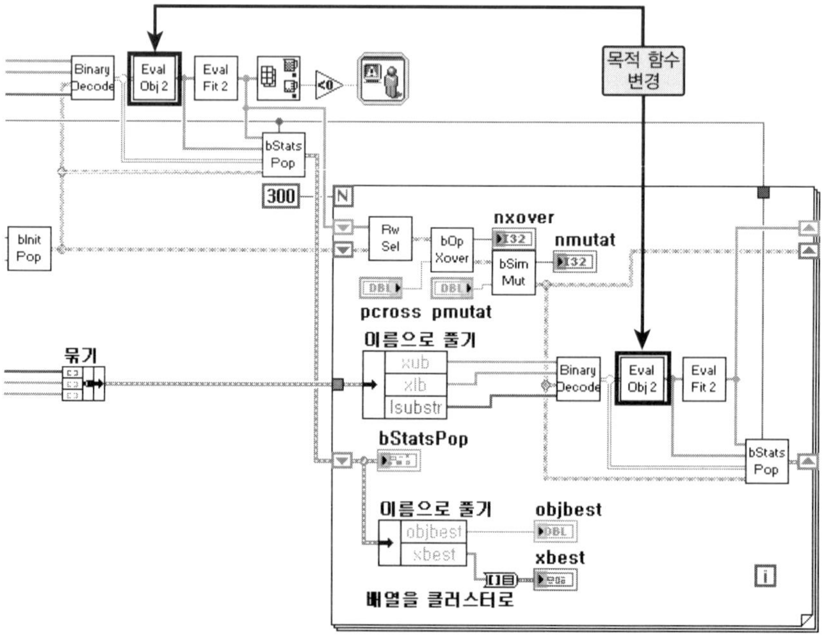


[그림 12-28] 목적 함수 SubVI 변경

**4단계 :** 3단계에서와 마찬가지로 현재 EvalFit SubVI에는 식 (10.3)이 적합도 함수로 구현되어 있다. 그러나 본 예제에서는 식 (10.1)을 적합도 함수로 사용할 것이며, $\gamma = -7$로 할 것이다. 참고로 앞서 10장에서도 설명하였지만 유전 알고리즘의 성패는 적합도 함수를 어떻게 하느냐에 달려있다고 해도 과언이 아니다.

본 예제의 적합도 함수는 [그림 12-29]와 같이 간단하므로 독자가 직접 만들 수도 있지만, 인터넷으로 제공한 EvalFit2 SubVI를 이용한다.

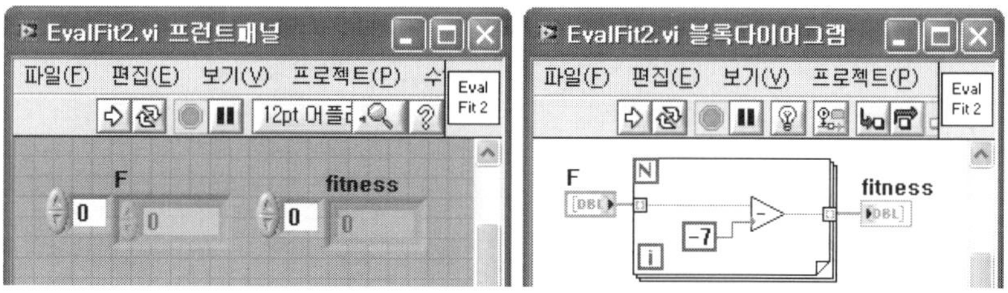


**[그림 12-29]** 식 (10.1)을 적합도 함수로 구현한 EvalFit2 SubVI

앞서 3단계에서와 마찬가지로 [그림 12-30]과 같이 기존에 있던 EvalFit SubVI를 삭제하고 EvalFit2 SubVI로 대체하면 VI가 완성된다.

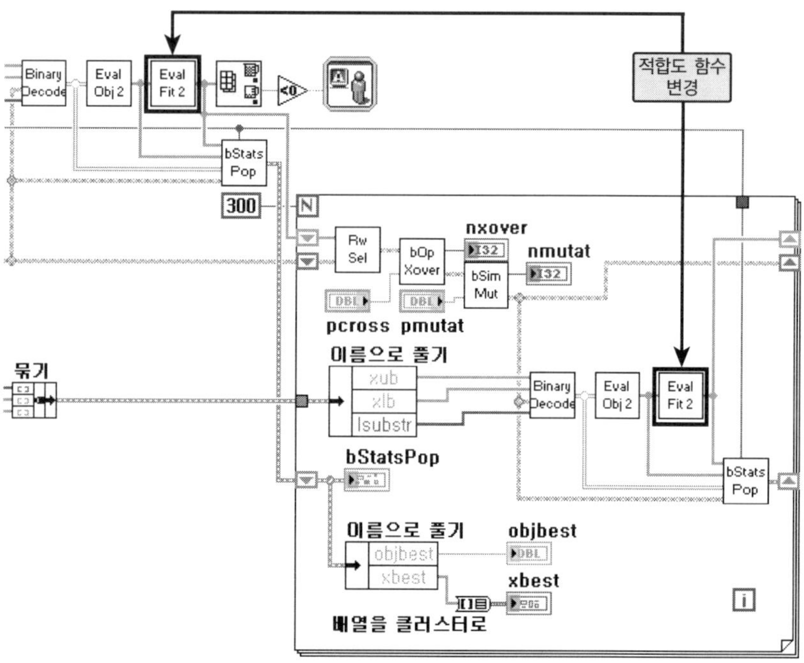


**[그림 12-30]** 적합도 함수 SubVI 변경

[그림 12-31]과 같이 변수값을 입력한 후 VI를 실행시켜보자.

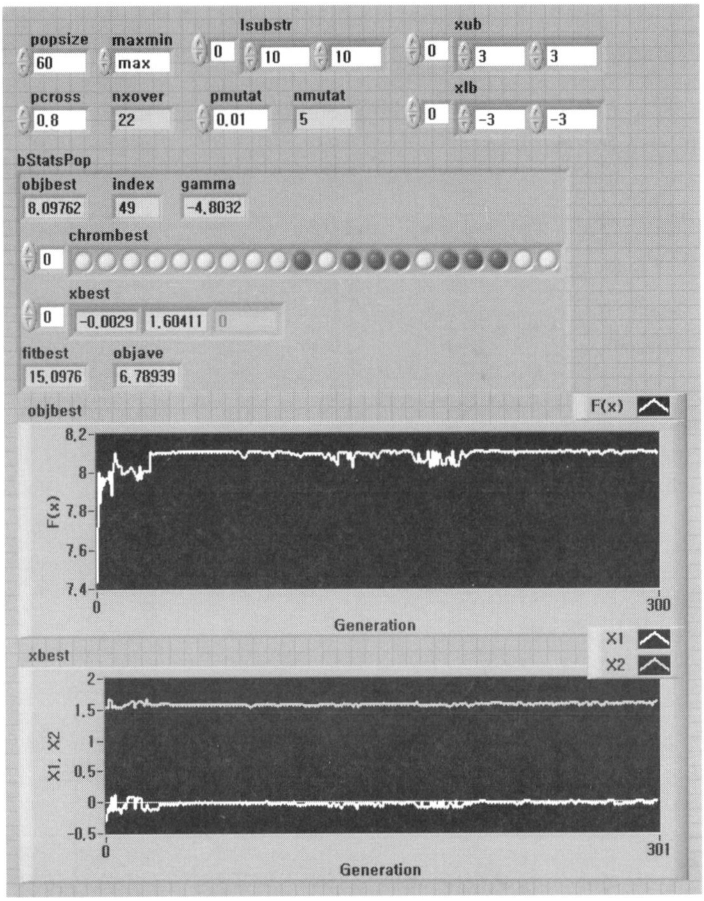

**[그림 12-31]** 예제 12.3.vi의 실행 결과

**예제 결과**

[그림 12-31]의 **bStatsPop 클러스터**를 보면 300세대 후 목적 함수의 최대값은 $\vec{x} \approx (-0.0029, 1.6041)$일 때 $F(\vec{x}) \approx 8.0976$(objbest)임을 알 수 있다. 또한 그래프에서 볼 수 있듯이 세대를 거듭하면서 최대점 $\vec{x}$와 최대값 $F(\vec{x})$를 비교적 잘 찾아가고 있음을 알 수 있다.

그렇다면 본 예제에서 목적 함수의 최소값을 찾고 싶을 경우 프런트패널의 **maxmin 열거형**을 min으로만 변경하면 될지 생각해보자.

만약 그렇게 하면 [그림 12-32]와 같이 유전 알고리즘이 제대로 해를 찾지 못할 것이다. 그 이유는 앞서 언급했듯이 유전 알고리즘의 성패는 개체수(popsize), 분해능(lsubstr), 교배 확률(pcross), 돌연변이 확률(pmutat)뿐만 아니라 적합도 함수를 어떻게 정의하느냐에 달려있기 때문이다. 따라서 EvalFit2 SubVI에서 $\gamma = -7$ 대신 $\gamma = 9$로 변경하여 실행시켜보자. 정상적으로 해를 탐색할 것이다.

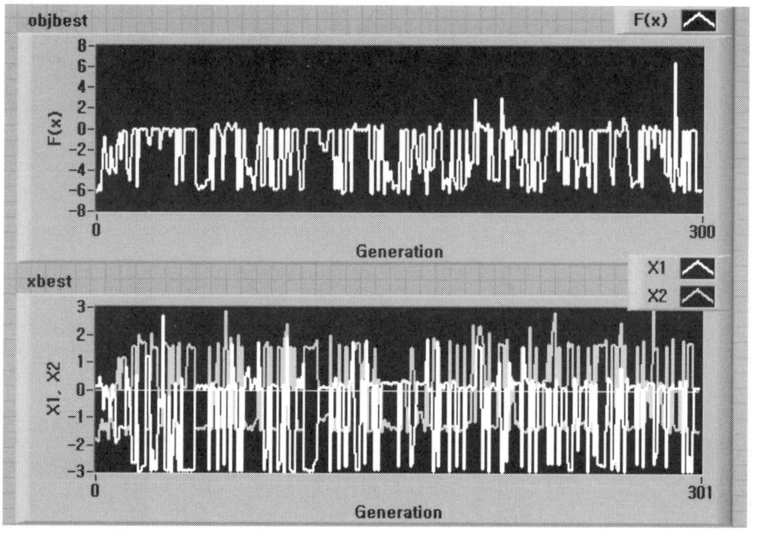


**[그림 12-32]** maxmin 열거형을 min으로 선택하여 실행한 결과

단순 유전 알고리즘(SGA)은 그 구조가 단순함에도 만족스러운 탐색 성능을 제공해주는 것을 두 예제를 통해서 확인할 수 있었다. 하지만 해의 정밀도의 관점에서 본다면 연산자의 개선, 여러 탐색 전략의 결합 등을 통해 개선의 여지가 많다고 할 수 있다. 이에 대한 것은 다음 장에서 논의할 것이다.

CHAPTER 13

# 적합도의 스케일링



개체 집단의 적합도 평가에 응용되는 방법은 특히 유전 알고리즘이 작은 집단을 취급하게 될 때 그 성능에 크게 영향을 미친다. 이것은 세대와 밀접한 관계를 가지면서 개체 간의 상대적인 적합도 차가 너무 크거나 너무 작음에서 기인한다. 만일 초기 세대의 집단에 초우량(상대적인 적합도 차가 큰) 개체가 출현하게 되면 기존의 재생산 연산자는 이 개체를 여러 번 복제하게 되고 그 결과 이들이 집단을 지배하게 되어 (유전적 다양성 상실) 지역 최적점으로 급히 수렴하게 된다. 이러한 양상은 진화의 최종 단계에서 수용될 수 있지만 초기 단계에서는 바람직스럽지 못하다.

이와 반대로 후기 세대에는 다른 양상이 일어날 수 있다. 집단이 강해지고 개체들이 한 점 주위로 군집되면 좋은 개체와 더 나은 개체를 구별하는 것이 쉽지 않게 된다. 이렇게 되면 선택 과정의 결과는 무작위 탐색에 의한 결과와 유사하게 되고 최적해로 수렴해가는 것이 어렵게 된다. 다시 말하면 선택압(선택강도)의 결여로 탐색이 침체된다.

따라서 초기에는 유전자의 다양성을 충분히 유지할 수 있도록 개체 간의 상대적인 적합도의 영향을 줄여주고, 후기에는 그 영향이 커지게 해줄 필요가 있다. 원시 적합도 값을 직접 사용하지 않고 새로운 척도를 도입하여 변환한 후 사용하면 앞서 언급한 문제 해결에 도움이 된다. 여기서는 이와 관련된 몇 가지 ***정규화(Normalization)*** 방법에 대해 알아보자.

## 13.1 선형 스케일링(Linear Scaling)

선형 스케일링은 식 (13.1)의 사상을 통해 원시 적합도를 변환해서 제공한다.

$$f'(s) = a \cdot f(s) + b \tag{13.1}$$

여기서 $f(s)$는 원시 적합도, $f'(s)$는 변환된 적합도이고, $a$와 $b$는 적절히 결정되는 상수이다. 이 방법은 초기 세대에서는 우량 개체의 적합도 영향을 줄일 수 있도록 개체들의 적합도 값을 넓은 범위의 값 위로 분포시키고, 후기 세대에는 더 적합한 개체들이 많이 선택될 수 있도록 분포시킨다.

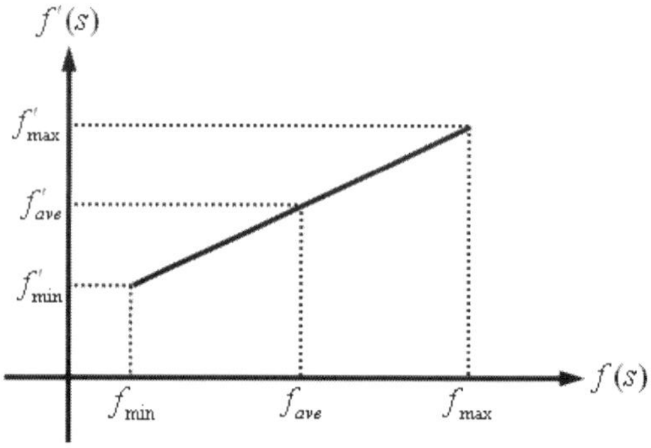


**[그림 13-1]** 선형 스케일링

[그림 13-1]은 선형 스케일링의 사상 관계를 그래프로 나타낸 것이다. 그림에서 $f_{ave}$와 $f'_{ave}$는 각각 원시 적합도와 사상된 적합도의 평균값이고, $f_{max}$와 $f'_{max}$는 원시 적합도와 변환된 적합도의 최대값이며, $f_{min}$과 $f'_{min}$은 각각 최소값을 나타낸다. 특히 $a$, $b$는 $f'_{ave} = f_{ave}$와 $f'_{max} = c \cdot f_{ave}$의 관계가 만족되도록 선정하는데, 만일 $f'_{min} < 0$인 경우에는 $f'_{ave} = f_{ave}$와 $f'_{min} = 0$의 관계가 만족되도록 선정한다. $N = 50 \sim 100$인 유전 알고리즘의 경우 $c$는 1.2와 2 사이에서 선택될 때 좋은 결과를 얻는다고 알려져 있다. 특히 $c = 2$인 경우에 $a$, $b$는 다음 식으로부터 결정된다.

$$a = \begin{cases} \dfrac{f_{ave}}{f_{max} - f_{ave}} & , f_{min} \geq 2f_{ave} - f_{max} \\ \dfrac{f_{ave}}{f_{ave} - f_{min}} & , \text{기타} \end{cases} \tag{13.2a}$$

$$b = \begin{cases} \dfrac{f_{ave}(f_{max} - 2f_{ave})}{f_{max} - f_{ave}} & , f_{min} \geq 2f_{ave} - f_{max} \\ \dfrac{-f_{ave} \cdot f_{min}}{f_{ave} - f_{min}} & , \text{기타} \end{cases} \quad (13.2b)$$

먼저 초우량 개체가 집단에 존재할 때 스케일링이 미치는 영향에 대해 살펴보자. 크기가 6인 집단의 원시 적합도를 각각 20, 22, 19, 21, 18, 240으로 가정하였다. 6번 개체의 적합도(240)는 다른 것에 비해 대단히 크기 때문에 초우량 개체이다.

[그림 13-2]는 스케일링 전(×)과 후(○)의 선택 확률을 계산하여 도시한 것이다. 이때 $c = 2$가 사용되었다. 스케일링 이전과 비교해서 초우량 개체와 다른 개체 간의 선택 확률의 상대적 차이가 상당히 줄었음을 확인할 수 있다. 이는 11.1장에서 설명한 ***재생산 연산***(룰렛휠 선택, 토너먼트 선택)에서 개체 선택 시 초우량 개체가 여러 번 복제되는 것을 방지해준다.

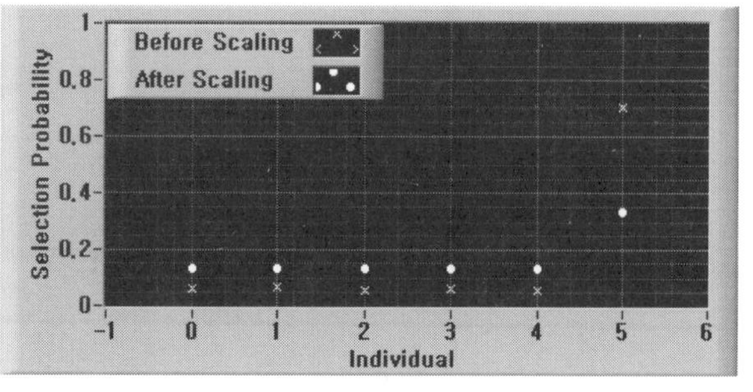


**[그림 13-2]** 선형 스케일링(초우량 개체의 출현 시)

다시 진화의 말기와 같이 집단이 어느 한 점으로 수렴해가는 상황을 가정하여 각각의 적합도를 20, 22, 19, 21, 18, 24로 취하였다. [그림 13-3]의 결과를 살펴보면 선형 스케일링은 구분하기가 어려울 정도로 밀집되어 있는 이전의 선택 확률(×)을 더 넓은 범위로 분산시켜주고 있다.

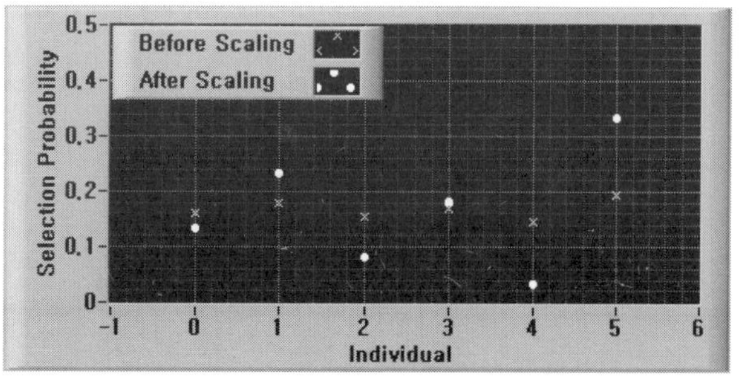


**[그림 13-3]** 선형 스케일링(집단의 수렴 시)

[그림 13-4]는 선형 스케일링 SubVI의 블록다이어그램으로 식 (13.2)를 구현한 것이다. 프로그래밍하기가 복잡하므로 본서에서 인터넷으로 제공하는 LinScale SubVI 파일을 이용하도록 하자.

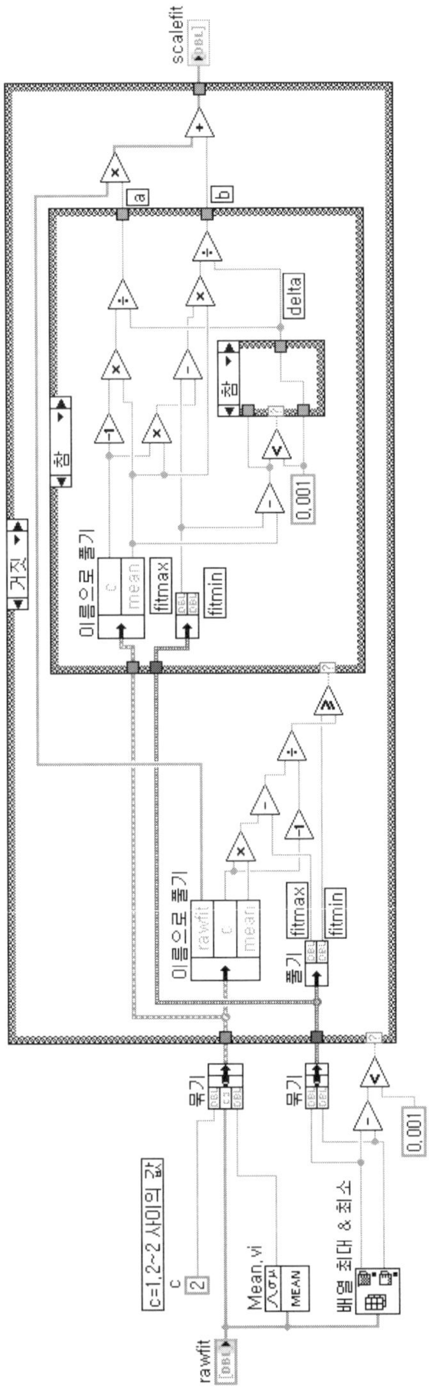


**[그림 13-4]** LinScale SubVI

**예제 13.1**

LinScale SubVI를 이용하여 [그림 13-2]와 [그림 13-3]의 결과를 검증하여라.

**예제 풀이**

**1단계 :** [그림 13-5]와 같이 프런트패널에 1차원 **배열**을 만들고 **배열**의 **라벨**을 각각 **fitness, rawfit, scalefit**으로 변경한다. 여기서 **rawfit**은 적합도(fitness)를 토대로 계산한 선택 확률을 출력하며, **scalefit**은 적합도(fitness)에 선형 스케일링(LinScale SubVI)을 적용한 후의 선택 확률을 출력한다.

※ **선택 확률**은 2부의 11.1.1절 [예제 11.1] 참고

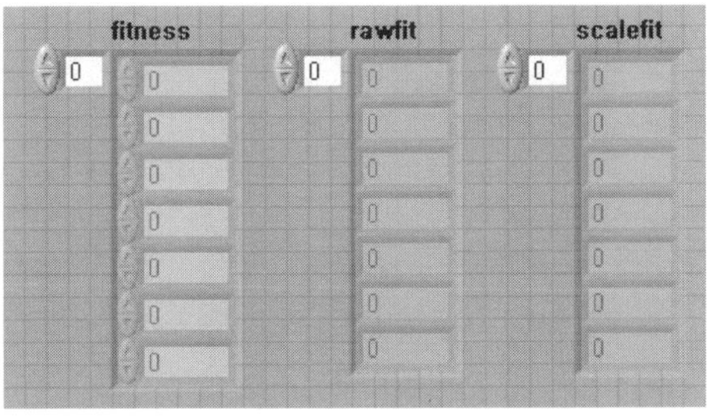


**[그림 13-5]** 사용자 인터페이스 생성

**2단계 :** 인터넷으로 제공한 **LinScale** SubVI, **For 루프**, **배열 원소 더하기** 함수, **배열 만들기** 함수, **웨이브폼 그래프** 등을 블록다이어그램에 추가한 후 [그림 13-6]과 같이 와이어로 연결한다.

※ **웨이브폼 그래프**는 1부의 6.1절 참고

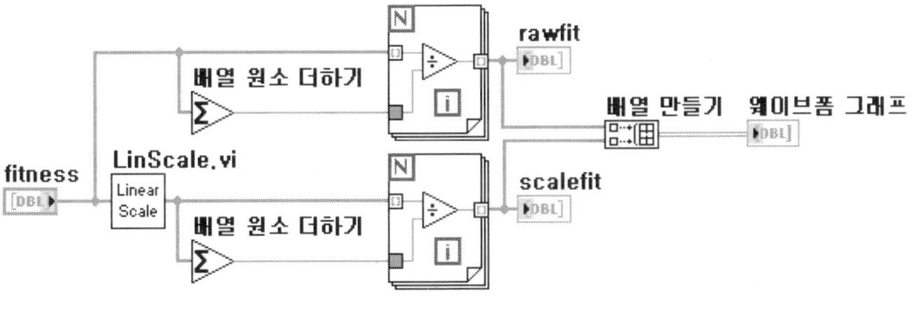


**[그림 13-6]** 완성된 VI

**3단계 :** [그림 13-5]의 fitness 배열에 20, 22, 19, 21, 18, 240을 입력하고 VI를 실행한다. 240은 초우량 개체이므로 선택 확률이 약 70.6%이다. 반면에 선형 스케일링을 적용할 경우 선택 확률이 약 33.3%로 줄어든 것을 알 수 있다.

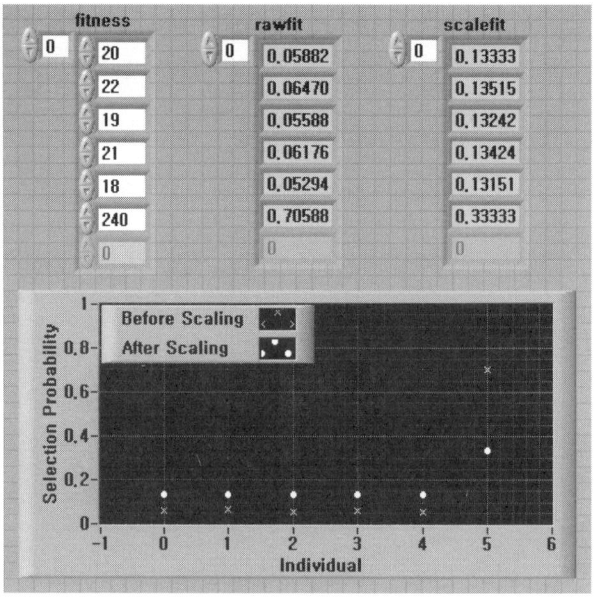


**[그림 13-7]** 예제 13.1.vi의 실행 결과

**4단계 :** 이번엔 프런트패널의 fitness 배열에 초우량 개체(240) 대신에 24를 입력하여 VI를 실행시켜보자. [그림 13-3]과 같은 결과를 얻을 수 있다.

[그림 13-8]과 [그림 13-9]는 선형 스케일링을 적용하지 않은 경우와 적용한 경우 룰렛휠 선택 결과를 알아보기 위한 예이다. 선형 스케일링을 적용하지 않을 경우에는 초우량 개체가 6번 중 5번 선택되어 유전적 다양성이 상실된 반면에 선형 스케일링을 적용한 경우에는 초우량 개체가 단 2번 밖에 선택되지 않았으며, 총 4 종류의 개체가 선택된 것을 알 수 있다.

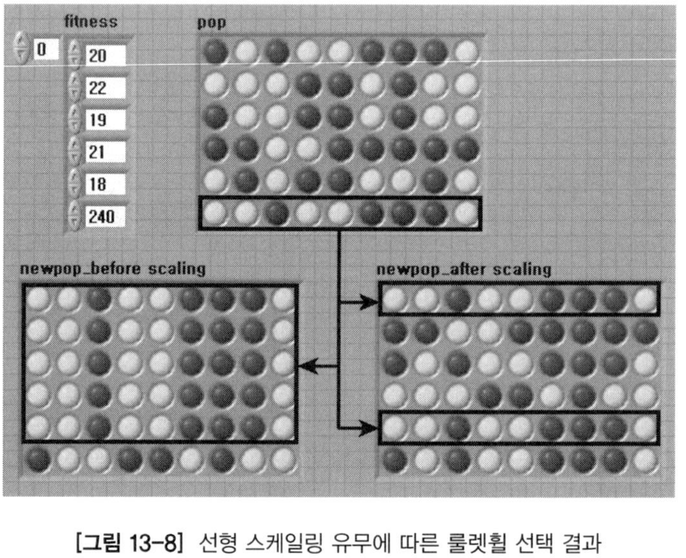


**[그림 13-8]** 선형 스케일링 유무에 따른 룰렛휠 선택 결과

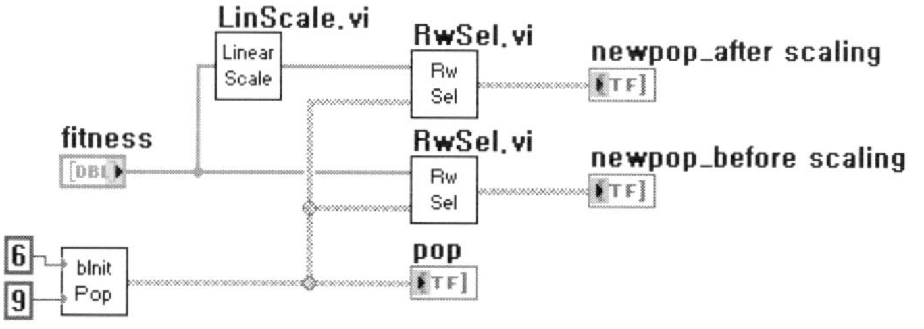


**[그림 13-9]** 선형 스케일링 유무에 따른 룰렛휠 선택 결과

## 13.2 스케일링 윈도우(Scaling Window)

스케일링 윈도우 또한 자주 사용되는 정규화 방법 중의 하나이다. **10장 적합도 평가**에서 이미 살펴본 바와 같이 목적 함수 $F: \Omega \rightarrow R$을 최대로 하는 문제에서 $k$세대 염색체 $\vec{s}(k)$의 적합도는 다음 식으로부터 얻을 수 있다.

$$f(k) = f(\vec{s}(k)) = f(\vec{x}(k)) - \gamma \tag{13.3}$$

여기서 $\gamma$는 $^{\forall}k \in [0, \infty)$에 대해 $f(k) \geq 0$의 관계를 보장하도록 결정되는 상수로서 탐색 효율과 밀접한 관련을 갖는다. 그러나 실제 환경에서는 $\gamma$를 사전에 아는 것이 대단히 어렵기 때문에 경험과 실험을 바탕으로 충분히 작은 값을 취하거나 아니면 현재까지의 집단에서 발견되는 목적 함수의 최소값을 취하게 된다.

비록 초기의 $\gamma$ 값이 잘 선정되었다 하더라도 전체 성능이 개선된 상황에도 이를 계속적으로 고정하게 되면 개체 간의 상대적인 적합도 차이가 줄어들어 유전 알고리즘은 더 나은 개체를 찾는 데 어려움을 겪게 된다.

**[표 13-1]** 스케일링 예

| $i$ | 목적 함수 | 스케일링 전($\gamma = 0$) | | 스케일링 후($\gamma = 50$) | |
|---|---|---|---|---|---|
| | $F(\vec{x}_i(k))$ | $f_i(k)$ | $P_s(\vec{s}_i(k))$ | $f_i(k)$ | $P_s(\vec{s}_i(k))$ |
| 1 | 53 | 53 | 0.25 | 3 | 0.20 |
| 2 | 54 | 54 | 0.25 | 4 | 0.27 |
| 3 | 58 | 58 | 0.27 | 8 | 0.53 |
| 4 | 50 | 50 | 0.23 | 0 | 0.00 |
| 합 계 | | 215 | 1.00 | 15 | 1.00 |

예를 들어 어떤 집단에서 각 개체의 목적 함수값은 [표 13-1]과 같고 초기의 $\gamma$ 값은 0이라 하자. 적합도와 선택 확률의 계산 결과는 3, 4번 열에 정리하였다. 개체 간의 선택 확률의 상대적인 차이가 매우 작음을 알 수 있다. 다시 $\gamma$를 이전 집단의 목적 함수값에 기초하여 50으로 변경하면 5, 6번 열의 결과를 얻게 된다. 앞의 결과와 비교해보면 현저한 차이가 발생됨을 알 수 있다.

이와 같이 스케일링 문제의 성패는 전체 성능이 증가하는 동안 어떻게 일관되게 선택압을 유지하는가에 달려있다고 해도 과언이 아니다. 이는 과거의 다수 세대 집단에서 발견되는 목적 함수값으로 $\gamma$ 값을 계속 변경해줌으로써 달성될 수 있는데 사용된 집단의 수를 스케일링 윈도우 $W_s$라 한다. $W_s$의 크기에 따라 다음 3가지 스케일링 모드가 있다.

- $W_s = 0$ 일 때 : 첫 세대에서 $\gamma$는 목적 함수의 최소값으로 초기화되고, 이후 세대에서는 개체들의 목적 함수값이 모두 $\gamma$보다 클 경우에만 변경된다.
- $0 < W_s < 7$ 일 때 : 과거 $W_s$세대 집단에서 발견되는 목적 함수의 최소값으로 $\gamma$를 변경한다.
- $W_s = 7$ 일 때 : 윈도우의 크기가 무한임을 의미하며 스케일링이 수행되지 않는다. 즉 초기의 $\gamma$ 값을 변경하지 않고 계속 사용한다.

이 방법은 적절한 $W_s$의 선택을 요구한다. 광범위한 시뮬레이션과 경험적인 조사 결과에 의하면 $W_s = 1$이 효과적인 것으로 알려져 있다.

스케일링 윈도우의 동작 원리를 이해하도록 하자. 스케일링 기법을 적용하지 않을 경우엔 적합도 함수값을 구해주는 EvalFit SubVI에서 $\gamma$ 값이 고정되어 있었다. 하지만 스케일링 윈도우 기법에서는 $\gamma$ 값이 매 세대마다 변경되는데 최대화 또는 최소화 문제에 따라 약간의 차이가 있다.

먼저 최대화 문제의 경우를 살펴보자. [그림 13-10]의 **(a)**와 같이 EvalObj SubVI에 의해서 목적 함수($F(x)$)가 구해졌다고 가정하면, 목적 함수의 최소값이 새로운 $\gamma$ 값이 된다. 그리고 [그림 13-10]의 **(b)**와 같이 적합도(fitness)는 $F(x) - \gamma$에 의해서 구해진다.

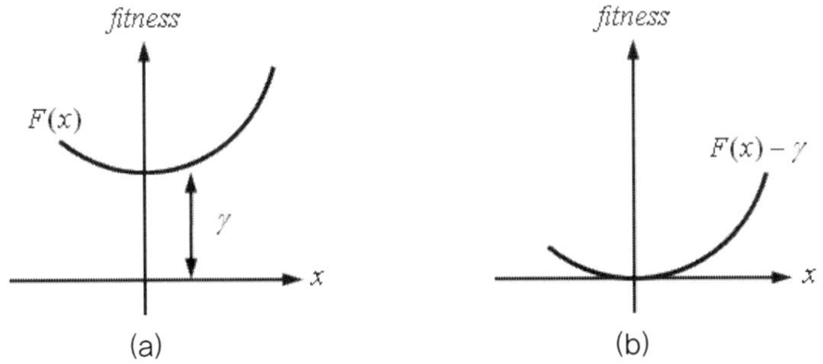


**[그림 13-10]** 최대화 문제에서 스케일링 윈도우 기법

한편 최소화 문제의 경우에 [그림 13-10]의 방법을 그대로 적용하면 어떻게 될지 살펴보자. 최소점에서 적합도(fitness)가 가장 커야 하나 반대로 가장 작은 것을 알 수 있다. 따라서 최소화 문제에서는 [그림 13-11]의 방법을 이용해야 한다.

최소화 문제의 경우를 살펴보자. [그림 13-11]의 **(a)**의 목적 함수에 (−)를 곱하여 그림 **(b)**와 같이 목적 함수를 x축 대칭시킨다. 그리고 $-F(x)$의 최소값을 새로운 $\gamma$ 값으로 취한다. 그런데 적합도는 음수값을 가져서는 안 되므로 그림 **(c)**와 같이 $-\gamma$를 더해준다.

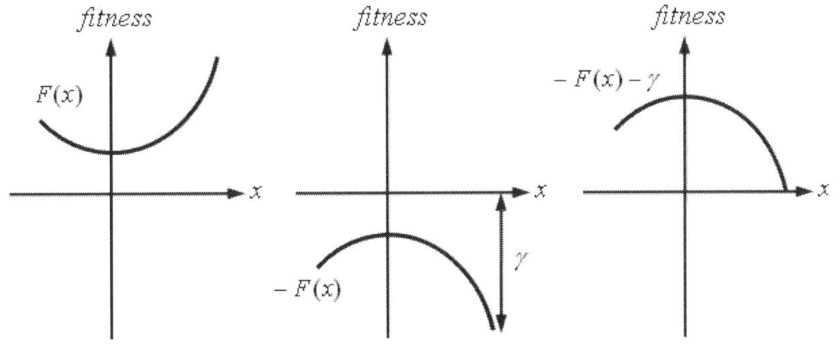


**[그림 13-11]** 최소화 문제에서 스케일링 윈도우 기법

그런데 이미 새로운 $\gamma$ 값을 구하는 VI를 만들었으므로 [예제 12.1]의 3단계와 4단계를 참고한다. 3단계에서는 목적 함수의 최소값이 최대화 문제에서 새로운 $\gamma$ 값이 되며, 4단계에서는 [그림 13-12]의 **min 케이스**에서 볼 수 있듯이 목적 함수의 음수화 및 최소값이 최소화 문제에서 새로운 $\gamma$ 값이 된다.

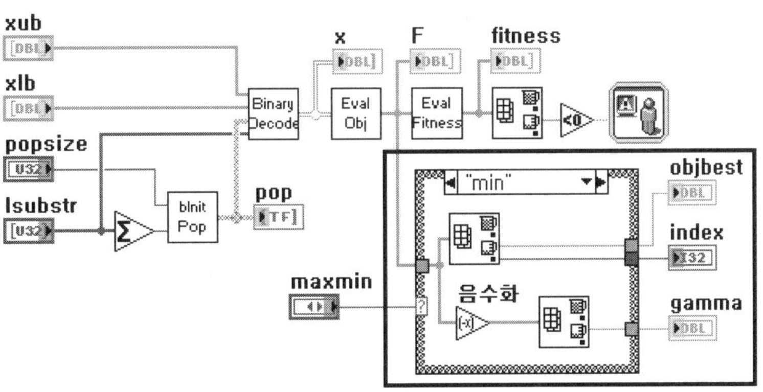


**[그림 13-12]** 최소화 문제에서 gamma(γ) 값 계산

## 예제 13.2

$W_s = 1$인 경우 스케일링 윈도우를 수행하는 ScaleFit SubVI를 만들어라.

**예제 풀이**

**1단계 : 예제 12.1.vi**를 실행한 후 프런트패널의 **파일** 메뉴에서 **다른 이름으로 저장**을 선택하여 **예제 13.2.vi**로 저장한다. 그리고 [그림 13-13]과 같이 **이름으로 풀기** 함수와 **케이스 구조**를 이용하여 **max 케이스**에 $F(x) - \gamma$를 구현한다.

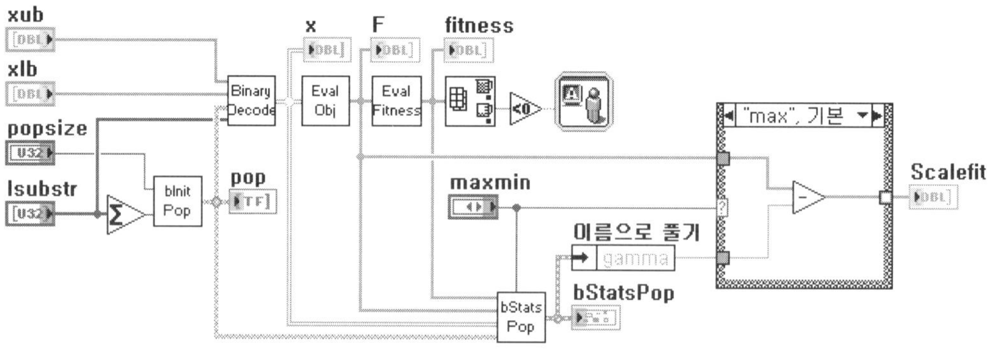


[그림 13-13] 최대화 문제에서 $F(x) - \gamma$ 구현

**2단계 :** [그림 13-14]와 같이 **음수화** 함수와 **빼기** 함수를 이용하여 **min 케이스**에 $-F(x) - \gamma$를 구현한다.

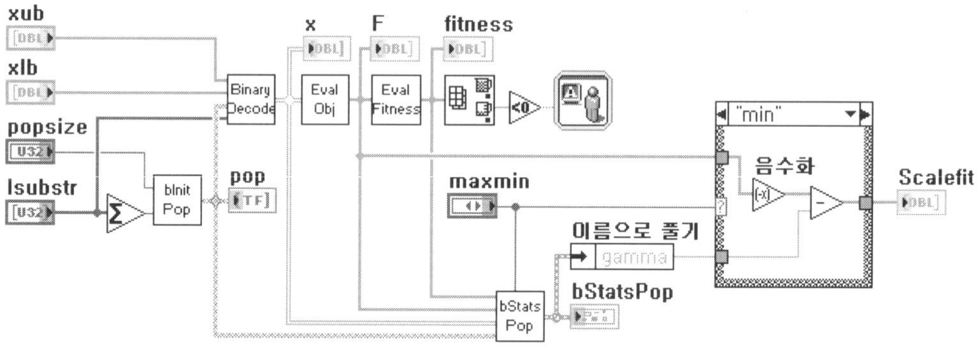


[그림 13-14] 최소화 문제에서 $-F(x) - \gamma$ 구현

[그림 13-15]와 같이 popsize, maxmin, lsubstr, xub, xlb 값을 입력한 후 VI를 실행시켜보자. maxmin을 최대화(max)로 하였기 때문에 목적 함수(F)의 최소값인 0.1244가 새로운 $\gamma$ 값으로 선택되었고, 스케일링 윈도우가 적용된 ScaleFit은 목적 함수(F)에서 0.1244만큼 뺀 것임을 알 수 있다.

한편 maxmin을 최소화(min)로 하여 VI를 실행시킨 후 [그림 13-11]과 같은 알고리즘으로 ScaleFit이 구해지는지 각자 확인하자.

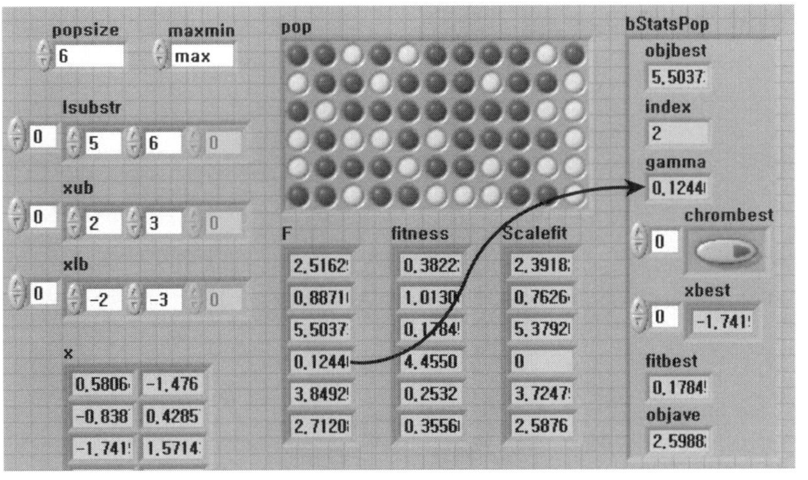

[그림 13-15] 스케일링 윈도우 적용 결과

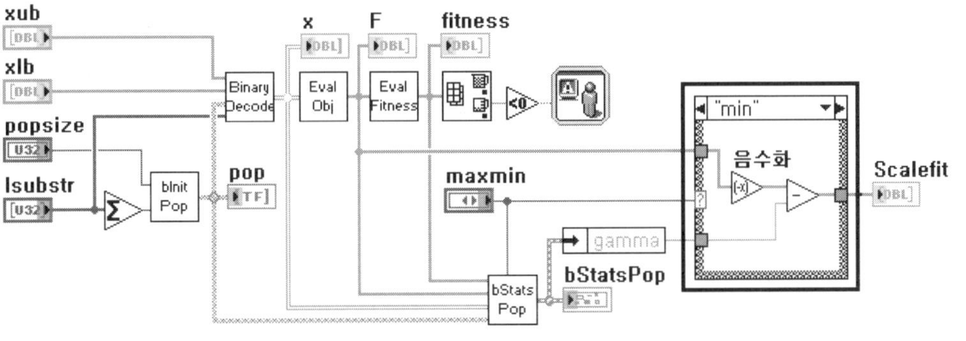

[그림 13-16] 완성된 스케일링 윈도우 VI

**3단계** : ScaleFit이 정상적으로 구해진다면, 마지막으로 [그림 13-16]에서 사각형으로 표시한 부분을 이용하여 [그림 13-17]과 같이 ScaleFit SubVI를 생성한다.

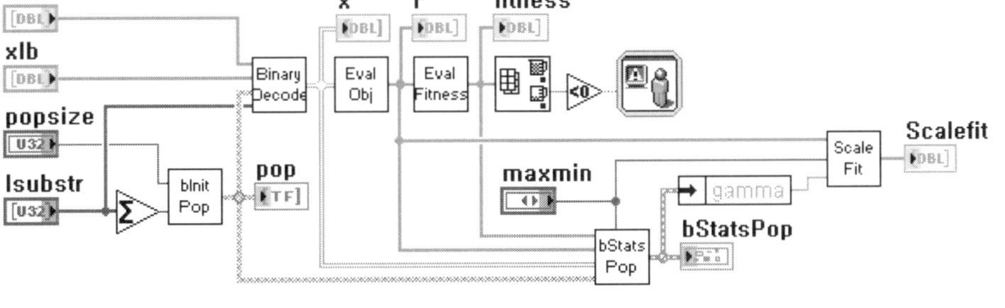

[그림 13-17] 스케일링 윈도우(ScaleFit) SubVI 생성

## 13.3 기타 스케일링 방법

### 13.3.1 시그마 절단(Sigma Truncation)

선형 스케일링은 일부 강한 개체의 적합도값을 줄여주고, 약한 개체들의 적합도값을 높여주는 역할을 수행함으로써 전체적으로 개선된 성능을 제공한다. 그러나 $a$와 $b$의 선택에 따라서 변환된 값이 음이 되는 경우가 가끔 발생한다. 이를 보완하고자 제안된 것이 시그마 절단이다. 이 방법은 다음 사상을 통해 새로운 적합도를 얻는다.

$$f'(s) = f(s) - (m - c\cdot\sigma) \tag{13.4}$$

여기서 $m$과 $\sigma$는 원시 적합도의 평균과 표준편차이고, $c$는 $\sigma$의 배수가 되는 작은 양의 정수로서 1과 3 사이에서 선택된다. 만약 $f'(s)$가 음이면 0으로 설정한다.

[그림 13-18]은 식 (13.4)의 시그마 절단 스케일링을 구현한 것이다. 원시 적합도의 평균과 표준편차를 구하기 위해서 **표준편차와 분산** VI를 이용하였다. 그리고 **For 루프**는 적합도가 음수인지 판단하여 음수일 경우 0으로 바꿔주기 위한 것이다. 본 SigmaFit SubVI는 인터넷으로 제공되어 있다.

※ **표준편차와 분산** VI는 1부의 3.3.2절 참고

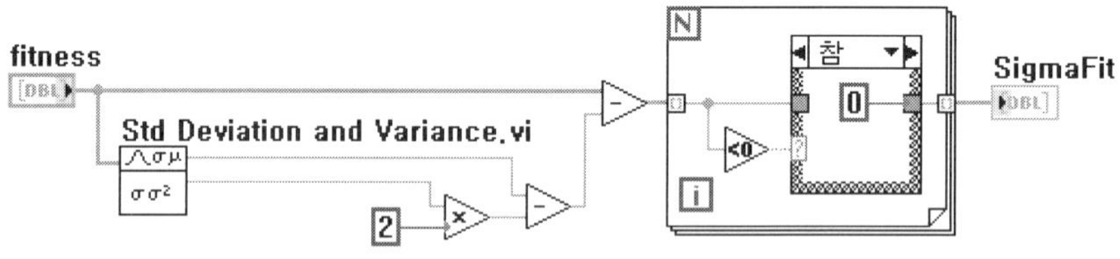


**[그림 13-18]** 시그마 절단 스케일링

### 13.3.2 지수법칙 스케일링(Power Law Scaling)

지수법칙 스케일링은 원시 적합도를 거듭제곱하여 새로운 적합도를 얻는 방법을 말한다.

$$f'(s) = f^{\alpha}(s) \tag{13.5}$$

여기서 $\alpha$는 적합도 크기를 조절하는 상수로서 1에 가까운 값이다. 비록 제한적인 실험 결과이긴 하지만 $\alpha = 1.005$일 때 만족스러운 결과가 얻어지는 것으로 알려져 있다. 또한 진화 도중에 $\alpha$를 변경하는 것도 가능하다.

[그림 13-19]는 식 (13.5)의 지수법칙 스케일링을 구현한 것이다. 원시 적합도의 거듭제곱을 구하기 위해서 **X의 거듭제곱** 함수를 이용하였다. 본 PowerFit SubVI도 인터넷으로 제공되어 있다.

※ **X의 거듭제곱** 함수는 1부의 3.3.1절 참고

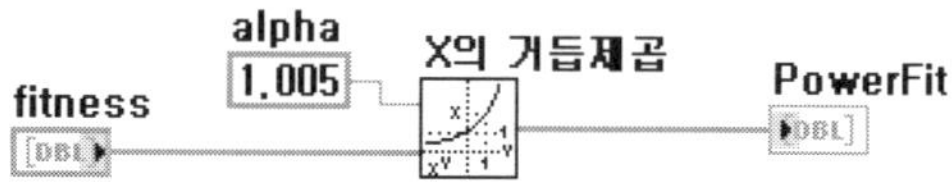


[그림 13-19] 지수법칙 스케일링

### 13.3.3 로그 스케일링(Logarithmic Scaling)

로그 스케일링은 아래 식을 통해 새로운 적합도를 얻는다.

$$f'(s) = b - \log(f(s)) \tag{13.6}$$

여기서 $b$는 세대와 관계없이 변환된 적합도값이 항상 양이 되도록 결정되는 상수이다.

[그림 13-20]은 로그 스케일링을 구현한 것이다. 원시 적합도의 로그 값을 구하기 위해서 **상용로그** 함수를 이용하였다. 본 LogFit SubVI도 인터넷으로 제공되어 있다.

※ **상용로그** 함수는 1부의 3.3.1절 참고

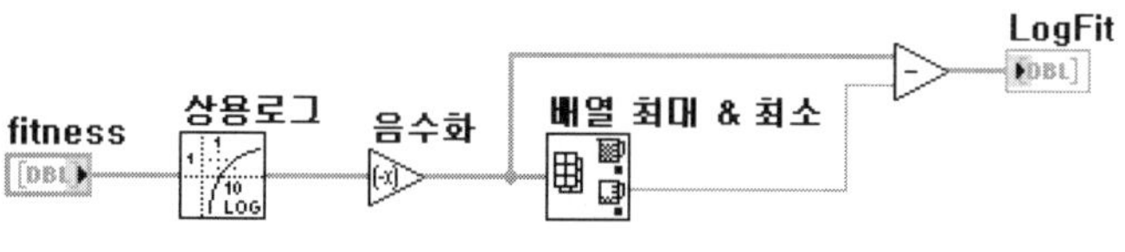


[그림 13-20] 로그 스케일링

스케일링 기법을 실제 단순 유전 알고리즘에 적용하는 방법은 **14장 엘리트 전략**을 배우고 난 후 알아볼 것이다.

CHAPTER 14

# 엘리트 전략

전통적으로 유전 알고리즘은 매 세대마다 새롭게 구성되는 집단(자손 집단)을 가지고 이전의 집단(부모 집단)을 모두 교체하는 기법을 채용하고 있다. 특히 재생산 연산자는 해 인자를 보유하고 있는 약한 개체들과 일부 강한 개체들을 초기에 제거해 버리는 경향이 있기 때문에 매 세대마다 부모 집단을 모두 자손 집단으로 교체하게 되면 일부 좋은 특성을 가지는 유전자들이 더 나은 자손의 생산에 참여해보지도 못하고 소멸하고 만다.

또한 교배 및 돌연변이 연산자의 확률적 속성 때문에 한 세대의 최적 개체가 다음 세대에서 살아남지 못하고 소멸되는 경우가 발생할 수 있다. 최적 개체의 소멸은 좋은 특성을 가지는 유전자를 잃게 되어 탐색이 침체되는 원인을 제공한다. 이러한 문제점을 해결하기 위해서 고안된 ***엘리트 전략(Elitist Strategy)***은 집단 내에서 가장 강한 개체가 다음 세대로 소멸되지 않고 전달되는 것을 보장한다. [그림 14-1]은 이러한 엘리트 전략의 알고리즘을 나타낸다.

```
Genetic Algorithm With Elitism
  Set k=0;
  Create an initial population P(k);
  Evaluate P(k) and save the best individual;
  While<not termination condition>
    Set k=k+1;
    Produce P(k) using reproduction, crossover, and mutation;
    Evaluate P(k) and check the survival of the best one;
    If<the best is destroyed>
      Swap the saved one with the weakest in P(k);
    End if
  End while
```

**[그림 14-1]** 엘리트 전략 알고리즘

만약 이전 세대의 최적 개체를 저장하고 있다가 일련의 모의진화(재생산, 교배, 돌연변이 연산)가 수행된 후 현 세대에서 소멸된 것이 확인되면, 저장된 최적 개체를 현 세대에서 가장 약한 개체 또는 임의로 선택된 개체와 교환하게 된다.

앞서 [예제 12.1]에서 bStatsPop SubVI를 만들었다. 이것은 유전 알고리즘의 해를 얻기 위한 목적도 있지만 **엘리트 전략**을 구현하기 위한 목적도 있다. 즉 이전 세대의 최적 개체(chrombest), 최적 벡터(xbest), 최적 성능(objbest)에 대한 정보를 저장하고 있다가 다음 세대에서 가장 강한 개체가 소멸되면 이 정보를 바탕으로 다시 복구시키기 위한 것이다.

**예제 14.1**

[예제 12.2]를 이용하여 [그림 14-1]의 엘리트 전략 알고리즘을 실행하는 이진 코딩용 bElitism SubVI를 만들어라.

**예제 풀이**

**1단계 : 예제 12.2.vi**를 실행한 후 프런트패널의 **파일** 메뉴에서 **다른 이름으로 저장**을 선택하여 **예제 14.1.vi**로 저장한다. 그런데 현 상태에서는 블록다이어그램이 복잡하여 엘리트 전략 알고리즘을 구현하는 데 방해가 되므로, [그림 14-2]와 같이 **For 루프** 내부의 불필요한 요소(nxover, nmutat, graph 등)들을 삭제하여 정리한다.

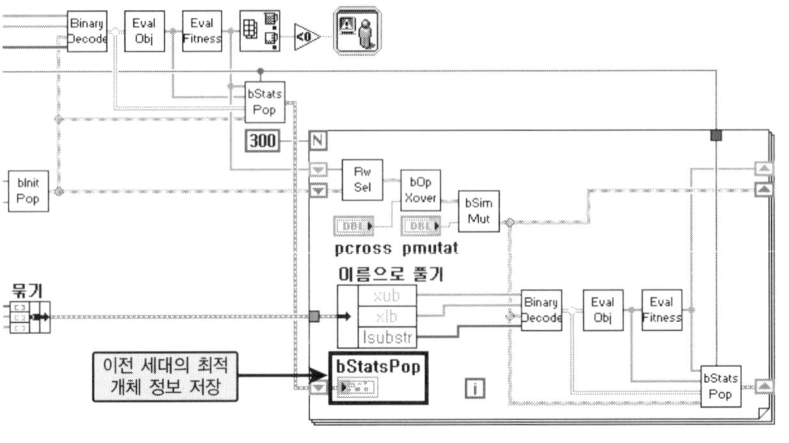


[그림 14-2] 블록다이어그램 정리

**2단계 :** [그림 14-3]과 같이 **For 루프** 내부에 있는 EvalObj SubVI와 EvalFit SubVI 사이에 **케이스 구조**를 추가한 후 와이어로 연결한다. [그림 14-3]의 Ⓐ에는 모의진화(재생산, 교배, 돌연변이)가 수행된 후 자손 세대의 정보가 담겨 있으며, Ⓑ에는 이전 세대의 최적 개체 정보가 저장돼 있다. 엘리트 전략 알고리즘은 이 둘의 비교를 통해서 최적해가 사라졌는지 판단한다.

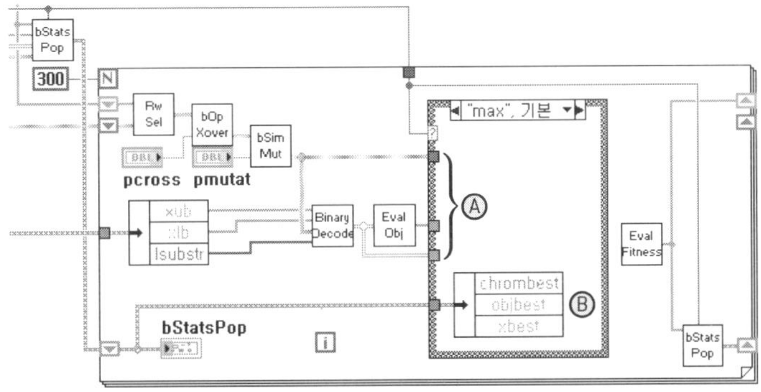


[그림 14-3] 케이스 구조 추가

**3단계 :** 먼저 최대화 문제의 경우를 살펴보도록 하자. 최대화 문제에서 엘리트 전략은 이전 세대의 최적 염색체가 모의진화 과정 중 소멸되어 모의진화가 진행된 후 적합도(EvalObj SubVI가 수행)의 최대값이 이전 세대의 최적 성능(objbest)보다 작은 경우에 실행된다. 이를 위해서 [그림 14-4]와 같이 **배열 최대 & 최소** 함수와 **보다 작음?** 함수를 이용한다.

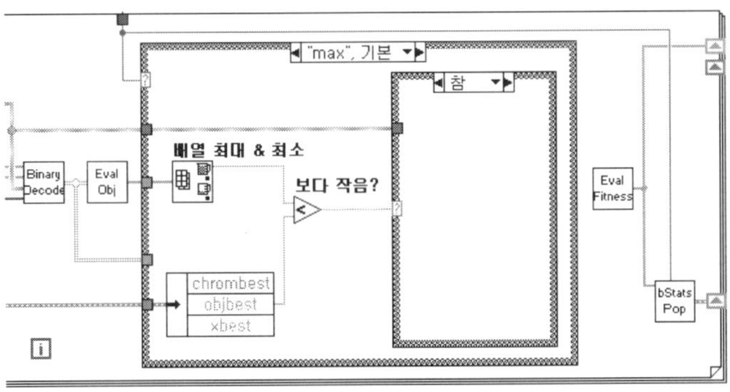


[그림 14-4] 최대화 문제에서 최적 개체 소멸 여부 판단

**4단계 :** 만약 소멸되었다면(참이라면) 모의진화 후 가장 약한 개체 대신에 이전 세대의 최적 염색체(chrombest), 최적 성능(objbest), 최적 벡터(xbest)로 대체한다. 이를 위해서 [그림 14-5]와 같이 **배열 부분 대체** 함수를 이용한다. [그림 14-5]에서 화살표로 표시한 것은 가장 약한 개체가 저장되어 있는 배열의 **인덱스** 정보이다.

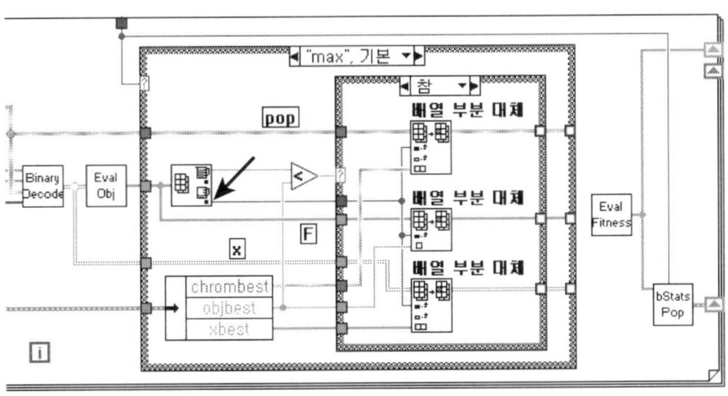


[그림 14-5] 가장 약한 개체 대신 최적 개체로 대체

**5단계 :** 만약 모의진화 후에도 최적 개체가 소멸되지 않고 살아남아 있다면(거짓이라면) 모의진화 후 값을 그대로 사용한다. 이를 위해서 [그림 14-6]과 같이 **거짓 케이스** 내부를 와이어로 연결한다.

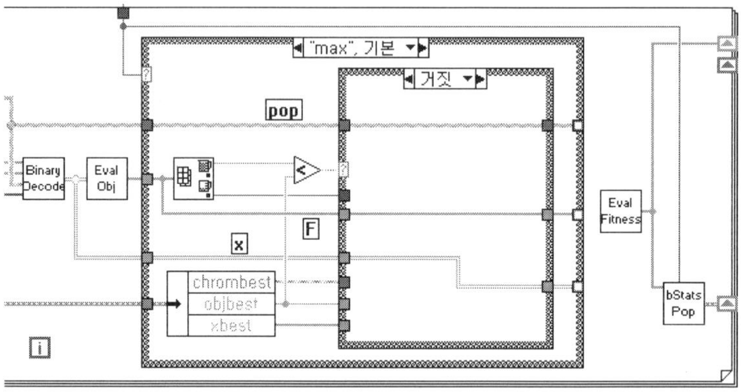


[그림 14-6] 최적 개체가 소멸되지 않는 경우

**6단계 :** 이제 최소화 문제의 경우를 살펴보도록 하자. 최소화 문제에서 엘리트 전략은 이전 세대의 최적 염색체가 모의진화 과정 중 소멸되어 모의진화가 진행된 후 적합도의 최소값이 이전 세대의 최적 성능(objbest)보다 큰 경우에 실행된다.

그리고 4단계와 마찬가지로 만약 소멸되었다면(참이라면) 모의진화 후 가장 약한 개체 대신에 이전 세대의 최적 염색체(chrombest), 최적 성능(objbest), 최적 벡터(xbest)로 대체한다. 이를 위해서 [그림 14-7]과 같이 **min 케이스**를 만든다. 이때 **배열 최대 & 최소** 함수와 **보다 큼?** 함수에 주의한다.

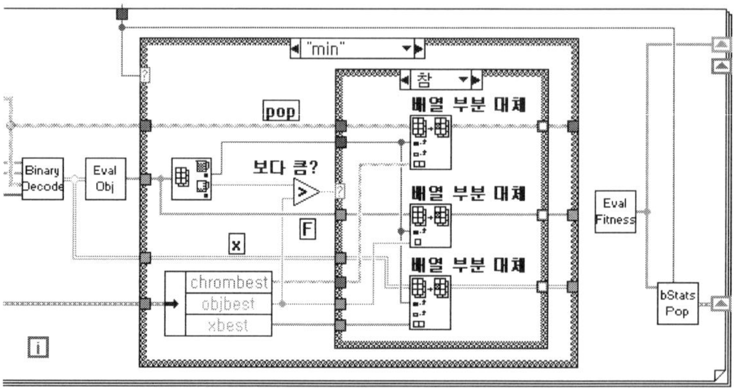


[그림 14-7] 최소화 문제에서 최적 개체 소멸 여부 판단 및 대체

**7단계 :** 5단계와 마찬가지로 만약 모의진화 후에도 최적 개체가 소멸되지 않고 살아남았다면(거짓이라면) 모의진화 후 값을 그대로 사용한다. 이를 위해서 [그림 14-8]과 같이 **거짓 케이스** 내부를

와이어로 연결한다. 그리고 케이스 구조 밖의 EvalFit, bStatsPop SubVI에 연결되지 않은 모든 터미널을 와이어로 연결한다.

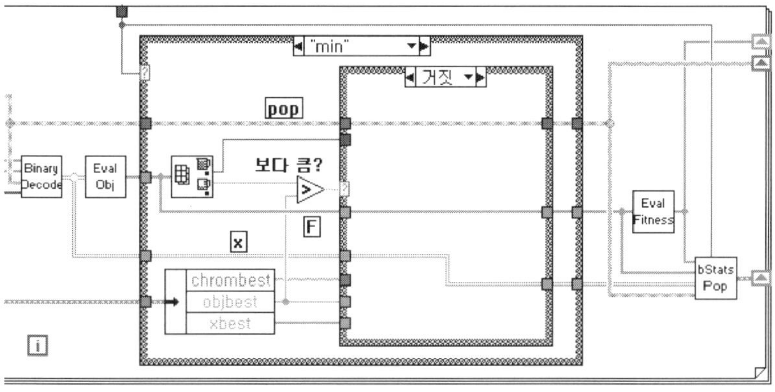


[그림 14-8] 최적 개체가 소멸되지 않는 경우

**8단계 :** [그림 14-9]와 같이 사각형으로 표시한 부분을 이용하여 bElitism SubVI로 만든 후 [그림 14-10]과 같이 블록다이어그램을 정리한다.

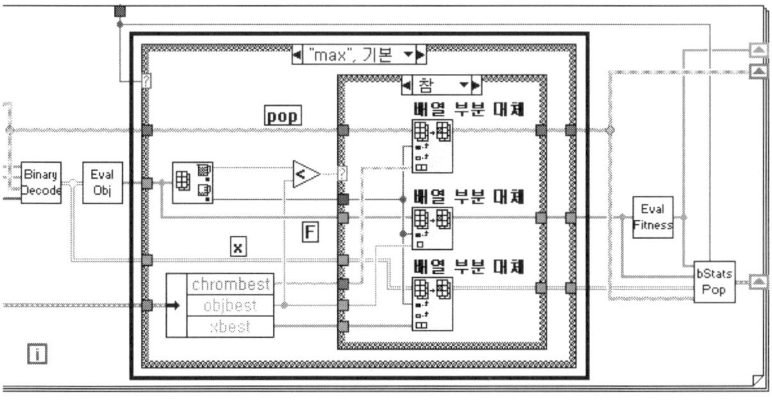


[그림 14-9] 완성된 엘리트 전략 VI

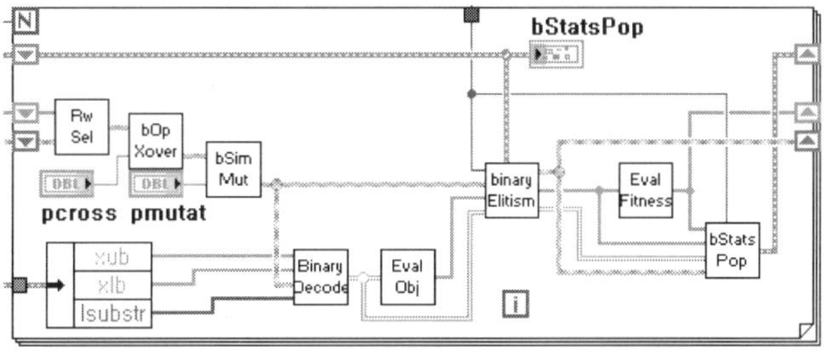


[그림 14-10] 엘리트 전략(bElitism) SubVI 생성

**9단계 :** 엘리트 전략이 적용된 단순 유전 알고리즘의 실행 결과를 프런트패널에 시각적으로 표시하기 위해서 **예제 12.2.vi**의 **9단계**([그림 12-23])와 **10단계**([그림 12-24])를 참고하여 [그림 14-11]에서 사각형으로 표시한 것과 같이 **For 루프**를 수정한다.

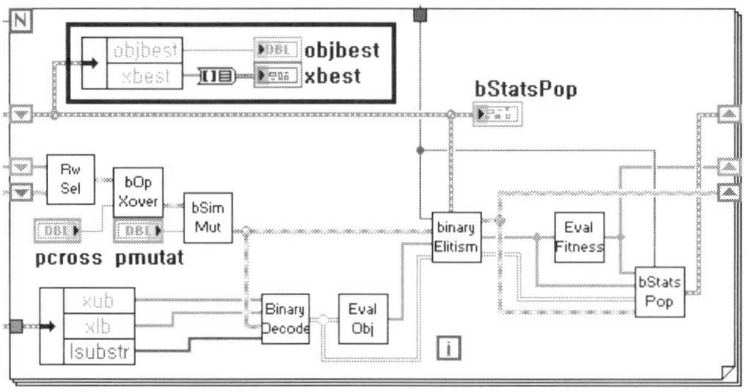


**[그림 14-11]** 웨이브 폼 차트 추가

**10단계 :** [예제 12.2]의 **9단계**를 참고하여 프런트패널의 popsize, lsubstr, xub, xlb, pcross, pmutat에 각각 60, [10, 10], [5.11, 5.11], [−5.12, −5.12], 0.8, 0.01을 입력한 후 maxmin 열거형을 min으로 선택하여 VI를 실행하면 [그림 14-12]와 같은 결과를 얻을 것이다. 이것을 [그림 12-23]과 비교해보자. 엘리트 전략을 적용한 결과 탐색 능력이 현격히 증가한 것을 알 수 있다.

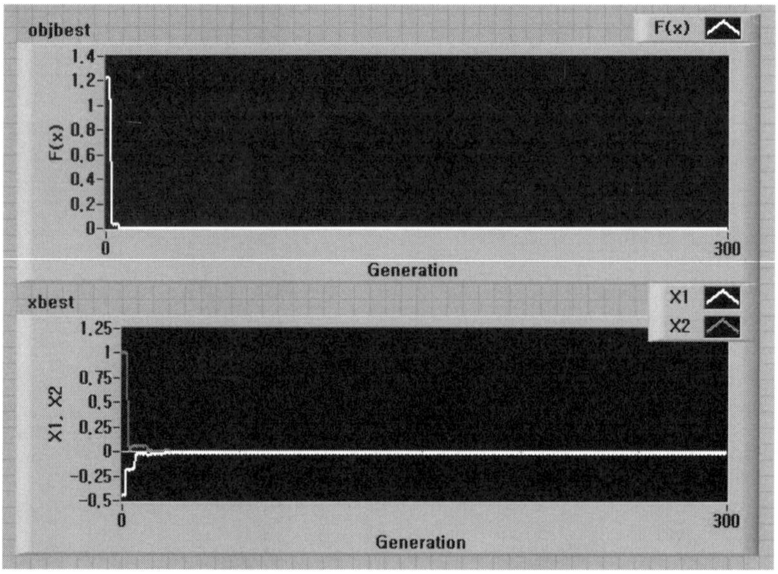


**[그림 14-12]** 예제 14.1.vi 실행 결과

### 예제 14.2

[예제 14.1]은 목적 함수로 식 (12.1)이 적용되어 있다. 따라서 [예제 14.1]에 목적 함수로 식 (12.2)를 적용한 후 VI를 실행하여 엘리트 전략이 적용되지 않은 [예제 12.3]([그림 12-31])과 비교하여라.

#### 예제 풀이

**1단계 : 예제 14.1.vi**를 실행한 후 프런트패널의 **파일** 메뉴에서 **다른 이름으로 저장**을 선택하여 **예제 14.2.vi**로 저장한다. 그리고 [그림 14-13]에서 사각형으로 표시한 목적 함수(**EvalObj SubVI**) 대신에 인테넷으로 제공된 **EvalObj2 SubVI**([예제 12.3]의 **3단계** 참고)로 대체한다.

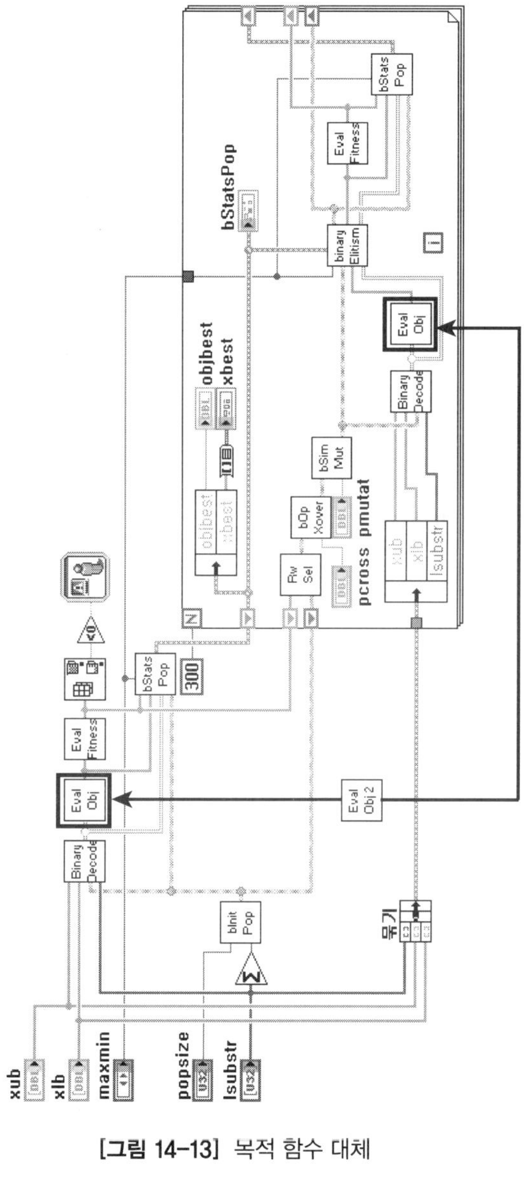

**[그림 14-13]** 목적 함수 대체

**2단계** : 유전 알고리즘에서 목적 함수와 적합도 함수는 문제에 의존적이라고 12장에서 중요하게 언급하였다. 즉 본 예제에서 목적 함수가 변경되었으므로 적합도 함수 역시 적절히 변경해야 한다. 이를 위해서 [그림 14-14]에서 사각형으로 표시한 적합도 함수(**EvalFit SubVI**) 대신에 인터넷으로 제공된 **EvalFit2 SubVI**([예제 12.3]의 **4단계** 참고)로 대체한다.

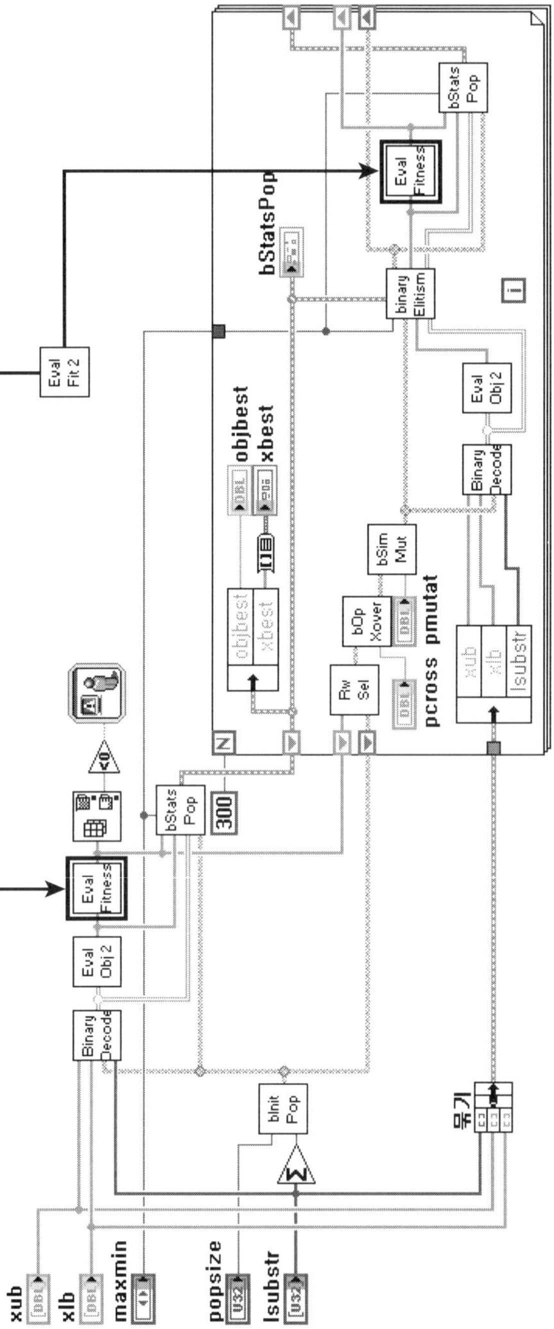

[그림 14-14] 적합도 함수 대체

**3단계 :** [그림 14-15]와 같이 파라미터 값을 입력하여 VI를 실행시킨 후 엘리트 전략을 적용하지 않은 [예제 12.3]([그림 12-31])의 탐색 결과와 비교해보자. 엘리트 전략을 적용한 본 예제의 탐색 능력이 월등히 우수함을 알 수 있다.

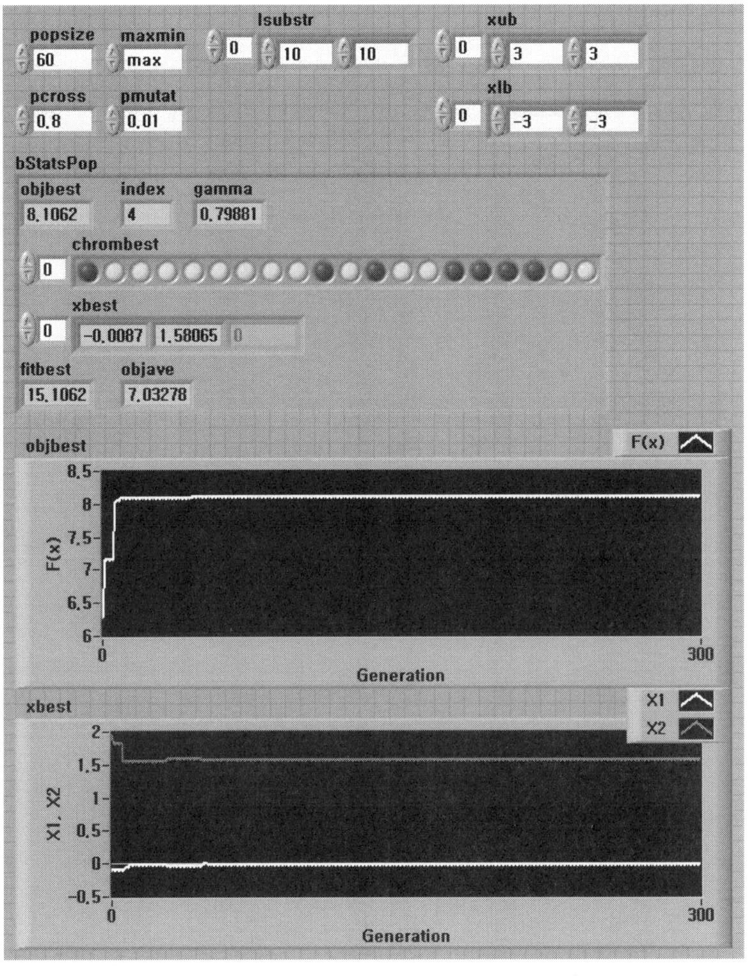


**[그림 14-15]** 예제 14.2.vi 실행 결과

앞서 13장에서 선형 스케일링(Linear Scaling), 스케일링 윈도우(Scaling Window) 등 다양한 적합도의 스케일링 기법에 관해서 알아보았으며, SubVI로도 만들었다. 그러나 그러한 SubVI를 실제 단순 유전 알고리즘에 적용하여 탐색 성능이 향상되는지 알아보지 않았다. 그 이유는 스케일링 SubVI의 실행 위치가 엘리트 전략보다 뒤에 오기 때문이다. 따라서 다음의 예제를 통해서 스케일링 기법을 적용하는 방법을 알아보자.

### 예제 14.3

[예제 14.2]에 선형 스케일링 기법을 수행하는 LinScale SubVI를 적용하고 그 실행 결과를 비교해 보아라(참고로 LinScale SubVI는 13장에서 만들었다).

**예제 풀이**

**1단계 : 예제 14.2.vi**를 실행한 후 프런트패널의 **파일** 메뉴에서 **다른 이름으로 저장**을 선택하여 **예제 14.3.vi**로 저장한다. 그리고 LinScale SubVI를 추가하기 위해서 [그림 14-16]과 같이 EvalFit2 SubVI 다음에 빈 공간을 만들어준다.

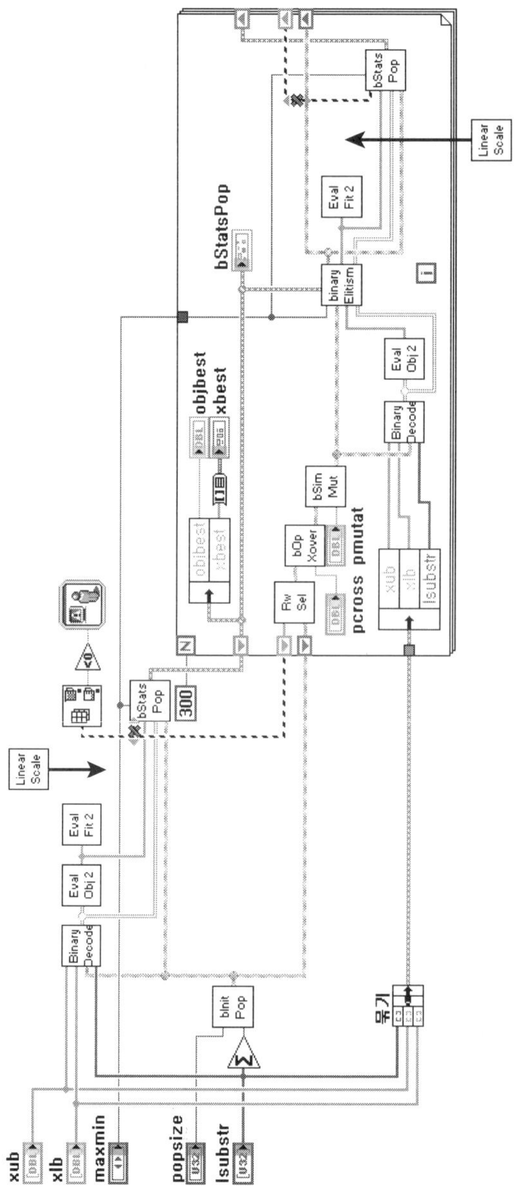


[그림 14-16] 블록다이어그램 정리

**2단계 :** [그림 14-17]과 같이 LinScale SubVI를 와이어로 연결하고 VI를 실행하여 엘리트 전략이 적용되지 않은 [그림 12-31], 엘리트 전략이 적용된 [그림 14-15]와 탐색 결과를 비교해보자.

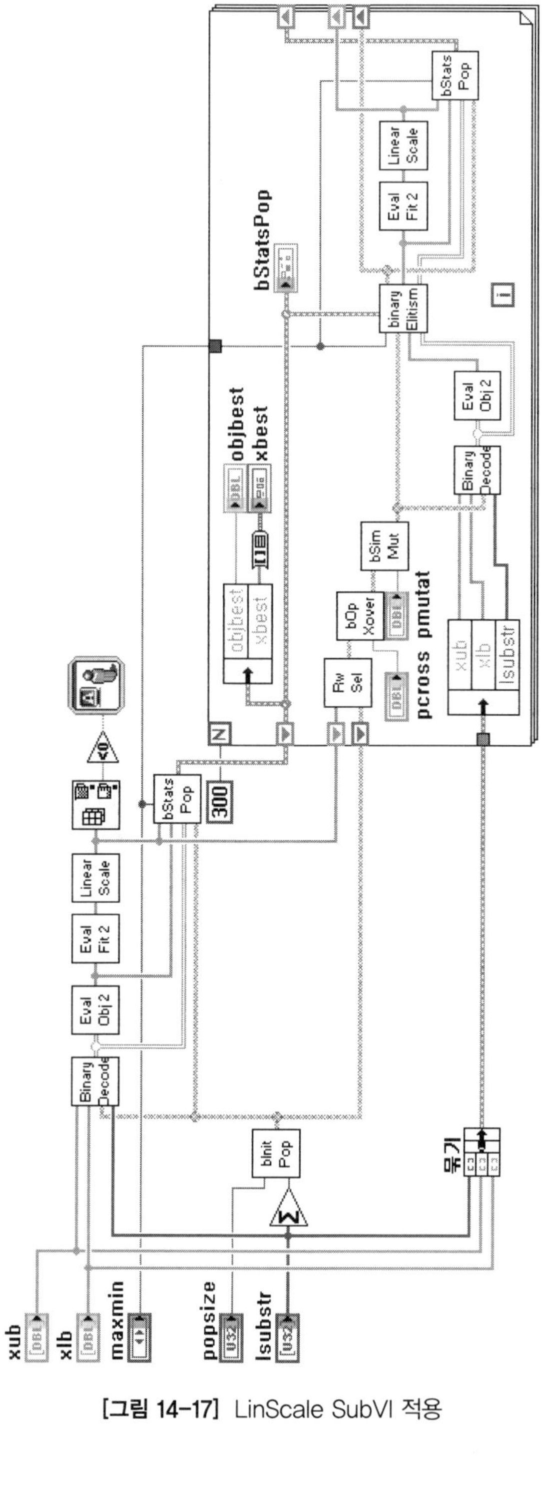


**[그림 14-17]** LinScale SubVI 적용

만약 다른 스케일링 기법인 시그마 절단, 지수법칙 스케일링, 로그 스케일링을 적용하고 싶다면, 본 예제와 동일한 방식으로 LinScale SubVI 대신에 SigmaFit, PowerFit, LogFit SubVI를 적용하면 된다.

그러나 스케일링 윈도우(Scaling Window)를 적용하고 싶다면 좀 더 수정이 필요하다. 왜냐하면 다른 스케일링 SubVI들은 입력으로 적합도 함수 값만을 받아들이지만, ScaleFit SubVI는 입력으로 적합도 함수값 대신에 목적 함수값을 받아들이며, maxmin 정보와 gamma($\gamma$) 값도 받아들이기 때문이다.

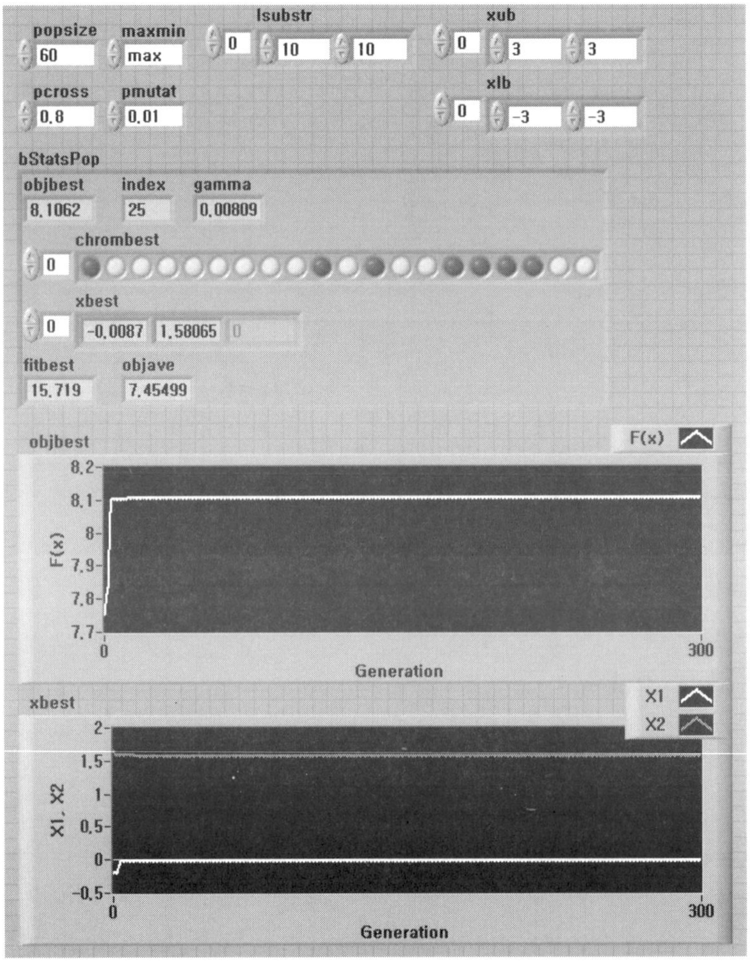


[그림 14-18] LinScale SubVI를 적용한 후 VI 실행 결과

**예제 14.4**

[예제 14.2]에 스케일링 윈도우 기법을 수행하는 ScaleFit SubVI를 적용하여라(참고로 ScaleFit SubVI는 13장에서 만들었다).

**예제 풀이**

**1단계 : 예제 14.2.vi**를 실행한 후 프런트패널의 **파일** 메뉴에서 **다른 이름으로 저장**을 선택하여 **예제 14.4.vi**로 저장한다. 그리고 ScaleFit SubVI는 입력 정보로 적합도 함수값이 필요 없으므로, [그림 14-19]에서 사각형으로 표시한 것과 같이 EvalFit2 SubVI를 삭제하고 프로그램을 위한 공간을 만들어준다.

**2단계 :** [그림 14-19]에서 사각형으로 표시한 곳에 ScaleFit SubVI를 위치시키고 [그림 14-20]과 같이 와이어로 연결한다.

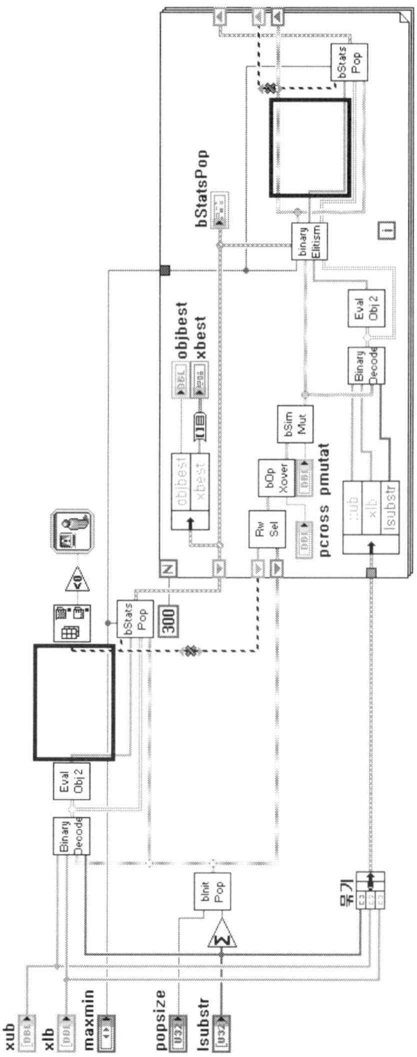


**[그림 14-19]** 블록다이어그램 정리

[그림 14-20]에서 화살표로 표시한 입력 터미널에는 이전 세대의 gamma(γ) 값이 연결되어야 한다. 그러나 **For 루프** 외부는 난수 발생에 의해서 생성된 초기 집단이므로 그 이전 세대가 존재할 수 없다. 그렇다면 어떻게 gamma(γ) 값을 입력하는지 알아보자.

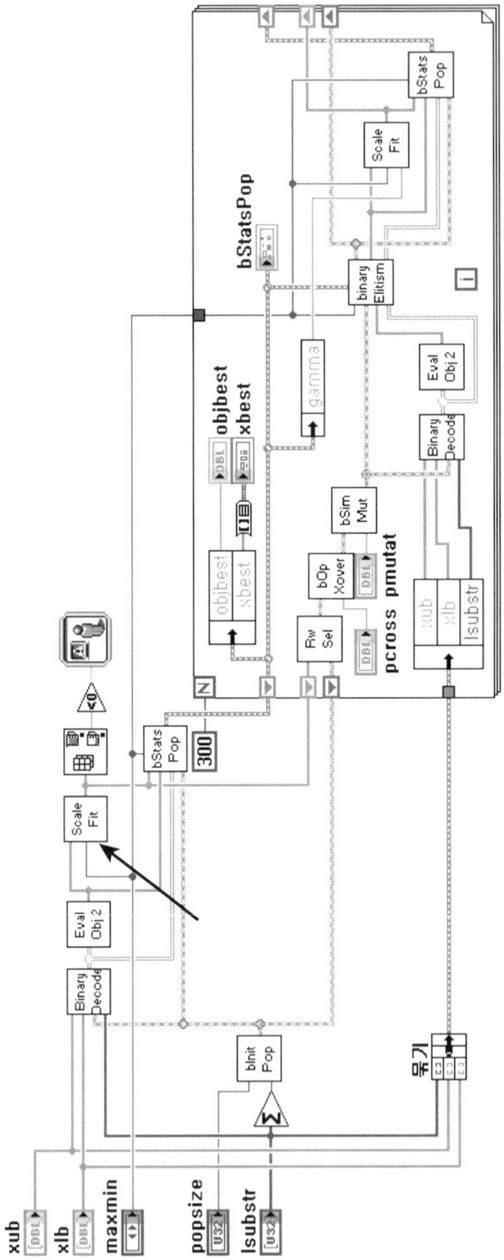

**[그림 14-20]** ScaleFit SubVI 추가 및 와이어 연결

13.2장 스케일링 윈도우에서 gamma($\gamma$)가 무엇인지 알아보았다. 과거 $W_s$세대 집단에서 발견되는 **목적 함수의 최소값**이 gamma($\gamma$) 값이었다. $W_s = 1$인 경우, 즉 바로 직전에 생성된 집단에서 목적 함수의 최소값을 찾아야 한다.

따라서 **For 루프** 내부에 있는 ScaleFit SubVI는 bStatsPop SubVI가 바로 이전 집단으로부터 계산한 gamma($\gamma$) 값을 **시프트 레지스터**를 통해서 받아들이고 있다. 그러나 **For 루프** 왼쪽에 있는 ScaleFit SubVI는 bStatsPop SubVI가 계산한 gamma($\gamma$) 값을 사용할 수 없다. 따라서 초기 집단에 대해서만 목적 함수의 최소값 즉 gamma($\gamma$) 값을 찾아서 ScaleFit SubVI에 입력해줘야 한다.

**3단계 :** 이미 [예제 12.1]에서 bStatsPop SubVI를 만들 때 gamma($\gamma$) 값은 최대화 문제와 최소화 문제에 따라 계산 방법이 다소 다르다고 하였다. 최대화 문제에서는 목적 함수의 최소값을 그대로 gamma($\gamma$) 값으로 사용하면 되지만, 최소화 문제에서는 목적 함수를 x축 대칭시킨 함수의 최소값이 gamma($\gamma$) 값이 된다. 따라서 [그림 14-21]에서 사각형으로 표시한 부분과 같이 **max 케이스**를 만든다.

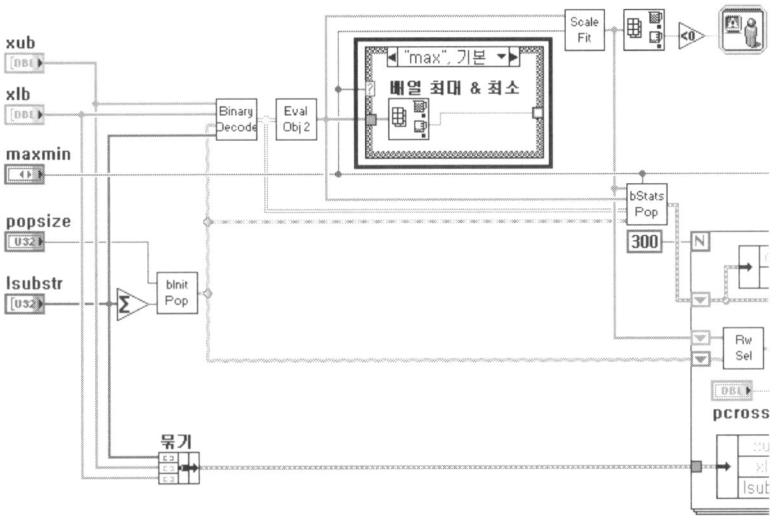


**[그림 14-21]** 최대화 문제에서 gamma($\gamma$) 값 계산

**4단계 :** [그림 14-22]와 같이 **음수화** 함수와 **배열 최대 & 최소** 함수를 이용하여 **min 케이스 구조**를 완성하고 ScaleFit SubVI와 와이어로 연결하면 VI가 완성된다.

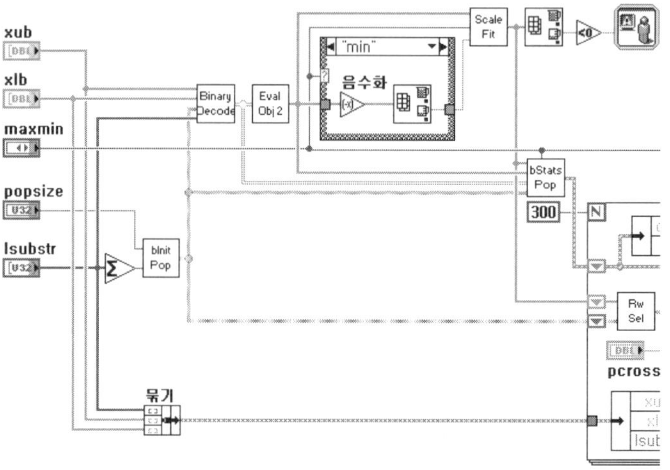

[그림 14-22] 최소화 문제에서 gamma(γ) 값 계산

**5단계 :** 프런트패널에 [그림 14-23]과 같이 파라미터 값을 입력한 후 VI를 실행시켜 엘리트 전략만 적용한 [그림 14-15]와 비교해보자. 스케일링 윈도우 기법에 의해서 초기 세대에서 해 탐색 능력이 향상된 것을 볼 수 있다.

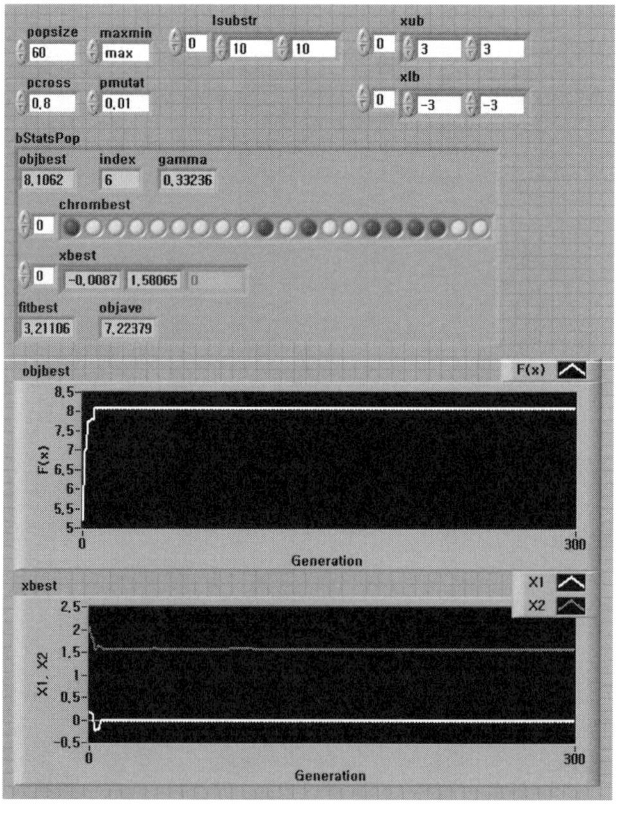

[그림 14-23] 스케일링 윈도우 기법을 적용한 VI 실행 결과

CHAPTER 15

# 유전 알고리즘의 파라미터



다른 최적화 알고리즘들이 그렇듯이 유전 알고리즘도 탐색 성능에 영향을 주는 몇 가지 요소들이 있는데, 코딩법(이진 코딩, 기호 코딩, 실수 코딩), 유전 연산자(재생산, 교배, 돌연변이), 탐색 전략(스케일링, 엘리트 전략 등), 제어 파라미터(집단 크기, 교배 확률, 돌연변이 확률) 등이 여기에 해당된다. 성능에 미치는 영향은 테스트 환경(탐색환경)과 성능 평가 방법을 통해 계측된다. 이러한 이유로 많은 연구자들의 관심의 대상이 되어왔다.

## 15.1 테스트 함수

유전 알고리즘의 성능은 연산자들의 확률적 속성상 ***탐색환경(Search Environment)*** 에 따라 달라질 수밖에 없기 때문에 어떤 환경에서 테스트할 것인지를 결정하는 것은 대단히 중요하다. 가끔 자신의 유전 알고리즘을 테스트하기 위해 새로운 탐색환경을 구축하기도 하지만, 많은 연구자들로부터 폭넓게 수용되고 있는 환경은 최소화 문제 안에서 구축된 **De Jong**의 5개 테스트 함수일 것이다. **De Jong**의 테스트 함수는 연속/불연속, 볼록/비볼록, 저차/고차, 이차형식/비이차형식, 단봉/다봉, 결정적/확률적 탐색 특성이 내포되도록 사려 깊게 선택되었기 때문에 아직도 벤치마크 함수로 인정받고 있다.

여기서 소개하는 **De Jong**의 테스트 함수들을 앞서 만들었던 단순 유전 알고리즘([예제 14.4])에 목적 함수로 적용하여 테스트할 수 있도록 인터넷으로 제공하고 있으며, 3차원 그래프를 그려주는 파일도 함께 제공하였다.

### 15.1.1 테스트 함수 $F_1$

테스트 함수 $F_1$은 다음과 같이 주어진다.

$$F_1(\vec{x}) = \sum_{i=1}^{3} x_i^2 \tag{15.1}$$

이 함수는 연속, 볼록, 단봉, 저차원, 이차형식의 탐색 특성을 가지며, 원점에서 최소값 0을 갖는다. 테스트 목적으로 구간 $-5.12 \le x_1, x_2, x_3 \le 5.11$에서 정의되고, 각 변수는 $\Delta x_i = 0.01(1 \le i \le 3)$의 분해능을 가진다. 따라서 탐색 공간은 $(2^{10})^3 \approx 1 \times 10^9$ 개의 잠정적인 해로 구성된다. [그림 15-1]은 이 함수의 2차원 반전된 모양을 보여준다.

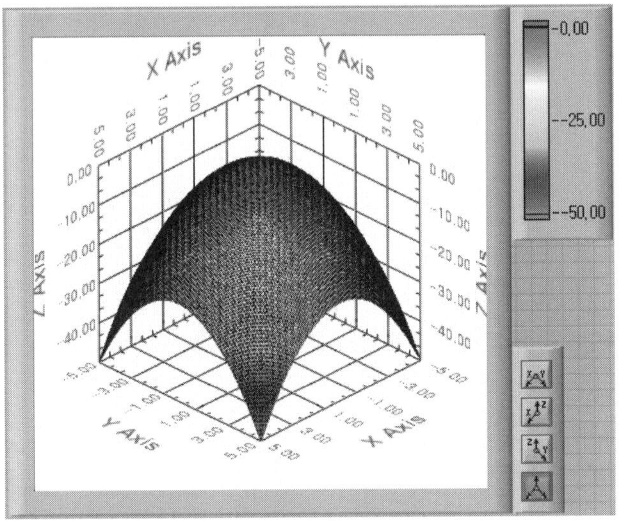


**[그림 15-1]** $F_1$의 반전 그래프(n = 2)

**예제 15.1**

[예제 14.4]에 인터넷으로 제공된 EvalObj F1.vi 테스트 함수를 목적 함수로 이용하여 단순 유전 알고리즘의 성능을 알아보아라.

**예제 풀이**

**1단계 : 예제 14.4.vi**를 실행한 후 프런트패널의 **파일** 메뉴에서 **다른 이름으로 저장**을 선택하여 **예제 15.1.vi**로 저장한다.

**2단계 :** [그림 15-2]에서 사각형으로 표시한 부분에 인터넷으로 제공된 EvalObj F1.vi 파일을 SubVI로 가져와서 대체한다.

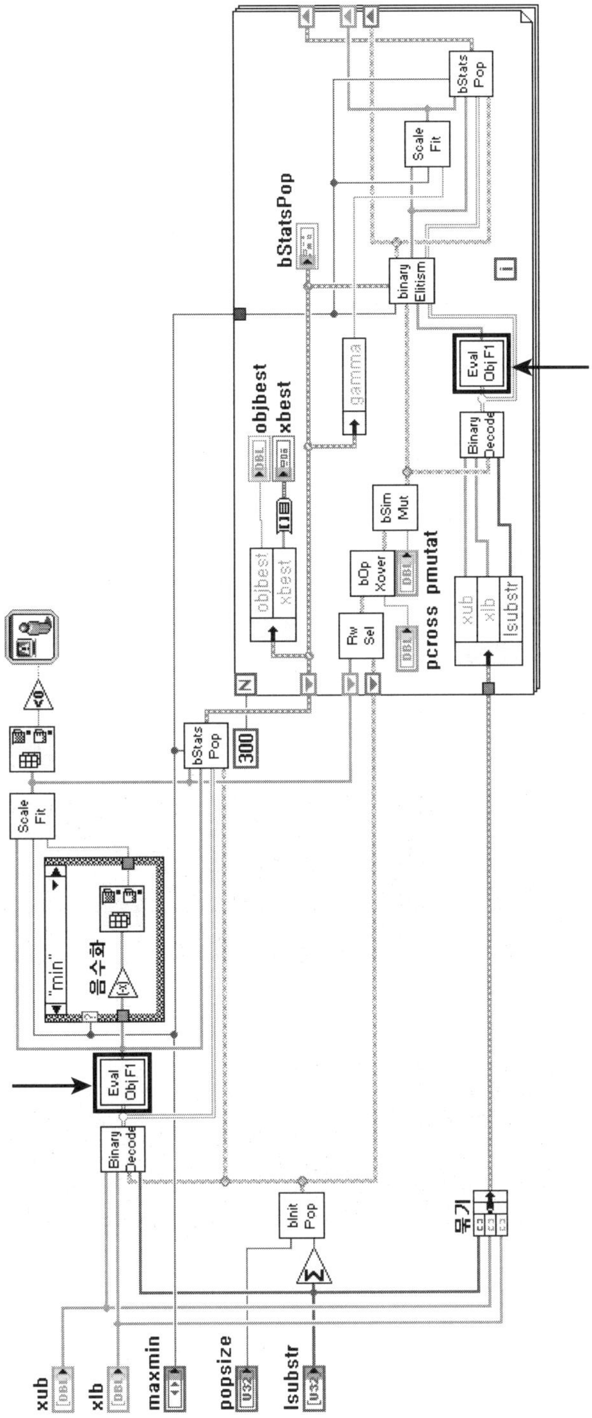


[그림 15-2] 목적 함수 대체

**3단계 :** 본 테스트 함수는 변수가 세 개이므로, 프런트패널의 그래프도 세 개의 해를 나타내어야 한다. 그러므로 [그림 15-3]에서 사각형으로 표시한 것과 같이 xub, xlb, lsubstr 배열을 3개로 늘려준다. 아울러 [그림 15-3]에서 화살표로 표시한 것과 같이 범례의 개수도 3개로 늘려준다.

**4단계 :** 각 변수는 구간 $-5.12 \le x_1, x_2, x_3 \le 5.11$에서 정의되고 분해능은 0.01이므로, 식 (8.9)로부터 염색체 길이는 최소 10비트이다. 따라서 [그림 15-3]과 같이 파라미터 값을 입력하여 VI를 실행시켜보자. 300세대 후 최소점의 위치와 최소값은 xbest와 objbest가 보여주고 있다.

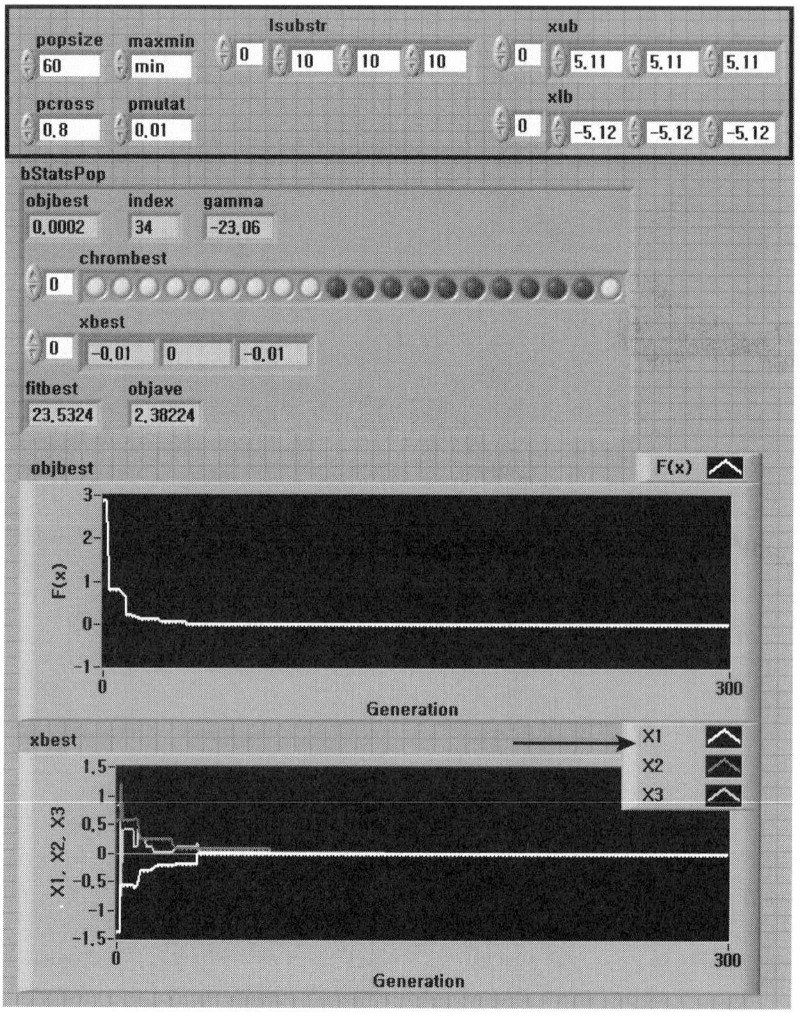


[그림 15-3] 예제 15.1.vi의 실행 결과

### 15.1.2 테스트 함수 $F_2$

테스트 함수 F2는 다음 식과 같다.

$$F_2(\vec{x}) = 100(x_1^2 - x_2)^2 + (1 - x_1)^2 \tag{15.2}$$

이 함수는 최적화 문헌에서 쉽게 찾아볼 수 있는 **Rosenbrock** 함수로서 연속, 비볼록, 단봉, 저차원, 이차형식의 탐색 특성을 가지며, $\vec{x} = [1\ \ 1]^T$에서 최소값 0을 갖는다. $x_2 = x_1^2$ 곡선을 따라 깊은 포물선 골짜기가 형성되어 있어서 해를 찾기가 대단히 까다로운 함수이다. 변수들은 $-2.048 \le x_1, x_2 \le 2.047$로 정의되는 구간에서 제한되고 $\Delta x_i = 0.001(1 \le i \le 2)$의 분해능을 가진다. 따라서 탐색 공간은 $(2^{12})^2 \approx 1.7 \times 10^7$개의 잠정적인 해로 구성된다. [그림 15-4]는 이 함수의 반전된 모양을 보여준다.

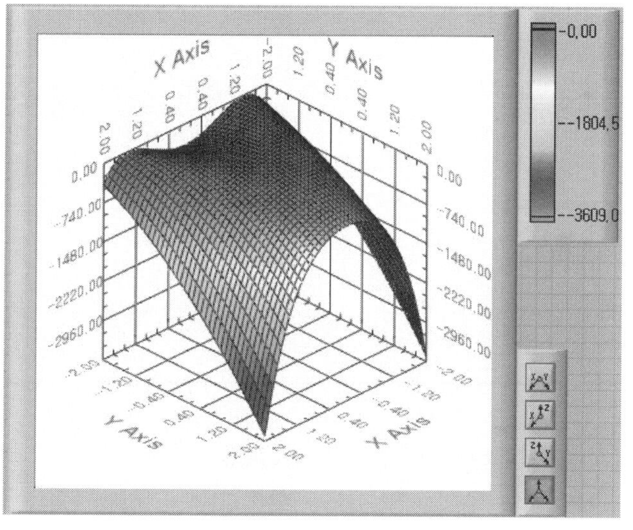


**[그림 15-4]** $F_2$의 반전 그래프

## 예제 15.2

[예제 15.1]에 인터넷으로 제공된 EvalObj F2.vi 테스트 함수를 목적 함수로 적용하여 단순 유전 알고리즘의 성능을 알아보아라.

### 예제 풀이

**1단계 : 예제 15.1.vi**를 실행한 후 프런트패널의 **파일** 메뉴에서 **다른 이름으로 저장**을 선택하여 **예제 15.2.vi**로 저장한다.

**2단계 :** [예제 15.1]과 마찬가지로 인터넷으로 제공된 EvalObj F2.vi 파일을 SubVI로 가져와서 목적 함수를 대체한다. 그리고 본 테스트 함수는 변수가 두 개이므로 프런트패널의 lsubstr, xub, xlb **배열**과 **웨이브폼 차트**를 [그림 15-5]와 같이 수정한다.

**3단계 :** 각 변수는 구간 $-2.048 \le x_1, x_2 \le 2.047$에서 정의되고 분해능은 0.001이므로, 식 (8.9)로부터 염색체 길이는 최소 12비트이다. 따라서 [그림 15-5]와 같이 프런트패널에 파라미터 값을 입력하여 VI를 실행시켜보자.

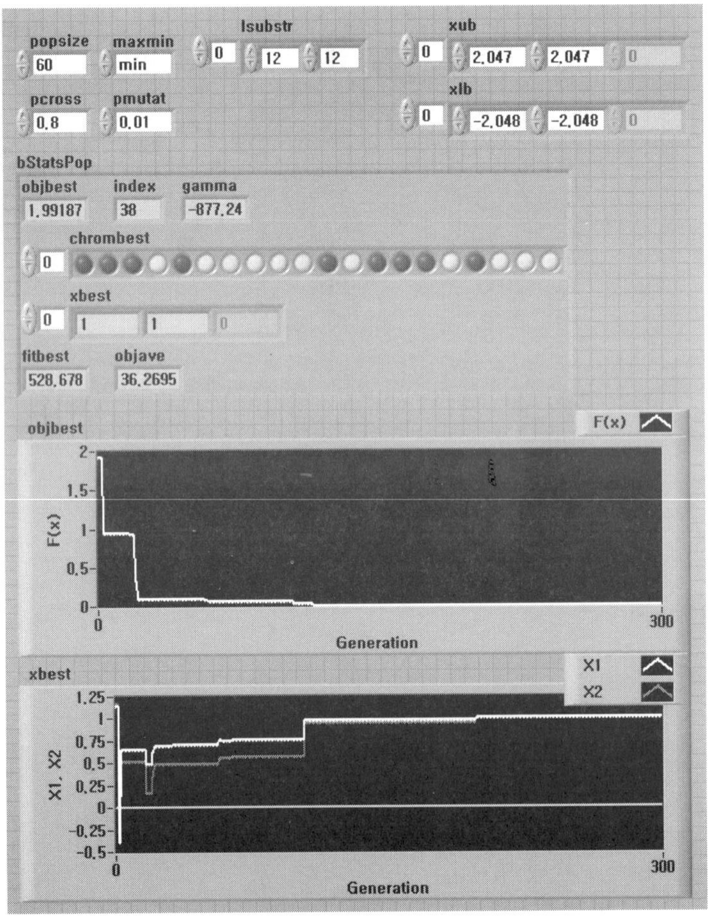


**[그림 15-5]** 예제 15.2.vi의 실행 결과

### 15.1.3 테스트 함수 $F_3$

테스트 함수 $F_3$는 다음 식으로 주어진다.

$$F_3(\vec{x}) = \sum_{i=1}^{5} [x_i] \tag{15.3}$$

여기서 $[x_i]$는 $x_i$를 초과하지 않는 가장 큰 정수를 의미한다. 이 함수는 불연속, 비볼록, 단봉의 탐색 특성을 가지며, 특히 유전 알고리즘이 불연속 공간을 탐색할 수 있는지를 테스트하기 위해 선택된다. $\vec{x} = [-5.12\ \ -5.12\ \ -5.12\ \ -5.12\ \ -5.12]^T$에서 최소값 $-30$을 갖는다. 각 변수는 $-5.12 \le x_i \le 5.11 (1 \le i \le 5)$로 정의되는 구간에서 제한되고, $\Delta x_i = 0.01 (1 \le i \le 5)$의 분해능을 갖는다. 따라서 탐색 공간은 $(2^{10})^5 \approx 1.1 \times 10^{15}$개의 잠정적인 해로 구성된다. [그림 15-6]은 이 함수의 반전된 모양을 보여준다.

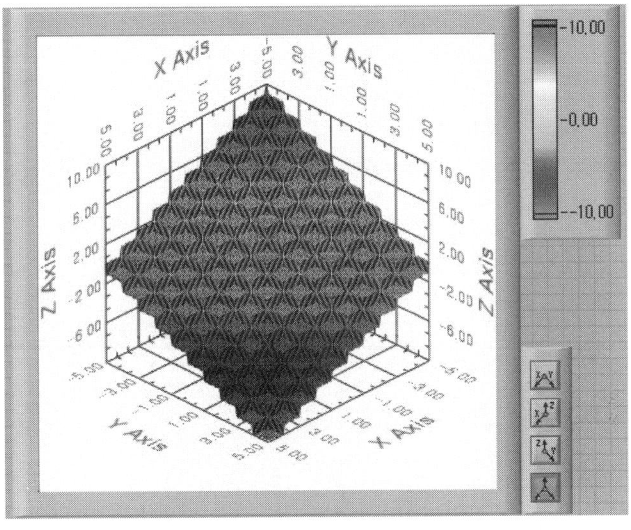


**[그림 15-6]** $F_3$의 반전 그래프(n=2)

## 예제 15.3

[예제 15.1]에 인터넷으로 제공된 EvalObj F3.vi 테스트 함수를 목적 함수로 적용하여 단순 유전 알고리즘의 성능을 알아보아라.

**예제 풀이**

**1단계 : 예제 15.1.vi**를 실행한 후 프런트패널의 **파일** 메뉴에서 **다른 이름으로 저장**을 선택하여 **예제 15.3.vi**로 저장한다.

**2단계 :** [예제 15.1]과 마찬가지로 인터넷으로 제공된 EvalObj F3.vi 파일을 SubVI로 가져와서 목적 함수를 대체한다. 그리고 본 테스트 함수는 변수가 다섯 개이므로 프런트패널의 lsubstr, xub, xlb **배열**과 **웨이브폼 차트**를 [그림 15-7]과 같이 수정한다.

**3단계 :** 각 변수는 구간 $-5.12 \le x_1, x_2, x_3, x_4, x_5 \le 5.11$에서 정의되고 분해능은 0.01이므로, 식 (8.9)로부터 염색체 길이는 최소 10비트이다. 따라서 [그림 15-7]과 같이 프런트패널에 파라미터 값을 입력하여 VI를 실행시켜보자.

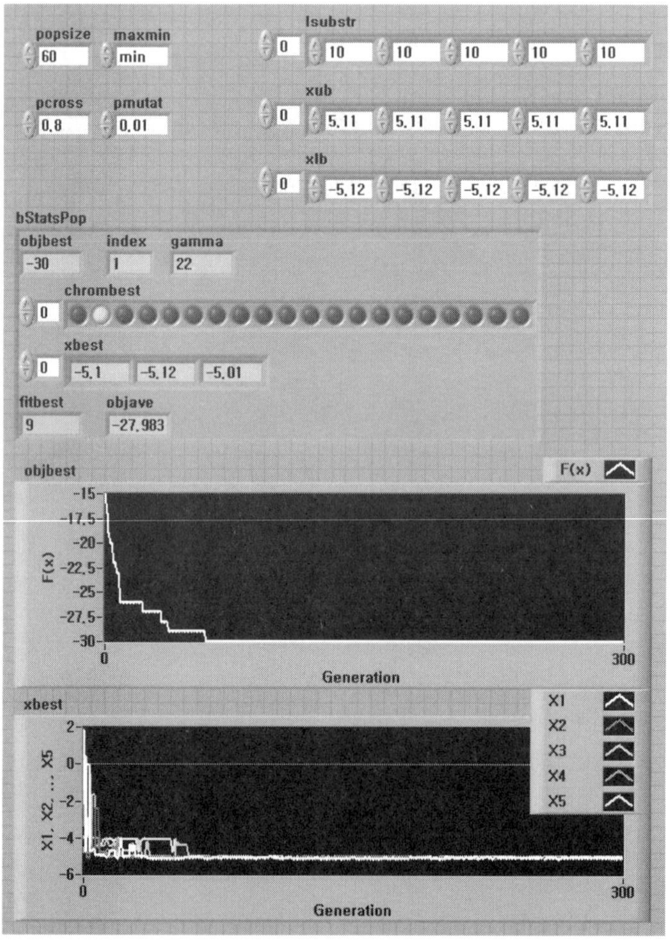


**[그림 15-7]** 예제 15.3.vi의 실행 결과

### 15.1.4 테스트 함수 $F_4$

테스트 함수 $F_4$는 다음과 같다.

$$F_4(\vec{x}) = \sum_{i=1}^{30} i \cdot x_i^4 + N(0, 1) \qquad (15.4)$$

여기서 $N(0, 1)$은 평균이 0이고 분산이 1인 정규분포를 따르는 잡음을 뜻한다. 이 함수는 연속, 볼록, 단봉, 고차, 이차형식, 확률적 탐색 특성을 가진다. 유전 알고리즘이 잡음이 존재하는 공간을 탐색할 수 있는지를 테스트하기 위해 선택된 것으로서 잡음이 없을 때는 원점에서 최소값 0을 갖는다. 각 변수는 $-1.28 \le x_i \le 1.27(1 \le i \le 30)$로 정의되는 공간에 제한되고, $\Delta x_i = 0.01(1 \le i \le 30)$의 분해능을 갖는다. 따라서 탐색 공간은 $(2^8)^{30} \approx 1.8 \times 10^{72}$개의 잠정적인 해로 구성된다. [그림 15-8]은 이 함수의 2차원 반전된 모양을 보여준다.

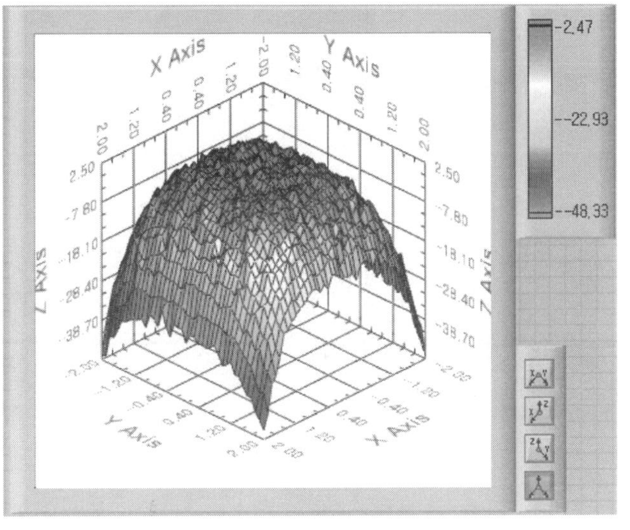


**[그림 15-8]** $F_4$의 반전 그래프(n=2)

#### 예제 15.4

[예제 15.3]에 인터넷으로 제공된 EvalObj F4.vi 테스트 함수를 목적 함수로 적용하여 단순 유전 알고리즘의 성능을 알아보아라. 이 문제는 해가 서른 개이므로 프런트패널의 그래프에 모두 표시할 수 없다. 따라서 다섯 개만 해를 표시하도록 한다.

**예제 풀이**

**1단계 :** **예제 15.3.vi**를 실행한 후 프런트패널의 **파일** 메뉴에서 **다른 이름으로 저장**을 선택하여 **예제 15.4.vi**로 저장한다.

**2단계 :** [예제 15.3]과 마찬가지로 인터넷으로 제공된 EvalObj F4.vi 파일을 SubVI로 가져와서 목적 함수를 대체한다. 그리고 본 테스트 함수는 변수가 30개이므로 프런트패널의 lsubstr, xub, xlb **배열**과 **웨이브폼 차트**를 [그림 15-9]와 같이 수정한다.

**3단계 :** 각 변수는 구간 $-1.28 \le x_1, x_2, \cdots\cdots, x_{29}, x_{30} \le 1.27$에서 정의되고 분해능은 0.01이므로, 식 (8.9)로부터 염색체 길이는 최소 8비트이다. 따라서 [그림 15-9]와 같이 파라미터 값을 입력하여 VI를 실행시켜보자.

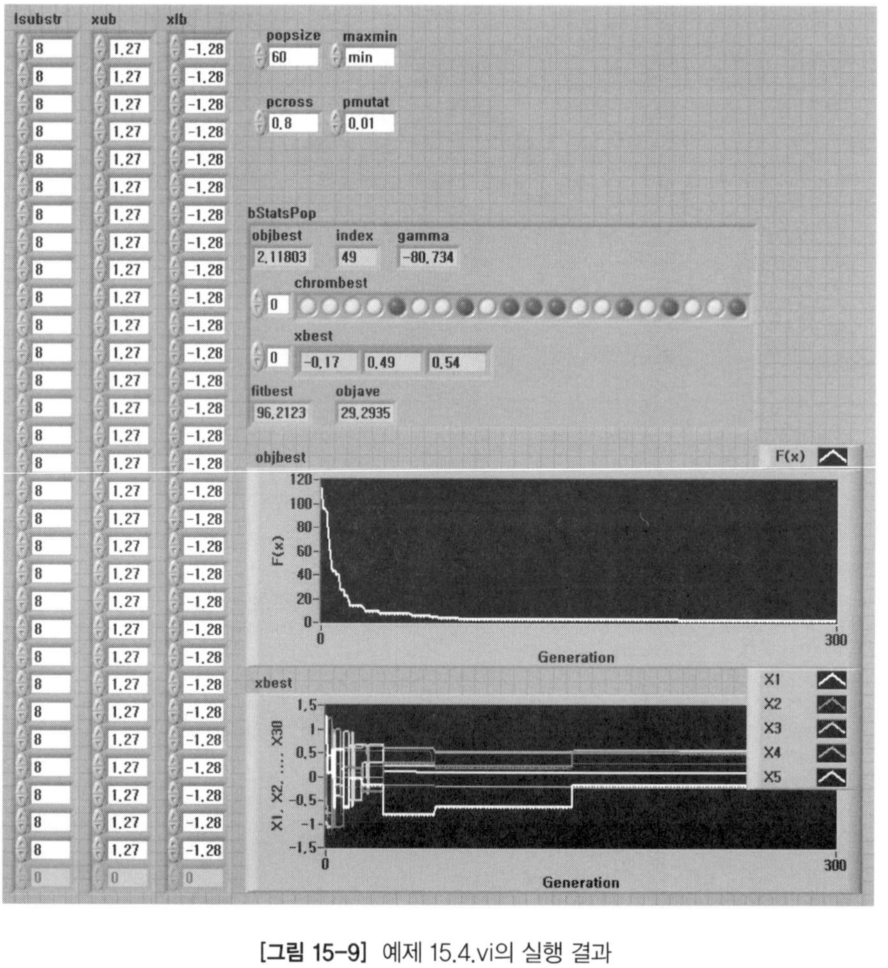

[그림 15-9] 예제 15.4.vi의 실행 결과

잡음이 섞인 본 테스트 함수는 그래프에서 볼 수 있듯이 만족스러운 해를 찾지 못하고 있다. 집단의 크기(popsize), 염색체 길이(lsubstr), 세대수(**For 루프** 반복 횟수)를 좀 더 크게 하여 실행시켜 보자. 연산 시간만 길어질 뿐 탐색 능력이 눈에 띄게 향상되지는 않을 것이다. 따라서 이런 잡음이 들어간 문제에서는 제어 파라미터의 변경만으로는 탐색 능력을 향상시키기 힘들며, 다른 탐색 전략의 적용이 필요하다.

### 15.1.5 테스트 함수 $F_5$

테스트 함수 $F_5$는 다음 식으로 주어진다.

$$F_5(\vec{x}) = \left(0.002 + \sum_{j=1}^{25} \left(j + \sum_{i=1}^{2} (x_i - a_{ij})^6\right)^{-1}\right)^{-1}$$

$$a_{ij} = \begin{bmatrix} -32, -16, & 0, & 16, & 32, -32, -16, \cdots, -32, -16, & 0, 16, 32 \\ -32, -32, -32, -32, -32, -16, -16, \cdots, & 32, & 32, 32, 32, 32 \end{bmatrix} \tag{15.5}$$

일명 **Fox hole 함수**라고도 불리는 이 함수는 연속, 비볼록, 비이차성, 다봉, 저차원 탐색 특성과 25개의 지역해를 갖는다. 전역해는 $\vec{x} = [-32 \ \ -32]^T$에서 존재하고 이때의 함수값은 약 1이다. 이 함수는 $-65.536 \le x_1, x_2 \le 65.535$로 정의되는 공간에 제한되고, 각 변수는 $\Delta x_i = 0.001(1 \le i \le 2)$의 분해능을 가진다. 따라서 탐색 공간은 $(2^{17})^2 \approx 1.7 \times 10^{10}$개의 잠정적인 해로 구성된다. [그림 15-10]은 이 함수의 반전된 모양을 보여준다.

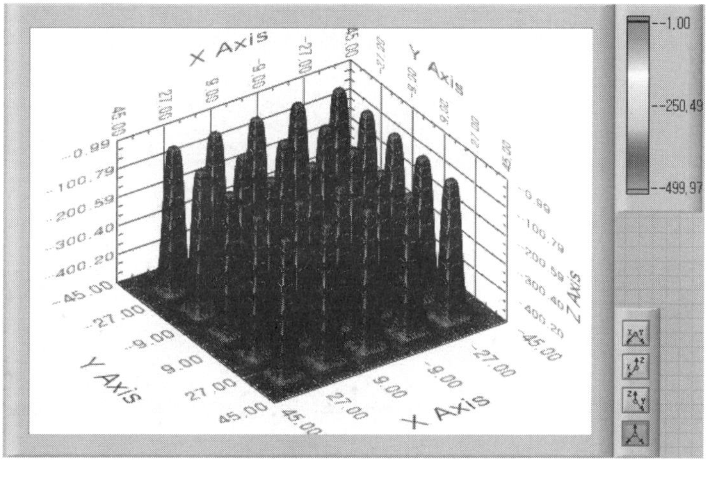


**[그림 15-10]** $F_5$의 반전 그래프

## 예제 15.5

[예제 15.2]에 인터넷으로 제공된 EvalObj F5.vi 테스트 함수를 목적 함수로 적용하여 단순 유전 알고리즘의 성능을 알아보아라.

**예제 풀이**

**1단계 : 예제 15.2.vi**를 실행한 후 프런트패널의 **파일** 메뉴에서 **다른 이름으로 저장**을 선택하여 **예제 15.5.vi**로 저장한다.

**2단계 :** 인터넷으로 제공된 EvalObj F5.vi 파일을 SubVI로 가져와서 목적 함수를 대체한다. 본 테스트 함수의 두 변수는 구간 $-65.536 \le x_1, x_2 \le 65.535$에서 정의되고 분해능은 0.001이므로, 식 (8.9)로부터 염색체 길이는 최소 17비트이다. 따라서 [그림 15-11]과 같이 파라미터 값을 입력하여 VI를 실행시켜보자.

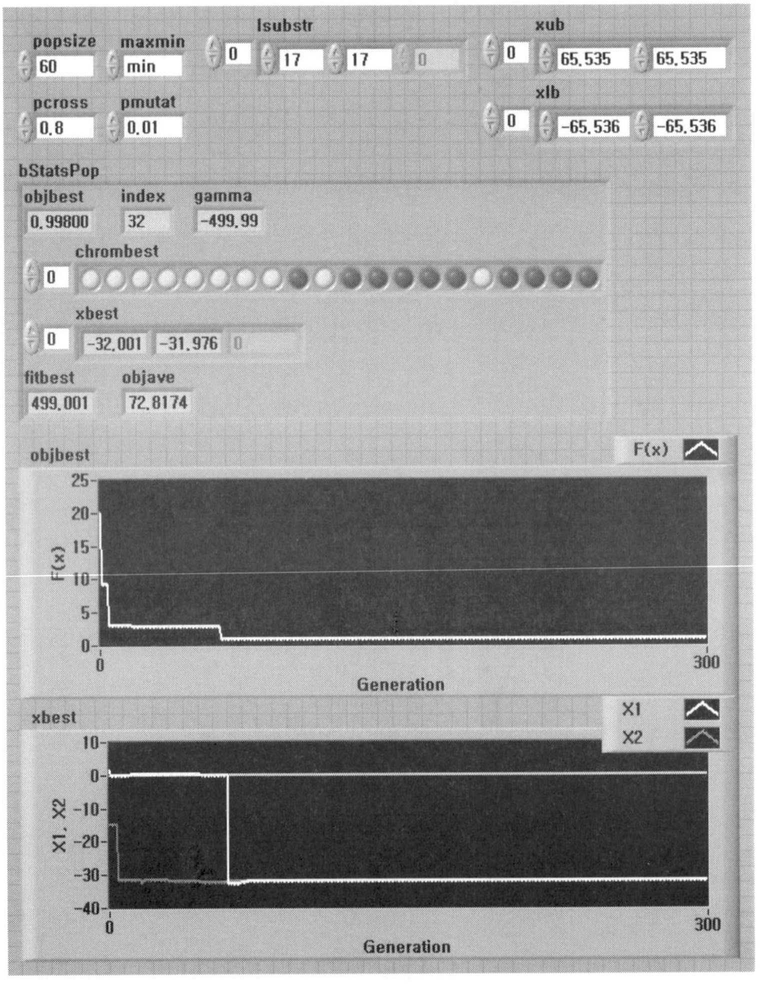


[그림 15-11] 예제 15.5.vi의 실행 결과

[표 15-1]은 앞에서 정의된 테스트 함수들의 실제 해(解)와 앞서 만들어본 단순 유전 알고리즘이 계산한 300세대 후의 값을 정리한 것이다. 잡음이 섞인 테스트 함수 $\mathbf{F_4}$를 제외하면 대체로 만족스러운 결과를 얻은 것을 알 수 있다.

**[표 15-1]** 테스트 함수들의 해와 탐색 공간

| 함수 | 차원 $n$ | 해 | $x_i(1 \le i \le n)$ | $F(\vec{x})$ | 정의구간 $x_i^{(L)}$ | 정의구간 $x_i^{(U)}$ | 분해능 $\Delta x_i$ |
|---|---|---|---|---|---|---|---|
| F1 | 3 | 해(解) | 0, 0, 0 | 0.0 | −5.12 | 5.11 | 0.01 |
| | | SGA | **−0.01, 0, −0.01** | **0.0002** | | | |
| F2 | 2 | 해(解) | 1, 1 | 0.0 | −2.048 | 2.047 | 0.001 |
| | | SGA | **0.996, 0.992** | **0.000019** | | | |
| F3 | 5 | 해(解) | −5.12, …, −5.12 | −30.0 | −5.12 | 5.11 | 0.01 |
| | | SGA | **−5.1, −5.12, −5.01, −5.09, −5.11** | **−30.0** | | | |
| F4 | 30 | 해(解) | 0, …, 0 | 0.0 | −1.28 | 1.27 | 0.01 |
| | | SGA | **−0.17, 0.49, 0.54, −0.06, 0.09, …** | **2.118** | | | |
| F5 | 2 | 해(解) | −32, −32 | 1.0 | −65.536 | 65.535 | 0.001 |
| | | SGA | **−32.001, −31.976** | **0.998** | | | |

## 15.2 탐색 성능에 영향을 미치는 요소

유전 알고리즘은 지역 탐색과 전역 탐색 사이에 조화를 이루며 해를 탐색하는 알고리즘으로서 그 성능은 파라미터와 밀접한 관계를 가진다. 여기서는 몇 가지만 검토해 보기로 하자.

### 15.2.1 집단 크기

집단 안에 얼마나 많은 개체가 있는지를 말해주는 집단 크기 N은 성능에 직접적인 영향을 끼치는 대표적인 파라미터 중 하나이다. 만일 그 수가 너무 작으면 유전적 부동으로 인해 탐색은 원치 않는 해 쪽으로 빨리 적응해가고, 반대로 너무 크면 성능이 향상되는 정도에 비해 많은 연산 시간을 필요로 하여 유전 알고리즘의 동작이 느려지게 된다.

대부분의 유전 알고리즘에서 N은 세대 변화와는 무관하게 항상 고정되지만, 가끔 자연계의 일부 곤충들이 계절 변화와 세대에 따라 다른 크기의 집단을 유지하듯이 가변 집단 크기를 채용하기도 한다.

### 15.2.2 교배 확률

교배는 염색체 간의 유전자 교환을 통해 전역 탐색을 돕지만 재생산을 거쳐 형성된 교배급원 내에서 정보를 교환하기 때문에 유전자 변화는 한정적일 수밖에 없다. 교배를 통해 제공되는 전역 탐색의 양은 교배 확률의 크기에도 영향을 받겠지만 근본적으로 선택 과정의 영향을 받는다.

교배 확률 $P_c$는 교배가 일어나는 빈도를 조절하는 매개변수로서 일반적으로 낮게 설정되면 다음 세대에서 새로운 개체 발생이 적게 되어 탐색이 침체되고, 반대로 높게 설정되면 탐색 공간을 빨리 탐색하는 특징을 갖게 된다.

### 15.2.3 돌연변이 확률

지역 탐색과 전역 탐색 간의 타협은 교배보다는 돌연변이에서 더 분명하게 나타난다. 그 이유는 교배는 선택 과정의 영향을 받게 되지만 돌연변이는 이와 무관하게 유전자를 변경함으로써 전 탐색 공간을 탐색할 수 있기 때문이다.

돌연변이를 통해 제공되는 전역 탐색의 양은 돌연변이 확률 $P_m$에 의해 조절된다. 이는 유전자들이 얼마나 자주 돌연변이될 것인지를 알려주는 지표가 된다. 만약 $P_m$을 너무 낮게 설정하면 다른 초평면으로 옮겨가기도 전에 유전 알고리즘이 지역해나 사점으로 수렴하게 되고, 너무 높게 설정하면 탐색이 한 점에서 다른 점으로 불규칙적으로 이동하여 탐색이 불안정해진다.

### 15.2.4 코딩법

코딩법도 성능에 영향을 미치는 중요한 요소이다. TSP(Traveling Salesman Problem)에서는 이진 코딩보다는 기호 코딩이 더 자연적일 뿐만 아니라 부적합한 해의 복구 등이 쉽다. 그리고 제약 조건이 따르는 문제에서는 이진 코딩보다는 실수 코딩이 더 효과적인 것으로 알려져 있다. 그러나 어떤 코딩법을 채용하느냐는 전적으로 주어진 문제와 그 규모에 따라 결정될 사항이며, 이에 따라 연산자도 한정될 수밖에 없다.

### 15.2.5 유전 연산자

유전 알고리즘의 성능은 주로 유전 연산자의 선택에 좌우된다고 해도 과언이 아닐 것이다. 재생산에는 룰렛휠 선택이 자주 채용되지만 때로는 순위에 기초한 선택이 더 나을 수도 있고, 어떤 문제에서는 다른 연산자가 더 효과적일 수도 있다. 교배와 돌연변이 연산자는 코딩법과 주어진 문제에 밀접하게 관련되어 있어서 이에 따라 선택의 폭이 결정된다. 진화 도중에 연산자들의 매개변수를 동적으로 변경하는 정교한 방법도 가능하다.

### 15.2.6 엘리트 전략

만약 유전 알고리즘이 한 세대의 최적 개체를 다음 세대에서도 생존하도록 보장해 주는 어떤 방법을 갖고 있지 않다면 엘리트 전략을 채용하는 것도 성능 개선의 한 방법이 된다.

이 전략은 이전 세대의 최적 개체를 저장하고 있다가 재생산-교배-돌연변이 연산을 거쳐 현 세대의 집단이 완성되면 최적 개체의 생존 유무를 확인하고, 만일 최적 개체가 소멸되었으면 저장된 개체를 현 세대 집단 안에서 적합도가 가장 낮은 개체(또는 임의로 선택된 개체)와 교환해준다. 이 방법은 일반적으로 성능을 개선해주는 것으로 알려져 있지만 가끔 초기 세대에 강한 개체가 집단을 지배하는 원인을 제공하기도 한다.

## 15.3 제어 파라미터의 설정

유전 알고리즘의 ***제어 파라미터(Control Parameter)***를 적절히 조정하는 작업은 테스트 환경에서 최적의 성능을 얻고 탐색이 원치 않는 방향으로 진행되어 가는 것을 막기 위해 대단히 중요하다. 현재까지 이들이 성능에 영향을 끼치는 것에 대해 명확하게 설명해줄 수 있는 이론이 부족하기 때문에 아마도 특별한 문제에 대해 자신의 유전 알고리즘을 가지고 실험해 왔으며, 경험과 실험에 의존함으로써 어느 정도 합당한 결과를 유도해낼 수 있었다. 특히 집단 크기, 교배 확률, 돌연변이 확률에 대한 개별적인 가이드라인은 다음과 같다. 이것은 어떤 문제에도 부합하는 절대적인 기준이 아니라는 점을 명심하길 바란다.

### 15.3.1 집단 크기

개체 집단의 크기를 이론적으로 해석한 첫 시도는 Goldberg에 의해 수행되었고, 경험과 시뮬레이션을 통해 그 영향을 분석한 연구는 De Jong, Grefenstette, Schaffer 등에 의해 수행되었다. 집단 크기(N)는 코딩법과 코딩된 염색체의 길이에 의존적일 수 있다.

매우 큰 집단 크기가 해를 찾는 속도 면에서 유전 알고리즘의 성능을 별로 개선해주지 못한다는 것은 놀라운 사실이다. 그 이유는 크기를 증가시킨다고 해서 탐색 속도가 더 빨라지지 않기 때문이다. 흔히 집단의 크기는 약 30~200 사이에서 유지된다.

### 15.3.2 교배 확률

교배 확률 $P_c$는 얼마나 자주 교배를 일으킬 것인지를 결정하는 변수로서 만약 $P_c =$ 100%이면 모든 자손들은 교배된 결과이고, 0%라면 모든 자손들은 부모 염색체들의 정확한 복제가 된다.

교배는 부모 염색체의 좋은 유전자가 자손에게 전달될 것으로 기대하면서 이행되지만 반드시 개선되는 방향으로만 동작하지 않기 때문에 집단 내 일부 염색체들을 그대로 전달하는 것($P_c < 1$)이 더 효과적이고 자연 환경에도 가깝다. 일반적으로 $P_c$는 약 80~95% 사이에서 유지된다. 어떤 문제에서는 $P_c =$ 60%에서도 좋은 결과를 얻고 있다.

### 15.3.3 돌연변이 확률

돌연변이 확률 $P_m$ 또한 얼마나 자주 유전자를 변경할 것인지를 결정하는 변수로서 만약 $P_m =$ 100%라면 모든 염색체의 유전자들이 돌연변이 되고, 0%이면 아무 것도 일어나지 않는다. 자연계에서 돌연변이가 일어날 확률이 매우 희박하듯이 유전 알고리즘에서도 아주 작은 값으로 설정된다. 너무 자주 일어나게 하면 무작위 탐색과 같아진다. 현재까지 문헌에 알려진 최선의 $P_m$은 약 0.5~1% 사이에서 선정된다.

CHAPTER 16

# 단순 유전 알고리즘의 응용



근래 제어분야에서 비약적인 기술 발전이 있었음에도 불구하고 아직도 산업현장에는 PID 제어기가 주류를 이루고 있다. 그 이유는 구조가 단순하여 하드웨어적으로 구현이 쉽고, 동조할 계수가 적어서 다루기가 용이하며, 대부분의 산업공정에서 강인함을 보이기 때문이다. PID 제어기의 성능은 비례게인, 적분시간, 미분시간에 따라 결정되는데, 주어진 설계 사양을 만족하도록 이득을 적절히 선택하는 것을 ***동조(Tuning)***라 한다.

PID 제어기를 동조하는 방식에는 여러 가지가 있으나 경험적이고 실험적인 방법들이 대부분이다. 대표적인 것으로는 Ziegler-Nichols의 개루프법과 폐루프법이 있고, Cohen-Coon법이 있다. 이와 같은 고전적인 방법들은 실제 시스템 응답이 외란이나 잡음에 대해 민감하여 정확한 매개변수를 결정하기 어렵고, Z-N의 폐루프법은 시스템의 안정성이 중시되는 한 적용하기가 어려운 문제점이 있다.

이런 문제점을 보완하면서 PID 제어기의 파라미터를 결정하는 방법으로는 릴레이 피드백(Relay Feedback)을 이용하는 방법이 있고, 실시간 적응동조 방법, 패턴을 이용한 전문가 동조법, 모델기반 동조 등이 있다. 최근에는 모델과 유전 알고리즘을 기반으로 최적의 계수를 구하고자 하는 연구가 진행되고 있다. 특히 유전 알고리즘은 유전학과 자연도태 현상을 알고리즘으로 구현한 것으로, ***구배(Gradient)***에 기초한 탐색 알고리즘과는 달리 연속성, 미분 가능성, 단봉성과 같은 탐색 공간에 대한 부가 정보를 요구하지 않기 때문에 많이 이용되고 있다.

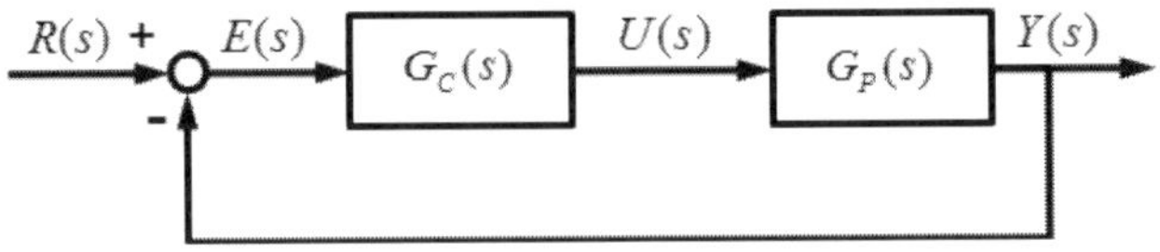


**[그림 16-1]** 폐루프 제어시스템의 블록다이어그램

[그림 16-1]과 같은 폐루프 제어시스템에서 유전 알고리즘을 이용한 PID 제어기의 동조 원리는 기본적으로 일정 시간 동안 ***시스템출력(Process Variable)***과 ***설정값(Set Point or Reference Value)***의 차이, 즉 ***제어오차(Control Error)***의 합이 최소가 되도록 제어 파라미터(비례게인, 적분 시간, 미분 시간)를 결정하는 것이다. 여기서 일정 시간 동안 PID 제어기의 성능이 좋고 나쁨을 정량적으로 평가할 수 있는 기준이 필요하다. 이러한 기준을 성능지수라고 하며, 본서에서는 다음과 같이 ***제곱오차적분(ISE)***, ***절대오차적분(IAE)***, ***시간곱절대오차적분(ITAE)***의 세 가지 성능지수에 대해서 알아볼 것이다. 이러한 성능지수를 식으로 표현하면 다음과 같다.

$$\textbf{ISE:}\quad J(K_p, \tau_i, \tau_d) = \int_0^{t_f} e(t)^2 dt \tag{16.1}$$

$$\textbf{IAE:}\quad J(K_p, \tau_i, \tau_d) = \int_0^{t_f} |e(t)| dt \tag{16.2}$$

$$\textbf{ITAE:}\quad J(K_p, \tau_i, \tau_d) = \int_0^{t_f} t|e(t)| dt \tag{16.3}$$

여기서 시간 $t_f$는 이 이후의 오차가 무시되어도 좋을 정도로 충분히 큰 값이다. ISE는 해석이 용이하여 최적 제어기 설계 등에 자주 이용되나, 오차가 클 때는 큰 벌점을 작을 때는 작은 벌점을 주는 결과를 초래해 최적해 부근에서 계수의 변화에 둔감하며, IAE는 오차의 절대 크기를 그대로 사용함으로써 ISE보다 나은 감도를 나타낸다. 반면에 ITAE는 장시간의 과도현상에 대해 시간 벌점을 주어서 ISE나 IAE보다 훨씬 더 변별력이 있다.

이러한 성능지수를 평가하기 위해서는 시간에 따른 제어시스템의 응답을 알아야만 한다. 물론 LabVIEW에서 각종 수치해석 기법을 이용하여 시스템의 응답을 직접 구할 수도 있지만 매우 복잡하므로, LabVIEW에서 제공하는 모듈인 **컨트롤 디자인과 시뮬레이션**을 활용할 것이다. LabVIEW의 **컨트롤 디자인과 시뮬레이션**은 Simulink와 유사한 기능을 수행하지만 이를 구현하기 위한 방법상에서 다소 차이가 있으므로 주의해야 한다. 우선 [그림 16-2]와 같이 자신의 LabVIEW 프로그램에 **컨트롤 디자인과 시뮬레이션** 모듈이 설치되어 있는지 확인해보자.

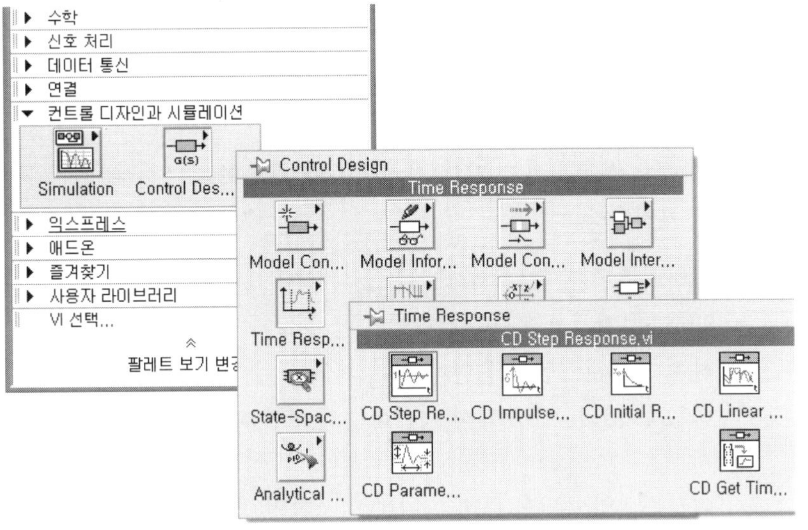


[그림 16-2] 컨트롤 디자인과 시뮬레이션 모듈

만약 이와 같은 **컨트롤 디자인과 시뮬레이션** 모듈이 설치되어 있지 않다면 추가 설치를 해야 한다. 그런데 [그림 16-3]에서 볼 수 있듯이 이미 1부의 1.1.2절을 통해서 **컨트롤 디자인과 시뮬레이션** 모듈을 다운로드 했다. 그러므로 1부의 **1.2절 LabVIEW 설치하기**를 참고하여 **컨트롤 디자인과 시뮬레이션** 모듈을 컴퓨터에 설치한다.

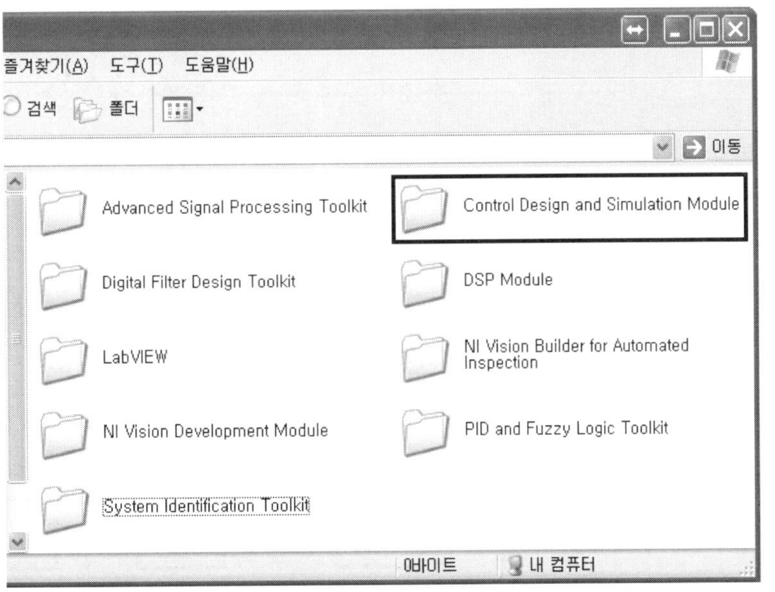


[그림 16-3] Control Design and Simulation Module 폴더

## 16.1 컨트롤 디자인과 시뮬레이션 모듈

[그림 16-2]와 같이 **컨트롤 디자인과 시뮬레이션** 모듈이 정상적으로 컴퓨터에 설치되었다면, 그 사용방법에 대해서 알아보도록 하자. 한편 LabVIEW 및 유전 알고리즘에 대해서 공부하고 있는 사람이라면 기본적인 제어이론에 대해서는 잘 알고 있다고 가정한다.

제어시스템은 [그림 16-1]과 같이 블록다이어그램으로 표현하면 매우 편리한데 Simulink는 [그림 16-4]와 같이 블록다이어그램의 형태로 프로그램을 구현하도록 하여 제어시스템의 응답을 쉽게 파악할 수 있도록 해주는 프로그램이다. 앞서 언급하였듯이 LabVIEW에서 제공하는 **컨트롤 디자인과 시뮬레이션** 모듈이 이와 유사한 기능을 한다. 그러나 사용법에서 다소 차이가 있으므로 지금부터 LabVIEW에서 제어시스템의 응답을 구하기 위한 최소한의 방법을 살펴보도록 하자.

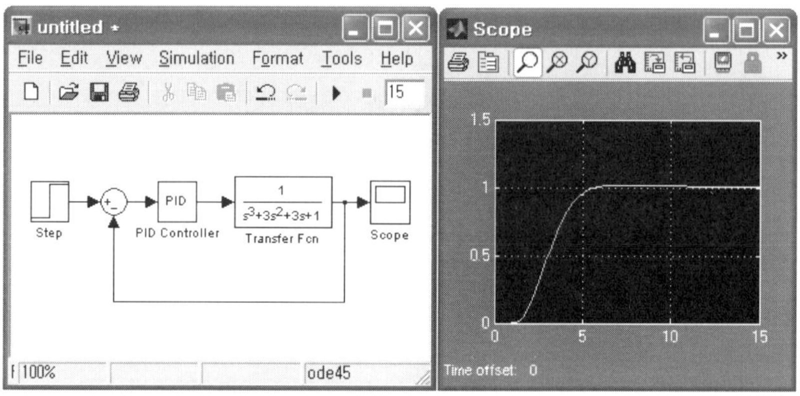


**[그림 16-4]** Simulink를 이용한 스텝 응답(Step Response)

### 16.1.1 블록(Block)의 직렬 결합

[그림 16-1]을 보면 알 수 있듯이, 여러 블록들이 직렬로 연결되어 신호가 전달되고 있다. 그림에서 제어대상(Process, $G_P(s)$)은 실제로는 [그림 16-5]에서 점선으로 표시한 것과 같이 두 개의 블록 요소가 직렬 결합으로 이루어진 것일 수도 있다.

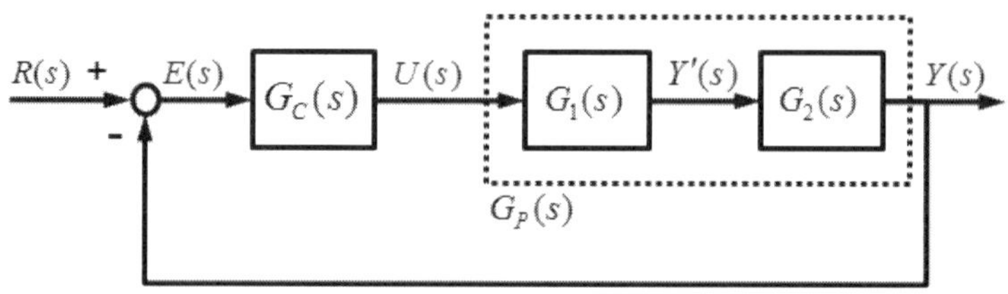


**[그림 16-5]** 블록의 직렬 결합

이처럼 두 블록이 직렬로 연결되어 있을 경우 시스템 전체의 전달 함수는 개별 블록 전달 함수의 곱과 같다. LabVIEW의 **컨트롤 디자인과 시뮬레이션** 모듈에서 이러한 연산을 수행하는 것이 **CD Series.vi**이다. CD Series.vi는 [그림 16-6]에서 볼 수 있듯이 블록다이어그램의 **함수 팔레트**에서 **컨트롤 디자인과 시뮬레이션→Control Design→Model Interconnection**에 있다.

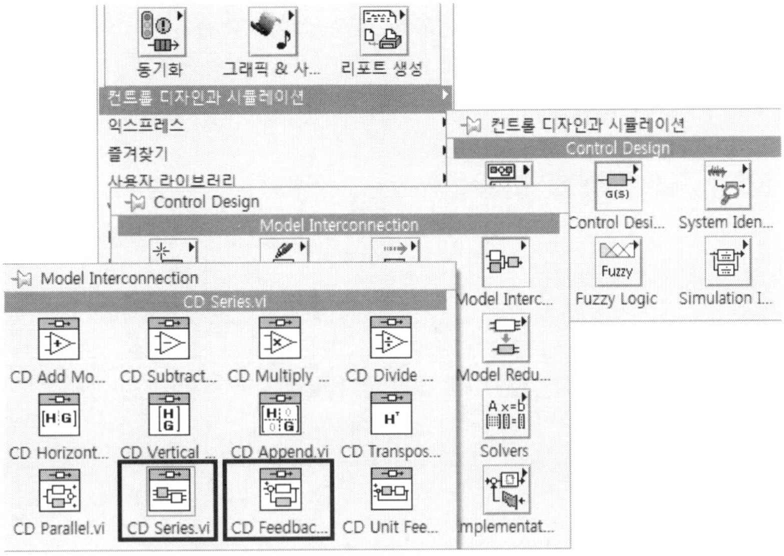


**[그림 16-6]** Model Interconnection 팔레트

### 16.1.2 블록(Block)의 피드백 결합

[그림 16-5]에서 제어시스템의 ***시스템출력(Process Variable)***은 피드백되어 ***설정값(Reference Value)***과 비교되고 있다. 이와 같이 제어시스템에 피드백 결합이 있을 경우 이를 LabVIEW에서 구현하기 위해서는 **CD Feedback.vi**가 필요하다. CD Feedback.vi는 [그림 16-6]에서 볼 수 있듯이 CD Series.vi 바로 옆에 있다.

한편 본서에서는 블록의 병렬 결합이 없으므로 설명하지 않지만, 블록의 병렬 결합을 위한 CD Parallel.vi도 [그림 16-6]에서 찾을 수 있다.

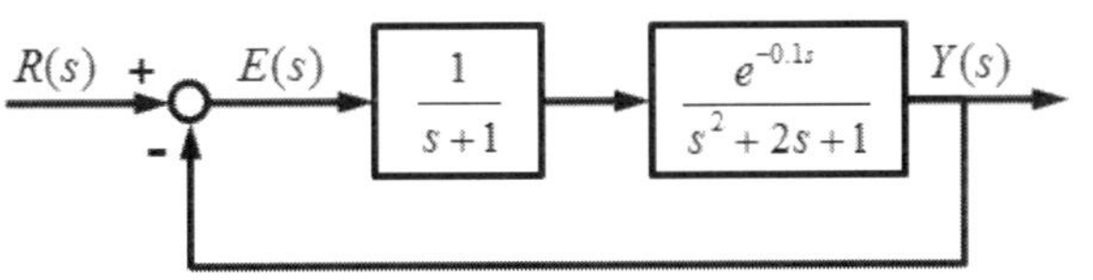


**[그림 16-7]** 블록의 피드백 결합

**예제 16.1**

[그림 16-7]과 같은 제어시스템이 있다. 스텝 응답(Step Response) 곡선을 그리는 VI를 만들어라.

**예제 풀이**

**1단계 :** LabVIEW를 실행한 후 **예제 16.1.vi**로 저장한다.

**2단계 :** 블록다이어그램의 함수 팔레트에서 [그림 16-8]과 같이 사각형으로 표시한 부분을 따라가면 **CD Construct Transfer Function Model.vi**가 있다. 이것을 선택하여 블록다이어그램에 놓는다.

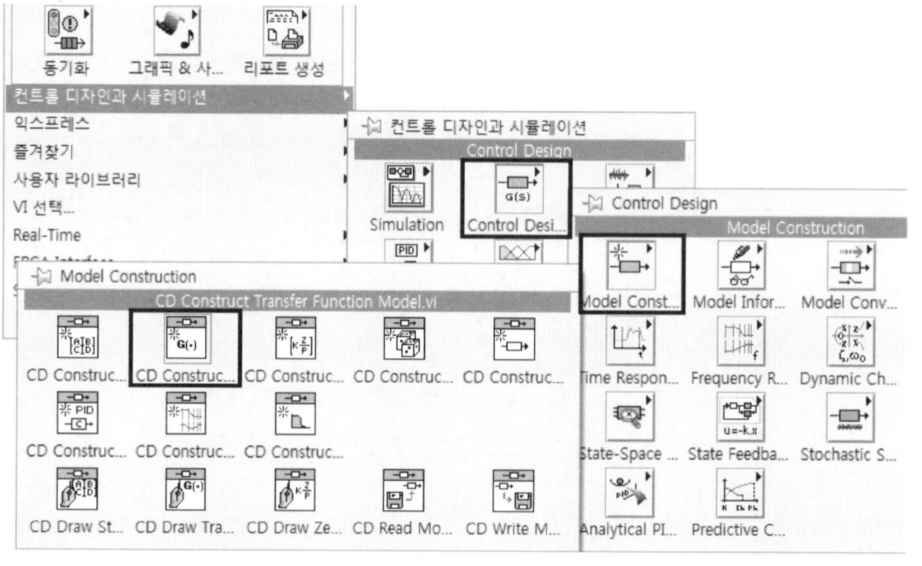

[그림 16-8] Model Construction 팔레트

이것은 [그림 16-9]와 같이 입력 터미널에 샘플링 시간(Sampling Time), 분자계수(Numerator), 분모계수(Denominator), 지연시간(Delay) 값을 받아들여 전달 함수의 형태로 표현된 시스템을 모델링한다.

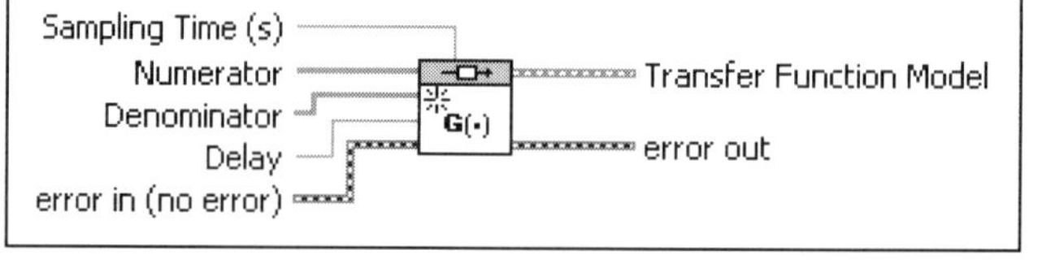


[그림 16-9] CD Construct Transfer Function Model VI

**3단계 :** [그림 16-10]과 같이 **Numerator, Denominator, Delay** 입력 터미널에서 마우스 오른쪽 클릭하여 **생성 → 컨트롤**을 선택한다. 이때 **Sampling Time** 입력 터미널에서 컨트롤을 생성하지 않는

이유는 LabVIEW의 기본값을 이용하기 위한 것이다. 만약 원하는 샘플링 시간이 있을 경우에는 다른 입력 터미널과 마찬가지로 **컨트롤**이나 **상수**를 생성하여 사용자가 임의로 값을 입력할 수 있다.

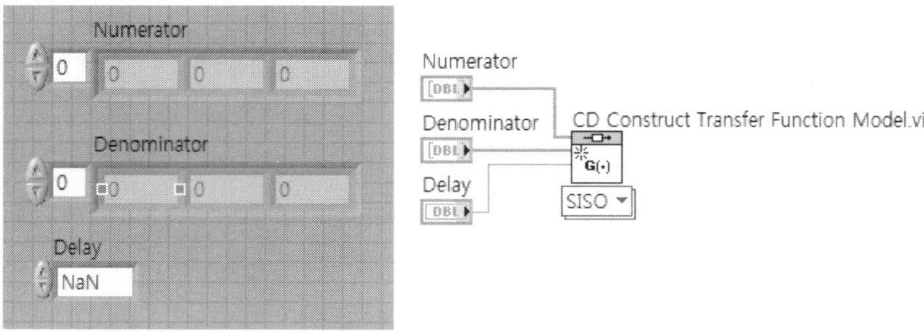


**[그림 16-10]** 컨트롤 생성

**4단계** : [그림 16-7]의 블록다이어그램을 보면 두 개의 블록이 직렬 결합으로 이루어진 것을 알 수 있다. 따라서 **3단계**를 참고하여 [그림 16-11]과 같이 만들어준다.

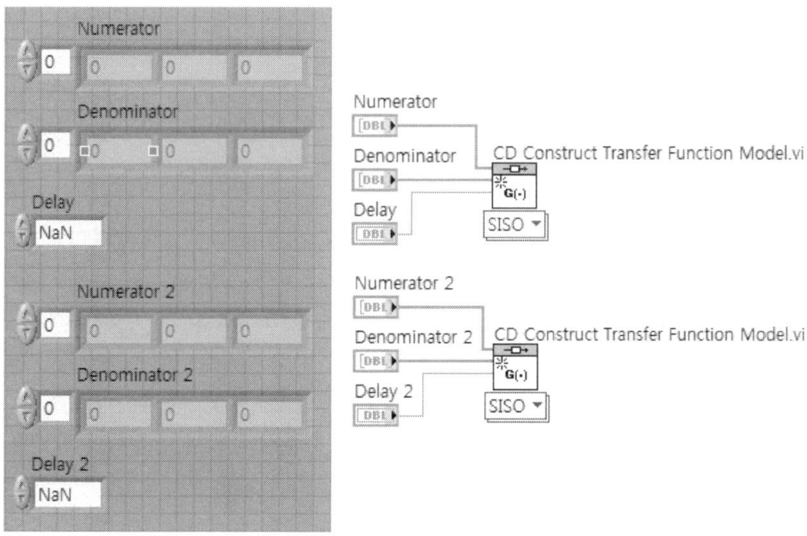


**[그림 16-11]** 두 번째 블록 생성

**5단계** : [그림 16-6]을 참고하여 블록다이어그램에 **CD Series.vi**를 추가하고, [그림 16-12]와 같이 와이어링한다.

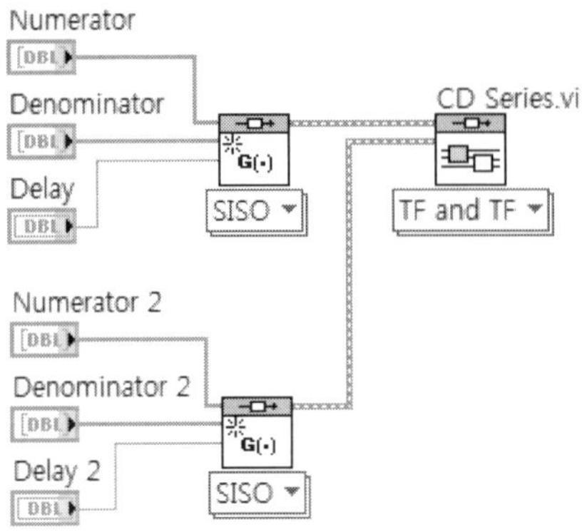


[그림 16-12] CD Series.vi 추가

**6단계 :** 다음 절차는 피트백 결합을 구현하는 것이다. 그러나 문제의 그림에서는 피드백 요소가 단지 선으로만 되어 있다. 이것은 전달 함수가 1인 시스템으로 간주하면 된다. 따라서 **3단계**를 참고하여 [그림 16-13]과 같이 만든 후 프런트패널에 문제의 전달 함수 값을 입력한다.

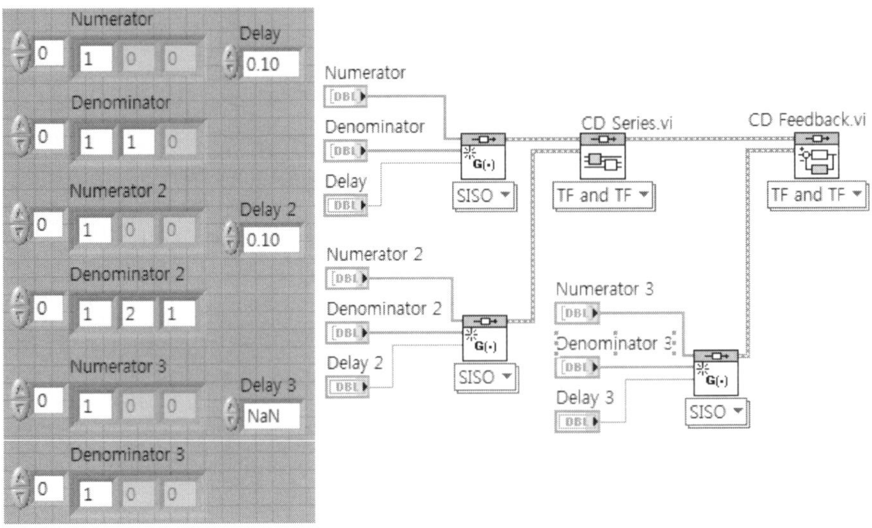


[그림 16-13] CD Feedback.vi 추가

이제 남은 절차는 스텝 응답(Step Response) 결과를 그래프로 나타내는 것이다. 이를 위해서 **컨트롤 디자인과 시뮬레이션** 모듈에서는 [그림 16-14]와 같이 **CD Step Response.vi**가 제공되고 있다. 스텝 응답 외에도 다양한 응답 결과를 알 수 있다.

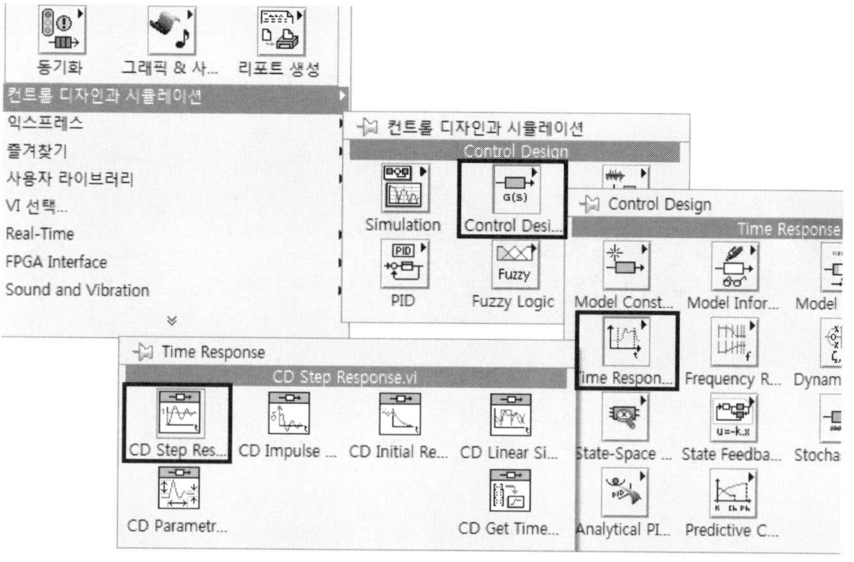

[그림 16-14] Time Response 팔레트

**7단계 :** 블록다이어그램에 **CD Step Response.vi**를 추가하고, [그림 16-15]와 같이 출력 터미널에서 마우스 오른쪽 클릭하여 **생성 → 인디케이터**를 선택하면 VI가 완성된다. Simulink보다 다소 번거롭게 느껴질 수도 있지만, Simulink와 달리 매개변수를 프런트패널에서 손쉽게 바꿔가면서 시뮬레이션을 할 수 있는 장점도 있다. 완성된 VI를 실행시켜보자.

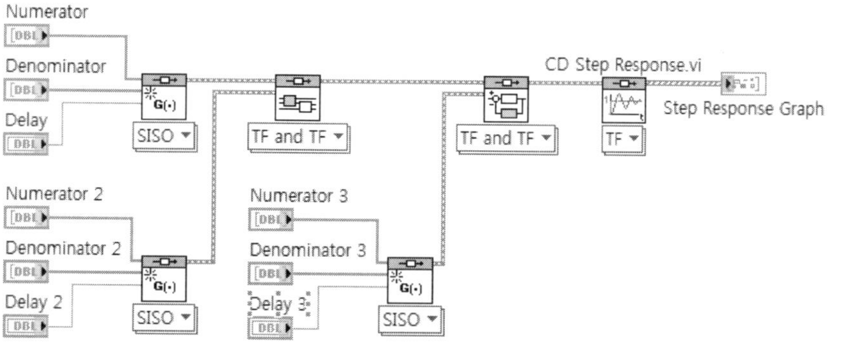

[그림 16-15] 완성된 VI

**7단계**를 통해서 예제 풀이는 완성되었다. 하지만 한 가지 팁을 더 배워보도록 하자. [그림 16-16]에서 만약 두 번째 블록의 전달 함수가 $G(s) = \frac{1}{s^2 + 2s + 3}$일 경우 **Denominator 2**에는 어떤 순서로 값을 입력해야 할지 생각해보자.

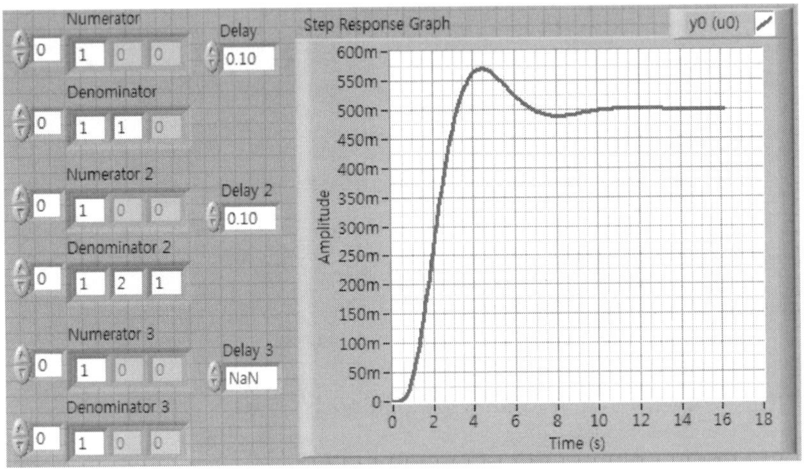


[그림 16-16] 예제 16.1.vi의 실행 결과

이러한 혼동을 막기 위해서 전달 함수를 프런트패널에 시각적으로 표현해주면 좋을 것이다. 이를 위해서 **컨트롤 디자인과 시뮬레이션** 모듈에서는 [그림 16-17]과 같이 **CD Draw Transfer Function Equation.vi**가 제공되고 있다. 말 그대로 전달 함수의 방정식을 그려주는 VI이다.

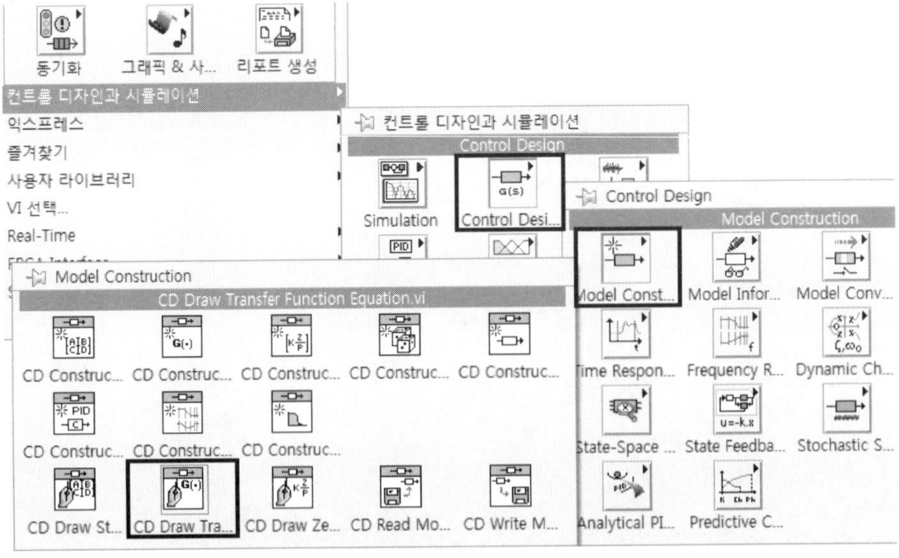


[그림 16-17] Model Construction 팔레트

**8단계 :** 블록다이어그램에 **CD Draw Transfer Function Equation.vi**를 3개 추가하여 [그림 16-18]과 같이 와이어링한 후 출력 터미널에서 마우스 오른쪽 클릭하여 **생성→인디케이터**를 선택한다.

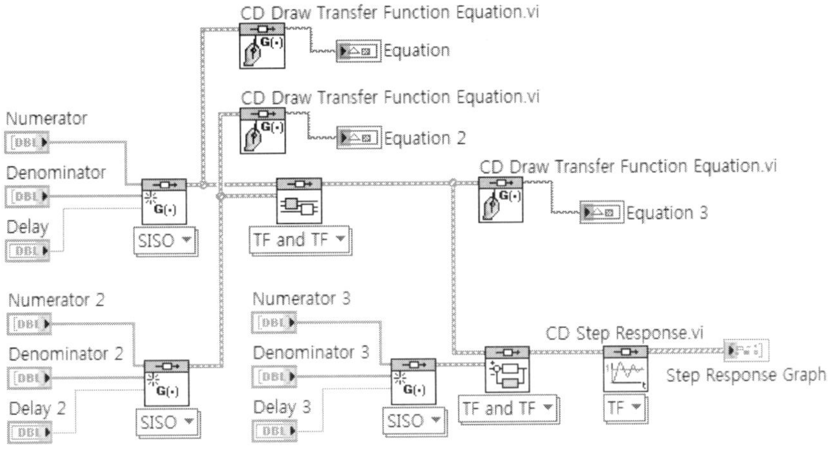


**[그림 16-18]** 수정한 VI

[그림 16-19]와 같이 프런트패널을 정리한 후 VI를 실행시켜보자. 전의 VI에서는 잘 파악할 수 없었던 입력 오류를 쉽게 파악할 수 있게 되었다. **숫자형 컨트롤 Delay**의 값에 0 또는 NaN을 입력하여 올바르게 수정하고, VI를 다시 실행시켜보자.

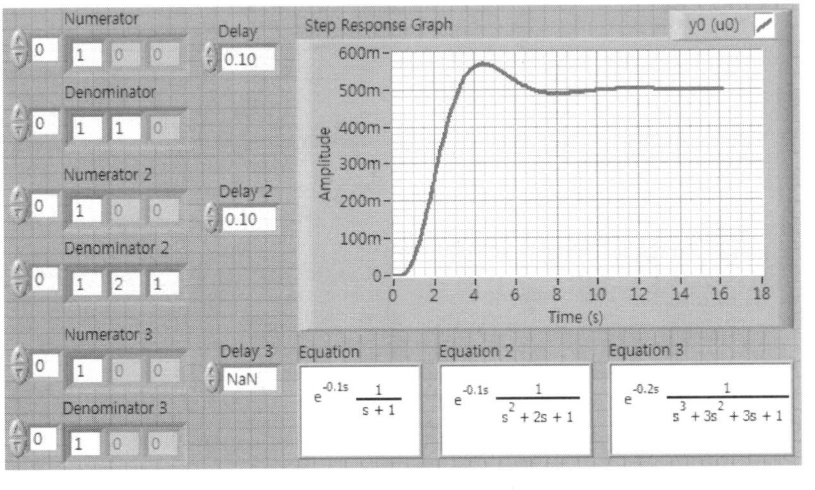


**[그림 16-19]** 전달 함수 표시

### 16.1.3 PID Model

블록의 직렬 결합 및 병렬 결합을 통해서 PID Controller를 직접 구현할 수도 있으나, **컨트롤 디자인과 시뮬레이션** 모듈에서는 [그림 16-20]과 같이 제어 파라미터(비례게인, 적분 시간, 미분 시간)만 입력하면 전달 함수의 형태로 모델링을 해주는 **CD Construct PID Model.vi**가 제공되고 있어 편리하다.

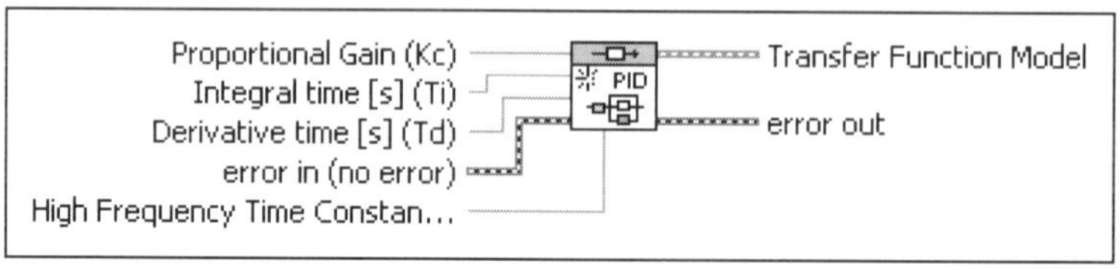


**[그림 16-20]** CD Construct PID Model VI

이 VI는 [그림 16-21]에서 사각형으로 표시한 것과 같이 블록다이어그램의 함수 팔레트에서 **컨트롤 디자인과 시뮬레이션→Control Design→Model Construction**에 있다.

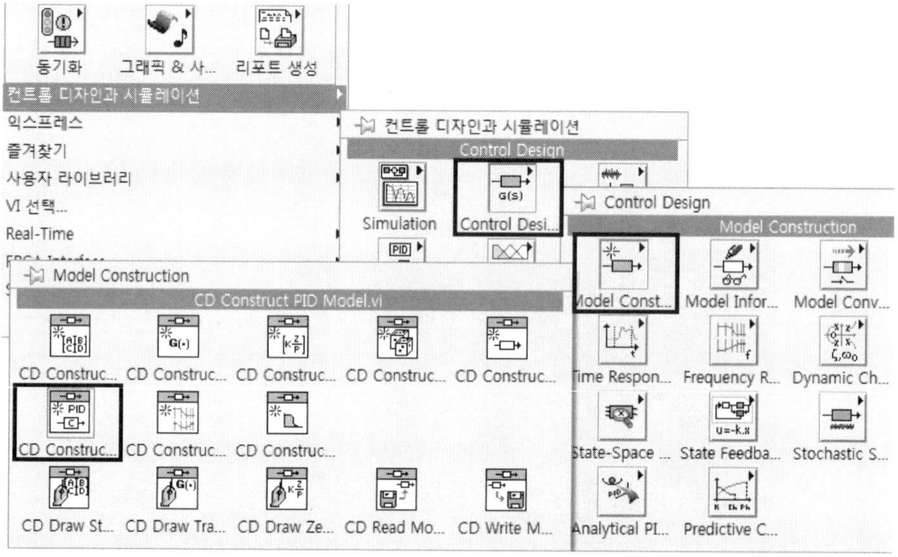


**[그림 16-21]** Model Construction 팔레트

**예제 16.2**

[그림 16-22]와 같은 PID 제어시스템이 있다고 가정하고 각각의 전달 함수는 아래식과 같다. 이때 **예제 16.1.vi**를 이용하여 아래 제어시스템의 스텝 응답(Step Response) 곡선을 그리는 VI를 만들어라.

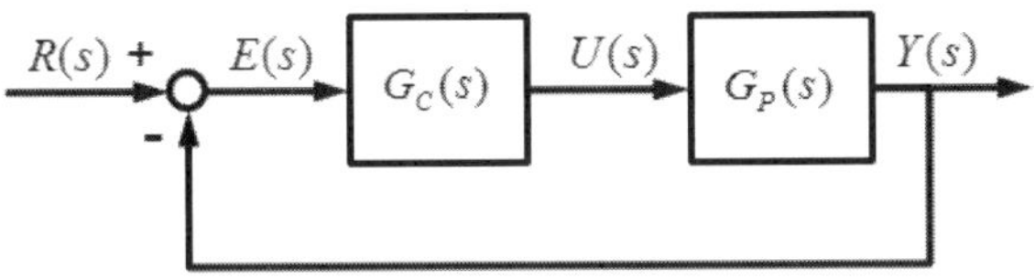


**[그림 16-22]** PID 제어시스템

$$G_C(s) = K_p(1 + \frac{1}{\tau_i s} + \tau_d s), \qquad G_P(s) = \frac{e^{-0.1s}}{s^3 + 3s^2 + 3s + 1}$$

**예제 풀이**

**1단계 : 예제 16.1.vi**를 실행한 후 프런트패널의 **파일** 메뉴에서 **다른 이름으로 저장**을 선택하여 **예제 16.2.vi**로 저장한다.

**2단계 :** [그림 16-23]에서 사각형으로 표시한 부분은 PID 제어기 모델이 적용될 곳으로 더는 필요가 없으므로 삭제한다. 그리고 블록다이어그램에 **CD Construct PID Model.vi**를 위치시킨다.

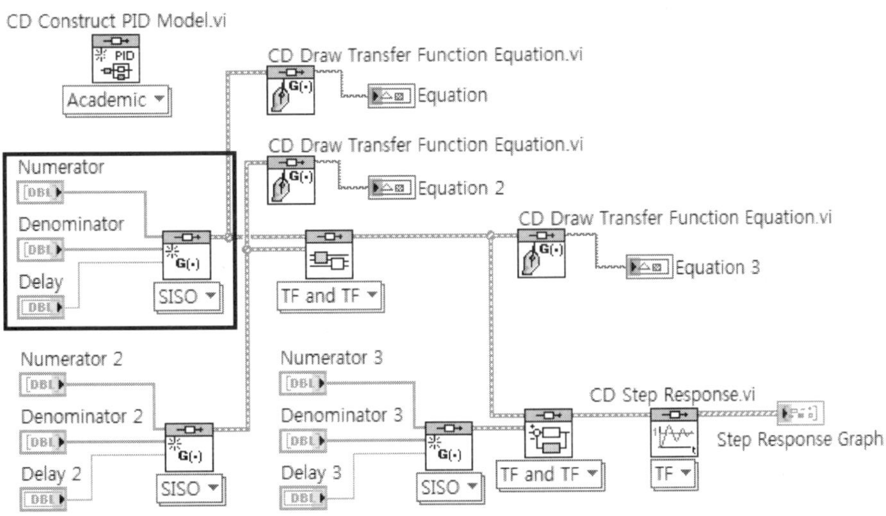


**[그림 16-23]** 블록다이어그램 수정

**3단계 :** [그림 16-24]와 같이 **CD Construct PID Model.vi**의 입력 터미널에서 마우스 오른쪽 클릭한 후 **생성 → 컨트롤**을 선택하여 비례게인, 적분 시간, 미분 시간 값을 입력하기 위한 **숫자형 컨트롤**을 생성한다.

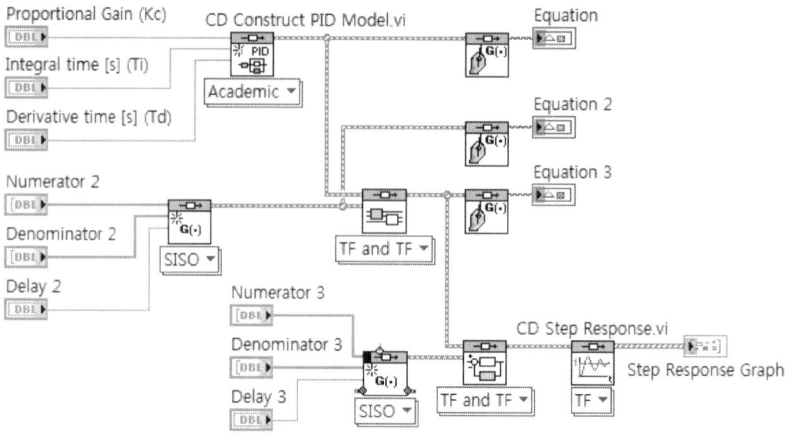


[그림 16-24] PID Model의 제어 파라미터를 위한 컨트롤 생성

**4단계** : [그림 16-25]와 같이 프런트패널을 정리한 후 PID 제어기의 파라미터와 Process의 전달 함수 값을 입력하여 VI를 실행시켜 [그림 16-19]와 비교해보자. 참고로 PID 제어기의 파라미터 값은 Ziegler-Nichols 동조방법으로 얻은 것이다.

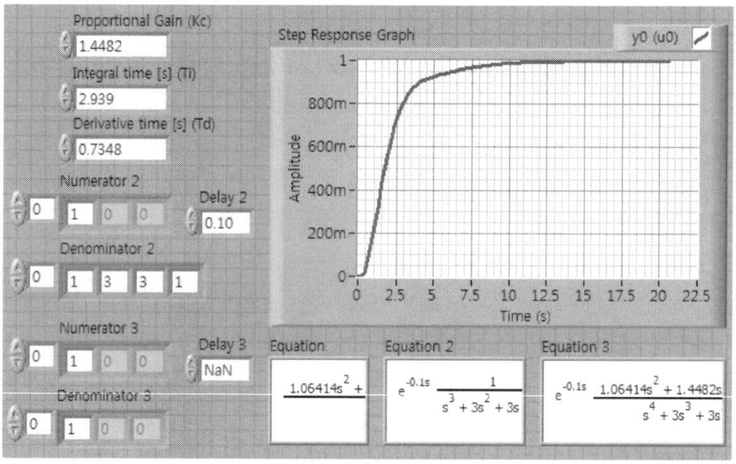


[그림 16-25] PID 제어 응답 결과

궁극적 목표는 바로 PID 제어기의 제어 파라미터(비례게인, 적분 시간, 미분 시간) 값을 유전 알고리즘을 이용해서 찾아내는 것이다. 이를 위해서는 앞서 설명한 식 (16.1) ~ (16.3)의 성능지수를 구해야 하는데 성능지수를 구하는 데 있어서 핵심은 ***시스템출력(Process Variable)***과 ***설정값(Reference Value)***의 차이, ***즉 제어오차(Control Error, $e(t)$)***를 아는 것이다.

앞서 연습한 [예제 16.1], [예제 16.2]는 단지 ***시스템출력(Process Variable)*** 값을 구하여 그래프로 출력해주는 것이었을 뿐이며, 성능지수를 구하기 위해서는 배열의 형태로 저장된 **시간** 및 **시스템출력** 정보를 뽑아내는 과정이 필요하다.

**예제 16.3**

**예제 16.2.vi**를 이용하여 식 (16.1)과 같은 ***제곱오차적분(ISE)*** 성능지수를 구하는 VI를 만들어라.

**예제 풀이**

**1단계 : 예제 16.2.vi**를 실행한 후 프런트패널의 **파일** 메뉴에서 **다른 이름으로 저장**을 선택하여 **예제 16.3.vi**로 저장한다.

**2단계 :** 다소 프로그램이 복잡해질 것이므로 꼭 필요한 것이 아닌 것들은 [그림 16-26]과 같이 삭제하여 정리하도록 하자. 그리고 피드백 결합을 위해서 만들었던 **CD Construct Transfer Function Model.vi**의 **숫자형 컨트롤**을 그림과 같이 마우스 오른쪽 클릭하여 **상수로 변경**을 선택한다. 왜냐하면 이 부분의 전달 함수는 1로서 값을 변경할 일이 거의 없기 때문이다. **Delay 3 숫자형 컨트롤**은 아예 삭제해도 무방하다.

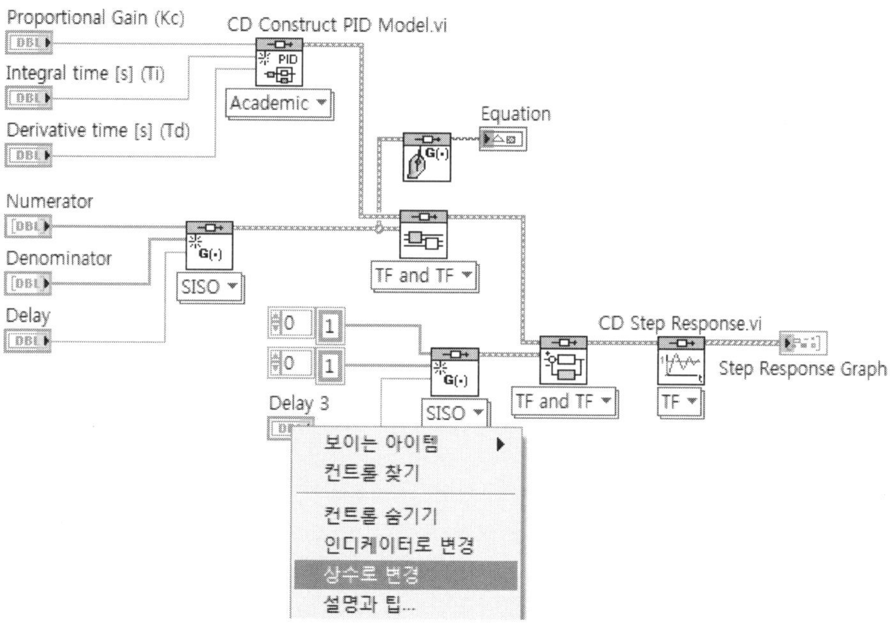


**[그림 16-26]** 블록다이어그램 정리

**3단계 :** [그림 16-27]에서 볼 수 있듯이 **CD Step Response.vi**의 출력 터미널에는 그래프로 보여주기 위한 **Step Response Graph**뿐만 아니라 **Step Response Data** 출력 터미널이 있어서 **시간** 및 **시스템출력** 데이터를 추출할 수 있다. 따라서 [그림 16-28]과 같이 블록다이어그램에 **이름으로 풀기** 함수를 추가한 후 와이어링한다.

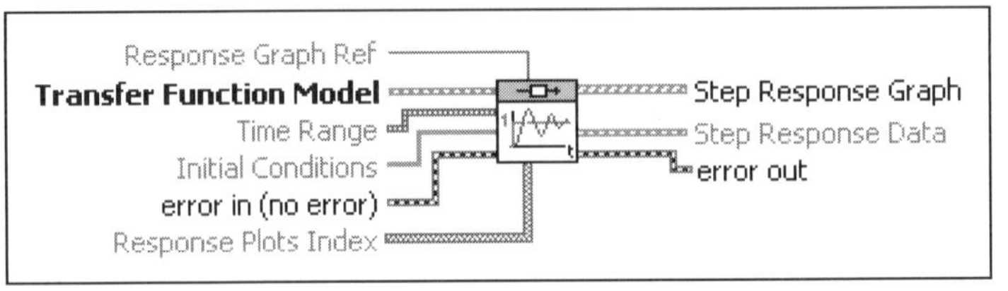


**[그림 16-27]** CD Step Response VI

**4단계 : 이름으로 풀기**에서 **Outputs Data**는 **시스템출력**에 대한 데이터가 3차원 배열 형태로 저장되어 있다. 따라서 1차원 배열 형태로 데이터를 추출하기 위해서 [그림 16-28]과 같이 **배열 인덱스** 함수를 추가하여 와이어링한다.

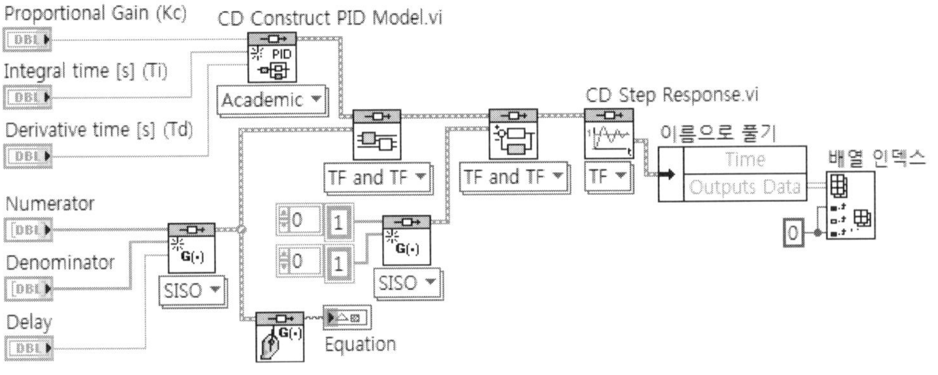


**[그림 16-28]** 배열 인덱스 함수 추가

**5단계 :** 추출한 **시스템출력(Outputs Data)** 데이터를 이용하여 식 (16.1)의 **제곱오차적분(ISE)** 성능지수를 계산하기 위해서 [그림 16-29]와 같이 블록다이어그램을 만들어준다. 기초적인 것이므로 구현 절차에 대한 설명은 생략한다.

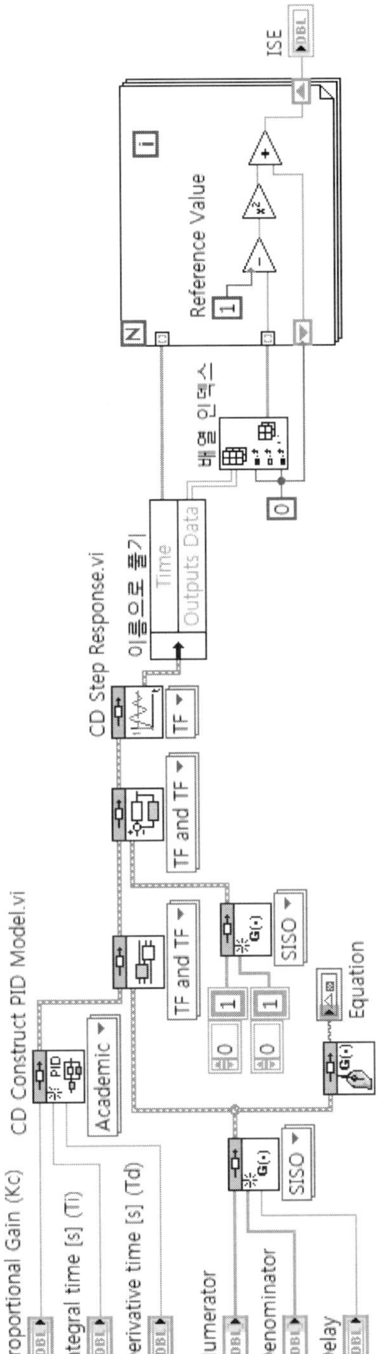


[그림 16-29] 제곱오차적분(ISE) 성능지수 계산

이제 ***절대오차적분(IAE)***, ***시간곱절대오차적분(ITAE)***에 대한 성능지수를 구현해야 한다. 그러나 이를 따로따로 구현하면 추후 유전 알고리즘에서 성능지수를 바꿀 때마다 수정해야 하는 번거로움이 있으므로, **열거형**과 **케이스 구조**를 이용하여 사용자가 성능지수를 선택하면 그에 해당되는 성능지수가 계산되도록 구현해보자.

### 예제 16.4

**예제 16.3.vi**를 이용하여 세 가지 성능지수(ISE, IAE, ITAE)를 구현하는 VI를 만들고, 추후 유전 알고리즘에서 사용할 수 있도록 **Performance Index SubVI**로 만들어라.

**예제 풀이**

**1단계 : 예제 16.3.vi**를 실행한 후 프런트패널의 **파일** 메뉴에서 **다른 이름으로 저장**을 선택하여 **예제 16.4.vi**로 저장한다.

**2단계** : [그림 16-30]과 같이 프런트패널에 **열거형 컨트롤**을 위치시키고 **라벨**을 Performance Index로 변경한다. **열거형 컨트롤** 위에서 마우스 오른쪽 클릭하여 **아이템 편집**을 선택한다. 아이템 값으로 ISE, IAE, ITAE를 입력한다.

※ **열거형 컨트롤**은 1부의 5.2.3절 [예제 5.14] 참고

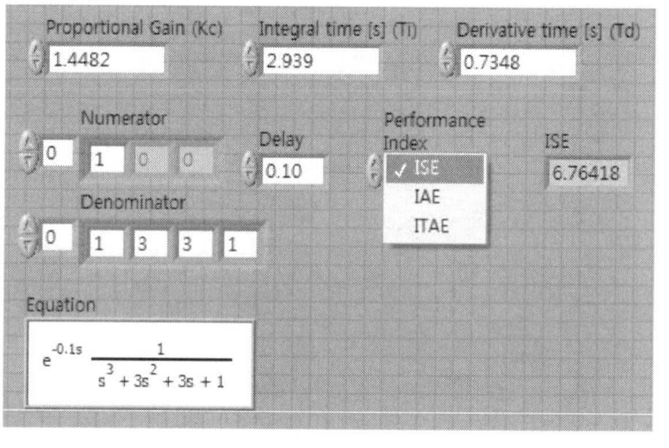


**[그림 16-30]** 열거형 컨트롤 추가

**3단계** : [그림 16-31]과 같이 잠시 **For 루프**와 ISE **숫자형 인디케이터**를 분리한 후 **For 루프**가 있던 자리에 **케이스 구조**를 위치시키고 Performance Index **열거형 컨트롤**과 와이어링한다. **열거형 컨트롤**과 **케이스 구조**를 와이어링하면, 참/거짓 **케이스 구조**에서 열거형 구조로 변경되는데, **열거형 컨트롤**의 아이템 값이 ISE와 IAE밖에 생성되지 않은 것을 알 수 있다. 따라서 [그림 16-31]과 같이 **케이스 구조**의 테두리에 마우스 포인터를 올려놓은 상태에서 마우스 오른쪽 클릭하여 **모든 값에 대한 케이스 추가**를 선택한다. 이렇게 하면 **케이스 구조**에 ISE, IAE, ITAE에 대한 세 가지 케이스가 만들어진다.

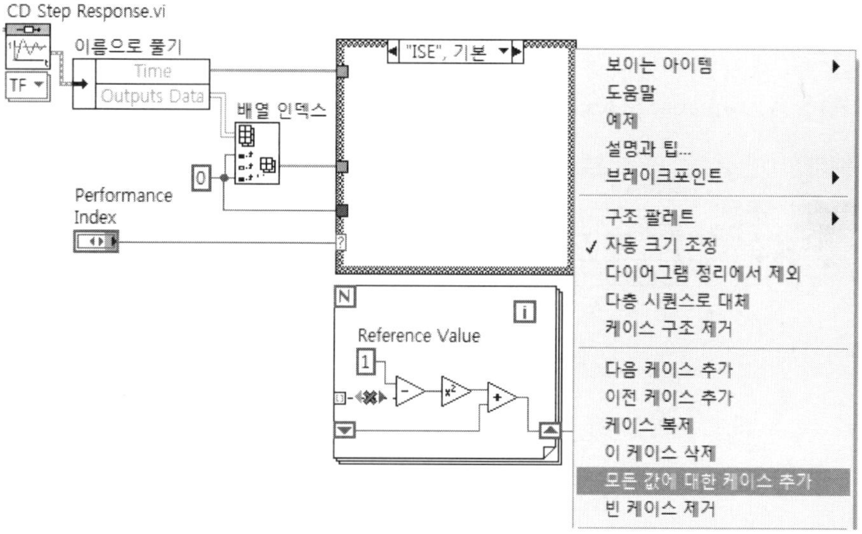


**[그림 16-31]** 모든 값에 대한 케이스 추가

**4단계 :** 이제부터는 각각의 케이스 내부에 성능지수를 구현한다. 제곱오차적분(ISE)은 이미 만들어져 있으므로, [그림 16-32]와 같이 **ISE 케이스**에 **For 루프**를 옮긴 후 와이어링한다.

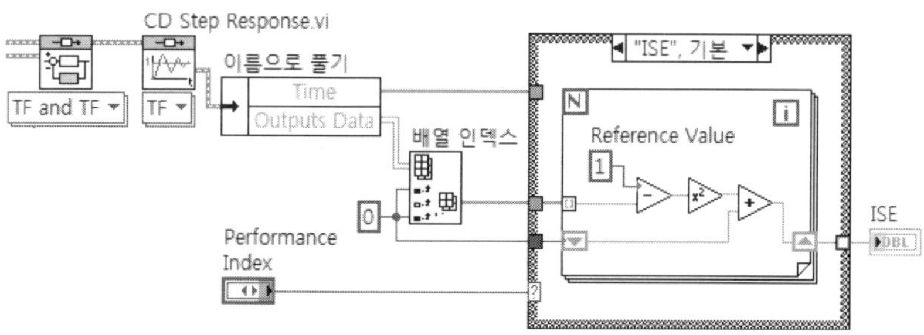


**[그림 16-32]** ISE 케이스 구현

**5단계 :** 절대오차적분(IAE)을 구현하기 위해서 **IAE 케이스**를 선택한 후 [그림 16-33]과 같이 만든다.

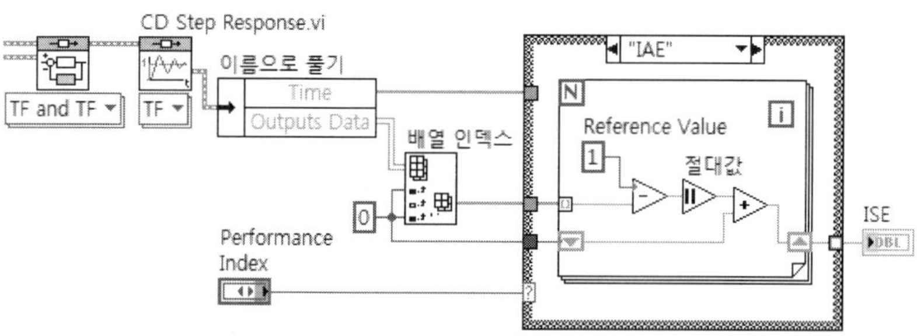


**[그림 16-33]** IAE 케이스 구현

**6단계 :** [그림 16-34]와 같이 **ITAE 케이스**에 시간곱절대오차적분(ITAE)을 구현한다. 그런데 최종 결과가 더는 ISE가 아닌 세 가지 성능지수 중 어느 하나가 되므로, [그림 16-34]와 같이 ISE **인디케이터**의 **라벨**을 **Performance Index**로 변경한다.

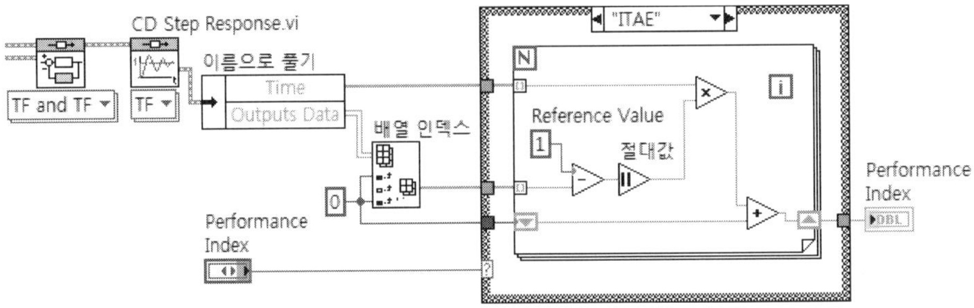


**[그림 16-34]** ITAE 케이스 구현

**7단계 :** 이 프로그램은 추후 SubVI로 활용될 것인데 이대로 두면 입력 터미널의 개수가 너무 많아서 와이어링이 힘들어진다. 따라서 [그림 16-35]와 같이 PID 제어기는 **2차원 배열**로 Process는 **클러스터**로 묶어주고, **배열**의 **라벨**은 PID Controller로, **클러스터**의 **라벨**은 Process로 변경한다. 여기서 PID Controller를 2차원 배열로 만드는 이유는 bDecode SubVI의 출력이 2차원 배열이기 때문이다.

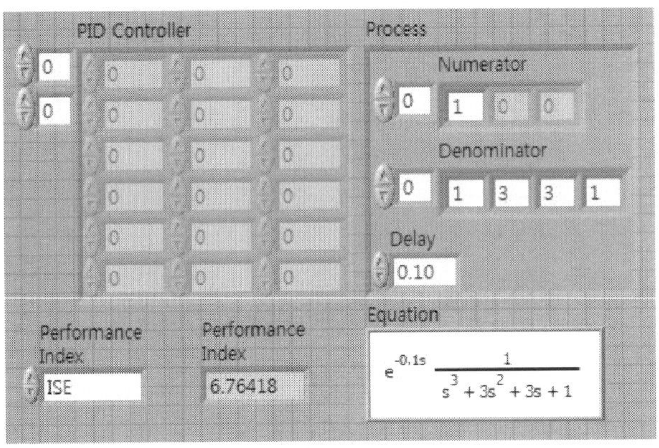


**[그림 16-35]** 프런트패널 정리

**8단계 :** **PID Controller 2차원 배열**을 한 행씩 추출하여 비례게인, 적분 시간, 미분 시간을 **CD Construct PID Model.vi**의 입력 터미널에 와이어링해야 한다. 따라서 [그림 16-36]과 같이 **For 루프**와 **배열 인덱스**를 추가하여 와이어링한다. 그리고 Process를 전달 함수로 표현해주는 **CD Draw Transfer Function Equation.vi**와 **Equation 인디케이터**는 **For 루프** 밖으로 빼내어 컴퓨터의 연산 부담을 덜어주도록 한다.

한편 성능지수(Performance Index)는 **PID Controller 2차원 배열**의 각 행의 파라미터(비례게인, 적분 시간, 미분 시간)에 대한 계산 결과이므로, **For 루프**의 **오토인덱스 터널**에서 마우스 오른쪽 클릭한 후 **생성 → 인디케이터**를 선택하여 **1차원 배열**을 생성한다. 그리고 **라벨**을 [그림 16-36]과 같이 **Performance Index**로 변경한다.

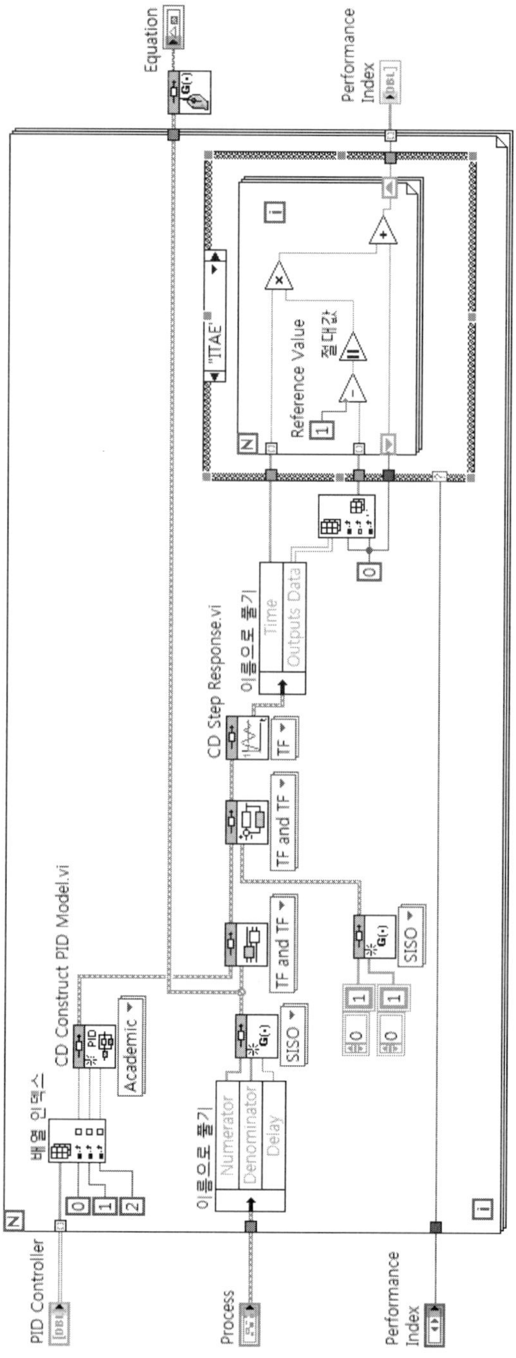


**[그림 16-36]** 완성된 VI

프런트패널을 [그림 16-37]과 같이 정리한 후 **PID Controller**와 **Process**의 값을 입력하여 VI를 실행시켜보자.

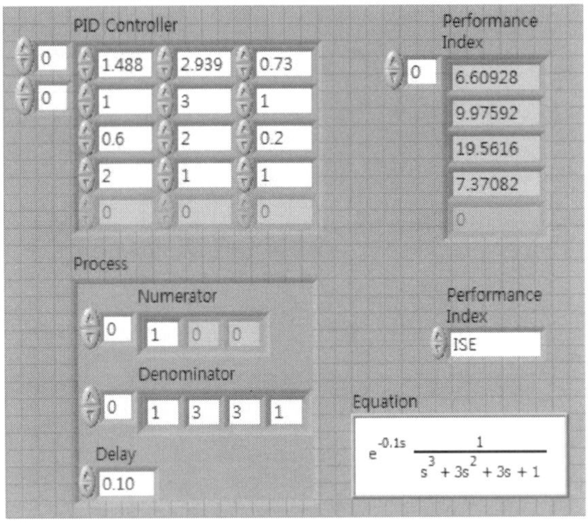


[그림 16-37] 예제 16.4.vi의 실행 결과

**9단계** : 마지막 절차는 이렇게 만든 VI를 **Performance Index SubVI**로 만드는 것이다. 따라서 **자동으로 SubVI 생성하기**를 이용하여 [그림 16-38]과 같이 Performance Index SubVI를 만든다.

※ **자동으로 SubVI 생성하기**는 1부의 7.2절 참고

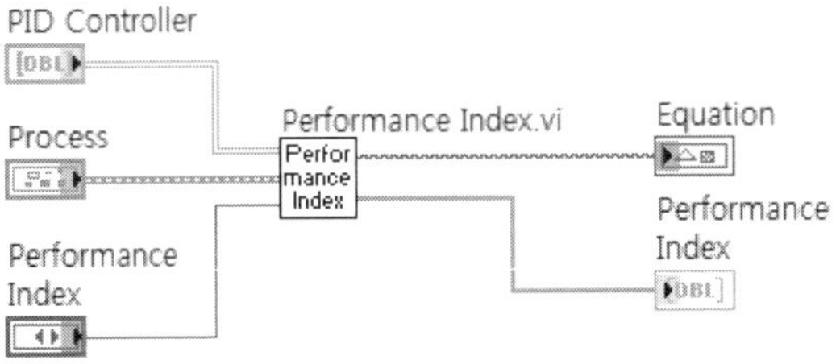


[그림 16-38] Performance Index SubVI 생성

## 16.2 단순 유전 알고리즘을 이용한 PID 제어기 동조

지금까지 LabVIEW의 **컨트롤 디자인과 시뮬레이션** 모듈을 이용하여 PID 제어시스템을 구현하는 방법에 대해서 알아보았다. 알아본 것 이외에도 중요한 내용들이 더 많으나 그것은 단순 유전 알고리즘이라는 본서의 목표와 범위를 벗어나므로 각자 공부할 것을 권한다.

이제는 8장부터 15장까지 만들었던 단순 유전 알고리즘과 16.1절에서 만든 PID 제어기의 **Performance Index SubVI**를 통합하여 실제로 PID 제어기를 동조하는 방법에 대해서 공부할 것이다.

**예제 16.5**

**예제 15.1.vi**와 [예제 16.4]에서 만든 **Performance Index** SubVI를 이용하여 PID 제어기를 동조하는 단순 유전 알고리즘 VI를 만들어라. 참고로 **예제 15.1.vi**는 기본 유전 연산자로 룰렛휠 선택(RwSel.vi), 일점교배(bOpXover.vi), 단순돌연변이(bSimMut.vi)를 사용하고 있으며, 그 외에 엘리트 전략(Elitism.vi)과 윈도우 스케일링(ScaleFit.vi) 기법이 적용된 단순 유전 알고리즘이다.

**예제 풀이**

**1단계 : 예제 15.1.vi**를 실행한 후 프런트패널의 **파일** 메뉴에서 **다른 이름으로 저장**을 선택하여 **예제 16.5.vi**로 저장한다.

**2단계 :** 현재 VI에는 [예제 15.1]에서 목적 함수로 사용된 **EvalObj1.vi**가 적용되어 있다. 이번에 PID 제어기의 파라미터에 따른 성능지수를 목적 함수로 사용할 것이므로, [그림 16-39]와 같이 **EvalObj1.vi**를 삭제하고, [예제 16.4]에서 만든 **Performance Index SubVI**를 블록다이어그램에 가져온다.

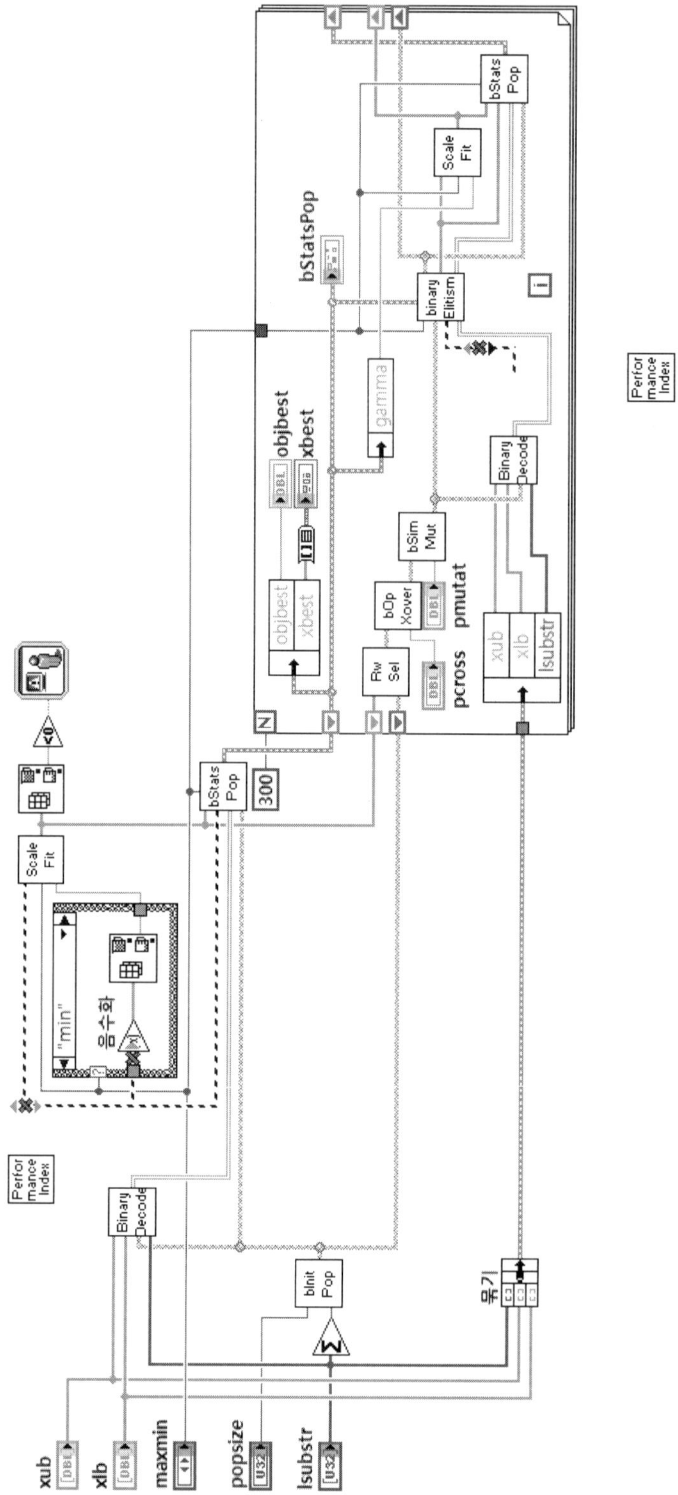


[그림 16-39] 목적 함수 Performance Index SubVI로 대체

**3단계 :** bInitPop.vi에 의해서 만들어진 초기 세대의 목적 함수로 Performance Index.vi를 적용하도록 하자. 이를 위해서 [그림 16-40]과 같이 Performance Index.vi를 bDecode.vi와 **케이스 구조** 사이에 위치시키고 와이어로 연결한다.

이때 **Process 클러스터**와 **Performance Index 열거형** 그리고 **Equation 객체**는 프런트패널에서 직접 만들지 말고, 가급적 **Performance Index SubVI**의 입력 터미널과 출력 터미널에서 마우스 오른쪽 클릭하여 각각 **생성→컨트롤**과 **생성→인디케이터**로 만들도록 한다.

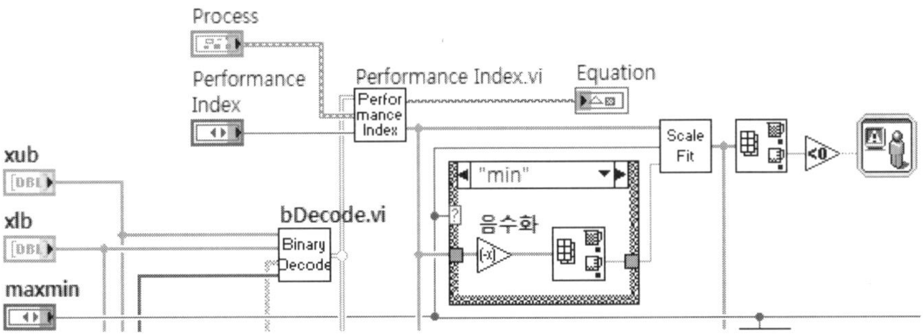


**[그림 16-40]** Performance Index.vi에서 컨트롤 및 인디케이터 생성

**4단계 :** 다음으로 자손 세대에 Performance Index.vi를 목적 함수로 적용하도록 하자. 이를 위해서 [그림 16-41]과 같이 Performance Index SubVI를 bDecode.vi와 bElitism.vi 사이에 위치시키고 와이어링한다.

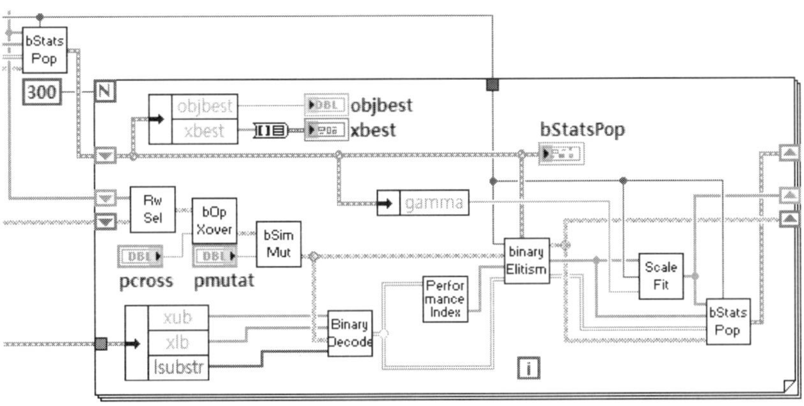


**[그림 16-41]** Performance Index SubVI 와이어 연결

**5단계 :** Performance Index SubVI의 입력 터미널에 [그림 16-40]의 **Process 클러스터**와 **Performance Index 열거형**을 와이어링해야 한다. 그러나 그렇게 하면 블록다이어그램이 다소 복잡해지므로 **로컬 변수**를 이용하도록 하자.

**Process 클러스터**의 **로컬 변수**를 만들기 위해 [그림 16-42]와 같이 Process 클러스터 위에서 마우스 오른쪽 클릭하여 **생성→로컬 변수**를 선택하고 아무 곳이나 클릭하면, Process 클러스터의 **로컬 변수**가 생성된다.

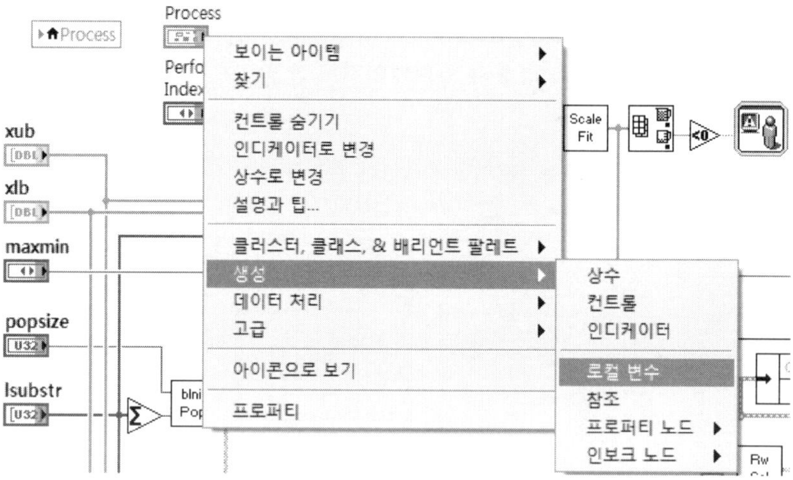


[그림 16-42] Process 클러스터의 로컬 변수 생성

**6단계 :** 현재 만들어진 **로컬 변수**는 새로운 데이터를 입력받아 Process 클러스터의 값을 변경하기 위한 **쓰기 로컬 변수**이다. 그러나 Process 클러스터의 데이터를 읽어서 Performance Index SubVI에 전달할 것이므로, [그림 16-43]와 같이 Process **로컬 변수** 위에서 마우스 오른쪽 클릭하여 **읽기로 변경**을 선택한다.

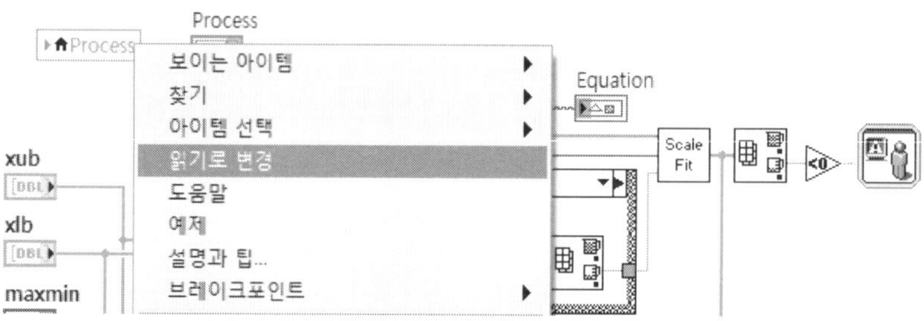


[그림 16-43] Process 로컬 변수를 읽기로 변경

**7단계 : 5단계, 6단계**를 참고하여 **Performance Index 열거형**에 대한 **읽기 로컬 변수**를 만들어준다.

**8단계 :** Process 클러스터와 Performance Index 열거형에 대한 **로컬 변수**를 만들었으면, [그림 16-44]와 같이 **Performance Index SubVI**의 입력 터미널과 와이어로 연결한다. [그림 16-46]은 최종으로 완성된 VI이다.

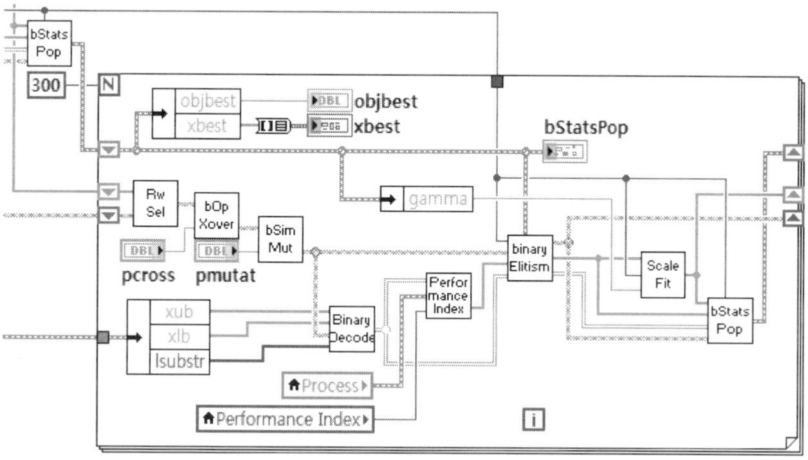


[그림 16-44] Performance Index SubVI와 로컬 변수 와이어 연결

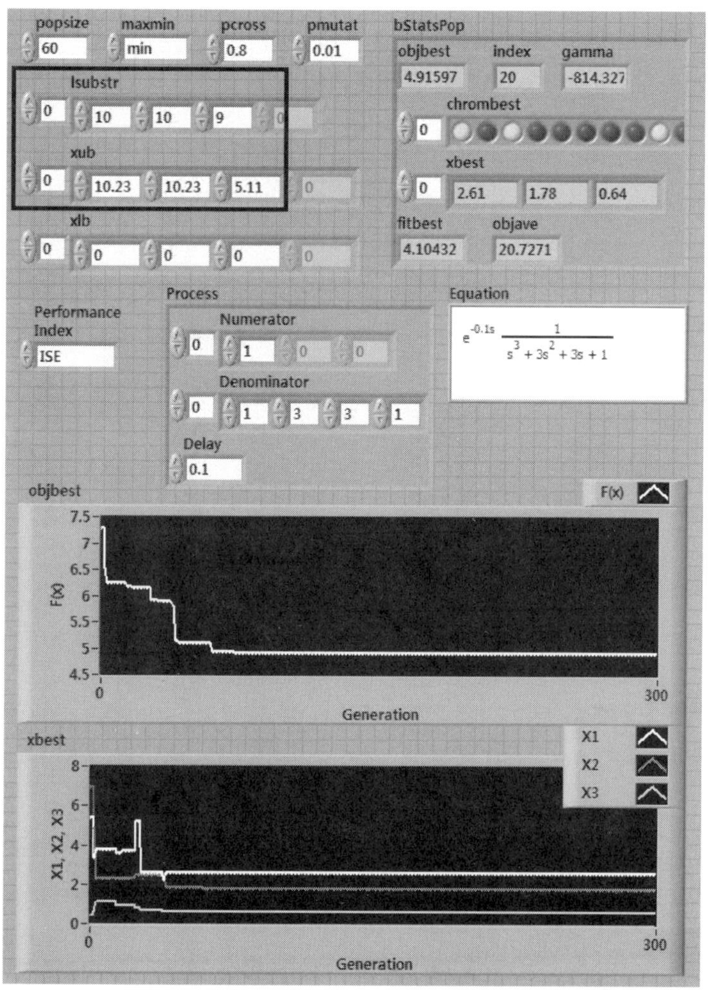


[그림 16-45] 예제 16.5.vi의 실행 결과

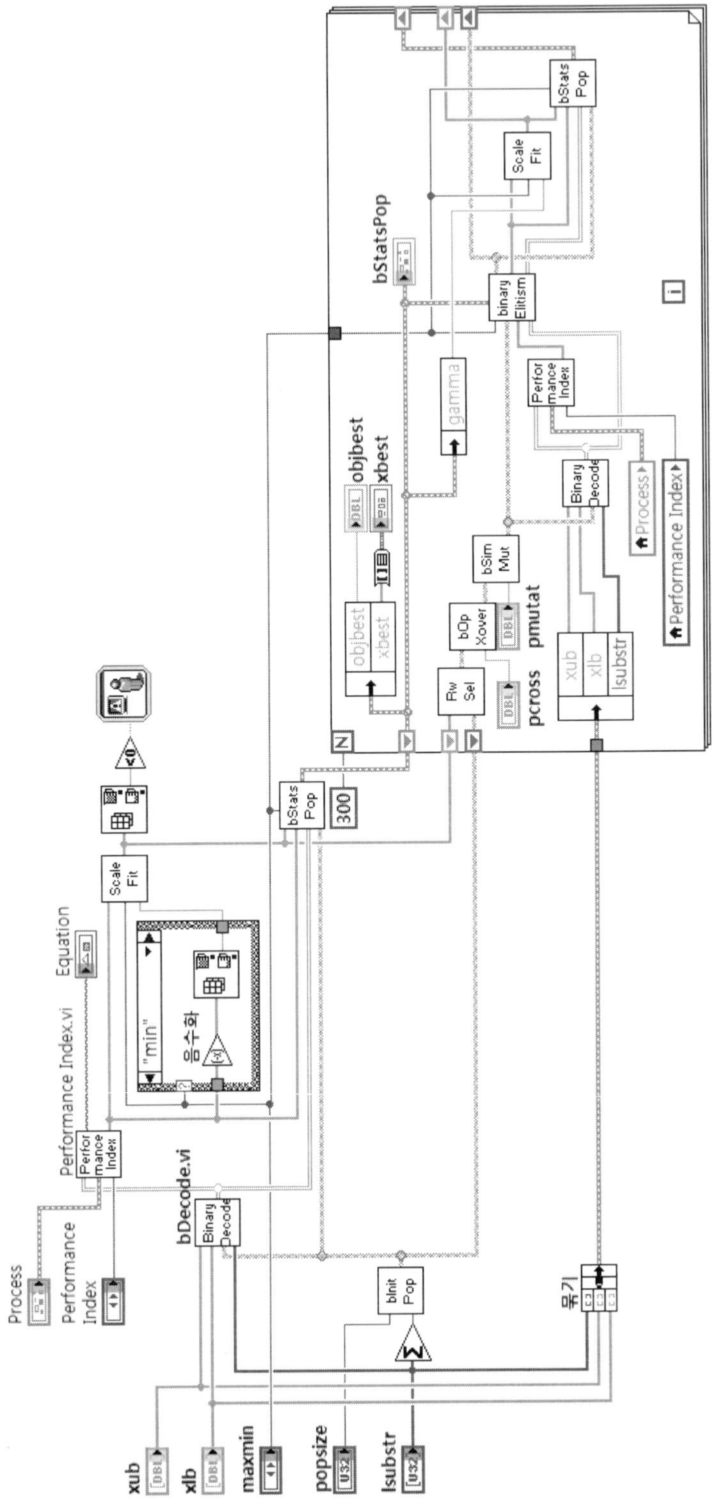


[그림 16-46] 완성된 VI

**9단계 :** VI가 완성되었으므로 [그림 16-45]와 같이 파라미터 값들을 입력하여 실행시켜보자. 이때 주의할 점은 해의 탐색 범위와 분해능을 어떻게 하느냐인데 이를 결정하기 위해서는 대략적인 해의 범위를 알고 있어야만 한다.

[예제 16.3]에서 보았듯이 전달 함수가 $G_P(s) = \dfrac{e^{-0.1s}}{s^3 + 3s^2 + 3s + 1}$인 시스템의 Ziegler-Nichols 동조법에 의한 PID 파라미터는 각각 $K_P = 1.448$, $\tau_i = 2.939$, $\tau_d = 0.735$였다. 따라서 해의 정밀도를 소수점 이하 2자리로 하고, 해의 범위를 각각 $0 \le K_P, \tau_i \le 10.23$, $0 \le \tau_d \le 5.11$로 한다면, [그림 16-45]에서 사각형으로 표시한 것과 같이 **lsubstr 배열**의 값은 10, 10, 9, **xub 배열**의 값은 10.23, 10.23, 5.11이 된다.

각각의 성능지수(ISE, IAE, ITAE)에 대해서 모두 실행해보도록 하여라. Performance Index SubVI의 많은 연산 부담으로 탐색 시간이 다소 오래 걸리지만 PID 제어기의 제어 파라미터를 잘 탐색할 것이다. [표 16-1]은 각 성능지수에 대한 PID 제어기의 파라미터 값을 정리한 것이다.

**[표 16-1]** PID 제어 파라미터 비교

| Tuning Rule | 비례게인, $K_P$ | 적분 시간, $\tau_i$ | 미분 시간, $\tau_d$ |
|---|---|---|---|
| Ziegler-Nichols | 1.448 | 2.939 | 0.735 |
| SGA-ISE | 2.61 | 1.78 | 0.64 |
| SGA-IAE | 2.04 | 2.05 | 0.64 |
| SGA-ITAE | 2.74 | 2.56 | 0.80 |

**10단계 :** **예제 16.2.vi**를 열어 [표 16-1]의 PID 제어 파라미터를 입력하여 제어가 잘 이루어지는지 확인하여라. [그림 16-47]은 각 동조 방법에 따른 스텝 응답을 그래프로 나타낸 것이다.

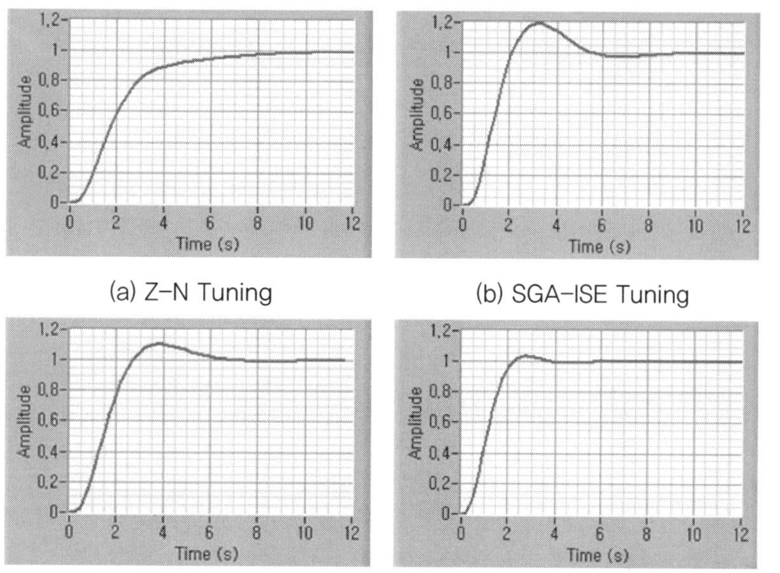


(a) Z-N Tuning (b) SGA-ISE Tuning (c) SGA-IAE Tuning (d) SGA-ITAE Tuning

**[그림 16-47]** 동조 방법에 따른 스텝 응답

CHAPTER 17

# 실수 코딩 유전 알고리즘



이 장에서는 실수 염색체 표현과 이를 다룰 수 있는 특수 연산자들에 대해 알아보고 ***실수 코딩 유전 알고리즘(Real-Coded Genetic Algorithm: RCGA)***을 구현해본다. RCGA는 제약 조건이 수반되는 최적화 문제를 해결하는 데 적합하므로 제약 조건을 다루는 방법에 대해서도 살펴본다.

이진 코딩은 아직도 폭넓게 이용되고 있지만 해(문제)공간에서 가까운 두 점이 부호공간에서는 항상 가깝도록 사상되지 않는 단점이 있다. 한 예로 해공간에서 인접한 숫자인 3과 4는 부호공간에서 각각 0011과 0100이 되어 3비트의 차이가 나고, 15와 16은 5비트 차이가 난다. 이러한 현상은 스트링의 길이가 길면 길수록 확대되는데 이와 같이 인접한 두 수 사이에 발생하는 급격한 비트 차이를 ***해밍절벽(Hamming Cliff)***이라고 한다. 간혹 해밍절벽은 유전 알고리즘을 비전역 최적해 쪽으로 수렴토록 하는 문제를 일으킨다.

실세계의 문제들은 고정밀도의 해를 요구하고, 해에 대한 사전지식이 결여되거나, 복잡한 제약 조건이 존재하는 경우가 종종 있다. 이진 코딩을 채용할 때 정밀도를 높이거나 해에 대한 사전지식의 결여로 탐색 구간을 확대하게 되면 염색체 길이가 길어진다. 긴 염색체는 매우 큰 탐색 공간을 만들어 유전 알고리즘이 해를 찾는 데 많은 시간을 요구하거나, 경우에 따라서는 실패하는 원인을 제공한다. 예컨대 구간 $-300 \le x_1, x_2 \le 300$ 내에서 해를 찾는 문제를 생각해보자. 각 변수가 소수점 이하 6자리의 정밀도를 갖게 된다면

$$l_1, l_2 \geq \log_2 [(300 + 300)10^6 + 1] = 29.2 \tag{17.1}$$

로부터 염색체의 길이는 $l = 2 \times 30 = 60$비트가 되고, 이것은 약 $1.2 \times 10^{18}$개의 탐색점을 만들어낸다. 여기에 변수 하나가 추가될 때마다 $2^{30} \approx 1.1 \times 10^9$배의 탐색점이 늘어나게 되어 단순 유전 알고리즘(BCGA)은 이런 문제를 다루기에는 취약하다. 또한 제약성 최적화 문제에 BCGA를 적용하면 역시 적법성 문제가 따르게 된다. 물론 해독기나 복구 알고리즘을 이용하여 부적합한 염색체의 출현을 미리 막거나 적합한 염색체로 복구해줄 수 있지만 이들은 문제에 의존적이고, 다양한 문제를 다루기에는 근본적인 해결책이 되지 못한다.

이진 코딩의 이러한 문제점들은 근본적으로 염색체 표현을 좀 더 해공간에 접근시켜 문제와 관련된 지식을 포함시키는 연산자 설계를 용이하게 하고, 제약 조건을 다루기 위한 도구를 설계하는 것이 쉽도록 함으로써 해결할 수 있다. 바로 그러한 방법이 실수 코딩(Real Coding)이다.

**정의 17.1** 실수 코딩 염색체

실수 코딩 염색체(Real-Coded Chromosome)는 실수값의 열로 표시된다.

$$\vec{s} = v_1 v_2 \cdots v_i \cdots v_n \tag{17.2}$$

여기서 $v_i \in R$는 이진 표현에서 유전자로서의 의미를 가지며, $n$은 벡터의 차원을 뜻한다. 식 (17.3)은 실수 코딩 염색체의 예를 나타낸다.

$$\vec{s} = (0.016 \ \ -0.146 \ \ 0.983 \ \ 0.109 \ \ 0.577 \ \ -0.318) \tag{17.3}$$

실수 코딩을 채용함으로써 염색체의 유전자와 벡터 요소는 정확히 일대일 관계를 가지며 염색체의 길이($\ell$)는 벡터의 차원 $n$과 같다. 실수 코딩을 적용하기 용이한 문제들이 많은데, 한 예로 신경회로망의 가중치를 찾는 문제에서 찾아볼 수 있다. 이 문제는 신경회로망의 구조와 학습 데이터가 알려질 때 어떤 평가 함수를 최소로 하는 최적의 가중치를 찾는 것이므로, 염색체는 연결 노드 간의 가중치를 나열하는 방식으로 표현된다. 흔히 실제 문제에 실수 코딩이 선호되는 이유는 다음과 같다.

- 변수(표현형)와 유전자(유전자형) 간에 일대일 대응으로 프로그래밍이 간편해지고 BCGA에서 요구되는 부호화, 복호화 프로세스가 필요 없어 탐색 속도를 높일 수 있다.
- 지역동조를 통해 해의 정밀도를 개선할 수 있다. BCGA에서는 해밍절벽 때문에 지역동조가 어렵지만 실수 코딩 유전 알고리즘에서는 더 적합하고 빠른 방법으로 동조가 일어나도

록 해주는 불균등 돌연변이와 같은 연산자가 있다.

- 해에 관한 사전지식이 없는 경우에는 매우 큰 정의영역을 정하는 것도 가능하다.
- 직관적으로 문제 공간과 가깝고 관련된 지식을 포함시키는 특별한 연산자들의 구현이 용이하다.
- 문제영역과 가까우므로 복잡한 제약 조건을 다루기 위한 도구를 설계하는 것이 쉬워진다.

RCGA는 BCGA와는 다른 새로운 형태의 교배와 돌연변이 연산자를 필요로 한다. 지금부터 구체적으로 RCGA 구현 방법을 살펴보도록 하자.

## 17.1 표현 및 집단의 초기화

앞서 언급하였듯이 연속 탐색 공간 변수의 최적화 문제에는 유전자를 직접 실수로 표현하는 것이 더 자연스럽다. 염색체를 실수로 표시함으로써 정확히 문제의 변수와 일대일 대응하는 실수 유전자를 갖게 되고 정밀도는 알고리즘을 수행하는 컴퓨터의 정도(正度)에만 제약을 받게 된다. 따라서 어떤 벡터 $\vec{x} \in R^n$의 염색체를 $\vec{s}$라 하면 염색체의 길이($\ell$)는 벡터 $\vec{x}$의 차원 $n$과 같게 된다.

한 예로 $\vec{x} = [-0.870\ 0.624\ 0.975\ -5.193]^T$의 염색체 표현은

$$\vec{s} = (-0.870\ 0.624\ 0.975\ -5.193) \tag{17.4}$$

이 되고 $\ell = n = 4$이다.

실수 염색체의 조합으로 이루어지는 개체군의 초기화는 모든 염색체가 적합한 영역 내의 점이 되도록 이행된다. 초기화 방법으로는 두 가지가 있다. 하나는 정의영역 내의 점들을 무작위로 취하는 방법이고, 다른 하나는 일부는 정의영역 내에서 나머지는 경계상의 점을 무작위로 취하는 방법이다.

정의영역 $[x_j^{(L)}, x_j^{(U)}]$ 사이의 실수값을 무작위로 생성하는 방법은 식 (17.5)를 통해서 이루어진다.

$$x_j = rand \times (x_j^{(U)} - x_j^{(L)}) + x_j^{(L)}, (1 \le j \le n) \tag{17.5}$$

**예제 17.1**

RCGA를 구현하기 위해 정의영역 내의 점들을 무작위로 취하여 초기화하는 rInitPop SubVI를 만들어라.

**예제 풀이**

**1단계** : [그림 17-1]과 같이 프런트패널에 숫자형 컨트롤 popsize, 1차원 배열 xub, xlb를 만든다. 그리고 **오토인덱스 터널**에서 마우스 오른쪽을 클릭하여 **생성 → 인디케이터**를 선택한 후 생성된 **2차원 배열**의 **라벨**을 pop으로 변경한다.

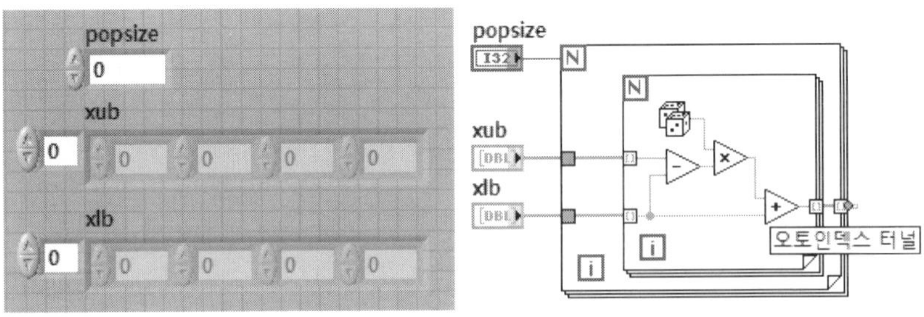


[그림 17-1] 사용자 인터페이스 생성 및 식 (17.5) 구현

**2단계** : **수동으로 SubVI 생성하기**를 이용하여 rInitPop SubVI를 만들고 [그림 17-2]와 같이 값을 입력하여 VI를 실행시켜보자.

※ **수동으로 SubVI 생성하기**는 1부의 7.1절 참고

[그림 17-2] 무작위로 집단을 초기화하는 rInitPop SubVI의 실행 결과

## 17.2 유전 연산자

### 17.2.1 재생산(Reproduction) 연산자

재생산은 개체의 적합도를 기반으로 동작하기 때문에 교배나 돌연변이와는 달리 염색체 표현이 자유롭다. 이 때문에 기존의 BCGA에서 사용하던 재생산 연산자들을 RCGA에서도 변경 없이 사용할 수 있다.

**예제 17.2**

[예제 11.1]에서 만든 룰렛휠 선택 연산자(RwSel.vi)를 이용하여 RCGA를 구현하기 위한 rRwSel SubVI로 만들어라.

**예제 풀이**

**1단계 :** 우선 **RwSel.vi**를 실행한 후 프런트패널의 **파일** 메뉴에서 **다른 이름으로 저장**을 선택하여 rRwSel.vi로 저장한다.

**2단계 :** [그림 17-3]과 같이 2차원 불리언 배열 **pop**, **newpop**을 RCGA용 룰렛휠 선택 연산자로 만들기 위해서 2차원 실수형 배열로 변경한다.

※ **다차원 배열** 만들기는 1부의 4.1.2절 참고

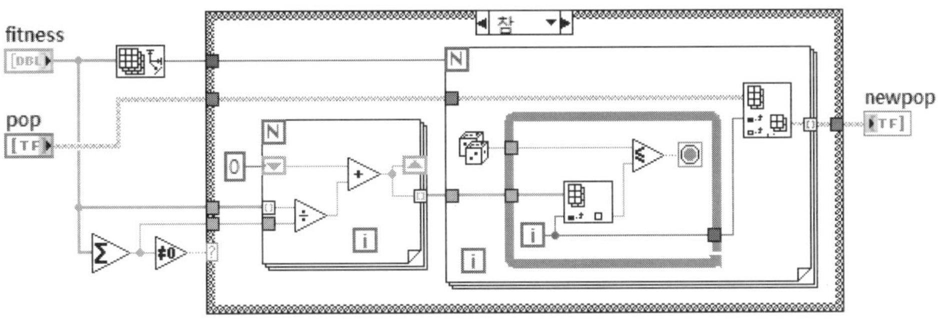


**[그림 17-3]** RwSel SubVI의 블록다이어그램

**3단계 :** [그림 17-4]와 같이 아이콘을 변경하고, [그림 17-5]와 같이 새로 만든 2차원 배열 pop, newpop을 와이어로 연결한다.

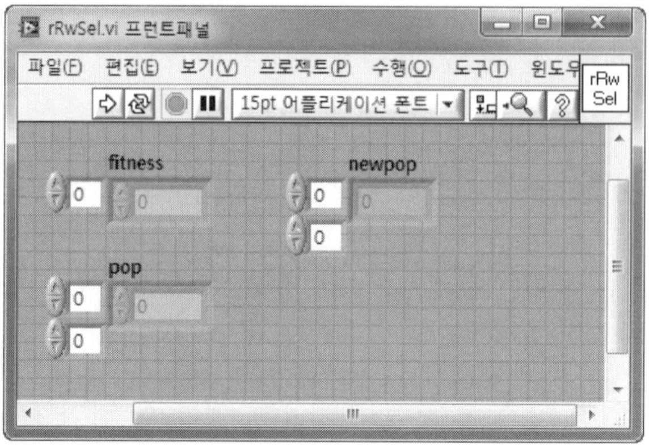

**[그림 17-4]** 아이콘 변경 및 터미널 연결

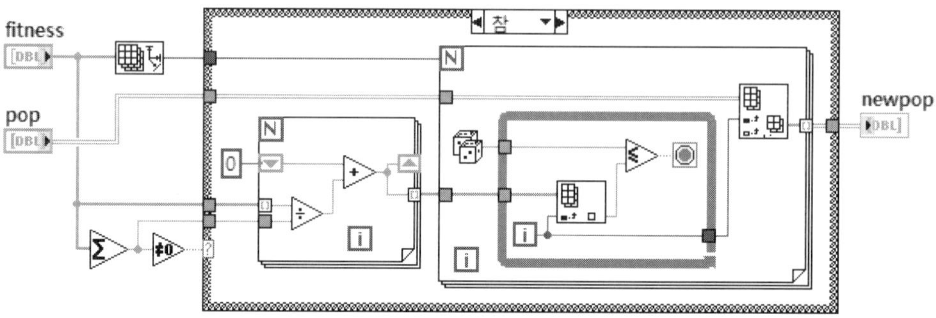


**[그림 17-5]** 완성된 VI

토너먼트 선택도 이와 똑같은 방식으로 RCGA용으로 만들 수 있다.

### 17.2.2 교배(Crossover) 연산자

교배는 염색체 간에 정보를 교환하기 위한 메커니즘으로서 이를 구현하는 연산자는 근본적으로 코딩법에 종속될 수밖에 없다. 따라서 이진 코딩을 기반으로 하는 연산자들을 실수 코딩에 적용할 수 없으므로 새로운 형태의 연산자가 필요하다. 적합한 연산자로는 단순교배, 산술적교배, 수정단순교배, 플랫교배 등이 있다.

#### 1 단순교배(Simple Crossover)

실수 코딩 단순교배는 기존의 일점교배(bOpXover)를 모방한 것으로 그 원리도 비슷하다. 차이점은 기존의 교배는 특정 요수(변수)와 대응되는 스트링을 절단(교배 후 값을 변경)할 수 있지만, 이 연산자는 요소와 요소 사이만을 절단하도록 고안되었기 때문에 특정 요소를 변경할 수 없다. 이 연산자는 임의로 선정된 부모 염색체를 임의로 선택된 교배점에서 교차하여 두 자손을 생성한다. [그림 17-6]은 이를 도식적으로 보여준다.

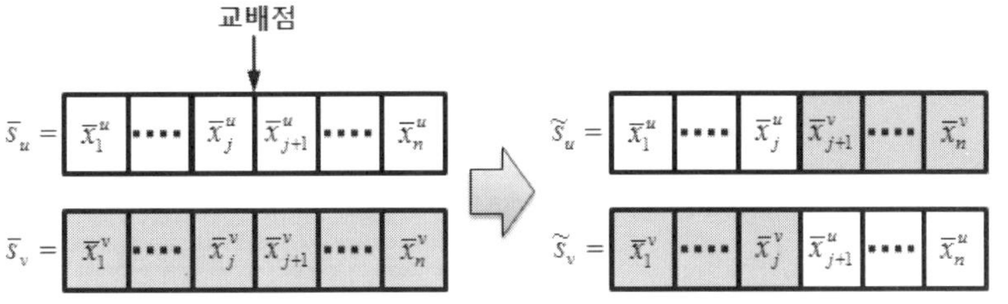


**[그림 17-6]** 단순교배

다음은 단순교배의 구체적인 예이다. 여기서는 교배점으로 2가 선택되었다.

부모 :

$$\bar{s}_u = (8.3, -2.9, 0.0, 0.7, 5.4, 6.4) \tag{17.6a}$$

$$\bar{s}_v = (-0.7, 0.7, 3.1, 9.1, -3.5, 4.1) \tag{17.6b}$$

자손 :

$$\tilde{s}_u = (8.3, -2.9, 3.1, 9.1, -3.5, 4.1) \tag{17.7a}$$

$$\tilde{s}_v = (-0.7, 0.7, 0.0, 0.7, 5.4, 6.4) \tag{17.7b}$$

**예제 17.3**

[예제 11.3]에서 만든 일점교배 연산자(bOpXover.vi)를 이용하여 RCGA를 구현하기 위한 rSpXover SubVI로 만들어라.

**예제 풀이**

**1단계 : bOpXover.vi**를 실행한 후 프런트패널의 **파일** 메뉴에서 **다른 이름으로 저장**을 선택하여 rSpXover.vi로 저장한다.

**2단계 :** [예제 17.2]의 2단계와 마찬가지로 [그림 17-7]과 같이 2차원 불리언 배열 pop, newpop을 2차원 실수형 배열로 변경한다.

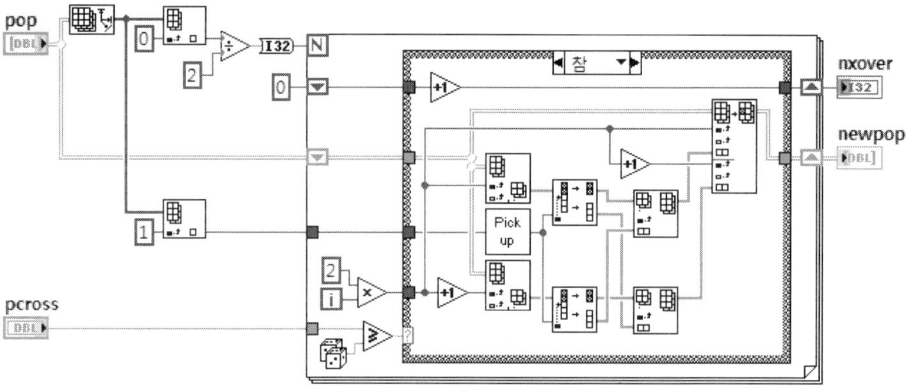

[그림 17-7] 완성된 VI

**3단계 :** [그림 17-8]과 같이 아이콘을 변경하고, 끊어진 터미널도 다시 연결한다. 그리고 프로그램을 실행시켜보자.

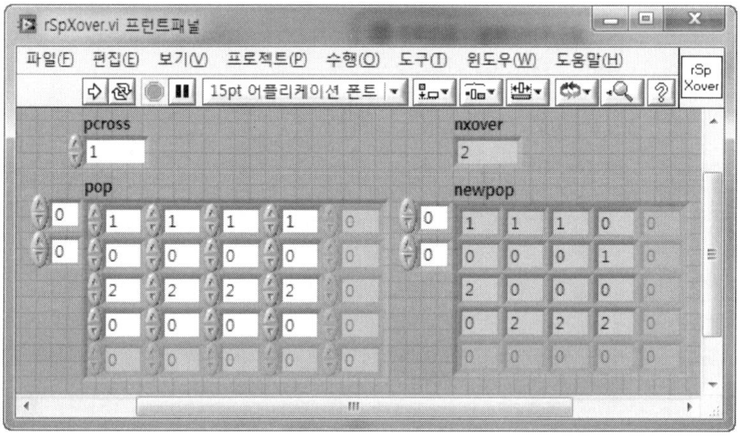

[그림 17-8] 아이콘 변경 및 터미널 연결

## 2 산술적교배(Arithmetical Crossover)

산술적교배는 실수 코딩 단순교배(rSpXover)에서 발생되는 교배 지점에서의 불연속성을 완화해줄 수 있는 방법으로서 볼록집합 이론을 기본 개념으로 하고 있다.

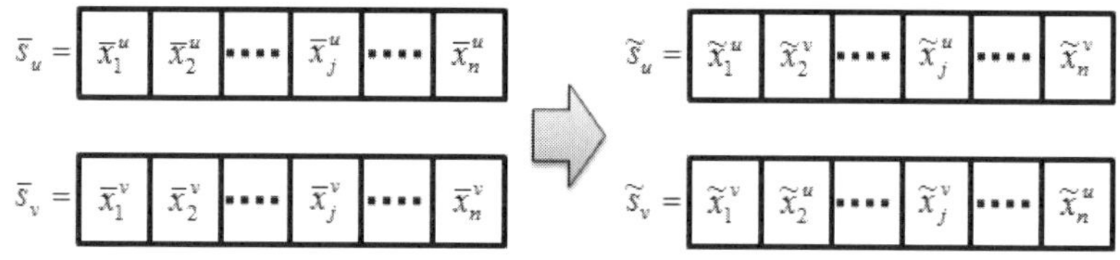

**[그림 17-9]** 산술적교배

이 연산자는 [그림 17-9]와 같이 두 부모 염색체를 일차결합(Linear Combination) 하여 자손을 생성하고 있는데 각 요소는 다음 식으로 계산된다.

$$\tilde{x}_j^u = \lambda \bar{x}_j^v + (1-\lambda)\bar{x}_j^u \tag{17.8a}$$

$$\tilde{x}_j^v = \lambda \bar{x}_j^u + (1-\lambda)\bar{x}_j^v, (1 \le j \le n) \tag{17.8b}$$

여기서 $\lambda$는 곱인수(Multiplier)로서 고정되거나 아니면 각 요소마다, 염색체마다 독립적으로 결정될 수 있다. 산술적교배는 $\lambda$의 제약에 따라 ***볼록교배(Convex Crossover)***, ***아핀교배(Affine Crossover)***로 구분되는데, $\lambda$가 [0, 1] 사이에서 제한되면 볼록교배라 하고, $\lambda$ 가 [−0.5, 1.5] 사이에서 발생되는 난수라면 아핀교배라 부른다. 산술적교배의 특별한 경우로서 교배점 이후의 요소에서만 위의 연산이 수행되도록 수정된 연산자도 있다. 다음 예는 염색체마다 다른 곱인수를 적용한 볼록교배를 보여주고 있다.

부모 :

$$\bar{s}_u = (8.3, -2.9, 0.0, 0.7, 5.4, 6.4) \tag{17.9a}$$

$$\bar{s}_v = (-0.7, 0.7, 3.1, 9.1, -3.5, 4.1) \tag{17.9b}$$

자손 :

$$\tilde{s}_u = (2.00, -0.38, 2.17, 6.58, -0.83, 4.79), \lambda = 0.7 \tag{17.10a}$$

$$\tilde{s}_v = (0.20, 0.34, 2.79, 8.26, -2.61, 4.33), \lambda = 0.1 \tag{17.10b}$$

앞의 수식에서도 유추할 수 있듯이 볼록교배로부터 생성된 자손은 $\bar{s}_u$와 $\bar{s}_v$를 잇는 벡터선 안쪽에 있게 되므로 항상 적합하지만, 아핀교배는 벡터선 바깥쪽으로 벗어날 수도 있기 때문에 경우에 따라 부적합할 수도 있다. 그러나 이것은 진화과정에서 부적합한 해의 개입을 허용하는 유전 알고리즘의 탐색 과정에서 벌점 함수를 도입하여 해결할 수 있기 때문에 심각한 문제가 되지 못한다.

**예제 17.4**

[예제 17.3]에서 만든 단순교배 연산자(rSpXover.vi)를 이용하여 산술적교배 연산을 수행하는 rArXover SubVI로 만들어라.

**예제 풀이**

**1단계 : rSpXover.vi**를 실행한 후 프런트패널의 **파일** 메뉴에서 **다른 이름으로 저장**을 선택하여 rArXover.vi로 저장한다.

**2단계 :** 산술적교배에서는 교배점이 필요치 않으므로, [그림 17-10]과 같이 화살표로 표시한 **Pickup** SubVI와 사각형으로 표시한 **함수**들을 삭제한다.

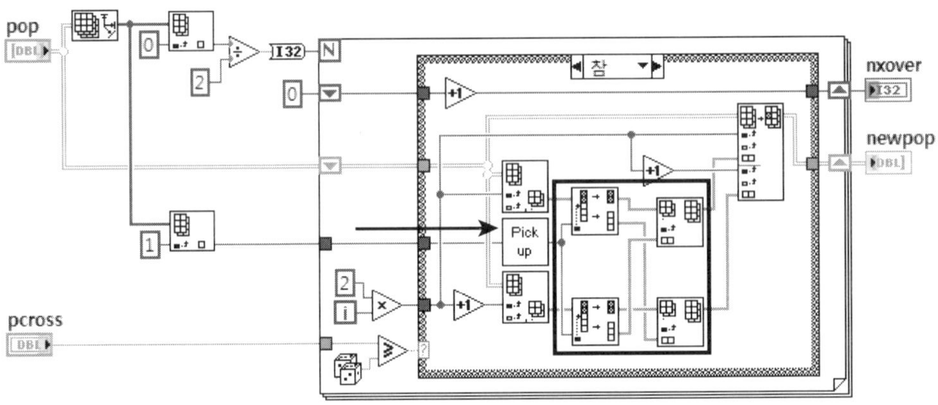


[그림 17-10] 블록다이어그램 수정

**3단계 :** [그림 17-11]에서 사각형으로 표시한 것과 같이 **참 케이스**에 산술적교배를 수행하는 식 (17.8a)를 구현한다.

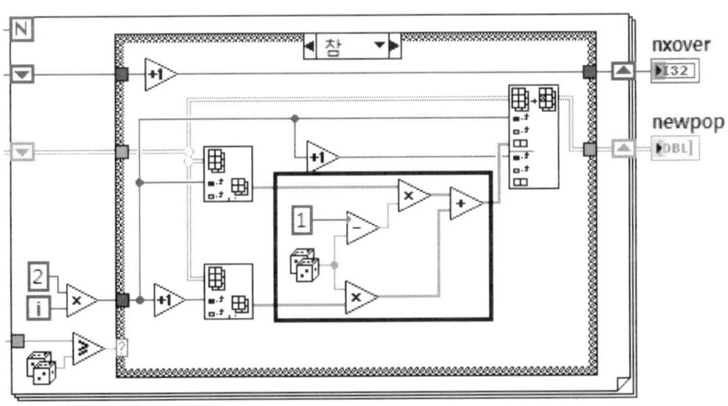


[그림 17-11] 식 (17.8a) 구현

**4단계 :** 이제 식 (17.8b)를 구현해야 하는데 입력되는 값의 순서만 다를 뿐 연산은 동일하다. 따라서 [그림 17-11]에서 사각형으로 표시한 부분을 이용하여 [그림 17-12]와 같이 자동으로 SubVI를 생성하고, 생성된 SubVI의 이름과 아이콘을 Arithmetic으로 변경한다.

※ **자동으로 SubVI 생성하기**는 1부의 7.2절 참고

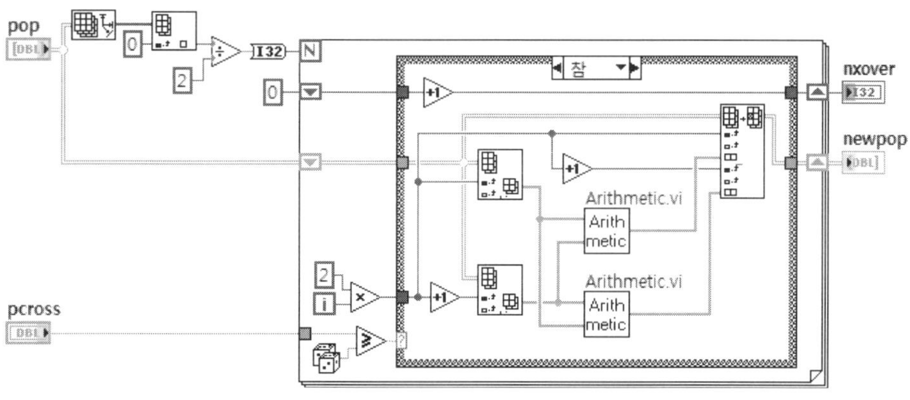


[그림 17-12] 식 (17.8a)를 Arithmetic SubVI로 생성

**5단계 :** [그림 17-13]과 같이 아이콘을 변경하고 값을 입력하여 VI를 실행시켜보자. 프로그램이 정상적으로 잘 동작하는지 확인하고 싶다면, 4단계에서 만든 Arithmetic SubVI에서 **난수** 대신 **숫자형 상수**를 0.7로 변경하여 실행시켜보자. 식 (17.10a)와 같은 결과를 얻을 수 있을 것이다.

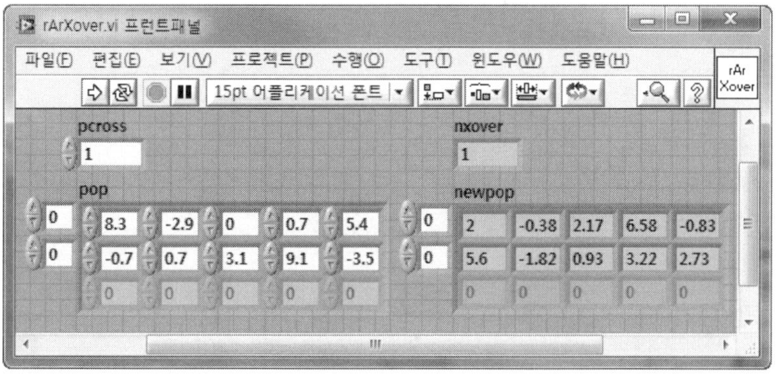


[그림 17-13] 아이콘 변경

## 3 수정단순교배(Modified Simple Crossover)

수정단순교배는 이진 코딩의 일점교배를 아주 근접하게 묘사한 연산자이다. 두 염색체에 대해 교배점 $j = [1, N-1]$이 무작위로 선택되면 $j$번째 요소는 식 (17.8)을 이

용하여 일차 결합되고, 그 후의 요소들은 서로 교환되어 자손이 생산된다. [그림 17-14]는 이러한 수정단순교배 연산자의 연산 결과를 도식적으로 보여준다.

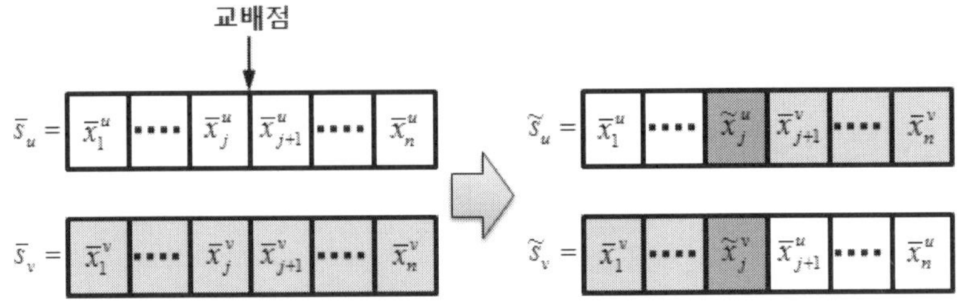

[그림 17-14] 수정단순교배

### 4 플랫교배(Flat Crossover)

플랫교배는 한 가정 두 자녀 생산의 전통적인 교배 연산에서 벗어나 [그림 17-15]와 같이 두 부모 염색체를 교배해서 한 자손을 생산하는 연산자이다. 자손 세대의 각 유전자 $\tilde{x}_j^u$는 각 구간$\left[\bar{x}_j^u, \bar{x}_j^v\right]$에서 균등 확률에 따라 취해지는 난수가 된다. 이 교배 방식은 한 쌍의 부모로부터 하나의 자손이 생성되기 때문에 루프는 popsize만큼 반복된다.

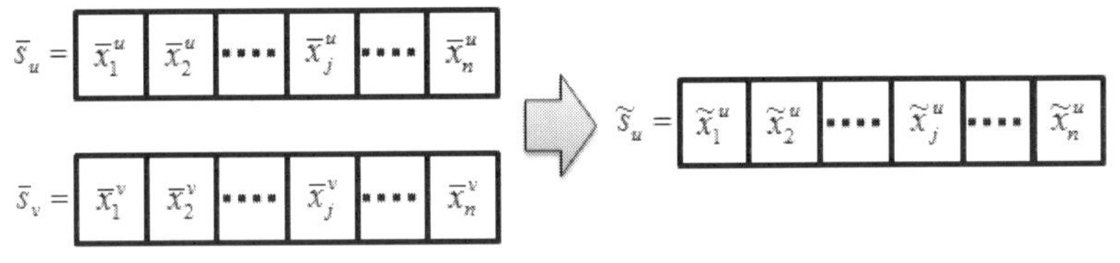

[그림 17-15] 플랫교배

이 외에도 BLX$-\alpha$ 교배, 확장중간교배, Wright의 경험적교배, 선형교배 등 다양한 교배 방법이 존재하며 계속 연구되고 있다.

## 17.2.3 돌연변이(Mutation) 연산자

교배와 마찬가지로 돌연변이도 염색체 내의 정보를 변경시켜주는 도구로서 그 원리는 표현법과 밀접한 관계를 가질 수밖에 없다. 실수 염색체를 다루기 위해서는 기존의 이진 코딩을 기반으로 한 단순 돌연변이(bSimMut.vi) 연산자와는 달라야 한다. 적합한 연산자로는 균등 돌연변이, 경계 돌연변이, 동적 돌연변이 등이 있다. 균등 돌연변이는 전 탐색 공간을 자유롭게 이동하며 새로운 점을 찾기 때문에 초기 세대에 중요한 역할을 해준다. 경계 돌연변이는 벡터의 요소를 무작위로 고른 후 적합한 영역의 경계점 둘 중에서 하나를 임의로 취하게 된다. 동적 돌연변이는 세대에 따라 탐색영역을 조절해준다.

### 1 균등 돌연변이(Uniform Mutation)

균등 돌연변이의 기본 원리는 기존의 연산자에서 빌려왔지만 방법 면에서 약간의 차이가 존재한다. 염색체의 유전자들이 실수이므로 돌연변이 되면 특별한 영역 내에서 임의로 발생된 실수로 교체된다. [그림 17-16]에서와 같이 $j$번째의 유전자가 돌연변이된다면, 그 결과 $x_j$는 구간 $[x_j^{(L)}, x_j^{(U)}]$에서 균등 확률로 취해지는 난수가 된다. 이때 $x_j^{(L)}$와 $x_j^{(U)}$는 각각 해당 유전자의 정의영역 하한값과 상한값이다.

**[그림 17-16]** 균등 돌연변이

다음은 어떤 염색체의 4번 위치에서 균등 돌연변이가 일어난 예를 보여준다. 이 위치의 변수가 −10과 10 사이에서 제한되는 것으로 간주하면 9.1823은 [−10, 10]에서 균등 확률로 발생된 실수 난수 3.1048로 대체되었다.

$$\tilde{s} = (8.7392, -2.9050, 3.1812, 9.1823, -3.5828, 4.1707) \tag{17.11a}$$

$$s = (8.7392, -2.9050, 3.1812, 3.1048, -3.5828, 4.1707) \tag{17.11b}$$

**예제 17.5**

[예제 11.3]에서 만든 일점교배 연산자(bSimMut.vi)를 이용하여 RCGA를 구현하기 위한 rUnifMut SubVI로 만들어라.

**예제 풀이**

**1단계 : bSimMut.vi**를 실행한 후 프런트패널의 **파일** 메뉴에서 **다른 이름으로 저장**을 선택하여 rUnifMut.vi로 저장한다.

**2단계 :** [예제 17.2]의 2단계와 마찬가지로 [그림 17-17]과 같이 2차원 불리언 배열 pop, newpop을 2차원 실수형 배열로 변경한다.

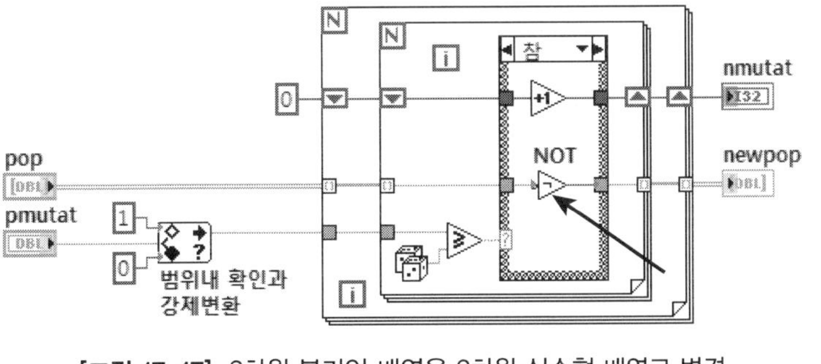


**[그림 17-17]** 2차원 불리언 배열을 2차원 실수형 배열로 변경

**3단계 :** 균등 돌연변이는 상한값과 하한값 정보를 필요로 하므로 [그림 17-18]과 같이 프런트패널에 1차원 배열 xub, xlb를 만든다.

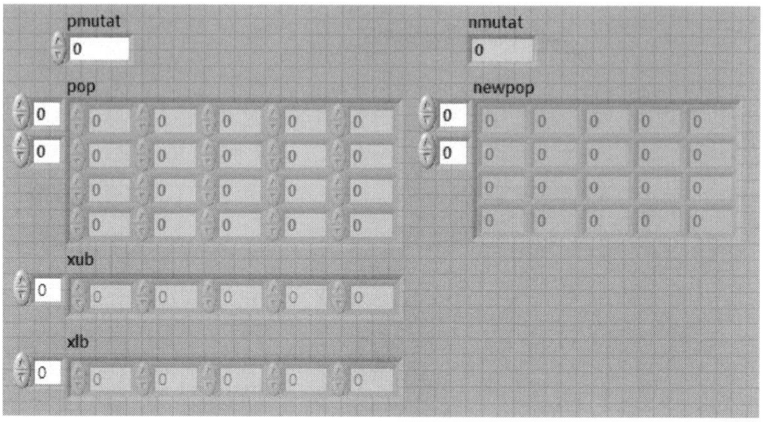


**[그림 17-18]** 1차원 배열 xub, xlb 생성

**4단계 :** [그림 17-17]에서 화살표로 표시한 **NOT** 함수를 삭제하고, [그림 17-19]와 같이 상한값과 하한값 사이의 임의의 값을 생성하도록 구현한다. 이때 [그림 17-19]에서 사각형으로 표시한 **인덱스 활성화** 부분을 주의하도록 한다.

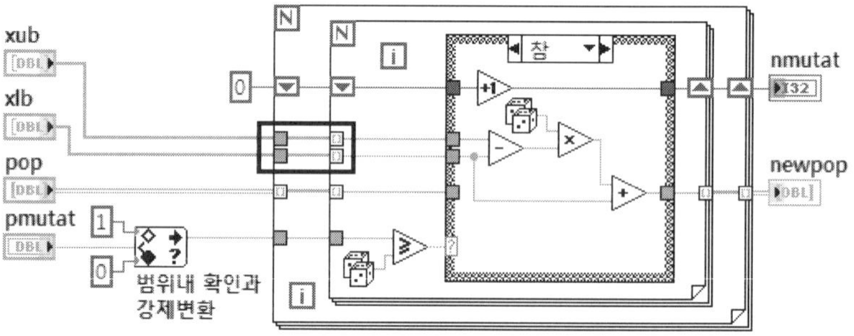


**[그림 17-19]** 상한값과 하한값 사이의 임의의 값 생성

**5단계 :** [그림 17-20]과 같이 아이콘을 변경하고, SubVI의 와이어 연결을 위해서 xub, xlb 배열을 터미널로 연결한다. 터미널 연결 방법은 1부의 7.1절에서 다룬 수동으로 SubVI 생성하기를 참고한다.

[그림 17-20]에서 사각형으로 표시한 것은 균등 돌연변이가 일어난 유전자를 나타낸다.

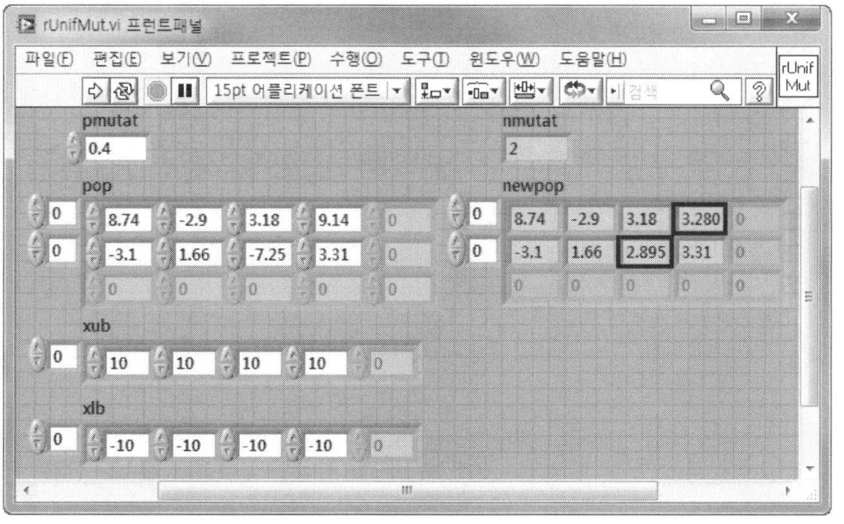


**[그림 17-20]** 예제 17.5.vi(균등 돌연변이)의 실행 결과

## 2 경계 돌연변이(Boundary Mutation)

경계 돌연변이는 균등 돌연변이의 특별한 형태로서 돌연변이가 일어나면 $x_j$는 경계값 $x_j^{(L)}$ 또는 $x_j^{(U)}$ 둘 중에서 같은 확률로 하나를 취하게 된다. 즉 $x_j = x_j^{(L)}$ 또는 $x_j = x_j^{(U)}$이 된다. 다음 예 역시 4번 유전자에서 경계 돌연변이가 일어난 경우로서 경계값 $-10$과 10 중 하나를 임의로 선정한 결과 $-10$이 취해졌다.

$$\tilde{s} = (8.7392, -2.9050, 3.1812, 9.1823, -3.5828, 4.1707) \quad (17.12a)$$

$$s = (8.7392, -2.9050, 3.1812, -10.0, -3.5828, 4.1707) \quad (17.12b)$$

### 예제 17.6

[예제 17.5]에서 만든 균등 돌연변이 연산자(rUnifMut.vi)를 이용하여 경계 돌연변이 연산을 수행하는 BoundMut SubVI로 만들어라.

**예제 풀이**

**1단계 : rUnifMut.vi**를 실행한 후 프런트패널의 **파일** 메뉴에서 **다른 이름으로 저장**을 선택하여 BoundMut.vi로 저장한다.

**2단계 : 참 케이스**에 경계 돌연변이 연산을 수행하도록 [그림 17-21]과 같이 수정한다. **선택** 함수는 함수 팔레트의 **프로그래밍 → 비교**에서 찾을 수 있다.

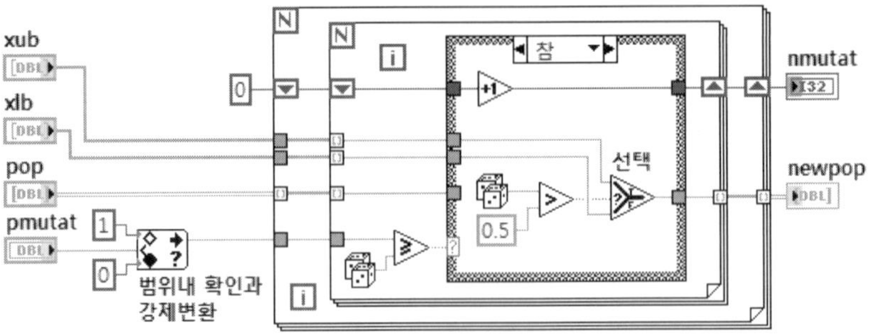


**[그림 17-21]** 완성된 VI

**3단계 :** [그림 17-22]와 같이 아이콘을 BoundMut로 변경하고, VI를 실행시켜보자. [그림 17-22]에서 사각형으로 표시한 것과 같이 경계값으로 돌연변이가 일어난 것을 확인할 수 있다.

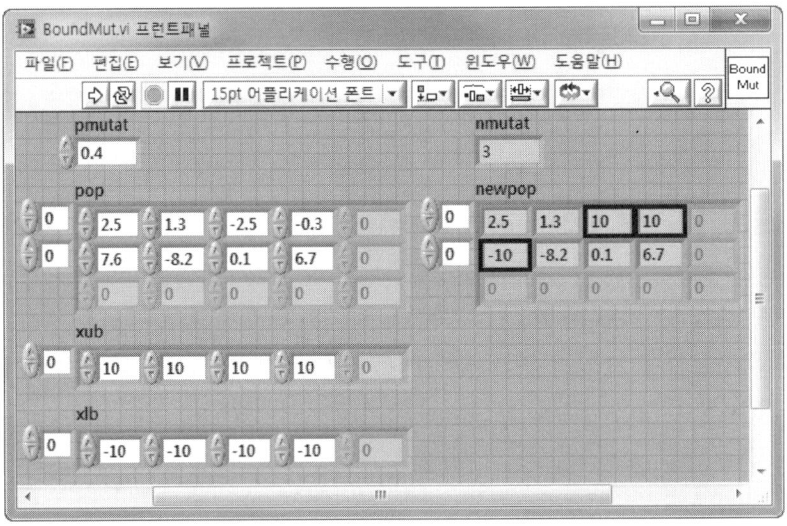


**[그림 17-22]** 예제 17.6.vi(경계 돌연변이)의 실행 결과

## 3 동적 돌연변이(Dynamic Mutation)

일명 불균등 돌연변이(Non−Uniform Mutation)라고도 불리는 이 연산자는 정밀도를 높이기 위해 미세 조정이 가능하도록 고안된 것이 특징이다. [그림 17-16]과 같이 $j$번째 유전자에서 돌연변이가 일어나면 $\tilde{x}_j$는 다음 식으로부터 결정된다.

$$x_j = \begin{cases} \tilde{x}_j + \Delta(k, x_j^{(U)} - \tilde{x}_j), \tau = 0 \\ \tilde{x}_j - \Delta(k, \tilde{x}_j - x_j^{(L)}), \tau = 1 \end{cases} \tag{17.13}$$

여기서 $\tau$는 0 또는 1 둘 중에서 하나를 취하는 난수이다. $\Delta(k, y)$로는 다음 함수가 이용될 수 있다.

$$\Delta(k, y) = y \cdot r \cdot (1 - \frac{k}{T})^b \tag{17.14}$$

여기서 $r$은 0과 1 사이의 실수 난수이고, $T$는 알고리즘이 실행되는 최대 세대수이고, $b$는 불균등 정도를 나타내는 매개변수로서 사용자에 의해 결정된다. 이 함수는 영역 $[0, y]$에서 값을 가지는데, 세대수 $k$가 증가함에 따라 0에 가까운 수를 발생할 확률이 높아지도록 접근하게 된다. 이 연산자의 특징은 초기에는 전 공간을 균등한 확률로 탐색하다가 세대수가 증가하면 매우 지역적으로 탐색하도록 해준다.

**예제 17.7**

[예제 17.5]에서 만든 균등 돌연변이 연산자(rUnifMut.vi)를 이용하여 동적 돌연변이 연산을 수행하는 rDynaMut SubVI로 만들어라.

**예제 풀이**

**1단계 : rUnifMut.vi**를 실행한 후 프런트패널의 **파일** 메뉴에서 **다른 이름으로 저장**을 선택하여 rDynaMut.vi로 저장한다.

**2단계 : 참 케이스**에 경계 돌연변이 연산을 수행하도록 [그림 17-23]과 같이 블록다이어그램을 정리한다.

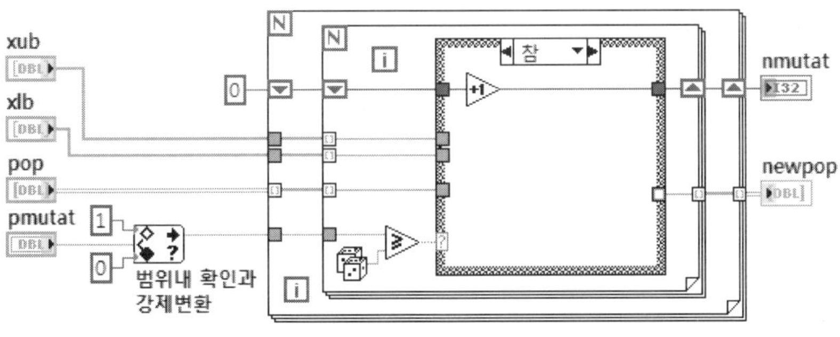


**[그림 17-23]** 블록다이어그램 정리

**3단계 :** 동적 돌연변이 연산자는 최대 반복 세대와 현 세대 정보를 필요로 하므로, [그림 17-24]와 같이 프런트패널에 **롱 정수형**의 **숫자형 컨트롤**을 2개 추가하고 **라벨**을 각각 gen, maxgen으로 한다.

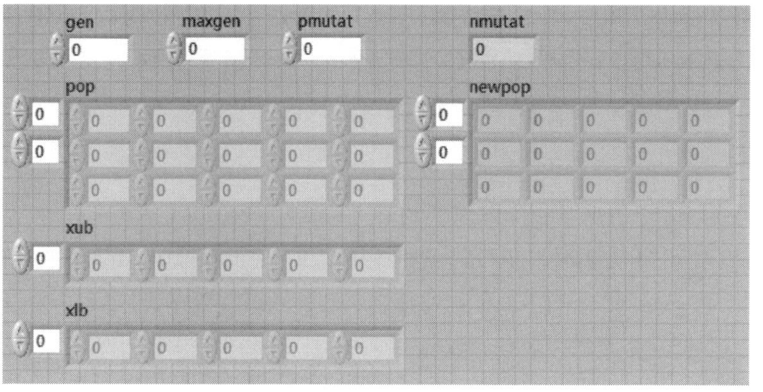

[그림 17-24] 숫자형 컨트롤 gen, maxgen 생성

**4단계 : 숫자형 컨트롤** gen, maxgen을 이용하여 [그림 17-25]에서 사각형으로 표시한 것과 같이 식 (17.14)를 구현한다.

※ **X의 거듭제곱** 함수는 1부의 3.3.1절 참고

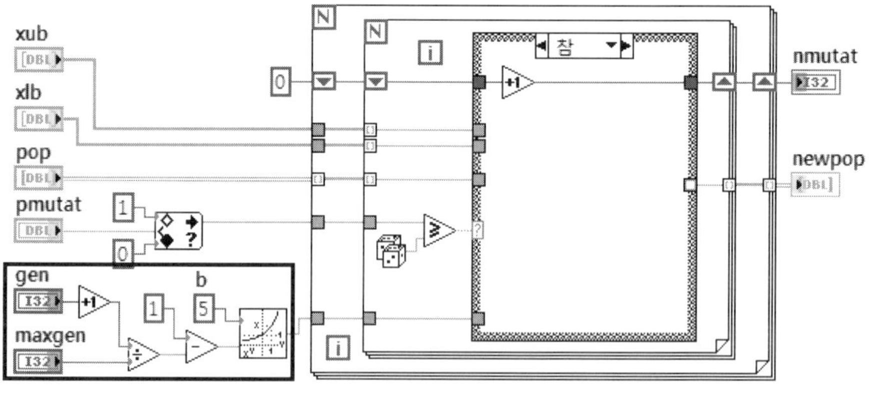

[그림 17-25] 식 (17.14) 구현

**5단계 :** 식 (17.13)에서 $\tau$의 값에 따라 적용되는 식이 다르므로, [그림 17-26]에서 사각형으로 표시한 것과 같이 **참 케이스**를 수정한다.

※ **롱 정수로** 함수는 1부의 3.1.6절 참고

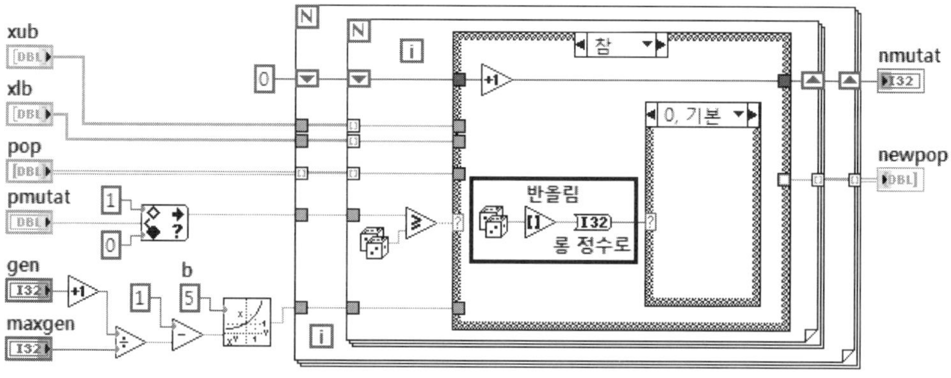


[그림 17-26] τ 값으로 0 또는 1을 임의로 발생

**6단계 :** τ가 0일 때, 즉 식 (17.13a)를 구현하기 위해서 **0, 기본 케이스**에 [그림 17-27]과 같이 만든다.

※ **복합 연산** 함수는 1부의 3.1.3절 참고

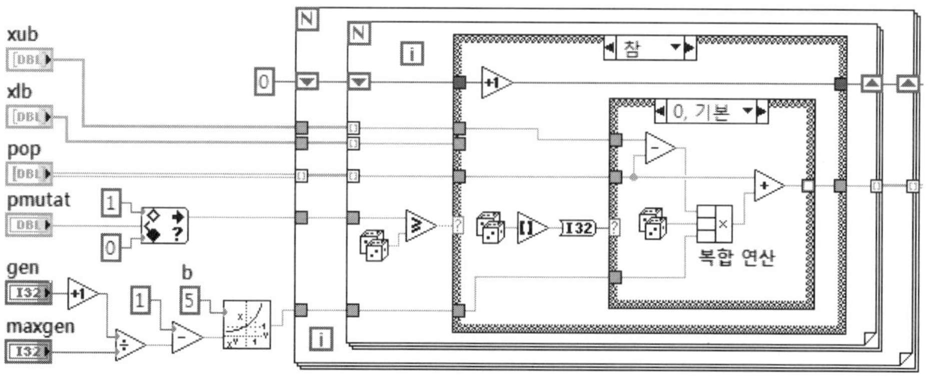


[그림 17-27] 식 (17.13a) 구현

**7단계 :** τ가 1일 때, 즉 식 (17.13b)를 구현하기 위해서 **1 케이스**에 [그림 17-28]과 같이 만든다.

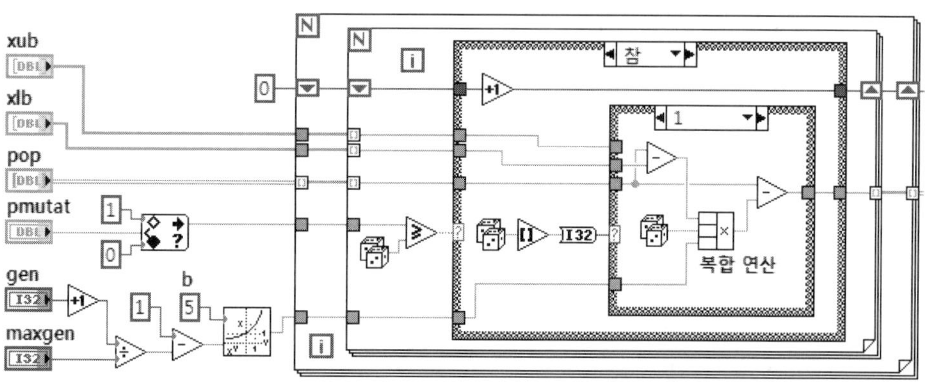


[그림 17-28] 식 (17.13b) 구현

**8단계** : [그림 17-28]에서 볼 수 있듯이 gen, maxgen 컨트롤의 추가로 입력 터미널이 다소 많다. 따라서 [그림 17-29]를 주의 깊게 참고하여 터미널의 커넥터를 지정한 후 아이콘도 rDynaMut로 변경한다.

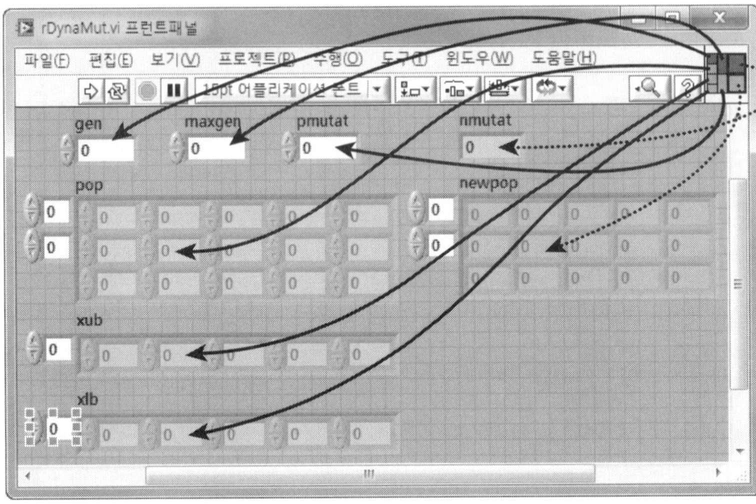

**[그림 17-29]** 아이콘 변경 및 터미널 연결

**9단계** : [그림 17-30]과 같이 값을 입력하여 VI를 실행시켜보자. gen이 1일 때, 즉 초기 세대에서는 9.2568, −6.738, −6.083, −7.859와 같이 상한값과 하한값 사이의 넓은 영역으로 돌연변이가 일어난다.

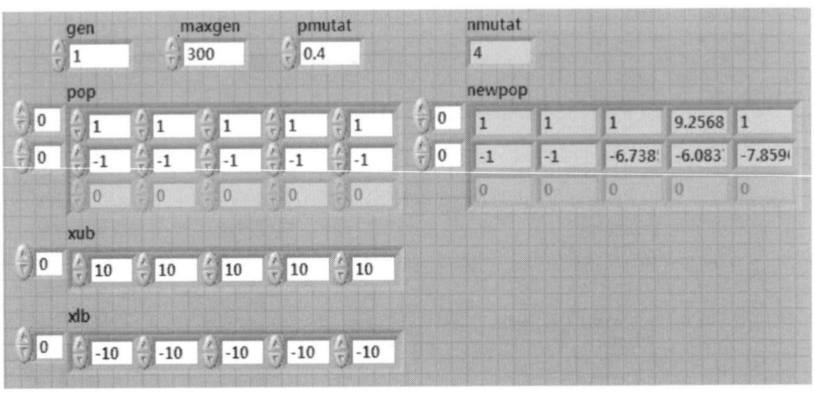

**[그림 17-30]** rDynaMut SubVI 실행 결과(gen = 1일 때)

하지만 [그림 17-31]과 같이 gen이 200일 때, 즉 세대수가 증가하면 원래 값과 큰 차이가 없는 것을 알 수 있다.

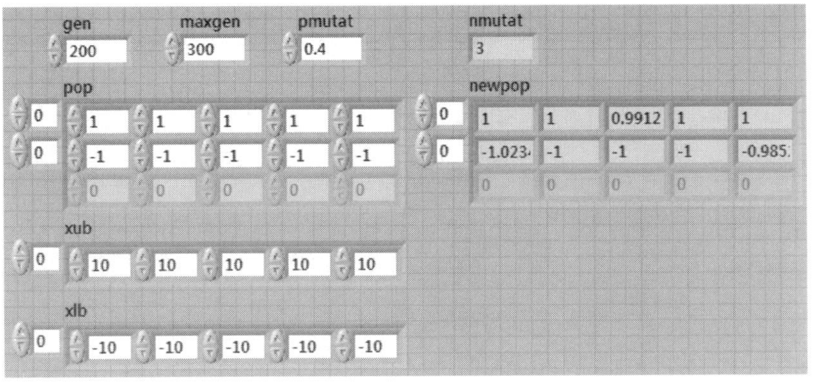


**[그림 17-31]** rDynaMut SubVI 실행 결과(gen = 200일 때)

### 4 실수크리프 돌연변이(Real Number Creep Mutation)

이 연산자는 돌연변이가 일어나도록 선택된 유전자에 작은 실수 난수값을 가감하는 방법으로 연산한다. $\tilde{x}_j$ 가 선택되면 그 결과는 $x_j = \tilde{x}_j \pm \Delta\tilde{x}_j$ 가 된다. 이때 $\Delta\tilde{x}_j$ 는 사용자가 정하는 경계값 범위 안에서 균등 확률로 발생되는 실수값이다. 부호 또한 확률적으로 결정된다. 다음 예는 3번 유전자에 0.1이 더해진 결과를 보여준다.

$$\tilde{s} = (8.7, -2.9, 3.1, 3.8, -0.5, 4.6) \tag{17.15a}$$

$$s = (8.7, -2.9, 3.2, 3.8, -0.5, 4.6) \tag{17.15b}$$

## 17.3 기타 전략

단순 유전 알고리즘의 적합도를 만들었던 ***선형스케일링(Linear Scaling)***, ***시그마 절단(Sima Truncation)***, ***지수법칙 스케일링(Power Law Scaling)***, ***로그 스케일링(Logarithmic Scaling)***, ***스케일링 윈도우(Scaling Window)***는 BCGA뿐만 아니라 실수 코딩 유전 알고리즘에서도 아무런 수정 없이 그대로 사용할 수 있다. 하지만 엘리트 전략(bElitism.vi)은 입력 변수로써 이진 정보(chrombest)가 이용되었지만, 실수 코딩에서는 이 정보가 필요치 않으므로 약간의 프로그램 수정이 필요하다.

**예제 17.8**

[예제 14.1]에서 만든 이진 코딩용 엘리트 전략 알고리즘(bElitism.vi)을 이용하여 실수 코딩용(rElitism.vi)으로 만들어라.

**예제 풀이**

**1단계 : bElitism.vi**를 실행한 후 프런트패널의 **파일** 메뉴에서 **다른 이름으로 저장**을 선택하여 rElitism.vi로 저장한다.

**2단계 :** [그림 17-32]에서 사각형으로 표시한 부분은 실수 코딩에서 필요 없는 이진 정보를 담고 있으므로 삭제하고 깨진 와이어를 정리한다.

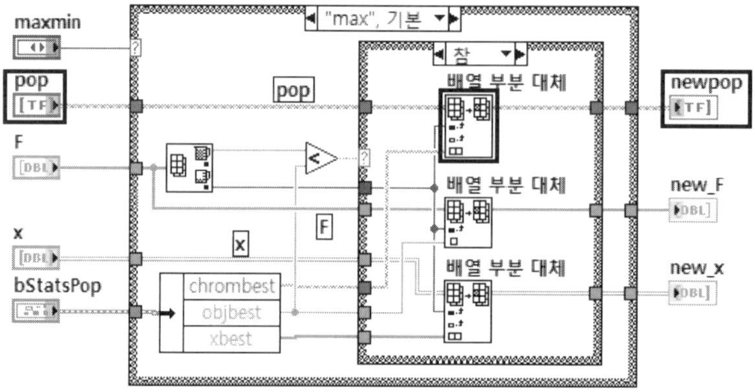


**[그림 17-32]** 블록다이어그램 수정

**3단계 : 참 케이스**에 있던 **배열 부분 대체** 함수를 삭제한 후 [그림 17-33]과 같이 **거짓 케이스**를 선택하면 깨진 와이어가 하나 있다. 이것도 삭제하도록 한다.

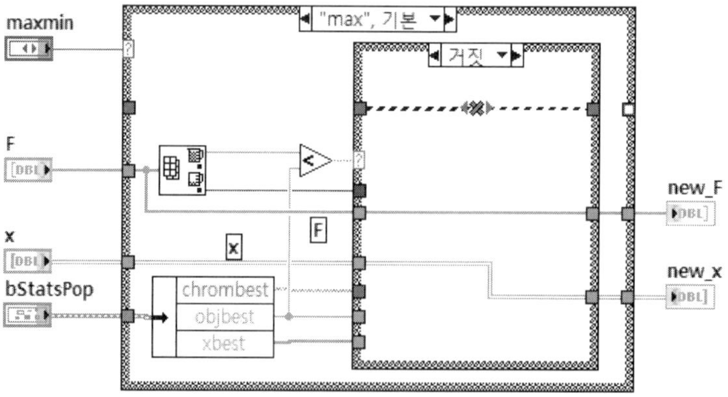


**[그림 17-33]** 깨진 와이어 삭제

**4단계 :** 2단계와 3단계를 참고하여 **min 케이스 구조**에 대해서도 똑같이 **배열 부분 대체** 함수를 삭제한 후 깨진 와이어를 정리한다.

**5단계 :** [그림 17-34]와 같이 프런트패널에서 화살표로 표시한 **chrombest 불리언 배열**을 삭제한 후 **bStatsPop 클러스터**의 **라벨**을 **rStatsPop**으로 변경한다.

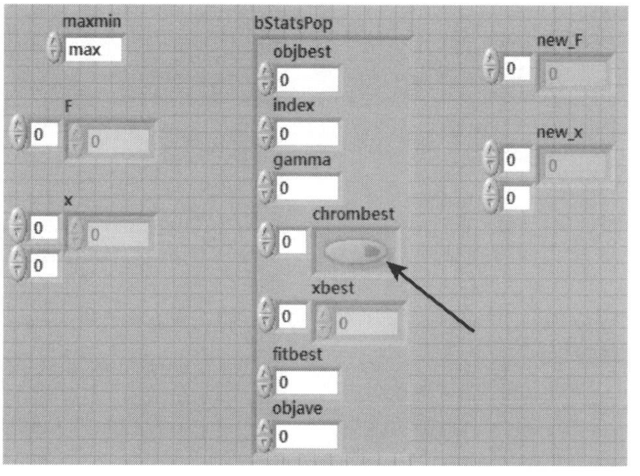


**[그림 17-34]** bStatsPop 클러스터 수정

**6단계 :** 5단계를 수행하면 [그림 17-35]에서 사각형으로 표시한 **이름으로 풀기** 함수에 에러가 발생한다. 따라서 와이어를 삭제한 후 **이름으로 풀기** 함수에서 chrombest 항목을 없애준다.

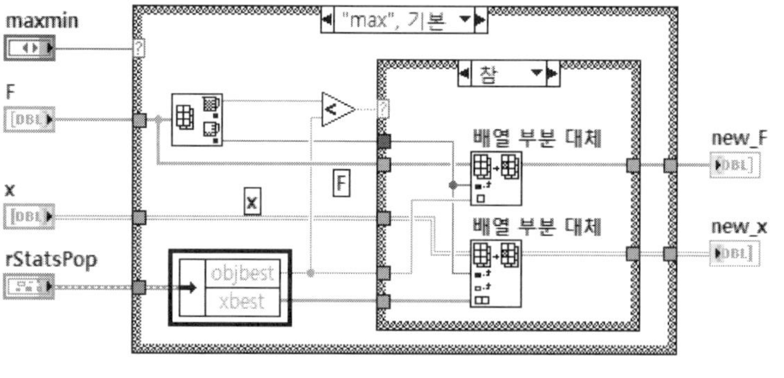


**[그림 17-35]** 이름으로 풀기 함수 에러 수정

똑같은 방식으로 [그림 17-36]과 같이 **min 케이스**의 **이름으로 풀기** 함수도 수정한다.

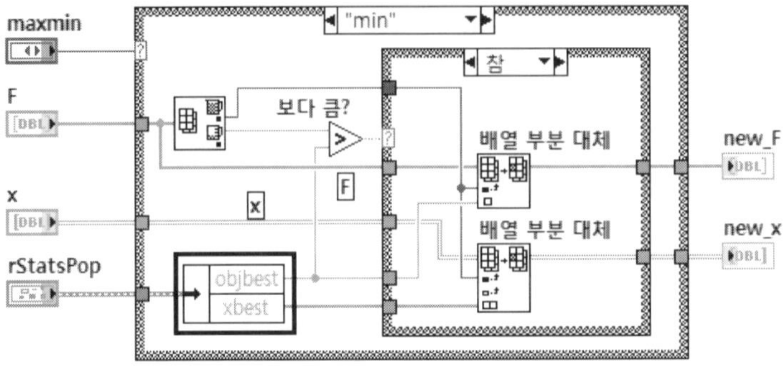


[그림 17-36] 이름으로 풀기 함수 에러 수정

**7단계 :** [그림 17-37]과 같이 패턴을 변경하고, 아이콘도 bElitism에서 rElitism으로 변경한다.

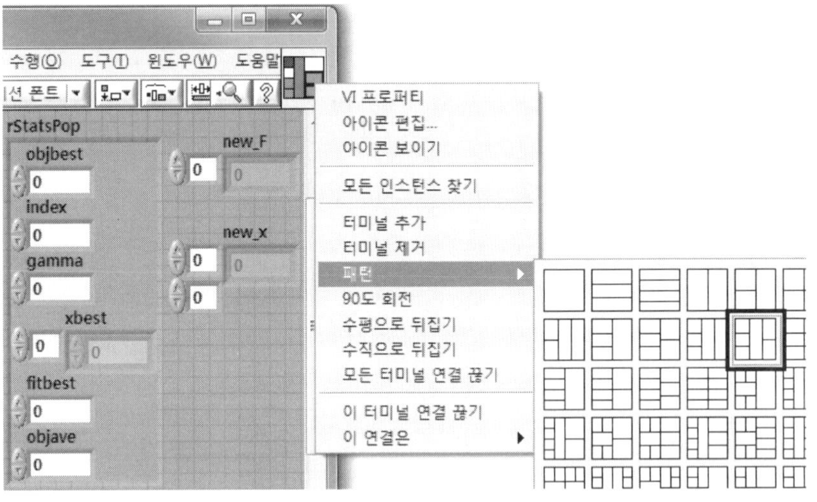


[그림 17-37] 아이콘 및 패턴 변경

2부의 12장에서 집단의 최적 염색체, 최적 벡터, 최적 성능, 최적 적합도, 평균 성능 등의 정보를 계산하여 알려주는 bStatsPop.vi를 만들었다. 이 SubVI 역시 최적 염색체는 이진 정보를 담고 있으므로 실수 코딩 유전 알고리즘에서는 필요 없다. 따라서 [예제 17.9]를 통해서 실수 코딩용 rStstsPop SubVI를 만들도록 하자.

**예제 17.9**

[예제 12.1]에서 만든 이진 코딩용 bStatsPop.vi를 이용하여 실수 코딩용 rStatsPop SubVI를 만들어라.

**예제 풀이**

**1단계 : bStatsPop.vi**를 실행한 후 프런트패널의 **파일** 메뉴에서 **다른 이름으로 저장**을 선택하여 **rStatsPop.vi**로 저장한다.

**2단계 :** [그림 17-38]에서 사각형으로 표시한 부분은 실수 코딩에서 필요 없는 이진 정보를 담고 있으므로 삭제하고, 깨진 와이어를 정리한다.

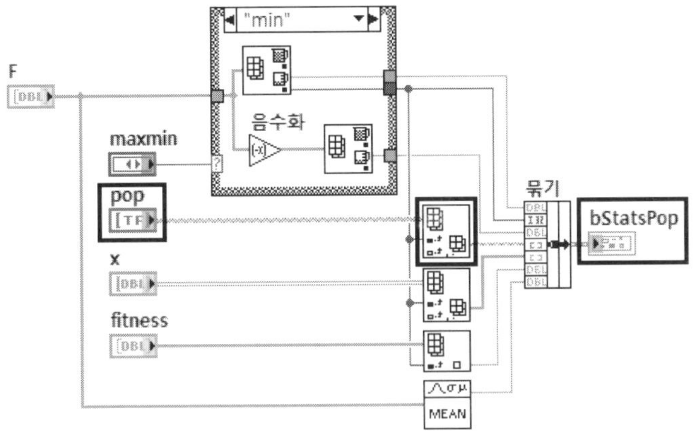


**[그림 17-38]** 블록다이어그램 수정

**3단계 : 묶기** 함수에 와이어를 다시 연결한 후 [그림 17-39]와 같이 **묶기** 함수의 **출력 클러스터**에서 마우스 오른쪽 클릭하여 **생성 → 인디케이터**를 선택한다. 생성된 **출력 클러스터**의 **라벨**을 **rStatsPop**으로 변경한다.

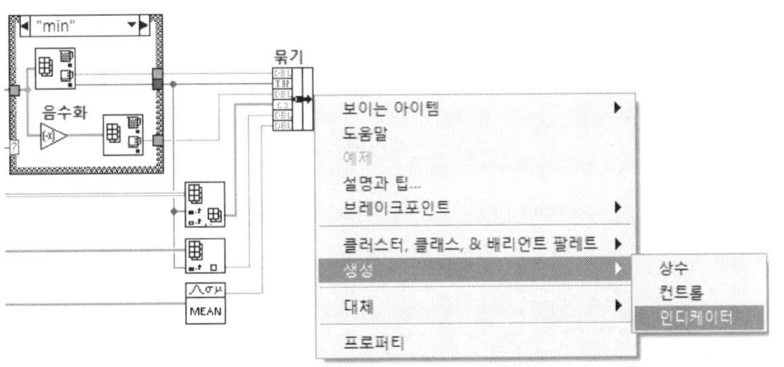


**[그림 17-39]** 묶기 함수에서 인디케이터 생성

**4단계 :** [그림 17-40]과 같이 프런트패널에서 **rStatsPop 클러스터**에 포함된 **컨트롤**의 **라벨**을 차례로 objbest, index, gamma, xbest, fitbest, objave로 변경한다.

자세한 방법은 [예제 12.1]의 **10단계**([그림 12-12])를 참고한다. 그리고 **아이콘**도 [그림 17-40]과 같이 변경한다.

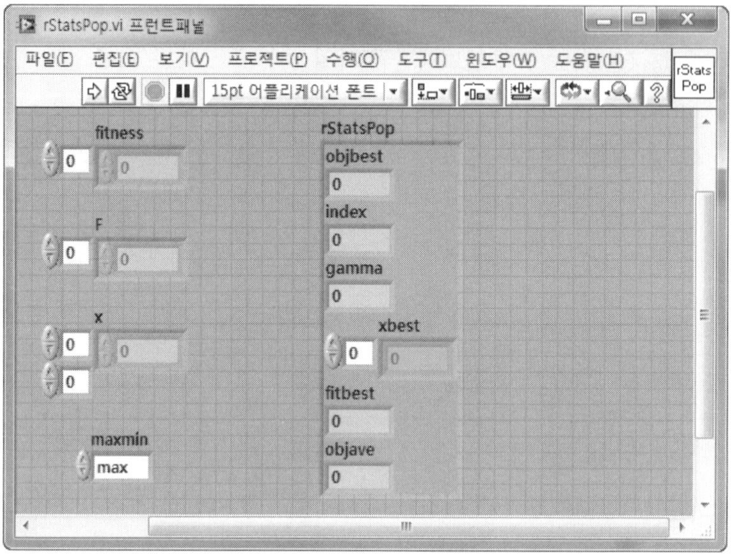


[그림 17-40] rStatsPop 클러스터의 라벨 수정

**5단계** : [그림 17-41]과 같이 **패턴**을 변경하고 **출력 터미널**과 rStatsPop 클러스터를 연결한다.

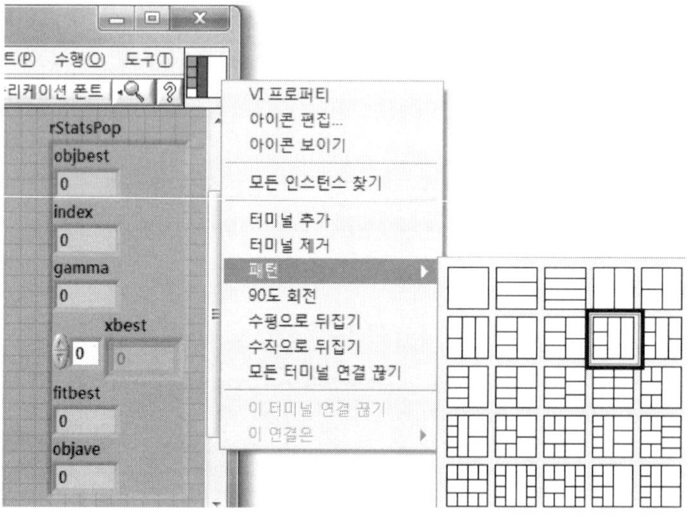


[그림 17-41] 패턴 변경 및 터미널 연결

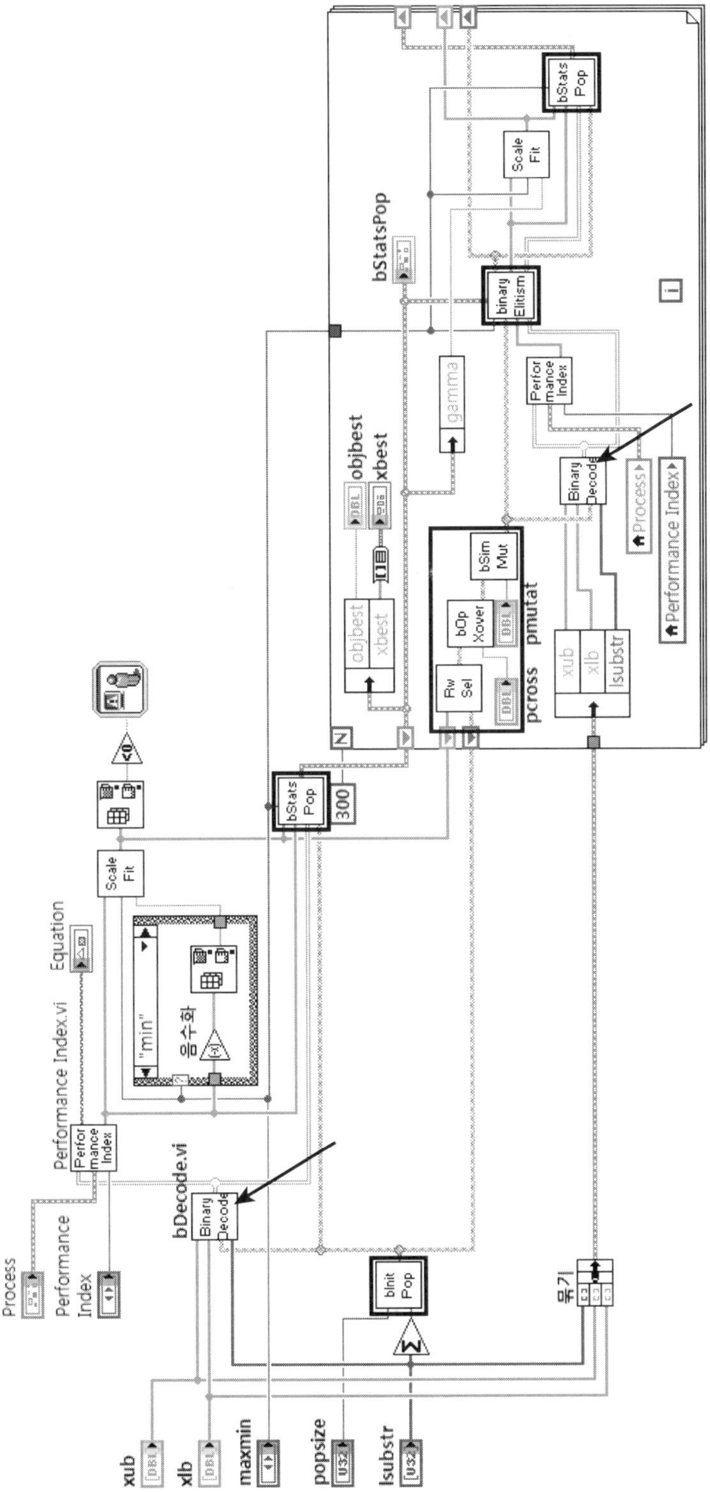


[그림 17-42] 예제 16.5.vi의 블록다이어그램

## 17.4 실수 코딩 유전 알고리즘(RCGA) 구현

이제 실수 코딩 유전 알고리즘을 구현하기 위한 모든 준비가 끝났다. 앞서 단순 유전 알고리즘을 이용해 탐색하였던 PID 제어기 동조 문제를 실수 코딩 유전 알고리즘으로 구현해보자.

### 예제 17.10

**예제 16.5.vi**를 이용하여 PID 제어기를 동조하는 실수 코딩 유전 알고리즘 VI를 만들고, 각각의 결과를 비교하여라.

**예제 풀이**

**1단계 : 예제 16.5.vi**를 실행한 후 프런트패널의 **파일** 메뉴에서 **다른 이름으로 저장**을 선택하여 **예제 17.10.vi**로 저장한다.

**2단계 :** [그림 17-42]에서 사각형으로 표시한 SubVI는 실수 코딩용으로 대체해야 하는 것들이며, 화살표로 표시한 SubVI는 필요 없는 것이다. 우선 bInitPop SubVI를 rInitPop SubVI로 대체하고, **lsubstr 컨트롤**, **배열원소 더하기** 함수, **Binary Decode.vi**는 삭제한 후 [그림 17-43]과 같이 블록다이어그램을 정리한다.

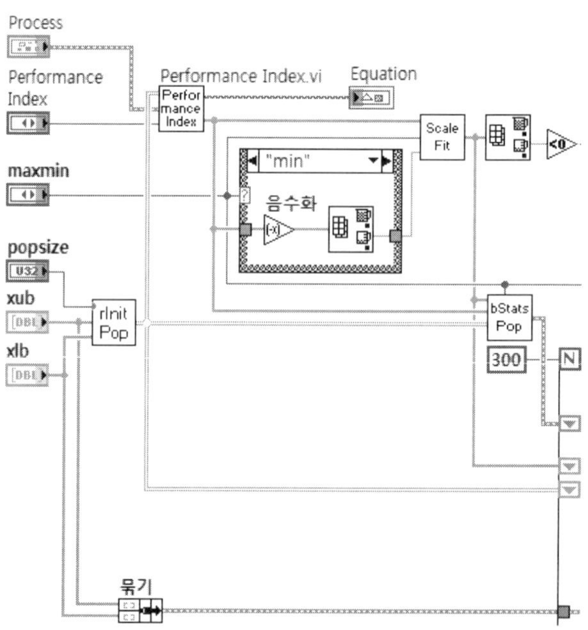


[그림 17-43] 블록다이어그램 정리

**3단계 :** [그림 17-44]에서 화살표로 표시한 것과 같이 **bStatsPop SubVI**를 **rStatsPop SubVI**로 대체한 후 와이어를 정리한다.

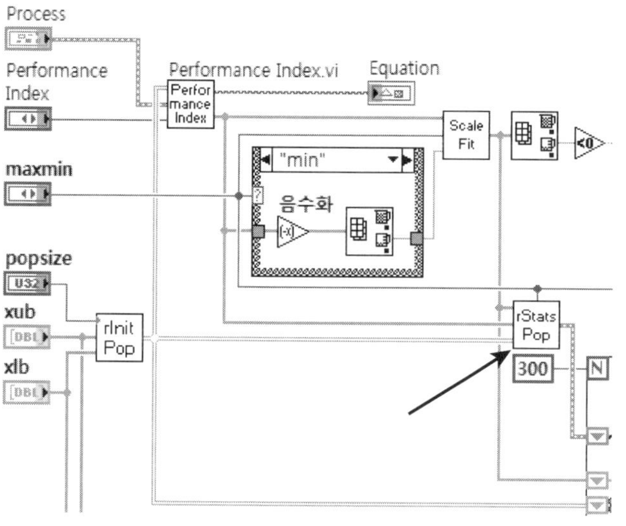


**[그림 17-44]** bStatsPop SubVI를 rStatsPop SubVI로 대체

**4단계 :** [그림 17-45]와 같이 이진 코딩용 룰렛휠 재생산 연산자(**RwSel.vi**)와 단순교배 연산자(**bOp-Xover.vi**)를 실수 코딩용 룰렛휠 재생산 연산자(**rRwSel.vi**)와 산술적 교배 연산자(**rArXover.vi**)로 대체한다.

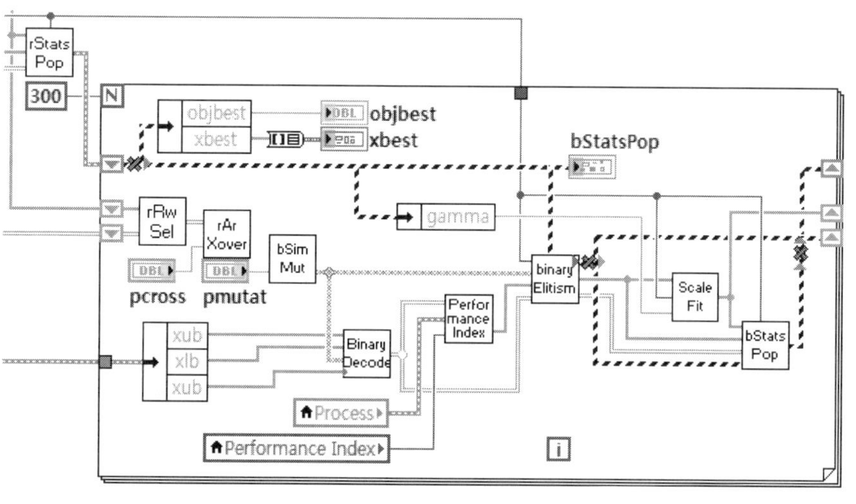


**[그림 17-45]** 재생산 연산자와 단순교배 연산자를 실수 코딩용으로 대체

**5단계 : For 루프** 내부에 있는 Binary Decode.vi를 삭제하고, [그림 17-46]과 같이 **bSimMut.vi** 돌연변이 연산자를 **rDynaMut.vi**로 대체한다.

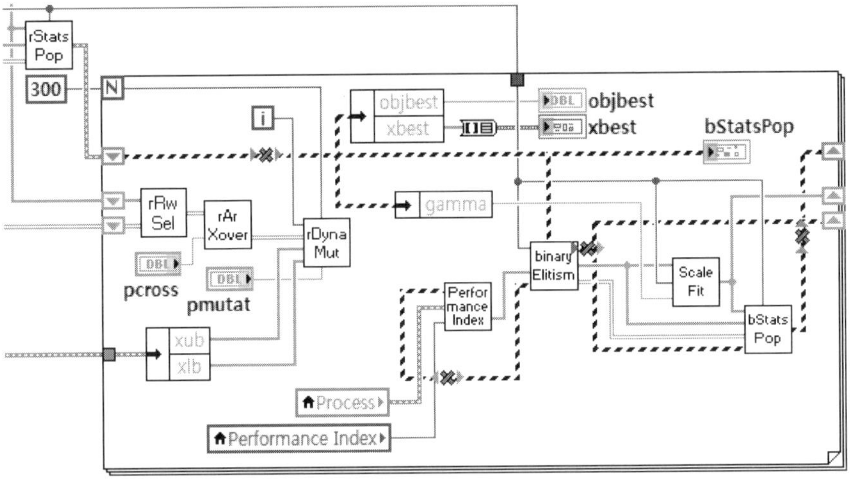


[그림 17-46] 돌연변이 연산자를 실수 코딩용으로 대체

**6단계 :** [그림 17-47]과 같이 bStatsPop 클러스터를 삭제한 후 bElitism.vi를 rElitism.vi로 대체한다.

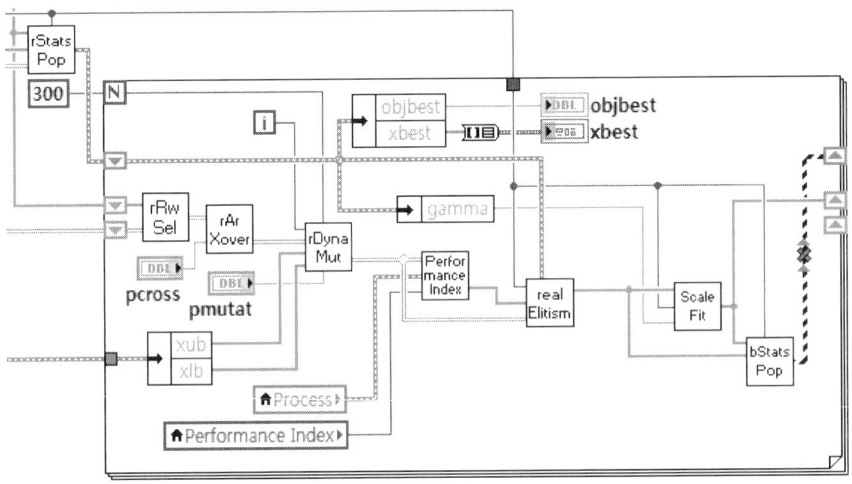


[그림 17-47] 엘리트 전략 알고리즘을 실수 코딩용으로 대체

**7단계 :** [그림 17-48]과 같이 bStatsPop.vi를 rStatsPop.vi로 대체하고 와이어를 정리한다.

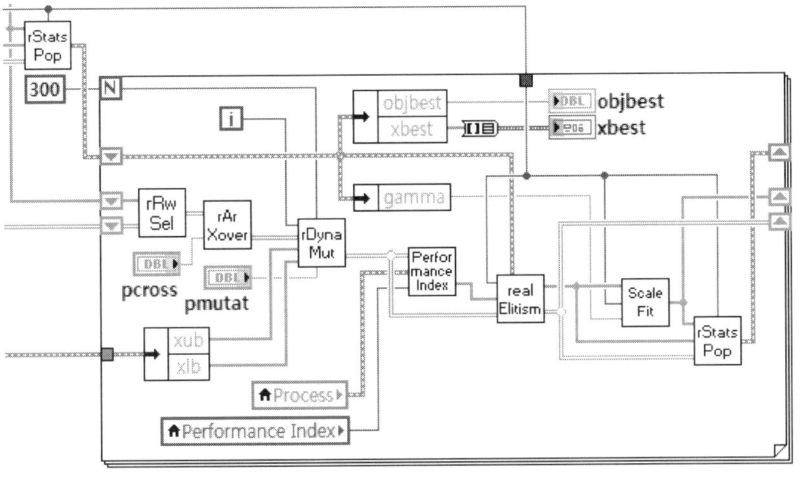


**[그림 17-48]** bStatsPop SubVI를 rStatsPop SubVI로 대체

**8단계 :** [그림 17-49]에서 화살표로 표시한 와이어에서 마우스 오른쪽 클릭하여 **생성 → 인디케이터**를 선택하면 **rStatsPop 클러스터**가 생성되며 VI가 완성된다.

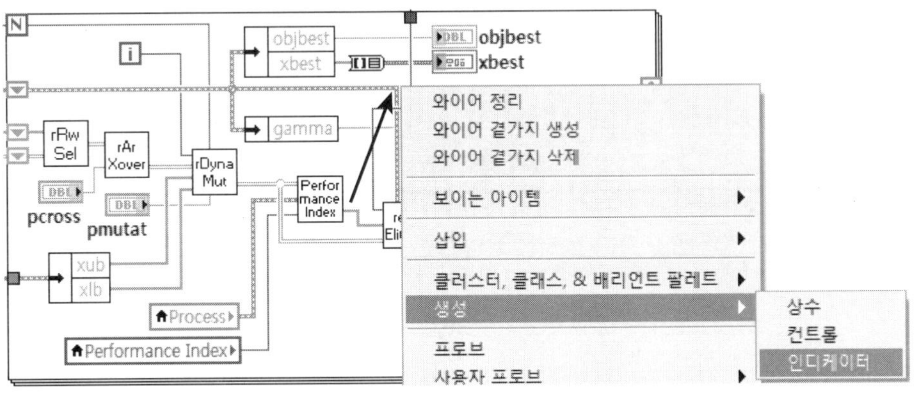


**[그림 17-49]** 인디케이터 생성

**9단계 :** 마지막으로 [그림 17-50]과 같이 프런트패널을 보기 좋게 정리하고, 유전 알고리즘의 제어 파라미터 값을 입력하여 VI를 실행시켜보자.

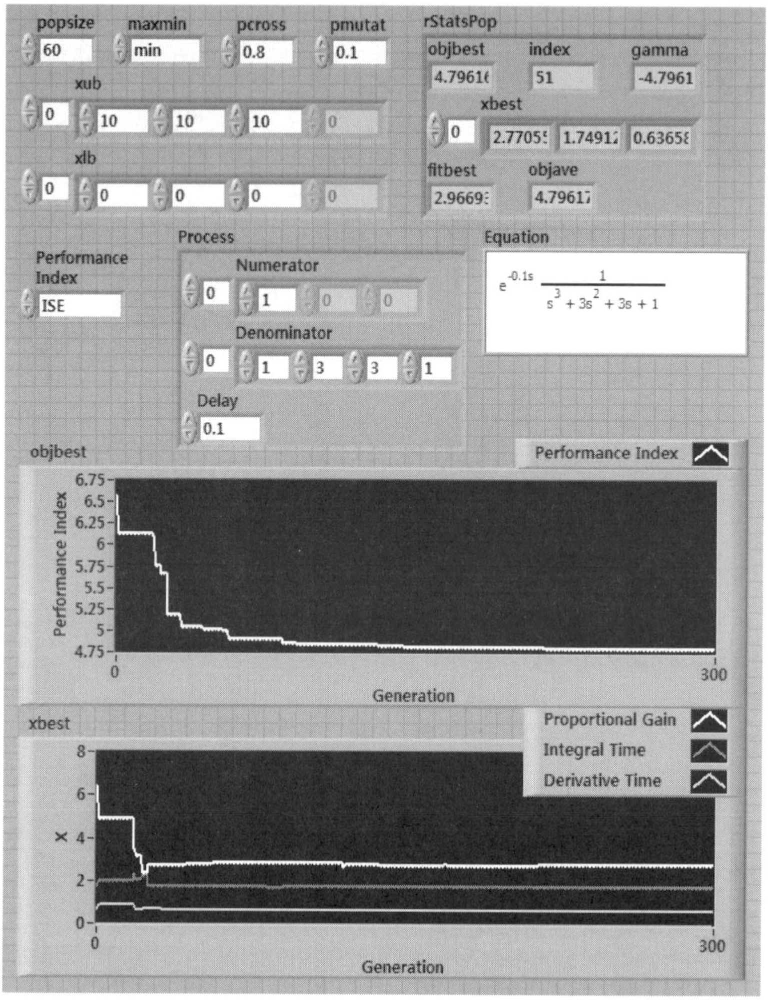


**[그림 17-50]** 예제 17.10.vi(RCGA를 이용한 PID 동조)의 실행 결과

그리고 성능지수를 IAE, ITAE로 변경하여 실행시켜보자. [표 17-1]은 그렇게 얻은 결과를 [표 16-1]의 BCGA 결과와 함께 정리한 것이다.

**[표 17-1]** 제어 파라미터 비교(단순 유전 알고리즘 vs. 실수 코딩 유전 알고리즘)

| Tuning Rule | | 비례게인, $K_P$ | 적분 시간, $\tau_i$ | 미분 시간, $\tau_d$ |
|---|---|---|---|---|
| ISE | BCGA | 2.61 | 1.78 | 0.64 |
| | RCGA | 2.77 | 1.75 | 0.64 |
| IAE | BCGA | 2.04 | 2.05 | 0.64 |
| | RCGA | 2.02 | 2.23 | 0.64 |
| ITAE | BCGA | 2.74 | 2.56 | 0.80 |
| | RCGA | 2.78 | 2.61 | 0.80 |

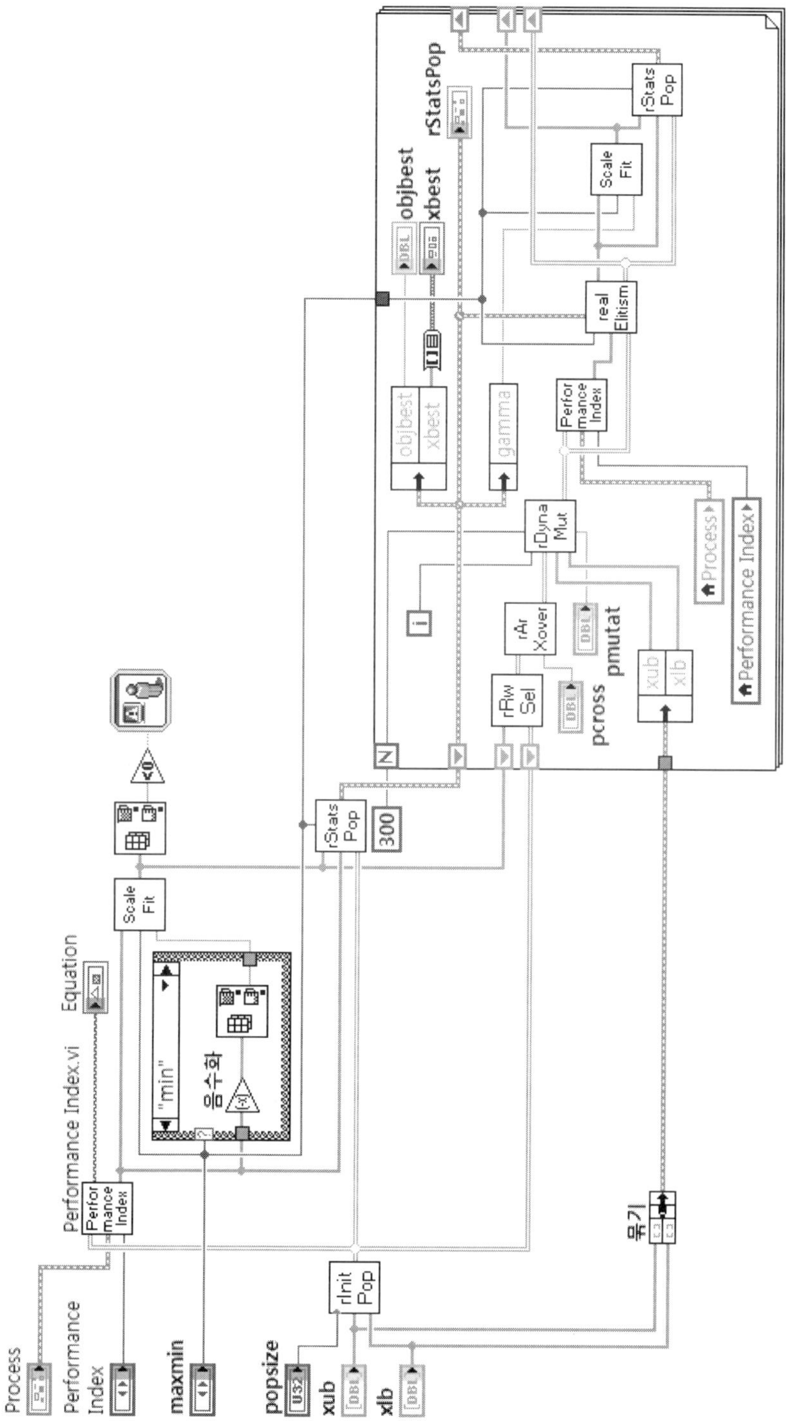


[그림 17-51] 완성된 VI

[그림 17-52]는 [표 17-1]의 PID 제어 파라미터를 **예제 16.2.vi**에 입력하여 동조 방법에 따른 스텝 응답을 정리한 것이다.

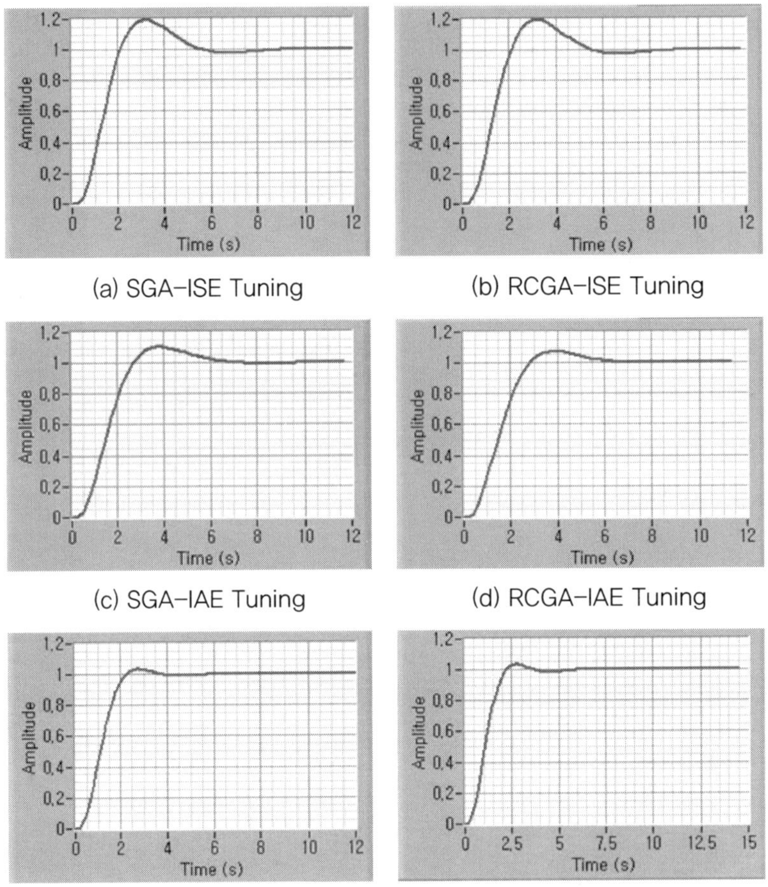


(a) SGA–ISE Tuning (b) RCGA–ISE Tuning

(c) SGA–IAE Tuning (d) RCGA–IAE Tuning

(e) SGA–ITAE Tuning (f) RCGA–ITAE Tuning

**[그림 17-52]** 동조 방법에 따른 스텝 응답

# 찾아보기

# LabVIEW 교육을 위한 단 하나의 선택! NI 교육센터

**한국 NI 교육센터 교육전용 웹사이트 www.niedu.co.kr**

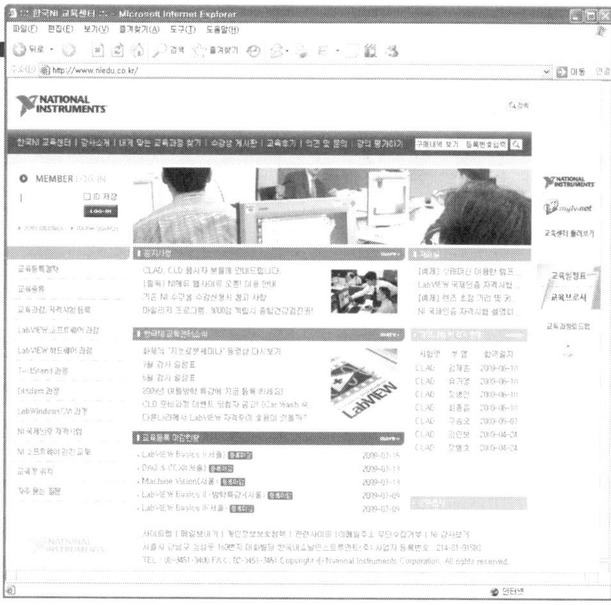

- 실무 지식과 숙련된 강의 경험 LabVIEW 국제인증 자격 보유자인 최고 강사들
- 20년 이상의 노하우를 가진 NI 미국 본사 전담교재개발팀에서 집필한 교재
- 수강생들이 교육에 집중하고 효율을 높일수 있는 최적의 환경

## 1. 미리 만나보는 강사진

웹사이트에서 미리 한국NI 교육센터의 강사진을 만나보십시오. NI 교육 강사들은 NI 기반 솔루션과 소프트웨어를 누구보다도 잘 알고 있는 한국NI 기술지원 엔지니어들과 현장에서 시스템 통합 업무 경험이 있는 전문 강사로 구성되어 있습니다.

## 2. 내게 맞는 교육과정 찾기

내게 맞는 교육과정 찾기는 스스로가 본인의 LabVIEW 실력을 파악하는데 도움이 되는 퀴즈이며, 각 채점된 결과에 따라 적합한 과정을 추천하여 드립니다. 정확한 진단을 위해 10가지 문항의 설문 후 퀴즈풀이에 참여하게 되며 총 4 과정에 대한 퀴즈가 준비되어 있습니다.

## 3. 수강생 후기

교육 과정 별 수강생 후기 또는 국제인증 자격시험에 응시한 후기를 살펴볼 수 있습니다. 진솔한 수강생의 후기를 통해 강의의 생생한 분위기를 미리 살펴보거나 강의 내용을 파악할 수 있습니다.

> 강의를 듣기 전에는 LabVIEW를 다뤄본 경험이 거의 없었기 때문에 과연 강의진도를 따라갈 수 있을까 걱정했었는데, 강사님께서 친절한 설명과 함께 수강생 모두가 따라올 수 있도록  배려해주셔서 무사히 과정을 마칠 수 있었던 것 같습니다.
>
> LabVIEW만큼 당장 업무에 적용가능하고 반드시 필요한 교육도 드물었던 것 같습니다.
>
> Core1에서는 기본적인 내용을 알고 간단한 프로그래밍 연습을 해볼 수 있어 앞으로 LabVIEW를 배워나가는 데 탄탄한 밑바탕이 될 것 같습니다.
>
> 3일 동안 배운 내용을 잊어 버리기 전에 빨리 저만의 VI를 만들어보고 싶은 욕심이 생깁니다
>
> 교육내용뿐만 아니라 교육환경 면에서도 너무너무 만족스러웠습니다.
>
> **– 교육과정 수강생 후기 중**

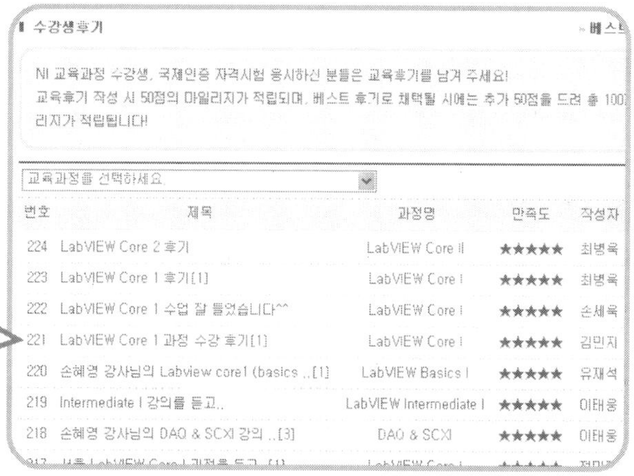

**김효일** hikim@smins.co.kr

한국해양대학교 대학원 항해학과(공학석사, 2011)
한국해양대학교 항해학과(공학사, 2009)
Certified LabVIEW Developer(CLD) 보유
현 ㈜에스엠인스트루먼트 주임연구원
관심분야 : 무인선박(USV), LabVIEW

**진강규** ggjin@hhu.ac.kr

University of Wales Cardiff 전기 · 전자 · 시스템공학과(공학박사, 1996)
Florida Institute of Technology 전기 · 전자 · 컴퓨터공학과(공학석사, 1985)
한국해양대학교 대학원 기관학과(공학석사, 1981)
한국해양대학교 기관학과(공학사, 1977)
현 한국해양대학교 공과대학 IT 공학부 교수
관심분야 : 유전알고리즘, 최적제어, 퍼지제어

**전승환** korjun@hhu.ac.kr

동경공업대학 제어시스템공학과(공학박사, 1994)
동경공업대학 제어시스템공학과(공학석사, 1989)
한국해양대학교 대학원 항해학과(공학석사, 1983)
한국해양대학교 항해학과(공학사, 1977)
현 한국해양대학교 해사대학 항해학부 교수
관심분야 : 신호장해석, 공간필터, 결함계측

# LabVIEW
LabVIEW로 배우는
## 유전 알고리즘

| | |
|---|---|
| 인 쇄 | 2012년 5월 3일 초판1쇄 |
| 발 행 | 2012년 5월 10일 초판1쇄 |
| 저 자 | 김효일, 진강규, 전승환 |
| 발 행 인 | 채희만 |
| 출판기획 | 안성일 |
| 영 업 | 박지훈, 박지인 |
| 편집진행 | 이승훈, 장은화, 백진주 |
| 관 리 | 최은정 |
| 발 행 처 | INFINITYBOOKS |
| 주 소 | 서울특별시 마포구 서교동 460-35 |
| 대표전화 | 02)302-8441 |
| 팩 스 | 02)6085-0777 |
| Homepage | www.infinitybooks.co.kr |
| E-mail | helloworld@infinitybooks.co.kr |
| I S B N | 978-89-92649-80-3 |
| 등록번호 | 제313-2010-241호 |
| 판매정가 | 28,000원 |